Einsteins Kosmos

Acta Historica Astronomiae
Vol. 27

Im Auftrag des
Arbeitskreises Astronomiegeschichte
in der Astronomischen Gesellschaft

herausgegeben von
Wolfgang R. Dick und Jürgen Hamel

Einsteins Kosmos

**Untersuchungen zur Geschichte
der Kosmologie, Relativitätstheorie und zu
Einsteins Wirken und Nachwirken**

herausgegeben von
Hilmar W. Duerbeck
und
Wolfgang R. Dick

Verlag Harri Deutsch

Die Einsendung von Manuskripten und Korrespondenz für die „Acta Historica Astronomiae" wird an die Herausgeber erbeten:
Dr. Wolfgang R. Dick, Vogelsang 35a, D-14478 Potsdam;
  e-mail: wdick@astrohist.org
Dr. Jürgen Hamel, c/o Archenhold-Sternwarte, Alt-Treptow 1, D-12435 Berlin;
  e-mail: jhamel@astw.de

Umschlagbild:
Albert Einstein und Edwin P. Hubble am 100-Zoll-Spiegelteleskop der Mt. Wilson-Sternwarte, 1931 (reproduziert mit Erlaubnis von *The Huntington Library, San Marino, California*)

Bibliografische Information Der Deutschen Bibliothek

Die Deutsche Bibliothek verzeichnet diese Publikation in der Deutschen Nationalbibliografie; detaillierte bibliografische Daten sind im Internet über <http://dnb.ddb.de> abrufbar.

ISBN-10: 3-8171-1770-1
ISSN 1422-8521
ISBN-13: 978-3-8171-1770-3

Dieses Werk ist urheberrechtlich geschützt.
Alle Rechte, auch die der Übersetzung, des Nachdrucks und der Vervielfältigung des Buches - oder von Teilen daraus - sind vorbehalten. Kein Teil des Werkes darf ohne schriftliche Genehmigung des Verlages in irgendeiner Form (Fotokopie, Mikrofilm oder ein anderes Verfahren), auch nicht für Zwecke der Unterrichtsgestaltung, reproduziert oder unter Verwendung elektronischer Systeme verarbeitet werden.
Zuwiderhandlungen unterliegen den Strafbestimmungen des Urheberrechtsgesetzes.
Der Inhalt des Werkes wurde sorgfältig erarbeitet. Dennoch übernehmen Autoren, Herausgeber und Verlag für die Richtigkeit von Angaben, Hinweisen und Ratschlägen sowie für eventuelle Druckfehler keine Haftung.

1. Auflage 2005
© Wissenschaftlicher Verlag Harri Deutsch GmbH, Frankfurt am Main, 2005
Druck: Rosch-Buch Druckerei GmbH, Scheßlitz
Printed in Germany

Inhaltsverzeichnis

Vorwort   9

Klaus Hentschel
Einstein und die Gravitations-Rotverschiebung   13

Peter Brosche
*Miniaturen zur relativistischen Lichtablenkung
in der Sonnenumgebung*   45

Matthias Schemmel
*Gekrümmte Universen vor Einstein:
Karl Schwarzschilds kosmologische Spekulationen
und die Anfänge der relativistischen Kosmologie*   57

Tobias Jung
Einsteins Beitrag zur Kosmologie – ein Überblick   67

Hans-Jürgen Schmidt
*Einsteins Arbeiten in Bezug auf die moderne Kosmologie.
De Sitters Lösung der Einsteinschen Feldgleichungen mit
positivem kosmologischen Glied als Geometrie des
inflationären Weltmodells*   109

Tobias Jung
*Franz Selety (1893–1933?). Seine kosmologischen
Arbeiten und der Briefwechsel mit Einstein*   125

Georg Singer
*Die Kontroverse zwischen Alexander Friedmann
und Albert Einstein um die Möglichkeit einer
nichtstatischen Welt*   143

Kurt Roessler
Georges Lemaître, das expandierende Universum und die kosmologische Konstante — 163

Hilmar W. Duerbeck und Piotr Flin
Ludwik Silberstein – Einsteins Antagonist — 187

Jürgen Renn und Tilman Sauer
Im Rampenlicht der Sterne. Einstein, Mandl und die Ursprünge der Gravitationslinsenforschung — 211

Dieter B. Herrmann
Über Albert Einsteins politische Ansichten. Ein Briefwechsel zwischen Dieter B. Herrmann und Ernst G. Straus aus den Jahren 1960–1962 — 241

Siegfried Grundmann
Anmerkungen zu D. B. Herrmanns Beitrag „Über Albert Einsteins politische Ansichten" — 250

Dieter B. Herrmann
Albert Einstein und die Archenhold-Sternwarte 1905–2005 — 261

Hans-Jürgen Treder
Grußwort zur Enthüllung der Erinnerungstafel an Albert Einstein in der Archenhold-Sternwarte am 15. 3. 1979 — 277

Wolfgang R. Dick und Arno Langkavel
Einstein-Gedenkstätten — 281

Wolfgang R. Dick
Publikationen zu Albert Einstein, Kosmologie und Relativitätstheorie in Acta Historica Astronomiae. Eine annotierte Bibliographie — 301

Über die Autoren — 308

Wissen Sie, was Herr Einstein sagte, ist nicht ganz dumm...
    Wolfgang Pauli, 1919

Zur Bibliographie und den Zitaten

Wir zitieren Einstein-Briefe nach der im Erscheinen begriffenen vielbändigen Ausgabe *The Collected Papers of Albert Einstein*, Princeton University Press 1986ff. als CPAE Band (Nr.), Dokument (Nr.), Seite (Nr.).

Bislang sind die Bände 1–9 erschienen, die den Zeitraum bis 1921 überdecken (siehe auch: http://pup.princeton.edu/einstein/).

Spätere, noch nicht editierte Briefe werden nach der Bezeichnung des Albert-Einstein-Archivs, Jerusalem, AEA (Nr.) zitiert
(siehe auch: http://www.alberteinstein.info/).

In den Zitaten wurden Rechtschreibung und Zeichensetzung der Originale beibehalten, auch wenn offensichtliche Schreib- und Tippfehler vorlagen.

Zur vorhergehenden Seite:

Abbildungsnachweis: Einstein und Pauli in Leiden, Photographie von Paul Ehrenfest, ©American Institute of Physics, Emilio Segrè Visual Archives.

Zitat: Den Ausspruch tat der 19-jährige Student aus den hinteren Rängen des Physikhörsaals in München nach einem Kolloquiumsvortrag, den Albert Einstein, der gerade zu Besuch weilte, mit einigen Bemerkungen kommentierte (Charles P. Enz, *Pauli hat gesagt*, Zürich: Verlag Neue Zürcher Zeitung 2005, S. 19).

Vorwort

Bei den Planungen zu den jährlich in dieser Reihe erscheinenden „Beiträgen zur Astronomiegeschichte" im Frühjahr 2005 stellte sich heraus, daß einige Artikel auch Einstein zum Thema haben würden. Dies führte zur Überlegung, ob man in diesem Jahr nicht einen ganzen Band der Reihe Einstein widmen sollte; dieser Plan wurde vom Verlag Harri Deutsch tatkräftig unterstützt. Im April wurden einige Autoren angesprochen, Arbeiten zu verschiedenen Aspekten des Themas „Einsteins Kosmos" beizutragen, und alle haben mit Enthusiasmus ihre Beiträge trotz der kurzen Abgabefrist geschrieben und eingereicht.

Einstein hat nicht nur das physikalische Weltbild revolutioniert, sondern auch den Grundstein zur modernen Kosmologie gelegt. Daß das darauf errichtete Gebäude nicht ganz seinen ursprünglichen Intentionen entsprach, ist nebensächlich. Bekanntermaßen lief das de-Sitter-Universum, das Rotverschiebungen in den Spektren entfernter Objekte vorhersagte, dem statischen Einstein-Universum sehr rasch den Rang ab; die von Einstein eingeführte und auch für das de-Sitter-Universum unabdingbare kosmologische Konstante sah Einstein später als die „größte Eselei seines Lebens" an – sie verschwand buchstäblich für 50 Jahre in der Versenkung, um gegen Ende des 20. Jahrhunderts eine triumphale Auferstehung zu feiern. Zwar hat die heutige Kosmologie viele Väter (und auch einige Mütter...), doch man kann sicher sagen, daß sie ohne Einsteins „Betrachtungen" von 1917 nicht den Impuls erhalten hätte, durch den sie zu einer „Jahrhundertwissenschaft" geworden ist.

Genau diese Wechselwirkung zwischen Einstein und seinen Kollegen soll im vorliegenden Band beleuchtet werden: Zunächst die relativistischen Effekte im Sonnensystem – die Gravitationsrotverschiebung im Spektrum des Sonnenlichts wie auch die Lichtablenkung am Sonnenrand, und damit verbunden die Beziehungen Einsteins zu Freundlich und Eddington, wie sie in den Beiträgen von Hentschel und Brosche beschrieben wird. Dann die kosmologischen Modelle von Einstein, de Sitter, Friedmann und Lemaître, die bis zum Ende der zwanziger Jahre kontrovers diskutiert wurden, und die in den Beiträgen von Jung, Schmidt, Singer und Roessler beschrieben werden. Auch weitere Wissenschaftler haben Einsteins Erkenntnisse erweitert oder kritisch hinterfragt: Schwarzschild, Selety, Silberstein und Mandl; ihnen sind Untersuchungen von Schemmel, Jung, Duerbeck und Flin sowie Sauer und Renn gewidmet.

Wissenschaftler leben nicht im luftleeren Raum, und die Politik hat in dieser Zeit wohl mehr als in jeder anderen in das Leben der Wissenschaftler eingegriffen. So finden sich in diesem Buch auch Bemerkungen zum „politischen Kosmos", in den Einstein eingebettet war, und der sein Leben grundlegend beeinflußt hat; hierzu haben Herrmann und Grundmann Beiträge geliefert. Eine besondere Rolle in der Popularisierung von Einsteins Gedankenwelt spielte in Berlin die Archenhold-Sternwarte, was in Beiträgen von Herrmann und Treder zum Ausdruck kommt.

Ein Verzeichnis von Einstein-Gedenkstätten und eine bibliographische Liste zum Thema beschließen diesen Band.

Hundert Jahre nach der Entdeckung der Relativität von Raum und Zeit ist auch die deutsche Rechtschreibung „relativ" geworden, wenngleich sich Spuren dieser Relativität auch schon in den historischen Zitaten finden. Es verstand sich von selbst, nicht in die Orthographie der historischen Zitate einzugreifen. Wir haben uns entschlossen, auch keine Homogenisierung der Rechtschreibung der einzelnen Beiträge dieses Bandes zu versuchen.

Schließlich möchten wir den in den Abbildungstexten genannten Institutionen danken, daß sie uns das Bildmaterial kurzfristig zur Verfügung gestellt und zur Veröffentlichung freigegeben haben.

Die Herausgeber

Abb. 1 (zum folgenden Beitrag). Albert Einstein, sein Assistent Walter Mayer (links) und der Sonnenphysiker Charles E. St. John (Mitte) am Coelostaten des Mt. Wilson 150-Fuß-Sonnenturmteleskops (reproduziert mit Erlaubnis von *The Huntington Library, San Marino, California*)

Einsteins Kosmos, p. 12–43
Hilmar W. Duerbeck und Wolfgang R. Dick (Hrsg.) © H. Deutsch 2005

Einstein und die Gravitations-Rotverschiebung
Klaus Hentschel, Bern

Diese Arbeit untersucht Einsteins Argumente für die Existenz der Gravitationsrotverschiebung (GRV), seine frühe Suche nach empirischen Hinweisen, angefangen mit dem Jahr 1907, und sein selbstbewußtes Beharren auf dem Effekt um 1919/20, trotz des Fehlens eines unzweifelhaften Beweises. Weiterhin wird die Rolle der GRV als entscheidender Test des Äquivalenzprinzips als Grund für Einsteins großes Interesse und sein Vertrauen in seine Gültigkeit diskutiert.

This paper studies Einstein's arguments for the existence of gravitational redshift (GRV) since 1907, his early search for empirical indications and self-confident insistence on this effect around 1919/20 despite a lack of unambiguous proof. In the third part I briefly discuss the role of GRV as a crucial test of the equivalency principle as a reason for Einstein's strong interest and confidence in its existence.

1 Einsteins Argumente für die Gravitations-Rotverschiebung seit 1907: Ein *experimentum crucis* auf Zeit

1.1 Der heuristische Weg zur GRV 1907

1907 schrieb der Technische Experte III. Klasse am *Eidgenössischen Amt für geistiges Eigentum* in Bern, Albert Einstein, einen Übersichtsartikel zum bis dato erreichten Stand seiner Theorie der Elektrodynamik bewegter Körper. Diese Theorie, die auf den beiden Grundannahmen der Konstanz der Lichtgeschwindigkeit c im Vakuum sowie der prinzipiellen Unmöglichkeit eines Nachweises absoluter Bewegung basierte, war von ihm in mehreren Arbeiten in den *Annalen der Physik* seit 1905 entwickelt worden und wurde von ihm selbst wie auch von Zeitgenossen zu diesem Zeitpunkt zumeist ‚Relativitätsprinzip' genannt und erst ab 1910 zunehmend als ‚Relativitätstheorie' bezeichnet.[1] Weil Einsteins Theorie anders als die elek-

---
[1] Siehe Einstein (1905) sowie insb. (1907) S. 440ff. zur Energie-Massen-Äquivalenz. Zur Geschichte der Relativitätstheorie und ihrer frühen Rezeption siehe u.a. Miller (1981) (insb. S. 88f., 237 zur Terminologie), Glick (1987) sowie Hentschel (1990) Kap. 1 und die dort jeweils angegebene Literatur.

trodynamischen Theorien vor 1900 *nicht* von der Existenz des Lichtäthers als eines ausgezeichneten Bezugssystems ausging, beschränkte sie sich konsequent auf die Angabe von Transformationsformeln für alle physikalisch interessanten Größen bei einem Wechsel des Koordinatensystems von S zu S'. Wenn sich S' mit den Koordinaten (x', y', z', t') relativ zu S mit Koordinaten (x, y, z, t) z.B. mit der gleichförmig geradlinigen Geschwindigkeit $v < c$ entlang der x-Achse von S bewegt, gilt für die Raum- und Zeitvariablen:

$$x' = \gamma(x - vt)\,,\ y' = y\,,\ z' = z\,,\ t' = \gamma(t - \frac{v \cdot x}{c^2})\ \text{mit}\ \gamma := \frac{1}{\sqrt{1 - v^2/c^2}}. \quad (1)$$

Analoge Formeln wie hier für die Variablen Zeit und Raum bestanden laut Einstein für die sogenannte *Lorentztransformation* der Variablenpaare Ladungsdichte und Strom bzw. Energie und Impuls.[2] Auch für die elektromagnetischen Feldgrößen ließen sich einfache Transformationsgleichungen angeben, die alle zusammen eine vollständige Übersetzung der physikalischen Größen des einen Systems S in das andere System S' ermöglichten, solange S' relativ zu S *nur gleichförmig geradlinig bewegt* war. Mit diesem Satz von Gleichungen (die bereits kurz zuvor von Lorentz, Larmor und Poincaré vorgeschlagen worden waren) und Einsteins (weitgehend neuer) physikalischer Interpretation dieser Gleichungen als Ausdruck der endlichen Geschwindigkeit der Wirkungsausbreitung (mit Lichtgeschwindigkeit c) ließen sich bereits zwanglos viele der elektrodynamischen Präzisionsexperimente erklären, die Ende des 19. Jahrhunderts zum Nachweis der vermuteten Effekte der Ätherdrift bei Bewegung im Lichtäther angestellt worden waren und die zum Erstaunen aller Beteiligten negativ verlaufen waren.[3]

Dennoch: die Einschränkung der Gültigkeit seiner Transformationsformeln auf beschleunigungsfreie Bezugssysteme, in denen sich kräftefreie träge Massen stets auf Geraden ausbreiten und die darum auch *Inertialsysteme* genannt werden[4], störte jedoch den auf möglichst große Allge-

---

[2] Eine mathematisch geschlossenere Formulierung dieser Transformationseigenschaften legte 1907–08 der Mathematiker Hermann Minkowski (1864–1909) vor, indem er diese Variablenpaare als Vierervektoren in einer vierdimensionalen Raum-Zeit auffaßte.

[3] Eine ausführliche Gesamtdarstellung des elektrodynamischen Problemkontextes, auf den hier nicht weiter eingegangen werden kann, bietet Whittaker (1951/53), der allerdings Einsteins Beiträge gegenüber den früheren historisch unterbewertet, sowie Miller (1981), Darrigol (1996) und Hentschel (1998) Abschn. 5.4.

[4] Der Begriff des Inertialsystems stammt von Ludwig Lange (1863–1936), der die drei Raumachsen dieser Systeme genau über solche kräftefreie Fortbewegung von 3 linear voneinander unabhängigen Massenpunkten definierte; vgl. zur relativistischen Definition von Beschleunigung noch Einsteins ‚Berichtigung' zu Einstein (1907) S. 99 bzw. CPAE 2, Dok. 49, S. 495.

meinheit und Einheitlichkeit des Theorieaufbaues bedachten Theoretiker. Der außerordentliche Erfolg, mit dem das auf geradlinig gleichförmige Relativbewegung eingeschränkte Relativitätsprinzip der Bewegung in der Elektrodynamik durchführbar war, ließ Einstein 1907 am Ende seines Überblicksartikels fragen: „Ist es denkbar, daß das Prinzip der Relativität auch für Systeme gilt, welche relativ zueinander beschleunigt sind?"[5] Weil die uns allen vertraute Kraft die Gravitation ist, die auf der Erdoberfläche Beschleunigungen zur Erdmitte hin erzeugt, steuerte er mit dieser Frage nach einer möglichen Ausweitung des Relativitätsprinzips auf beschleunigte Bewegungen ganz direkt auch auf die für ihn damals völlig offene Frage zu, wie seine Theorie der Elektrodynamik und die Newtonsche Theorie der Gravitation miteinander in Zusammenhang gebracht werden könnten.

So, wie er seit 1905 das (spezielle) Relativitätsprinzip dazu benutzt hatte, um die Transformationsformeln (1) für Raum- und Zeitkoordinaten in relativ zueinander gleichförmig geradlinig bewegten Bezugssystemen herzuleiten (die sogenannte Lorentz-Transformation), so fragte er nun auch bezüglich relativ zueinander beschleunigter Systeme nach den Transformationsformeln für die Umrechnung dieser Koordinaten, um auf diese Weise ein (allgemeines) Relativitätsprinzip theoretisch umsetzen zu können. 1907 ging er dabei so vor, daß er neben dem ruhenden System $S(x,y,z,t)$ und dem relativ dazu mit der Beschleunigung g in x-Richtung bewegten System $\Sigma(\xi,\eta,\zeta,\tau)$ noch ein drittes System $S'(x',y',z',t')$ einführte, das sich relativ zu S gleichförmig geradlinig mit der Geschwindigkeit v bewegte, und dessen Koordinaten für jeweils festes t so beschaffen sein sollen, daß gilt

$$x' = \xi, \quad y' = \eta, \quad z' = \zeta, \quad v = gt,$$

d.h. v ist die Relativgeschwindigkeit zwischen S und S' zum Zeitpunkt t, für den das System S' sich in seinen Raum-Koordinaten genau mit dem System Σ decken soll. Wie ändert sich diese Situation innerhalb des Zeitintervalls δ nach der Koinzidenz zwischen S' und Σ? Für infinitesimal kleine δ werden die Koordinatendifferenzen wegen der Beschleunigung der Relativbewegung immer von der Ordnung δ^2, also vernachlässigbar klein sein, d.h. für infinitesimale δ wird das Uhrensystem in S' zum Zeitpunkt $t+\delta$ noch synchron mit dem Uhrensystem $\overline{U}$ in Σ sein, wenn diese Uhren zum Zeitpunkt t synchronisiert worden waren. Das bedeutet aber, daß der Vergleich der Uhren der Systeme S und Σ für diesen Fall zurückführbar ist auf das altbekannte Problem seiner Theorie von 1905, die Uhren der Systeme S und S' miteinander in Beziehung zu setzen: $\tau \simeq t'$. Aus den Lorentztransformationen (1) für Raum und Zeitvariable folgt u.a. die sogenannte

---

[5] Einstein (1907) S. 454 bzw. CPAE 2, Dok. 47, S. 476.

Zeitdilatation: $t' = \frac{(t - \frac{x \cdot v}{c^2})}{\sqrt{1 - \frac{v^2}{c^2}}} \simeq t - \frac{x \cdot v}{c^2} = t(1 - \frac{x \cdot g}{c^2})$. Wegen $\Delta\phi := -g \cdot x$
folgt weiter:
$$\tau = t\left(1 + \frac{\Delta\phi}{c^2}\right). \quad (2)$$

In dieser letzten Ersetzung steckt das von Einstein 1907 erstmals eingeführte *Äquivalenzprinzip*, gemäß dem die kinematische Beschleunigung, mit der im ersten Teil des Argumentes gearbeitet wird, *lokal* von einer gleichgroßen entgegengesetzt gerichteten Schwerewirkung nicht zu unterscheiden ist, weshalb es legitim ist, in den Ausdruck für die Zeittransformation das Schwerepotential $\Delta\phi$ an die Stelle des kinematisch abgeleiteten Ausdrucks $x \cdot g$ zu setzen.[6] Am Ende dieser raffinierten zweifachen Übersetzung von Koordinaten standen dann die physikalische Interpretation sowie – für Einstein im Gegensatz zu anderen Theoretikern überaus typisch – auch die Anwendung auf einen ganz konkreten Fall:

> In diesem Sinne können wir sagen, daß der in der Uhr sich abspielende Vorgang – und allgemeiner jeder physikalische Prozeß – desto schneller abläuft, je größer das Gravitationspotential des Ortes ist, an dem er sich abspielt.
>
> Es gibt nun ‚Uhren', welche an Orten verschiedenen Gravitationspotentials vorhanden sind und deren Ganggeschwindigkeit sehr genau kontrolliert werden kann: es sind dies die Erzeuger der Spektrallinien. Aus dem Obigen schließt man, daß von der Sonnenoberfläche kommendes Licht, welches von einem solchen Erzeuger herrührt, eine um etwa zwei Millionstel größere Wellenlänge besitzt, als das von gleichen Stoffen auf der Erde erzeugte Licht.[7]

Hinter diesem Äquivalenzprinzip steht eines der für Einstein so typischen einfachen Gedankenexperimente: Ein Experimentator in einem völlig verschlossenen kleinen Kasten kann prinzipiell keinen Unterschied zwischen einer Schwerebeschleunigung durch Gravitation und einer entgegengesetzt gerichteten numerisch gleichgroßen mechanischen Beschleunigung (induziert z.B. durch einen Raketenantrieb oder ein Aufzugskabel) feststellen.

Dieses erste Argument, das Einstein 1907 zur Voraussage einer Rotverschiebung von Spektrallinien im Gravitationsfeld der Sonne (kurz *Gravitations-Rotverschiebung* bzw. im folgenden abgekürzt GRV) geführt hatte, war noch recht schwach, weil es auf kleine Geschwindigkeiten, gleichförmig geradlinige Beschleunigung und kleine Zeitintervalle beschränkt ist. Es basiert im wesentlichen auf dem Äquivalenzprinzip in Verbindung mit der

---
[6] Siehe z.B. Ohanian (1977), Norton (1976/77) und Will (1992) S. 15f. für die Bedeutungsvarianten und die historische Entwicklung dieses Äquivalenzprinzips.
[7] Einstein (1907) S. 458f. bzw. CPAE 2, Dok. 47, S. 480f.

von der Elektrodynamik bewegter Körper von 1905 garantierten Existenz lokaler Lorentzsysteme und der Konstanz von c für infinitesimale Lichtpfade. Die Gültigkeit auch für (praktisch allein relevante) nichthomogene Gravitationsfelder mußte zusätzlich postuliert werden.

1.2 Spätere Argumente Einsteins

Im Zuge seiner sogenannten Prager Theorie von 1911 kam Einstein erneut auf das Problem der Rotverschiebung zurück. Diesmal entwickelte er sein Argument aus dem Prinzip der Äquivalenz von Beschleunigungs- und Gravitationsfeld in Zusammenwirken mit der Energie-Masse-Äquivalenz. Es war wiederum beschränkt auf gleichförmig geradlinige Relativbewegungen bzw. homogene Gravitationsfelder, aber nicht mehr eingeschränkt auf infinitesimale Zeitintervalle.

Einstein betrachtete drei Bezugssysteme S, S' und Σ mit Koordinaten und Relativbewegungen wie im obigen Argument. Ein Emitter im beschleunigten System Σ am Punkt $x = h$ sende Strahlung der Frequenz ν_2 genau in dem Augenblick aus, in dem Σ und S' koinzident und synchronisiert sind, und zwar in die $-x$ Richtung (entgegengesetzt seiner eigenen Beschleunigung). Diese Strahlung kommt im Ursprung des Systems Σ (bis auf Größen zweiter Ordnung in v/c) nach h/c Sekunden an. Während dieser Zeitspanne, die zwischen Emission und Absorption der Strahlung vergeht, hat das System Σ die Geschwindigkeit $v = g \cdot h/c = g \cdot t$ relativ zu S' erreicht. Aufgrund des klassischen Dopplerprinzips folgt daher für die Frequenz der Strahlung ν_1 bei den Ankunft im Koordinatenursprung:

$$\nu_1 = \nu_2 \cdot \left(1 - \frac{v}{c}\right) = \nu_2 \cdot \left(1 - \frac{g \cdot h}{c^2}\right) = \nu_2 \cdot \left(1 - \frac{\Delta\phi}{c^2}\right),$$

wobei in diese Gleichsetzung wieder das Äquivalenzprinzip eingeht, das diesmal den Übergang von der kinematischen Doppler-Verschiebung auf die Umdeutung in einen Gravitationseffekt, hervorgerufen durch die Gravitationspotentialdifferenz $\Delta\phi$ legitimiert. Übrigens leitet Einstein die Transformation für Frequenz und Energie der emittierten und re-absorbierten Strahlung getrennt ab, er benutzt also *nicht* die quantenmechanische Aussage $E = h \cdot \nu$, mit der diese Ableitung sehr viel direkter erfolgen kann.[8] Bei Einsetzen des numerischen Wertes der Gravitationspotentialdifferenz

---

[8]Siehe zu dieser durchgängigen Tendenz Einsteins, Relativitätstheorie und Quantentheorie in seinen Argumentationen *nicht* zu koppeln, z.B. Pais (1982b) S. 197f. sowie hier die Auswertung, S. 38. Eine frühe Ableitung der GRV, die diesen quantenmechanischen Zusammenhang benutzt, bietet Larmor (1920) S. 333.

zwischen der Sonne und der Erde ϕ und der Lichtgeschwindigkeit c in die obige Formel resultierte zunächst folgende grobe Abschätzung:

$$\frac{\nu_0 - \nu}{\nu_0} = \frac{-\phi}{c^2} = 2 \cdot 10^{-6}. \tag{3}$$

Frequenzen sollten also auf der Sonne um den 500000ten Teil zu kleineren Werten (d.h. ins Rote) hinein verschoben sein. Diesmal fügte er auch eine Fußnote bei, in der er auf eine experimentelle Arbeit von Charles Fabry (1867–1945) und Henri Buisson (1873–1944) verwies, die in der Tat „derartige Verschiebungen nach dem roten Ende des Spektrums von der hier berechneten Größenordnung tatsächlich konstatiert, aber einer Wirkung des Druckes in der absorbierenden Schicht zugeschrieben" hatten.[9]

1.3 Die frühe Suche nach empirischen Hinweisen auf die GRV

Eine über solche pauschalen Hinweise hinausgehende Suche nach empirischen Indizien für die aus theoretischen Gründen so naheliegende GRV war für Einstein selbst, der sich in der astrophysikalischen Fachliteratur der Zeit gar nicht auskannte, völlig hoffnungslos – er hing ab von Hinweisen, die ihm wohlwollende Kollegen wie z.B. der holländische Astrophysiker Willem Henri Julius[10] (1860–1925) geben konnten.[11]

Doch nicht nur Einsteins eigenes Verständnis von dem empirischen Material der zeitgenössischen Astrophysik hing von diesen Kontakten ab – auch die Rezeption von Einsteins Aussagen über die Rotverschiebung im Sonnenspektrum sowie über die Lichtablenkung im Gravitationsfeld der Sonne wurde durch diese Kontakte bestimmt, denn Einsteins Thesen wurden nach ihrer Publikation in *physikalischen*, nicht *astronomischen* oder astrophysikalischen Fachorganen zunächst von den Vertretern der beiden letztgenannten Disziplinen gar nicht zur Kenntnis genommen. Erst nachdem Einstein in Erwin Finlay Freundlich (1885–1964) einen Nachwuchswissenschaftler gefunden hatte, der an seinen theoretischen Überlegungen aufgrund ungewöhnlich guter mathematischer Vorbildung Interesse fand und deren experimentelle Konsequenzen ab 1913 durch Kurznotizen in

---

[9]Einstein (1911) S. 905, Fußnote 1; vgl. dazu Hentschel (1998) Abschn. 4.7.

[10]Seit 1900 vertrat Julius eine Theorie der anomalen Dispersion, mit der er verschiedenste Sonnenphänomene wie u.a. Protuberanzen, die Randverdunklung sowie die irregulären Rotverschiebungen von Fraunhoferlinien zu erklären versuchte: Siehe dazu insb. Hentschel (1991) und dort genannte Primär- und Sekundärquellen.

[11]Tatsächlich kann man zeigen, daß Einstein die Hinweise auf Jewells Arbeit von 1896 ebenso wie auf die Arbeit von Fabry und Buisson sowie auf andere Subtilitäten der solaren Spektroskopie von Julius erhalten hatte: Siehe Hentschel (1991) S. 78ff.; zur Korrespondenz Einsteins mit Julius auch CPAE 5.

astronomischen und physikalischen Fachorganen publik machte[12], nahmen sich allmählich die Experten der Frage an, ob die Präzisionsspektroskopie der Sonne Indizien für die von Einstein vermutete GRV aufwies oder nicht.[13] Einen wahren Boom experimenteller Untersuchungen zur GRV gab es jedoch erst nach dem Bekanntwerden des positiven Ergebnisses der englischen Lichtablenkungsmessung während der Sonnenfinsternis 1919.[14]

Freundlich war aufgrund seiner ausgesprochen modernen mathematischen und astrophysikalischen Ausbildung an der Universität Göttingen (u.a. bei Felix Klein und Karl Schwarzschild) geradezu prädestiniert dazu, für Einsteins Theorie Interesse zu zeigen. Einstein war begeistert, daß er nun jemanden gefunden hatte, mit dem er seine theoretischen Spekulationen durchsprechen und auf ihre astronomische Überprüfbarkeit hin abklopfen konnte.[15] An diesen ersten engagierten Anhänger seiner Relativitätstheorie im Lager der ansonsten kühl distanzierten Astronomen schrieb Einstein Anfang 1912 folgenden Insider-Kommentar zur GRV:

> Aus meiner Arbeit sehen Sie auch, dass eine kleine Rotverschiebung der Sonnen Spektrallinien (um ca 0,01 Angström) nach der Theorie zu erwarten ist. Leider bringt aber die Verbreiterung der Spektrallinien nach beiden Seiten von verschiedenen Ursachen (Druck – Lichtzerstreuung (Julius) – Bewegung (Doppler)), sodass eine zwingende Interpretation kaum zu erzielen ist. Gibt es denn unter den Linien der Sonne nicht auch. äusserst scharfe (d.h nicht über 0,02 Angström dick)? Ich schreibe Ihnen übrigens hievon nur nebenbei, weil ich nicht glaube, dass auf diesem Wege eindeutige Resultate zu erzielen sind.[16]

Dieser Passus zeigt, daß Einstein schon 1912, also lange bevor die in den zwanziger Jahren recht heftigen Diskussionen um die Interpretation der Verschiebungen von Fraunhoferlinien tobten und etwa zwei Jahre bevor die erste gezielte experimentelle Untersuchung der GRV erfolgte, bereits antizipierte, daß die Überlagerung der vielen möglichen Ursachen für Verschiebungen und Verbreiterungen von Spektrallinien eine „zwingende In-

---

[12] Siehe z.B. Freundlich (1913, 1914, 1915/16). Zur Person und zur Rolle Erwin Finlay Freundlichs siehe v. Klüber (1964/65), Forbes (1972), Pyenson (1985) und Hentschel (1992b, 1994), sowie hier S. 26.
[13] Schwarzschild (1914) S. 1202 zitiert Freundlich (1914) in der Einleitung seiner eigenen Arbeit zur Rotverschiebung im Sonnenspektrum: Er kannte Freundlich als Studenten aus seiner Göttinger Zeit auch persönlich.
[14] Siehe dazu z.b. Moyer (1979), Earman & Glymour (1980b), Hentschel (1997) Kap. 3, 9, (2005) und den Beitrag von Brosche in diesem Band.
[15] Vgl. z.B. die Briefe Einsteins an Freundlich vom 1. Sept. 1911, sowie vom 21. Sept. 1911 und 8. Jan. 1912, CPAE 5, Dok. 281, S. 317, Dok. 287, S. 326, und Dok. 336, S. 387; vgl. auch Hentschel (1992b) S. 23ff.
[16] Einstein an Freundlich, 8. Jan. 1912, CPAE 5, Dok. 336, S. 387.

terpretation" mit „eindeutigen Resultaten" wohl nicht zulassen würde.[17]

Freundlich hingegen, den Einstein immer wieder für seinen Eifer lobte, mit dem er sich der Herausforderung stellte, diese geringfügigen Effekte seiner Theorie empirisch nachzuweisen, war weitaus optimistischer als Einstein, was die empirische Nachweisbarkeit der GRV im Sonnenspektrum anging. In einer Ende März 1914 abgeschlossenen Mitteilung, die Freundlich sowohl in den *Astronomischen Nachrichten* als auch in leicht abgeänderter Form in der *Physikalischen Zeitschrift* publizierte, um Astronomen *und* Physiker zu erreichen, versuchte er zu zeigen, daß die GRV die vorhandenen Meßdaten „zwanglos zu deuten erlauben und auch quantitativ die Übereinstimmung eine überraschend gute ist, wenn man die Kleinheit des Effektes bedenkt."[18]

Damit hoffte Freundlich zumindest erreicht zu haben, daß die Voraussagen Einsteins, die bisher „noch wenig Beachtung gefunden" hatten, fortan von seinen Fachkollegen ernst genommen würden. Insofern war die Arbeit Freundlichs ein Musterbeispiel für die Funktion des Trommlers bei den astronomischen Kollegen. Freilich übersah Freundlich, daß der Effekt nur dann von „großer Wichtigkeit" war, wenn man von der Richtigkeit der Theorie bereits überzeugt war, was für die erdrückende Mehrzahl der zeitgenössischen Astrophysiker nicht behauptet werden kann. Kritisch bleibt ferner anzumerken, daß Freundlichs methodisches Verfahren der Datenreduktion zweifellos von dem Wunsch bestimmt war, die GRV in den Daten ‚wiederzufinden'. Viele seiner Schritte bei der Auswertung vorhandener, aber zu anderem Zweck gesammelter Daten waren von diesem Ziel, das seiner Literaturarbeit zugrunde lag, nicht ganz unabhängig, um es vorsichtig zu formulieren. Durch geeignete Wahl der Gruppen konnten so die großen Schwankungen der Linienverschiebungen beim Vergleich von Linie zu Linie solange ausgeglichen werden, bis Mittelwerte resultierten, die in die Nähe des Einstein-Wertes für das Linienmittel kamen.

1.4 Schwarzschilds Einschätzung der Situation 1914

Am 5. November 1914 legte Einstein als neuernanntes ordentliches hauptamtliches Mitglied der *Preußischen Akademie der Wissenschaften* eine Ar-

---

[17]Zumindest bis 1923 sollte er damit recht behalten, danach hatte St. John wohl eine schlüssige, aber auch noch keineswegs ‚zwingende' Interpretation der Meßdaten vorgelegt, siehe Hentschel (1993a). Einsteins spätere, teils sehr skeptische Äußerungen zu Befunden, die der GRV scheinbar zu widersprechen schienen, sind auch vor dem Hintergrund dieser grundsätzlichen Zweifel an der Brauchbarkeit von Sonnenlinien zu sehen.

[18]Freundlich (1914) S. 370; zu den erwähnten Messungen von Evershed, Fabry und Buisson u.a. siehe Hentschel (1998) Abschn. 7.4f.; zu Freundlichs frühen, aber vergeblichen Versuchen, die GRV in vorhandenen Daten nachzuweisen, siehe Hentschel (1992b).

beit des Astronomen Karl Schwarzschild „Über die Verschiebung der Bande bei 3883 Å im Sonnenspektrum" vor. Dies war der erste gezielte experimentelle Test dieser Voraussage seiner GRV, in dem nicht nur Meßdaten, die zu anderen Zwecken gewonnen worden waren, auch auf die GRV hin überprüft worden sind, wie dies z.b. bei Freundlichs Arbeit von Ende März 1914 der Fall gewesen war. Die Diskussion dieser Untersuchungen auf der Akademiesitzung mußte leider in Abwesenheit des Verfassers stattfinden, der seine Beobachtungen bei Kriegsbeginn abgebrochen hatte und bereits seit September 1914 als Kriegsfreiwilliger[19] an verschiedenen Fronten in Belgien und Rußland eingesetzt war, wo er sich eine unheilbare Hautkrankheit (Pemphigus) zuzog, an deren Folgen er 1916 qualvoll verstarb.

Obwohl gerade Schwarzschild seine Untersuchung, anders als die meisten anderen Astrophysiker seiner Zeit, *nicht* mit theoretischen Vorurteilen gegen die Theorie Einsteins begonnen hatte, sondern Einstein seit dessen Wechsel nach Berlin persönlich kannte und seine Theorien ernst nahm, ja selbst wichtige Beiträge zu Einsteins verallgemeinerter Theorie der Relativität und Gravitation lieferte (vgl. nächster Unterabschnitt), kam er dennoch zu einer eher skeptischen Einschätzung:

> Überblickt man alle diese Resultate, so muß man zum mindesten sagen, daß der Einsteinsche Effekt, eine Rotverschiebung von 0,63 km/sec, keineswegs klar aus den Beobachtungen hervortritt. Es spricht besonders gegen den Einsteinschen Effekt, daß alle untersuchten schwächeren Linien im Sonnenspektrum, sowohl die des Eisens wie die des Stickstoffs, überhaupt nur sehr geringe Verschiebungen sowohl gegen die terrestrischen Linien wie gegen die Mitte der Sonnenscheibe aufweisen.[20]

Freundlichs vermeintliche ‚Bestätigung' der GRV Einsteins anhand der Daten Eversheds erschien Schwarzschild somit nur das Resultat einer zufälligen Mischung von im einzelnen stark streuenden Linienverschiebungen verschiedener Linien zu sein. Der Linienintensität kam eine besondere Rolle zu, da stärkere Linien im Mittel größere Verschiebungen aufwiesen als schwächere und ihr Verhalten am Sonnenrand ein anderes war. Gerade in dieser deutlichen Betonung der Linienintensität als einem bei der Untersuchung von Rotverschiebungen wichtigen Parameter lag meines Erachtens ein besonders wichtiger und dauerhafter Beitrag Schwarzschilds. Seine Aussage, daß „eine dem Einstein-Effekt (0,63 km/sec) entsprechende Verschiebung erst bei Linien von erheblicher Intensität (etwa 10) auftritt", wurde

---

[19] Schwarzschild war als assimilierter Jude, übrigens ähnlich wie seine Wissenschaftler-Kollegen Haber und Franck, einem besonders großen Druck ausgesetzt, sich im ersten Weltkrieg als ein ‚guter Deutscher' zu erweisen.

[20] Schwarzschild (1914) S. 1213. Der Wert von 0,63 km/sec ist die Doppler-Äquivalentgeschwindigkeit.

z.B. noch Ende der 20er Jahre von Burns und Mitarbeitern bestätigt.[21]

Auch wenn die abschließende Bewertung Schwarzschilds 1914 eher skeptisch klang, so konzedierte er doch, daß die Widersprüche zwischen verschiedenen Beobachtern bezüglich absoluter und relativer Wellenlängenangaben dringend weiterer Klärung durch vermehrte Beobachtungen bedürfen, „bevor eine genauere Diskussion der Ursache der Linienverschiebungen möglich ist."[22]

1.5 Die allgemeine Relativitäts- und Gravitationstheorie Einsteins und die Schwarzschild-Lösung 1916

Im November 1915 reichte Einstein der *Preußischen Akademie der Wissenschaften* eine Folge dreier Arbeiten zur ‚allgemeinen Relativitätstheorie' ein, die die Feldgleichungen seiner neuen Theorie der Relativität und Gravitation beinhaltete, an der er seit 1907 in ersten Ansätzen, seit 1912 in einem dichten Strom verschiedenster Versuche gearbeitet hatte.[23] Ohne diese Feldgleichungen oder die tieferen Zusammenhänge dieser Theorie hier ausführlich behandeln zu können, sei lediglich gesagt, daß in diesen Feldgleichungen ein enger Zusammenhang zwischen raumzeitlicher Geometrie (beschrieben durch die Christoffel-Symbole $\Gamma^{\alpha}_{\mu\nu}$) und deren Ableitungen einerseits und der Energie-Materie-Verteilung (beschrieben durch den Energie-Impuls-Tensor $T_{\mu\nu}$) andererseits hergestellt wird. Weil sich die $\Gamma^{\alpha}_{\mu\nu}$ als Ableitungen aus den metrischen Koeffizienten $g_{\mu\nu}$ ergeben vermöge

$$\Gamma^{\alpha}_{\mu\nu} = \frac{1}{2} \sum_{\beta} g^{\alpha\beta} \left(\frac{\partial g_{\mu\beta}}{\partial x^{\nu}} + \frac{\partial g_{\nu\beta}}{\partial x^{\mu}} - \frac{\partial g_{\mu\nu}}{\partial x^{\beta}} \right), \qquad (4)$$

stehen letztere in einer losen Analogie zu dem alten skalaren Gravitationspotential $\phi \sim -m/r$, während die $\Gamma^{\alpha}_{\mu\nu}$ den Newtonischen Gravitationskräften $F_{\text{Grav.}} = \partial\phi/\partial r \sim -m/r^2$ analog sind. Eine Konsequenz dieser neuen Feldgleichungen bestand in der Tatsache, daß die durch sie beschriebene Raum-Zeit-Struktur nicht mehr euklidisch war wie in allen früheren Gravitationstheorien, sondern nichteuklidisch wurde. Dies bedeutete unter anderem, daß der Abstand zwischen zwei Punkten in dieser verallgemeinerten Raum-Zeit nicht mehr einfach als das euklidisch-pythagoräische Abstandsmaß dr^2 gegeben war und auch nicht mehr in der pseudoeuklidischen

---

[21] Siehe Schwarzschild (1914) S. 1212; vgl. Hentschel (1998) Abschn. 9.6.2.
[22] Schwarzschild (1914) S. 1213.
[23] Siehe Einstein (1915a–c); vgl. zur gedanklichen Entwicklung Einsteins hin zur ART insb. Pais (1982) Kap. IV sowie Norton und Stachel in: Howard & Stachel (1989) S. 48–159. Parallel dazu fand übrigens auch der Göttinger Mathematiker David Hilbert (1862–1943) diese Feldgleichungen über ein Variationsprinzip.

Form Minkowskis als $ds^2 = dr^2 - c^2 dt^2$ geschrieben werden konnte. Statt dessen traten neue metrische Koeffizienten $g_{\mu\nu}$ auf, die diesen Abstand zu allererst festlegten:

$$ds^2 = g_{11}dx^2 + g_{12}dxdy + g_{21}dydx + g_{22}dy^2 + \cdots - g_{44}c^2dt^2. \quad (5)$$

Wegen der Verknüpfung zwischen den $g_{\mu\nu}$ und den $\Gamma^\alpha_{\mu\nu}$ in Formel (4) einerseits und der Verknüpfung letzterer mit der Energie-Materie-Verteilung der umgebenden Raumzeit in den Feldgleichungen andererseits ging somit in die geometrische Struktur die Massenverteilung ein. In der Metaphorik Hermann Weyls: Die Raum-Zeit war nicht mehr nur eine leere Mietskaserne, in der Massen ihren Platz finden, sondern die Struktur dieses Gebäudes wird selbst erst durch die Verteilung der Massen festgelegt.

Die kräftefreie Bewegung von Massenpunkten und Lichtquanten beschrieb Einstein nunmehr als geodätische Bahnen in dieser Raumzeit, d.h. als Streckenzüge, bei denen das Linienelement ds minimiert wird:

$$\frac{d^2 x^\mu}{ds^2} + \Gamma^\mu_{\nu\rho} \frac{dx_\nu}{ds} \frac{dx_\rho}{ds} = 0.$$

Diese Geodäten waren die natürliche Verallgemeinerung gerader Linien des euklidischen Raumes, weil sie wiederum einem Minimalprinzip entsprangen, das an die Stelle älterer Extremalprinzipien (wie z.B. dem Fermat'schen Prinzip des kürzesten Weges) traten: $\delta \int ds = 0$.

Einstein selbst gelang noch im November 1915 der allerdings auf äußerst mühseligem Wege erreichte Nachweis, daß diese neue Theorie es gestattete, eine quantitativ zufriedenstellende Erklärung für die seit Mitte des 19. Jahrhunderts ungelöste *Merkurperihelanomalie* zu geben. Von dem Pariser Astronomen Urbain Jean Joseph Leverrier (1811–1877) war in einer Serie von Arbeiten zwischen 1839 und 1859 bemerkt worden, daß sich die ellipsenförmige Bahn des sonnennächsten Planeten im Jahrhundert rosettenförmig dreht, wobei es ihm und Simon Newcomb gelang, für etwa $532''$ der insgesamt beobachteten $574''$ eine Erklärung in Form von von anderen Planeten herrührenden Störungen zu beobachten. Ein Überschuß von etwa $42''$ blieb jedoch unerklärt, da ein von Leverrier vermuteter intramerkurieller Planet nicht auffindbar war.[24] Einsteins neue Theorie gestattete es, für diesen sonnennächsten Planeten neben dessen normaler Keplerbewegung eine zusätzliche Merkurperiheldrehung von $43''$ abzuleiten, wobei dieses Vorrücken der Merkurbahn in der Bewegungsrichtung grob gesprochen durch die nichteuklidische Raumzeit-Struktur in der unmittelbaren

---

[24] Für die Geschichte der Merkurperihelanomalie und volle Referenzen zu den hier nur am Rande erwähnten Arbeiten siehe Roseveare (1983) und dort zitierte Primärquellen.

Umgebung der Sonne zustande kam. Für die weiter von der Sonne entfernten Planeten ergab sich aus Einsteins Formalismus keine vergleichbar große Perihelanomalie mehr, weil im Bereich ihrer Bahnen keine nennenswerten Abweichungen von der Euklidizität mehr bestanden.[25] Die bestehende Übereinstimmung zwischen klassischer Keplertheorie einerseits und den mit großer Genauigkeit beobachteten äußeren Planetenbahnen andererseits wurde durch den Übergang auf die neue Theorie nicht gestört, da diese für nicht zu große Gravitationsfelder und Geschwindigkeiten in den Newtonischen Grenzfall überging.[26] Neben der erstaunlich guten Übereinstimmung zwischen empirisch bestehender Anomalie und theoretischer Voraussage war für Einstein sowie für diejenigen Wissenschaftler, die der Ableitung zu folgen vermochten, ein weiteres bestechendes Argument für die neue Theorie, daß zur Ableitung ihrer drei empirisch beobachtbaren Konsequenzen neben den Grundannahmen der Theorie keine zusätzlichen weiteren Fitparameter eingeführt bzw. an Beobachtungsdaten angepaßt werden mußten. Alles ergab sich wie aus einem Guß, ohne die bei alternativen Theorien notwendigen nachträglichen Fits freier Parameter – ein Vorteil, der zum Teil sogar von Einsteins Kritikern anerkannt wurde.[27]

> The great attraction of the theory is its logical consistency. If any deduction from it should prove untenable, it must be given up. A modification of it seems impossible without destruction of the whole.[28]

Auch wenn dieses Ergebnis allein bereits ein Hinweis auf die Attraktivität von Einsteins neuer Theorie für die Erklärung bislang nicht zureichend verstandener Anomalien sein konnte und Einstein selbst von ihrer Richtigkeit überzeugte[29], war es doch wünschenswert, weitere mögliche Anwendungen dieser Theorie ins Auge zu fassen. Doch genau dies gestaltete sich als äußerst umständlich, wenn man nur auf Einsteins eigene Ergebnisse zurück-

---

[25] Born (1920) S. 299f. zitiert in der Auflage von 1964 ferner auch grobe Bestätigungen der sehr viel geringeren relativistischen Perileffekte für Venus ($8,''4 \pm 4,''8$ empirisch gegenüber $8,''63$ theoretisch) und Erde ($5,''0 \pm 1,''2$ gegenüber $3,''8$), immer in Einheiten Gradsekunden pro Jahrhundert.

[26] Tatsächlich war die Forderung nach der Existenz dieses Newtonischen Limes eine der wichtigsten Heuristiken Einsteins bei der Aufstellung der allgemeinen Relativitätstheorie gewesen: Siehe dazu z.B. Einstein (1915/25, 1918, 1919 S. 14); vgl. dazu z.B. Misner, Thorne & Wheeler (1973) S. 412ff.

[27] Siehe z.B. Silberstein in: Eddington et al. (1919a) S. 112f., Born (1920) S. 299: „keine neue willkürliche Konstante".

[28] Einstein (1919) S. 14. Für Einsteins theoretischen Holismus und dessen Ursprünge in Duhem (1908) siehe z.B. Hentschel (1987), Howard (1990).

[29] Siehe dazu z.B. Einsteins Briefe an Sommerfeld, 28. Nov. und 9. Dez. 1915, CPAE 8, Dok. 153, S. 206 und Dok. 161, S. 216, auch abgedruckt in Hermann (1968) S. 32–37; vgl. Hentschel (1992c) zu Einsteins damaligem Drängen auf empirische Prüfung seiner Theorien.

greifen wollte, die mit recht bescheidenem mathematischem Handwerkszeug erarbeitet worden waren. Darum wurde es von vielen Seiten begrüßt, als Schwarzschild Anfang 1916 die später nach ihm benannten Lösungen der Einsteinschen Feldgleichungen für eine inkompressible Flüssigkeit bzw. für einen Massenpunkt ableitete, die für die Anwendung der Einsteinschen Theorie der Relativität und Gravitation von 1915/16 auf das Planetensystem und andere zentralsymmetrische Probleme sofort große Bedeutung bekamen.[30] Für die Diskussion der Rotverschiebung im Gravitationsfeld, um die es uns hier ja geht, reicht es, den Ausdruck für das Linienelement dieser sogenannten Schwarzschild-Lösung der Feldgleichungen im Abstand r *außerhalb* der Kugel der Masse m einzuführen, der in Kugelkoordinaten r, θ, ϕ wie folgt lautet:[31]

$$ds^2 = +(1 - 2m/R)dt^2 - (1 - 2m/R)^{-1}dR^2 - R^2(d\theta^2 + \sin^2\theta d\phi^2) \quad (6)$$

$$\text{mit } R := (r^3 + (2m)^3)^{1/3}.$$

Betrachten wir einmal nur den zeitabhängigen Anteil der rechten Seite dieser Gleichung, so sehen wir, daß für ruhende Massenpunkte ($d\theta = dr = d\phi = 0$) aus dem Schwarzschildschen Linienelement weiter folgt:

$$ds^2 = (1-2m/r)dt^2 \Rightarrow ds = dt \cdot \sqrt{1 - 2m/r} \simeq (1-m/r)dt = (1+\phi)dt. \quad (7)$$

Wegen der Invarianz von ds^2 folgt daraus für den Vergleich der Zeiteinheiten zweier Uhren, die in den Gravitationspotentialen ϕ_1 und ϕ_2 ruhen, weiter: $(1 + \phi_1)dt_1 = ds = (1 + \phi_2)dt_2$. Erinnern wir uns nun wieder an das Argument, daß das irdische Gravitationsfeld ϕ_2 gegenüber dem der Sonne vernachlässigbar klein ist, so erhalten wir wieder $ds/c \equiv d\tau = (1 - \Delta\phi_\odot)dt$, d.h. Schwingungsvorgänge auf der Sonne haben eine längere Schwingungsdauer, wenn man sie mit Schwingungsvorgängen des gleichen Systems auf der Erde vergleicht. Bis auf die Wahl der Einheiten für das Gravitationspotential ϕ (in der obigen Ableitung wurde $c = 1$ gesetzt) entspricht dies aber genau dem Ausdruck (2), den Einstein aus völlig anderen Argumenten bereits 1907 und dann wieder 1911 abgeleitet hatte, d.h. die GRV war auch

---

[30] Siehe Schwarzschild (1916); vgl. dazu insb. Hund in Schwarzschild (1992) Bd. 3, S. 256f. sowie Eisenstaedt (1982) für die Diskussionen um Anwendungen der Schwarzschild-Lösung bis 1923.

[31] Siehe Schwarzschild (1916) S. 194/454, wobei er statt $2m$ noch allgemeiner die Konstante α ansetzt, „die von der Größe der im Nullpunkt befindlichen Masse abhängt"; vgl. dazu z.B. Wiechert (1920) S. 354f. und Hund in Schwarzschild (1992) Bd. 3, S. 256. Alle Terme in runden Klammern sind dabei so definiert zu denken, daß m/R einheitsfrei wird: d.h. hier wurde die Lichtgeschwindigkeit c und die Gravitationskonstante G gleich 1 gesetzt.

eine besonders leicht abzuleitende empirische Konsequenz von Einsteins neuer Theorie der Relativität und Gravitation (im folgenden abgekürzt ART).

Tatsächlich galt auch für die anderen empirischen Konsequenzen der neuen Theorie Einsteins von Ende 1915, daß diese nur quantitativ geringfügig von denen seiner früheren Theorie von 1905, die nun als ‚spezielle Relativitätstheorie' erschien, bzw. von denen der klassischen Mechanik und Gravitationstheorie abwichen. Diese Abweichungen machten sich erst für große Gravitationspotentiale oder bei großen Geschwindigkeiten bemerkbar, was auch erklärte, daß sie im Planetensystem nur für die Sonne selbst und die sonnennächsten Planeten überhaupt nachweisbare Auswirkungen hatten, während Einsteins Theorie im übrigen die klassischen Ergebnisse reproduzierte.

Der Umstand, daß Schwarzschild im Rahmen der Einsteinschen Theorie, die er 1914 experimentell testete, ab Ende 1915 auch theoretisch arbeitete und somit weitere Energie in diese Theorie investierte, ist übrigens insofern signifikant, als dies nahelegt, daß Schwarzschild *nicht* (wie einige andere Astronomen und Astrophysiker nach ihm) mit einer negativen Grundeinstellung der ART gegenüber an seine Untersuchung herangegangen war, sondern eine eher wohlwollende Prüfung angestellt hatte. Umso ärgerlicher war es natürlich für Einstein, daß selbst Schwarzschild 1914 keine klare Bestätigung der GRV gefunden hatte, die neben der erfolgreichen Retrodiktion der Merkurperihelbewegung als eine zweite empirische Stützung der ART hätte dienen können.

Die recht skeptisch klingende Gesamtbewertung des empirischen Status der GRV am Ende von Schwarzschilds Arbeit aus dem Jahr 1914 muß für Einstein und Freundlich frustrierend gewesen sein, doch noch fataler war Schwarzschilds Tod im Jahr 1916. Damit war der einzige deutschsprachige Astronom gestorben, der an der GRV Interesse hatte *und* darüber hinaus ungehinderten Zugang zu geeigneten Beobachtungsinstrumenten hatte. Und in Anbetracht der Kleinheit der Effekte der ART sowie der eher negativen Aussagen Schwarzschilds wundert es nicht einmal allzu sehr, daß Einsteins Voraussagen von anderen Astronomen zunächst nicht beachtet wurden. Freundlich, dessen bedeutende Rolle als eine Art Trommler Einsteins in der deutschsprachigen astronomischen *scientific community* seit etwa 1913 bereits oben erwähnt worden war, konnte sich der Untersuchung dieser empirischen Tests der Theorien Einsteins „nur in den Stunden freier Zeit" widmen[32], da er an der Sternwarte mit Routineaufgaben am Meridi-

---

[32]Lebenslauf Freundlichs in der Handakte Struve, ca. 1915, Archiv der Berlin-Brandenburgischen Akademie der Wissenschaften, Sternwarte Babelsberg, 64, Bl. 2.

ankreis vollauf eingedeckt war. Insbesondere war es ihm noch längere Zeit nicht möglich, eigenständig Daten zur Prüfung der Voraussagen Einsteins zu gewinnen.[33]

So mußte also auch Freundlichs nächster Versuch, selbst etwas zur Klärung der Frage beizutragen, ob die GRV in der von Einstein vorhergesagten Größenordnung vorliegt, aufgrund dieser untergeordneten Stellung eine ‚Literaturarbeit' sein, die auf den Meßwerten anderer Beobachter basierte. Da sein erster Ansatz zur Neudeutung vorhandener Messungen durch Schwarzschilds Untersuchungen zum *Sonnen*spektrum keine eindeutige Bestätigung erfahren hatte, sondern implizit durch Schwarzschilds Hinweis kritisiert worden waren, daß sich „bei näherem Hinsehen [...] die Verhältnisse als viel verwickelter"[34] erweisen, überlegte sich Freundlich, ob nicht vielleicht aus den Spektren *anderer* astronomischer Objekte Indizien für die GRV gesammelt werden könnten. Somit widmete er sich in den Jahren 1915–16 dem Versuch einer systematischen Re-Interpretation vorhandener Daten zu Fixsternspektren unter der Fragestellung, ob in ihnen bislang unerkannte relativistische Effekte versteckt sind.

Der Astronom Ritter Hugo von Seeliger (1849–1924) bemerkte die Fehlerhaftigkeit dieser Überlegungen und kritisierte Freundlich in einer immer polemischer werdenden Abfolge von Aufsätzen.[35] Daß v. Seeliger nicht nur Freundlich, sondern auch der ‚relativistischen Mode' einen kräftigen Hieb verpassen wollte, ist belegbar in einem anderen Brief v. Seeligers an Struve, in dem er Struve gegenüber begründete, warum er überhaupt Repliken auf Freundlich schreibe:

> Die Sache war übrigens nur insofern dringend, als ich zufällig hörte, daß Einstein auf die Beweisführung des Herrn Dr. F. großen Wert legt. Sie wissen, daß ich vielen Hypothesen der neuesten Physik äusserst skeptisch gegenüberstehe und deshalb schien mir die besprochene Frage einiges Interesse zu haben.[36]

Das heißt, v. Seeliger (und auch andere nach ihm) schlugen auf Freundlich ein, aber sie meinten Einstein. Letzterer wußte genau, wer gemeint war: An seinen Münchner Kollegen Sommerfeld schrieb Einstein: „Sagen Sie Ihrem Kollegen [von] Se[e]liger, dass er ein schauerliches Temperament hat. Ich genoss es neulich in einer Erwi[d]erung, die er an den Astronomen

---

[33] Über Freundlichs Expedition zur Sonnenfinsternis in Rußland 1914, die leider wegen dem Ausbruch des 1. Weltkrieges ihr Ziel nicht erreichen konnte, siehe Kirsten & Treder (1979) Bd. 1, S. 164ff. sowie Hentschel (1994).
[34] Siehe Schwarzschild (1914) S. 1202; vgl. dazu Hentschel (1998).
[35] Siehe Hentschel (1992b, 1997) für eine ausführliche Darstellung dieser Episode.
[36] Von Seeliger an Struve, 15. VIII. 1915, Archiv der Berlin-Brandenburgischen Akademie der Wissenschaften, Sternwarte Babelsberg, 65, Bl. 15.

Freundlich richtete."³⁷ Durch seine rückhaltlose Parteinahme für die Relativitätstheorie, also für die Sache Einsteins, wurde Freundlich seit 1915 der Prügelknabe der großteils anti-relativistischen Wissenschaftler-Gemeinde der Astronomen in Deutschland. Der angerichtete Schaden war groß. Selbst Karl Schwarzschild, einer der wenigen einflußreichen Astronomen Deutschlands, die Einsteins Relativitätstheorie nicht ohnehin schon aufgrund ihrer mathematischen Schwierigkeiten ablehnend gegenüberstanden, war verunsichert. So schrieb er etwa an v. Seeliger, seinen ehemaligen Doktorvater, unter dem Eindruck von dessen scharfem Angriff auf Freundlich in den *Astronomischen Nachrichten*:

> Man sieht daraus, daß Freundlich entschieden unaufrichtig war – die Gravitationsverschiebung sollte absolut heraus gebracht werden. Wie Sie zeigen, bleibt nichts merkliches davon übrig. Es thut mir fast leid, da ich mich allmählich auch in die Einsteinsche Theorie – Hilbert's Fassung ist noch schöner – verliebt habe.³⁸

Noch bevor sich dieser eher enttäuschende Tenor unter den Astronomen durchgesetzt hatte, versuchte Einstein, aus den Arbeiten Freundlichs zur Fixsternstatistik einen etwas positiveren Befund zu destillieren. In seine Betrachtungen über die *Grundlagen der allgemeinen Relativitätstheorie* von 1916 fügte er die folgende geschickt formulierte Anmerkung ein, in der *er* kein eigenes Risiko übernahm, weil das empirische Ergebnis allein auf Freundlichs Konto verbucht wurde, während seine Theorie dennoch in besserem Licht dastand als dies ohne jeden Hinweis auf *mögliche* empirische Bewährung der Fall gewesen wäre. „Für das Bestehen eines derartigen Effektes [der GRV] sprechen nach E. Freundlich spektrale Beobachtungen an Fixsternen bestimmter Typen. Eine endgültige Prüfung dieser Konsequenz steht indes noch aus."³⁹ Einstein blieb von den niederschmetternden Resultaten v. Seeligers offensichtlich wenig beeindruckt und schien nach wie vor von der prinzipiellen Gangbarkeit des von Freundlich aufgezeigten Weges überzeugt:

> Ich danke Ihnen bestens für die Nummer der Astron. Nachrichten [...] Der Seliger' sche [sic] Artikel sagte mir nichts Neues. [...] Jedenfalls sehe ich, dass Freundlichs Ergebnis keineswegs gesichert ist, nicht einmal qualitativ. Dagegen muss man Freundlich zugute halten, dass er zuerst auf einen gangbaren Weg zur Prüfung der Frage aufmerksam gemacht hat.⁴⁰

---

[37] Einstein an Sommerfeld, 9. XII. 1915, CPAE 8, Dok. 161, S. 216, auch in Hermann (1968) S. 37.

[38] Schwarzschild an einen „Hochverehrten Freund" [Hugo v. Seeliger], undatiert, Staats- und Universitätsbibliothek Göttingen, Schwarzschild Briefe, Nr. 193.

[39] Einstein (1916) S. 821.

[40] Einstein an Hermann Struve, 15. II. 1916, CPAE 8, Dok. 190, S. 261.

Entgegen den optimistischen Erwartungen Freundlichs und Einsteins über die grundsätzliche Prüfbarkeit der ART über diesen Weg zeigte sich, daß dem nicht so war. Beide waren zu diesem Zeitpunkt von der Voraussetzung eines statischen Kosmos ausgegangen, für den sich im Mittel keine Doppler-Rotverschiebung von weit entfernten Objekten relativ zur Erde zeigen sollten. In den ersten Jahren nach der kosmologischen Verallgemeinerung der ART wies Einstein die von Friedman aufgezeigte Möglichkeit dynamischer Lösungen der Feldgleichungen kategorisch zurück.[41] Hingegen zeigte sich mit Hubbles Untersuchungen in den 20er Jahren, daß der Kosmos tatsächlich in einer Expansion begriffen ist, so daß weitentfernte Fixsterne mit einer zu ihrer Entfernung proportionalen Geschwindigkeit sich von der Erde wegbewegen. Damit waren den beobachteten Rotverschiebungen der Fixsterne Probleme der Kosmologie und der Sternentwicklung überlagert, und die Hoffnung einer Abtrennbarkeit der GRV hatte sich endgültig zerschlagen.

2 Einsteins Beharren auf der GRV: 1919/20

1919 hatte sich die Tonlage, in der Einstein sich über Freundlich äußerte, wesentlich geändert. An einen englischen Kollegen schrieb er im Dezember 1919 u.a., daß es ihn sehr gefreut habe, daß dieser über Freundlich anerkennende Worte gefunden habe. „Er ist sehr eifrig, hat aber infolge sachlicher und persönlicher Hindernisse noch nicht viel zur Prüfung der Theorie beitragen können."[42] Und in der 10. Auflage seines populärwissenschaftlichen Büchleins *Über die spezielle und die allgemeine Relativitätstheorie* vermerkte Einstein ohne Nennung des Namens von Freundlich:

> Bei den statistischen Untersuchungen an den Fixsternen sind mittlere Linienverschiebungen nach der langwelligen Spektralseite sicher vorhanden. Aber die bisherige Bearbeitung des Materials erlaubt noch keine sichere Entscheidung darüber, ob jene Verschiebungen wirklich auf die Gravitation zurückzuführen sind.[43]

---

[41] Siehe Friedman[n] (1922) sowie Einstein (1922); vgl. ferner weitere Hinweise auf Sekundärtexte z.B. in Hentschel (1990) Abschn. 1.4 sowie hier den Beitrag von Thomas Jung.

[42] Einstein an Eddington, 15. XII. 1919, CPAE 9, Dok. 216., S. 304; mit den sachlichen Hindernissen wird auf die materiell schlechte Situation im Nachkriegsdeutschland und die unzureichenden instrumentellen Möglichkeiten Freundlichs angespielt, die er mit dem Bau des Einstein-Turmes speziell für Sonnenbeobachtungen später dann entscheidend verbessern konnte; mit ‚persönlichen Hindernissen' meint Einstein wohl die vielen Streitigkeiten und Querelen Freundlichs mit Mitarbeitern und Kollegen.

[43] Einstein (1917b) S. 90; (1917c) S. 194f.; ferner verwies Einstein dann auf einen neueren Überblick von Freundlich (1919).

Festzuhalten bleibt, daß die hastige Untersuchung Freundlichs, in der ganz offensichtlich bestimmte Parameter *ad hoc* immer so angesetzt wurden, wie dies für die Übereinstimmung der ART mit den Beobachtungen am günstigsten war, eher das Gegenteil dessen erreichte, was sie intendiert hatte. Statt Vertrauen in das Vorliegen des ‚Einstein-Effektes' bestand die Reaktion in einem geschärften Mißtrauen gegenüber simplifizierenden (monokausalen) Erklärungsansätzen. Als die dominante Erwartungshaltung von Theoretikern und Experimentatoren schälte sich die Skepsis in die Aussagekräftigkeit bestehender bzw. früherer Experimente heraus, gepaart mit der Hoffnung auf quantitativ zuverlässigere Experimente, mit denen störende Nebeneffekte ausgeschlossen werden könnten (neben Druckeinflüssen auch noch Temperaturschwankungen im Spektroskop, Einfluß elektrischer und magnetischer Felder sowie der Parameter des Stromkreises für Funken- und Bogenspektren).

An Arthur Stanley Eddington (1882–1944), den frühesten Protagonisten der ART in England, schrieb Einstein Ende 1919:

> Ich staune über das grosse Interesse, das die Theorie trotz ihrer Schwierigkeiten bei den englischen Fachgenossen findet.
>
> Wissenschaftlich möchte ich Folgendes bemerken. Nach meiner Ueberzeugung ist die Rotverschiebung der Spektrallinien eine absolut zwingende Konsequenz der Relativitätstheorie. Wenn bewiesen wäre, dass dieser Effekt in der Natur nicht existiert, so müsste die ganze Theorie verlassen werden.[44]

Das Argument, mit dem er sein unbedingtes Vertrauen in die Existenz der GRV gegenüber Eddington im Jahr 1919 stützte, basiert auf einer neuen Variante der Gedankenexperimente, mit denen er die GRV seit 1907 plausibel zu machen versuchte. Diesmal betrachtete er zwei Koordinatensysteme, von denen eines ein Inertialsystem K sei, das andere (K') relativ zu diesem in gleichförmiger Rotation befindlich sein soll. Eine im rotierenden System befindliche Uhr U' wird wegen der Relativbewegung langsamer laufen als eine im Zentrum des Inertialsystems K befindliche ruhende Uhr U. Hierfür wird nur die speziell-relativistische Zeitdilatation (1) der speziellen Theorie von 1905 vorausgesetzt. Wenn das Äquivalenzprinzip, das die Entsprechung der physikalischen Effekte von Beschleunigungs- und Gravitationsfeld fordert, in Strenge gültig sein soll, muß das rotierende System K' auch ersetzbar sein durch eines, bei dem statt der Rotationsbeschleunigung eine numerisch gleichgroße Gravitationskraft auf die Uhr U' einwirkt.

---

[44]Einstein an Eddington, 15. Dez. 1919, CPAE 9, Dok. 216, S. 204; analog an Freundlich am 29. März 1919: „Ich für meine Person bin nun von der Existenz der Rotverschiebung überzeugt" (CPAE 9, Dok. 15, S. 27).

"In diesem Falle muss die Schnelligkeits-Differenz des Ganges der beiden Uhren offenbar auf das Gravitationsfeld zurückgeführt werden. (Potentialdifferenz des Zentrifugalfeldes). Die Uebertragung auf Gravitationsfelder anderer Art dürfte wohl unvermeidlich sein."[45]

Dieses trotz aller empirischer Befunde der Zeit ungebrochene Vertrauen in das Vorhandensein des GRV-Effektes zeigte Einstein nicht nur in privater Korrespondenz, sondern auch in Veröffentlichungen, am deutlichsten wohl in seiner schon oben erwähnten populären Schrift *Über die spezielle und die allgemeine Relativitätstheorie*, in deren 10. Auflage (1920) er einerseits einen durchaus ausgewogenen Bericht zur damaligen experimentellen Situation gab, andererseits aber davon unbeeindrucktes Vertrauen in den Effekt zeigte:

> Ob dieser Effekt tatsächlich existiert, ist eine offene Frage, an deren Beantwortung gegenwärtig von den Astronomen mit großem Eifer gearbeitet wird. Bei der Sonne ist die Existenz des Effektes wegen seiner Kleinheit schwer zu beurteilen. Während Grebe und Bachem (Bonn) auf Grund ihrer eigenen Messungen sowie derjenigen von Evershed und Schwarzschild an der sogenannten Cyanbande, ebenso Perot auf Grund eigener Beobachtungen, die Existenz des Effektes für sichergestellt erachten, sind andere Forscher, insb. W.H. Julius und S[t]. John [siehe Abb. 1, S. 12], auf Grund ihrer Messungen der entgegengesetzten Ansicht bzw. von der Beweiskraft des bisherigen empirischen Materials nicht überzeugt. [...].
>
> Jedenfalls werden die nächsten Jahre eine sichere Entscheidung bringen. Wenn die Rotverschiebung der Spektrallinien durch das Gravitationspotential nicht existierte, wäre die allgemeine Relativitätstheorie unhaltbar. Andererseits wird das Studium der Linienverschiebung, wenn sein Ursprung aus dem Gravitationspotential sichergestellt sein wird, wichtige Aufschlüsse über die Massen der Himmelskörper geben.[46]

Hingegen bedeutet diese rigide Haltung Einsteins in betreff der ART nicht, daß nicht von anderen Physikern Aufweichungsversuche vorgenommen wurden. Keineswegs alle beschränkten sich darauf, "abzuwarten und zuzusehen", wie Eddington dies in der deutschen Übersetzung seines *Umriß der allgemeinen Relativitätstheorie* für sich selbst formulierte, und selbst er verband diese Kontemplation mit Überlegungen, "wie unsere Theorie aussehen würde, wenn das dritte experimentum crucis gegen sie entscheidet."[47]

---

[45] Einstein an Eddington, 15. Dez. 1919; CPAE 9, Dok. 216, S. 304; vgl. auch die Auswertung dieses Kapitels zu weiterführenden Bemerkungen über die Einsteinsche Argumentation.
[46] Einstein (1917c) S. 105; zu den erwähnten Messungen siehe Hentschel (1992a) und Hentschel (1998) Abschn. 8.8., 9.
[47] Eddington (1920/23) S. 134; mit dem 3. ‚experimentum crucis' meint Eddington die GRV.

Freilich resultierte bei Eddington als Ergebnis dieser Überlegungen eine Bekräftigung seines Vertrauens in die Existenz der GRV in der von Einstein vorhergesagten Größenordnung, obwohl er auch Zweifel daran zuließ:

> Nach meiner Meinung ist die Verschiebung der Fraunhoferschen Linien ein Ergebnis der Theorie, das eine sehr große Wahrscheinlichkeit für sich hat und voraussichtlich einmal durch das Experiment bestätigt werden wird. Aber ganz frei von jedem Zweifel ist es nicht.[48]

3 Zur Bedeutung der GRV für die ART

3.1 ‚Konstruktive Theorien' contra ‚Prinzipien-Theorien'

Viele der ‚klassischen' Physik verpflichtete Physiker wie z.B. H.A. Lorentz, Max Planck oder Emil Wiechert gingen „vom schon Bekannten" aus und suchten nach derjenigen kleinstmöglichen Korrektur am bewährten Wissenskanon, mit der sich die unvorhergesehenen experimentellen Befunde erklären lassen.[49] Demgegenüber ging Einstein bei seinen Theoriekonstruktionen von einigen wenigen Grundprinzipien aus, von deren Geltung er sich anhand empirischer Grundtatsachen (wie z.B. der Gleichheit von träger und schwerer Masse), sowie mit Hilfe von Gedankenexperimenten und Analogien, durch Intuition und naheliegende Verallgemeinerungen, überzeugt hatte. Mit ‚heuristischen Gesichtspunkten' wie dem verallgemeinerten Relativitätsprinzip oder dem Machschen Prinzip (dessen Gültigkeit in der ART nur lösungsabhängig und überdies nur in Näherungen diskutiert werden kann, und dessen systematischer Status in der ART ebenfalls bis heute umstritten ist), in puncto GRV aber vor allem mit dem Äquivalenzprinzip, entwickelte er die Relativitätstheorie sozusagen von oben nach unten, wie wir dies am Beispiel der beiden ‚Ableitungen' der GRV bereits gesehen haben.

Seit Ende 1919 charakterisierte Einstein selbst den Unterschied dieser beiden Theorietypen als den zwischen „konstruktiven Theorien" und Prinzip- bzw. „Prinzipientheorien".

> There are several kinds of theory in physics. Most of them are constructive. These attempt to build a picture of complex phenomena out of some relatively simple proposition. [...]. But in addition to this most weighty group of theories, there is another group, consisting of what I call theories

---

[48]Eddington (1920/23) S. 136. Über Reaktionen anderer theoretischer Physiker: Hentschel (1998) Abschn. 8.6.

[49]Im Hinblick auf Lorentz' und Poincarés ganz ähnliche Einstellung hat Miller (1981) dies sehr treffend als ‚Modifikationismus' bezeichnet.

of principle. These employ the analytic, not the synthetic method. Their starting-point and foundation are not hypothetical constituents, but empirically observed general properties of phenomena, principles from which mathematical formulæ are deduced of such a kind that they apply to every case which presents itself.[50]

Als ein Beispiel für ersteres erwähnte Einstein die kinetische Theorie der Gase, als Beispiel für letzteres hingegen die phänomenologische Thermodynamik, die im Gegensatz zu ersterer ohne jede Annahme über die Struktur der Materie auskam. Sowohl seine Elektrodynamik bewegter Körper von 1905, die angesichts der späteren Entwicklungen nun *spezielle Relativitätstheorie* (abgekürzt SRT) genannt wurde, als auch die ART waren für ihn Musterbeispiele für Prinzipientheorien.[51] Während also für Wiechert eine Aussage wie ‚die Spektrallinien der Sonne sind gegenüber denen irdischer Lichtquellen um den relativen Anteil 10^{-6} nach Rot verschoben' nur dadurch gerechtfertigt werden konnte, daß Experimente eben diesen Befund in genau dieser Größenordnung ergaben, war sie für Einstein eine natürliche, ja fast selbstverständliche Konsequenz einer tiefen Einsicht in die Äquivalenz von Gravitations- und Beschleunigungsfeldern. Eben weil sich Einstein seit 1907 in immer wieder modifizierten, aber in ihrem Resultat gleichlautenden Gedankenexperimenten von dem direkten Zusammenhang zwischen Äquivalenzprinzip und der GRV überzeugt hatte, bestand für ihn keinerlei Möglichkeit, ja nicht einmal ein Interesse an einer Veränderung dieser Voraussage: Die GRV *mußte* einfach vorliegen, und zwar in voller Höhe, sonst wäre das Äquivalenzprinzip und damit die gesamte ART hinfällig. Man kann in dieser Anbindung einer recht speziell scheinenden experimentellen Konsequenz der ART an die gesamte verallgemeinerte Theorie der Relativität und Gravitation auch ein Indiz des erkenntnistheoretischen Holismus sehen, auf den Einstein sich seit 1916 mehr und mehr zubewegte.[52] Somit erweist sich die Auffassung der ART als Prinzipientheorie als der entscheidende Grund für Einsteins unbeirrbares Vertrauen in die GRV zwischen 1919 und 1925. Aber auch umgekehrt wird jetzt verständlich, warum seine Theoretiker-Kollegen vielfach anders reagierten und sich mit Versuchen beschäftigten, die ART zu modifizieren oder Alternativen zu ihr zu konstruieren: Denn für die dem Methodenideal der konstruktiven Theorien verpflichteten Anhänger der Elektronentheorie à la Lorentz, Wiechert oder Abraham war dies die naheliegendste Strategie, die sie stets angewandt hatten, wenn irgendeine Unstimmigkeit zwischen Theorie und Experiment aufgetaucht war.

---

[50] Einstein (1919) S. 13.
[51] Siehe z.B. Einstein (1919); vgl. auch Einstein (1987b) S. xxi-xxii, 257.
[52] Vgl. dazu Hentschel (1987) und Howard (1990).

3.2 Die GRV als ‚crucialer Test' des Äquivalenzprinzips

Rotverschiebungseffekte im Sonnenspektrum waren bereits lange vor dem Aufkommen der ART bekannt und experimentell gesichert. Noch völlig offen war hingegen, wie diese Effekte theoretisch zu deuten waren. Einstein fügte zu den existierenden theoretischen Modellierungsversuchen nur eine weitere Möglichkeit hinzu.[53] Diese Konstellation dürfte für normale Wissenschaft weitaus typischer sein als die spektakuläre aber seltene Voraussage und anschließende Bestätigung eines völlig ‚neuen' Effektes. Da bis in die späten 50er Jahre nur drei Möglichkeiten absehbar waren, diese neue ‚allgemeine Theorie der Relativität und Gravitation' (ART) zu testen, wurde der GRV verschiedentlich auch der Status eines ‚entscheidenden' empirischen Tests für oder gegen die ART zugewiesen.

Daß die GRV in Bezug auf die ART eine solche entscheidende Testinstanz, ein *experimentum crucis* war, wurde in der wissenschaftlichen Primärliteratur ebenso wie auch in der teilweise populären Sekundärliteratur zur ART immer wieder behauptet.[54] Eine nähere Analyse der Argumente für die GRV, wie Einstein sie in seinen Aufsätzen von 1907 und 1911 vorbrachte,[55] zeigt, daß die GRV ‚eigentlich' nur ein Effekt des Äquivalenzprinzips, nicht der vollen ART ist. Statt dieses erneut umständlich zu zeigen, soll hier der Hinweis darauf ausreichen, daß beide Ableitungen der GRV ja vor der Fertigstellung der ART, ja sogar vor Beginn der Riemannisierung der Raum-Zeit durch Einstein als dem entscheidenden Schritt in Richtung auf die ART erfolgt war. Es hängt mit der Rezeptionsgeschichte der ART seit 1919 zusammen, daß die GRV spätestens ab diesem Zeitpunkt so oft als einer der drei ‚crucialen' Testbereiche der ART dargestellt wurde. Erst gegen 1960 wurde insbesondere durch Arbeiten von Robert H. Dicke[56], Leonard I. Schiff und Alfred Schild wieder verstärkt

---

[53]Zum Vergleich: Die Lichtablenkung im Gravitationsfeld wurde erst durch die ART experimentell interessant. Zwar war schon 1801 durch Soldner abgeschätzt worden, wie stark das Licht im Schwerefeld der Sonne (unter Voraussetzung der Teilchenhaftigkeit des Lichtes) abgelenkt würde, aber die meistens unterschlagene Bewertung, die Soldner am Ende seiner Studie vornahm, war die, daß dieser Effekt wegen seiner Kleinheit niemals wird überprüfbar sein – insofern verstaubte die Arbeit Soldners nicht umsonst 120 Jahre lang, bis Lenard sie (mit polemischen Interessen als Prioritätskandidat gegen Einstein) wieder ausgrub und teilweise wiederveröffentlichte – vgl. dazu Hentschel (1990) Abschn. 3.3.

[54]Als Beispiele zitiere ich hier nur: Eddington (1918b) § 31ff., de Sitter (1933) Abschn. 6, S. 150ff.

[55]Siehe dazu hier Abschn. 1.1; vgl. insb. Pais (1982b) S. 180f, 196f. sowie Earman & Glymour (1980a) für spätere Argumentationsvarianten und eine noch tiefgründigere Herausschälung der dabei jeweils benutzten Voraussetzungen.

[56]Dicke (vgl. zur Person Hentschel (1998) Abschn. 11.3) stellt in einem Interview mit

darauf hingewiesen, daß die GRV eben *nicht* wie etwa die Merkurperihelbewegung der *vollen* ART zu ihrer Ableitung bedarf.[57] Insofern ist die Entscheidung über ihr Vorliegen eben kein Test der ART, sondern einer viel größeren Klasse von Theorien, die *alle* das Äquivalenzprinzip erfüllen, sich im übrigen in der Ausgestaltung der Raum-Zeit-Geometrie und der Formulierung ihrer Abhängigkeit von der Energie-Materieverteilung aber noch tiefgreifend unterscheiden können.[58]

Dennoch wollen wir nicht in den Anachronismus verfallen, diese Einsicht der 1960er Jahre auch schon den Akteuren von 1907ff. oder ca. 1920 abzuverlangen. Sicher hat der Einstein des Jahres 1907 oder 1911 diese Zusammenhänge noch nicht einmal ahnen können. Doch auch ohne diese enge Verknüpfung zwischen GRV einerseits und dem Äquivalenzprinzip andererseits schon voll zu durchschauen, blieb Einstein seit 1907 bei seinem Vertrauen in die Existenz der GRV, aller mageren Evidenz zum Trotz, und suchte durch Kontakte wie mit Julius, Freundlich, Schwarzschild oder Grebe und Bachem zu einer möglichst raschen und klaren Bestätigung dieser Voraussage zu kommen.

Während bislang die vielen Varianten der Ableitungen, die Einstein von der GRV im Laufe seiner gedanklichen Entwicklung hin zur ART gegeben hat, stets unter dem Gesichtspunkt betrachtet wurden, welche davon die eleganteste, beste oder strengste ist, sehe ich in diesem Verfahren der *Variation theoretischer Ableitungen wichtiger Beobachtungsresultate* auch ein Verfahren zur Prüfung der Stabilität eines sich erst allmählich formenden Netzes von zum Teil altbewährten, zum Teil neuartigen physikalischen Hypothesen. Es ist signifikant, daß Einstein einem Kenner der Materie wie z.B. Eddington gegenüber nicht einfach seine alten Argumente wiederholt, sondern sein Fahrstuhl-Gedankenexperiment variiert, indem er gleichförmige Rotation statt gleichförmig geradliniger Beschleunigung betrachtet. Dahinter scheint mir folgende unausgesprochene Überlegung zu stehen: Eine wirklich unumgängliche Konsequenz eines theoretischen

---

Martin Harwit am 18. Juni 1985 fest, daß er sich ca. 1957 davon überzeugt hatte, daß die GRV „wasn't really a test of relativity at all, but it was a test of much more general principles than that specific theory." (Transkript des Interviews, American Institute of Physics, S. 24).

[57] Streng genommen nicht einmal aller Komponenten des metrischen Tensors, sondern lediglich der 00-Komponente als (wenn man so will) ihrem elementarsten Anteil, der bereits aus der Forderung resultierte, daß diese zu konstruierende Theorie in erster Näherung in die Newtonschen Gleichungen übergeht.

[58] Vgl. dazu Dicke (1957a,b), Schiff (1960), Schild (1960); vgl. auch Earman & Glymour (1980a) und Will (1992) S. 18f.: „Despite the fact that Einstein regarded this as a crucial experiment of general relativity, we now realize that it does not distinguish between general relativity and any other metric theory of gravity."

Grundprinzips (wie hier des Äquivalenzprinzips) muß sich stabil zeigen gegenüber Änderungen des Anwendungskontextes, während ein gedanklicher Irrtum, der bei starrem Betrachten eines singulären Falles nie ganz auszuschließen sein wird, bei Wechsel des Kontextes schnell zum Zusammenbruch der Argumentation führen wird. Insofern ist der häufige Wechsel dieser Anwendungskontexte, der im Werk Einsteins nicht nur für die GRV, sondern etwa auch für das Relativitätsprinzip, für die relativistische Zeittransformation oder für die rotierende Scheibe nachweisbar ist, mehr als nur der Ausdruck besonderer Souveränität in dem Aufweis des Wirkens allgemeiner Prinzipien in sehr speziellen Situationen – es ist stets auch eine Vergewisserung, daß alle Komponenten seines Argumentationsnetzes untereinander in jeder Konstellation widerspruchsfrei verknüpfbar bleiben.[59]

Weil nun bei all diesen Variationen der theoretischen Ableitungen immer wieder die gleiche Voraussage für die GRV resultierte, solange nur das Äquivalenzprinzip vorausgesetzt wurde, avancierte die GRV für Einstein zu einem für die Weichenstellung seiner weiteren Verallgemeinerungsversuche seiner Relativitätstheorie in der Tat ‚entscheidenden' Experiment: Dann und nur dann, wenn die GRV in voller Höhe empirisch aufweisbar war, konnte sein Äquivalenzprinzip richtig sein, und davon wiederum hing der weitere Weg ab, den er für die Verallgemeinerung des Relativitätsprinzips auch auf beschleunigte Bewegungen einzuschlagen hatte. Darum wuchs der GRV gerade in dieser Frühphase der Entwicklung solch große Bedeutung zu, und darum versuchte Einstein so nachhaltig, seine experimentell arbeitenden bzw. sonnenphysikalisch beobachtenden Kollegen in die Lage zu versetzen, diese empirische Bestätigung beizubringen. Nach der Entwicklung des vollen Formalismus Ende 1915 und der umgehenden Bestätigung der Merkurperiheldrehung sowie den Ende 1919 vorliegenden ersten Meßdaten zur Lichtablenkung verlor die GRV bereits einen Teil ihrer Dringlichkeit für Einstein. Aber noch immer stand und fiel ein unentbehrlicher Kernbestandteil seines Theoriengebäudes mit der empirischen Bestätigung für die GRV, und konsequenterweise interessierte sich Einstein auch noch bis in die 20er Jahre hinein aktiv für die Klärung dieses Problems.[60] Somit war die GRV zwischen 1907 und 1915 ein *experimentum crucis auf Zeit*, und zwar im Hinblick auf einen theoretischen Teilbestandteil der ART, nämlich das Äquivalenzprinzip, nicht die vollentwickelte Theorie. Dieser

---

[59]Vgl. zu dem hier eingeforderten wissenschaftstheoretischen Paradigmenwechsel weg vom Rekonstruieren in Form linearer Argumentationsketten, hin zum Erfassen der netzartigen Verflechtungen in wissenschaftlichen Argumenten, Hentschel (1993a) bzw. (1998) Abschn. 9.7.

[60]Zu den Gründen für Einsteins veränderte Einstellung gegenüber Experimenten ab den ausgehenden 20er Jahren siehe Hentschel (1992c).

Befund stimmt auch mit Franklins Befund zusammen, der an ganz anderen Fallbeispielen aus der modernen Hochenergiephysik gewonnen worden war:

> I believe that scientists, at least in contemporary physics where the theory is mature and well-developed, do, in fact, test theory in most of their experiments. They do so, in general, happily unaware of the philosophical problems noted above. Their testing is much more localized. They test either the least corroborated part of the theory, or the part regarded as crucial for the calculation of the result. They do not test general theories.[61]

Dieser Befund widerspricht nicht nur Duhems Doktrin von der Unmöglichkeit von crucialen Experimenten, sondern auch Duhems Theorienholismus, demzufolge wissenschaftliche Theorien nie komponentenweise, sondern stets nur als Ganzes getestet werden können. In der wissenschaftlichen Praxis bereitet es offenbar keine besonderen Schwierigkeiten, aus größeren Theorienkomplexen einzelne Teilbereiche gesondert einer empirischen Prüfung zuzuführen, da verschiedene theoretische Teilkomponenten unterschiedlich direkt oder eng mit der Empirie ‚verdrahtet' sind.

3.3 Kein ‚Fitten' von Parametern

Damit sind wir bereits bei der Frage nach der Besonderheit der Struktur der ART im Vergleich mit vielen ihrer zeitgenössischen Theorienalternativen. Woher gewann Einstein sein intuitives Vertrauen in die Richtigkeit des Äquivalenzprinzips und der (wie eben gezeigt) daraus unmittelbar folgenden GRV? Etliche andere Theoretiker hingegen, und zwar Anhänger wie Gegner der ART, versuchten sich entweder selbst in der Modifikation der relativistischen Voraussage oder in der Konstruktion alternativer Theorien mit veränderten Aussagen über die Rotverschiebung, oder hielten diese jedoch mindestens für durchaus möglich.[62]

Warum hatten diese Theorienalternativen mit theoretisch unbestimmten Parametern, die durch den Vergleich mit Beobachtungen bzw. Experimenten nachträglich festgelegt werden konnten, trotz all ihrer Flexibilität in der Anpassung der Theorie an Erfahrungswerte, offenbar bereits für die zeitgenössische scientific community (geschweige denn für uns heute) weniger Überzeugungskraft als die ART Einsteins? Warum gab es kaum einen Theoretiker, der sich in den Folgejahren ernsthaft mit ihnen auseinandersetzte oder sie gar weiterentwickelte? Meiner Überzeugung nach lag dies

---

[61] Franklin (1984) S. 388.
[62] Vgl. dazu Hentschel (1998) Abschn. 8.6 über Weyl, Wiechert, Jeans, Lodge und Larmor.

zum einen daran, daß z.B. Wiecherts Theorie gerade an solchen Stellen im Theoriengeflecht Änderungen vornahm, die außerordentlich gut bewährt waren: Gerade die Maxwellgleichungen modifizieren zu wollen, war schon ganz unbesehen von allen anderen Vorschlägen Wiecherts für sich genommen ein äußerst riskantes Unterfangen, das sofort Gefahr lief, die innere Konsistenz zu verlieren, die dem gesamten elektrodynamischen Wissenskorpus innewohnte und die Einstein bei der Aufstellung seiner SRT zum Beispiel nicht in Frage stellte. Einsteins Theorie hingegen modifizierte an solchen Stellen im Theoriennetz gerade nichts, sondern lediglich in Anwendungsbereichen, die bislang keiner direkten Erfahrung zugänglich gewesen waren: für starke Gravitationsfelder bzw. für sehr hohe Geschwindigkeiten. Auch die GRV war ebenso wie die Lichtablenkung und die Merkurperiheldrehung eine quantitativ geringfügige, gewissermaßen esoterische Abweichung gegenüber der klassischen Physik, die für die terrestrische Physik bei der damals erreichbaren Meßgenauigkeit ohne jede Bedeutung blieb. Erst im ausgehenden 20. Jahrhundert hat sich dies mit der Veralltäglichung von Präzisionstechnologien wie insbesondere GPS geändert.

Weiterhin präparierte Einstein in den verschiedenen Ableitungen der GRV seit 1907 den direkten Zusammenhang zwischen den Prinzipien der Theorie (hier insbesondere dem Äquivalenzprinzip) und der GRV auch dadurch heraus, daß er konsequent auf jede Einbeziehung quantentheoretischer Annahmen in die Ableitung des Effektes verzichtete, obgleich dies die Ableitung etwas verkürzt hätte. Denn auch diese Theorie war damals noch alles andere als gesichert, und eine Vermischung der beiden verschiedenen Theoriekontexte hätte dann genau diesen sozusagen lokalen Rückschluß auf die Richtigkeit oder Falschheit der theoretischen Annahmen der Relativitätstheorie je nach Vorliegen oder Nichtvorliegen der GRV unmöglich gemacht. Dieses Beispiel zeigt, daß Duhems holistische Auffassung wissenschaftlicher Theorien in dieser Hinsicht eine Überzeichnung der theoretischen Forschungspraxis ist. Naturwissenschaftliche Theorien bilden eben *nicht* ein logisch unauflösliches System, „von dem man nicht einen Teil in Funktion setzen kann, ohne daß auch die entferntesten Teile desselben ins Spiel treten",[63] sondern durch strikte Trennung von Anwendungskontexten ist eine lokalere Prüfung einzelner Komponenten dieser Theorien sehr wohl möglich.

Schließlich mag es von den zeitgenössischen Theoretikern eher als eine Schwäche denn als eine Stärke angesehen worden sein, daß Wiecherts Theorie sich so vielen möglichen Kombinationen empirischer Befunde durch das Fitten von Parametern immer wieder anpassen konnte. Sie entbehrte

---

[63] Duhem (1908) S. 249.

dadurch einer inneren Richtung, wie Einsteins Theorie sie durch die Nicht-Variierbarkeit der Voraussagen gerade in so großem Maße aufwies. In der Terminologie des Wissenschaftstheoretikers Karl Popper formuliert, läßt sich feststellen: Einsteins ART war leicht falsifizierbar, während z.B. Wiecherts Theorie dies (zumindest auf absehbare Zeit) nicht zu sein anstrebte. Insofern entsprach Einsteins Theorie eher dem Methodenkanon des Wiener Wissenschaftsphilosophen, demzufolge genau diese leichte Falsifizierbarkeit ein methodischer Vorzug ‚guter' Theorien darstellt: Einstein fuhr volles Risiko, während Wiechert jedweder absehbarer Widerlegung einen immunisierenden Riegel vorzubauen versuchte.

> The predictions of general relativity are fixed; the theory contains no adjustable constants so nothing can be changed. Thus every test of the theory is potentially a deadly test. A verified discrepancy between observation and prediction would kill the theory and another would have to be substituted in its place.[64]

Mit diesem Argument begründet Clifford M. Will, einer der heutigen Experten für Hochpräzisionstests der ART, warum für Experimentatoren ein solcher Reiz darin bestand, die wenigen Voraussagen der ART empirisch jeweils so genau wie mit dem jeweiligen Stand der Instrumententechnologie möglich einer Prüfung zu unterziehen. Unklar bleibt jedoch dabei, ab wann eine etwaige Diskrepanz zwischen Theorie und Experiment in diesem Unterfangen von der scientific community als ‚verifiziert' und damit als ‚tödlich' für die ART anerkannt würde. Während des gesamten in diesem Kapitel betrachteten Zeitraums bestanden solche Diskrepanzen, vor 1923/24 stärker, nach 1924 zugegebenermaßen etwas abgeschwächter, aber nicht weniger deutlich, und eine unumstrittene, ‚saubere' Verifikation der GRV erfolgte tatsächlich erst im Verlauf der 60er Jahre dank des Mößbauereffektes, der einen Riesensprung in der erreichbaren Meßgenauigkeit auf $\Delta E/E \simeq 10^{-13}$ mit sich brachte, was sogar den Nachweis der GRV im Schwerefeld der Erde ermöglichte.[65]

Literatur

Born, Max (1920): *Die Relativitätstheorie Einsteins*, Berlin: Springer, 1. Aufl. 1920 (mit Untertitel *und ihre experimentelle Bestätigung*; zitiert stets nach der 4. erw. Aufl. 1964)

Darrigol, Olivier (1996): The electrodynamic origins of relativity theory, *Historical Studies in the Physical Sciences* **26,2**, S. 241–312

---

[64] Will (1992) S. 64.
[65] Vgl. Hentschel (1996, 1998 Abschn. 11.2.-3) sowie Pound (2000/01) und dort genannte Primärquellen.

Dicke, Robert Henry (1957a): Principle of equivalence and the weak interactions, *Reviews of modern Physics* **29**, S. 355–362

Dicke, Robert Henry (1957b): Gravitation without a principle of equivalence, *Reviews of modern Physics* **29**, S. 363–376

Duhem, Pierre (1908): *Ziel und Struktur physikalischer Theorien*, Leipzig: Meiner, 1908 (Reprint mit Einführung von Lothar Schäfer, Hamburg: Meiner, 1978; franz. Orig. 1906)

Earman, John & Glymour, Clark (1980a): The gravitational redshift as a test of general relativity: History and analysis, *Studies in History and Philosopy of Science* **11**, S. 251–278

Earman, John & Glymour, Clark (1980b): Relativity and eclipses: The British eclipse expeditions of 1919 and their predecessors, *Historical Studies in the Physical Sciences* **11**, S. 49–85

Eddington, Arthur Stanley (1918): *Report on the Relativity Theory of Gravitation*, London: Fleedway Press; a) 1. Aufl. 1918; b) 2. Aufl. 1920

Eddington, Arthur Stanley (1920/23): *Raum, Zeit und Schwere. Ein Umriß der allgemeinen Relativitätstheorie*, Braunschweig: Vieweg (= Die Wissenschaft, Bd. 70)

Eddington, A.S. et al. (1919): Discussion on the theory of relativity, *Monthly Notices of the Royal Astronomical Society* **80**, S. 96–157

Einstein, Albert (1905): Zur Elektrodynamik bewegter Körper, *Annalen der Physik* (4) **17**, S. 891–921

Einstein, Albert (1907): Über das Relativitätsprinzip und die aus demselben gezogenen Folgerungen, *Jahrbuch der Radioaktivität & der Elektronik.* **4**, S. 411–462 sowie Berichtigung, *ibid.*, **5**, S. 98–99

Einstein, Albert (1911): Über den Einfluß der Schwerkraft auf die Ausbreitung des Lichtes, *Annalen der Physik* (4) **35**, S. 898–908

Einstein, Albert (1915a): Zur allgemeinen Relativitätstheorie, *Sitzungsberichte Berlin*, S. 778–786 sowie Nachtrag, *ibid.*, S. 799–801

Einstein, Albert (1915b): Erklärung der Perihelbewegung des Merkur aus der allgemeinen Relativitätstheorie, *Sitzungsberichte Berlin*, S. 831–839.

Einstein, Albert (1915c): Die Feldgleichungen der Gravitation, *Sitzungsberichte Berlin*, S. 844–847

Einstein, Albert (1915/25): Die Relativitätstheorie, in: *Die Kultur der Gegenwart. Die Physik*, Leipzig & Berlin, a) 1. Aufl. 1915, S. 703–713; 2. Aufl. 1925, S. 783–797

Einstein, Albert (1916): Die Grundlagen der allgemeinen Relativitätstheorie, *Annalen der Physik* (4) **49**, S. 769–822

Einstein, Albert (1917): *Über die spezielle und die allgemeine Relativitätstheorie*, Braunschweig: Vieweg; a) 1. Aufl. 1917 (= Tagesfragen aus den Gebieten der Naturwissenschaften und der Technik, Heft 38); b) 10. Aufl. 1920; c) 21. Aufl. 1969 u. öfter

Einstein, Albert (1918): Prinzipielles zur allgemeinen Relativitätstheorie, *Annalen der Physik* (4) **55**, S. 241–244

Einstein, Albert (1919): Albert Einstein on his theories: Time, space, and gravitation, *Times*, 28. Nov., Nr. 42,269, S. 13–14

Einstein, Albert (1922): Bemerkung zu der Arbeit von A. Friedmann [1922], *Zeitschrift für Physik* 11, S. 326

Eisenstaedt, Jean (1982): Histoire et singularité de la solution de Schwarzschild (1915–1923), *Archive for the History of Exact Sciences* 27, S. 157–198

Forbes, Eric Gray (1972): Freundlich, Erwin Finlay, *Dictionary of Scientific Biography* 5, S. 181–184

Franklin, Allan (1984): The epistemology of experiment, *British Journal for the Philosophy of Science* 35, S. 381–401

Freundlich, Erwin F. (1913): Über einen Versuch, die von Einstein vermutete Ablenkung des Lichtes in Gravitationsfeldern zu prüfen, *Astronomische Nachrichten* 193, Nr. 4628, Sp. 369–372

Freundlich, Erwin F. (1914): Über die Verschiebung der Sonnenlinien nach dem roten Ende auf Grund der Hypothesen von Einstein und Nordström, *Physikalische Zeitschrift* 15, S. 369–371

Freundlich, Erwin F. (1915/16): Über die Gravitationsverschiebung der Spektrallinien bei Fixsternen, a) Kurzf. in *Physikalische Zeitschrift* 16, S. 115–117; b)*Astronomische Nachrichten* 202, Nr. 4826, Sp. 17–24

Freundlich, Erwin F. (1916): Die Grundlagen der Einsteinschen Gravitationstheorie, a) *Naturwissenschaften* 4, S. 363–372, 386–392; b) als Separatum Berlin: Springer

Freundlich, Erwin F. (1919): Zur Prüfung der allgemeinen Relativitätstheorie, *Naturwissenschaften* 7, S. 629–636 sowie ‚Bemerkungen', ibid., S. 696

Friedman[n], A.A. (1922): Über die Krümmung des Raumes, *Zeitschrift für Physik* 10, S. 377–386

Glick, Thomas F. (Hrsg.) (1987): *The Comparative Reception of Relativity*, Boston & Dordrecht: Reidel

Hentschel, Klaus (1987): Einstein, Neokantianismus und Theorienholismus, *Kantstudien* 78, S. 459–470

Hentschel, Klaus (1990): *Interpretationen und Fehlinterpretationen der speziellen und der allgemeinen Relativitätstheorie durch Zeitgenossen Albert Einsteins*, Basel: Birkhäuser (= *Science Networks*, Bd. 6)

Hentschel, Klaus (1991): Julius und die anomale Dispersion: Facetten der Geschichte eines gescheiterten Forschungsprogrammes, *Studien aus dem Philosophischen Seminar der Universität Hamburg*, Reihe 3, Heft 6

Hentschel, Klaus (1992a): Grebe/Bachems photometrische Analyse der Linienprofile und die Gravitations-Rotverschiebung: 1919 bis 1922, *Annals of Science* 49, S. 21–46

Hentschel, Klaus (1992b): *Der Einstein-Turm, E.F. Freundlich und die Relativitätstheorie – Ansätze zu einer 'dichten Beschreibung' von institutionellen, biographischen und theoriengeschichtlichen Aspekten*, Heidelberg, Berlin & New York: Spektrum, 1992 (erw. engl. Übers.: Hentschel 1997)

Hentschel, Klaus (1992c): Einstein's attitude towards experiments, *Studies in*

History and Philosophy of Science **23**, S. 593–624
Hentschel, Klaus (1993a): The conversion of St. John – A case study on the interplay of theory and experiment, *Science in Context* **6**, 1, S. 137–194
Hentschel, Klaus (1993b): The discovery of the redshift of solar Fraunhofer lines by Rowland and Jewell in Baltimore around 1890, *Historical Studies in the Physical and Biological Sciences* **23**, 2, S. 219–277
Hentschel, Klaus (1994): Erwin Finlay Freundlich, Albert Einstein, and experimental tests of the general theory of relativity, *Archive for the History of Exact Sciences* **47**, 2, S. 143–201
Hentschel, Klaus (1995): Physik, Astronomie und Architektur – Der Einsteinturm als Resultat des Zusammenwirkens von Einstein, Freundlich und Mendelsohn, in: Barbara Eggers (Hrsg.): *Der Einstein-Turm in Potsdam*, Berlin: Nicolai, S. 34–52
Hentschel, Klaus (1996): Measurements of gravitational redshift between 1959 and 1971, *Annals of Science* **53**, S. 269–295
Hentschel, Klaus (1997): *The Einstein Tower: An Intertexture of Architecture, Astronomy, and Relativity Theory*, Stanford: Stanford Univ. Press
Hentschel, Klaus (1998): *Zum Zusammenspiel von Instrument, Experiment und Theorie: Rotverschiebung im Sonnenspektrum und verwandte spektrale Verschiebungseffekte von 1880 bis 1960*, Hamburg: Verlag Dr. Kovač, 1998
Hentschel, Klaus (2005): Testing Relativity, in: Marco Mamone Capria (Hrsg.): *Physics Before and After Albert Einstein. An Historical Perspective*, Amsterdam: IOS, Kap. II/4
Hermann, Armin (Hrsg.) (1968): *Albert Einstein – Arnold Sommerfeld Briefwechsel. Sechzig Briefe aus dem goldenen Zeitalter der modernen Physik*, Basel & Stuttgart: Schwabe
Howard, Don (1990): Einstein and Duhem, *Synthese* **83**, S. 363–384
Howard, Don & Stachel, John (Hrsg.) (1989): *Einstein and the History of General Relativity*, Basel: Birkhäuser
Kirsten, Christa & Treder, Hans-Jürgen (Hrsg.) (1979): *Albert Einstein in Berlin 1913–1933*, Berlin: Akademie-Verlag, 2 Bde.
Klüber, Harald v. (1964/65): Erwin Finlay-Freundlich †, a) *Astronomische Nachrichten* **288**, S. 281–286; b) *Quarterly Journal of the Royal Astronomical Society* **6**, S. 82–84
Larmor, Joseph (1920): Gravitation and light, *Nature* **104**, S. 412 sowie ausführlich in *Proceedings of the Cambridge Philosophical Society* **19**, S. 324–344
Miller, Arthur Ian (1981): *Albert Einstein's Special Theory of Relativity: Emergence (1905) and Early Interpretation (1905–1911)*, Reading, Mass.: Addison Wesley
Misner, Charles W. & Thorne, Kip & Wheeler, John Archibald (1973): *Gravitation*, San Francisco: Freeman
Moyer, Donald F. (1979): Revolutions in science: The 1919 eclipse test of general relativity, in: Arnold Perlmutter & L.F. Scott (Hrsg.): *On the Path of Albert Einstein*, New York: Plenum, S. 55–101

Norton, John D. (1976): What was Einstein's principle of equivalence?, *Studies in History and Philosophy of Science* **16**, S. 203–246 u. Erratum, **17** (1977), S. 131; b) Reprint in Howard & Stachel (Hrsg.) (1989), S. 5–47

Ohanian, Hans (1977): What is the principle of equivalence?, *American Journal of Physics* **45**, S. 903–909

Pais, Abraham (1982): *Subtle is the Lord – The Science and the Life of Albert Einstein*, a) Oxford, Oxford Univ. Press; b) in dt. Übers.: *Raffiniert ist der Herrgott. Eine wissenschaftliche Biographie*, Braunschweig: Vieweg, 1986

Pound, Robert (2000/01): Weighing photons, *Physics in Perspective* **2** (2000), S. 224–268, **3** (2001), S. 4–51

Pyenson, Lewis (1985): *The Young Einstein. The Advent of Relativity*, Bristol: Hilger

Roseveare, N.T. (1983): *Mercury's Perihelion. From Le Verrier to Einstein*, Oxford: Oxford Univ. Press

Schiff, Leonard Isaac (1960): On experimental tests of the general theory of relativity, *American Journal of Physics* **28**, S. 340–343

Schild, Alfred (1960): Equivalence principle and red-shift measurements, *American Journal of Physics* **28**, S. 778–780

Schwarzschild, Karl (1914): Über die Verschiebung der Banden bei 3883 Å im Sonnenspektrum, *Sitzungsberichte Berlin*, S. 1201–1213 (Reprint in Schwarzschild (1992) Bd. 1, S. 267–279)

Schwarzschild, Karl (1916): Über das Gravitationsfeld eines Massenpunktes nach der Einsteinschen Theorie, *Sitzungsberichte Berlin*, S. 189–196 (Reprint in Schwarzschild (1992) Bd. 3, S. 449–456)

Schwarzschild, Karl (1992): *Gesammelte Werke/Collected Works*, Hans-Heinrich Voigt (Hrsg.), Berlin: Springer, 3 Bde.

de Sitter, Willem (1933): The astronomical aspect of the theory of relativity, *University of California publications in mathematics* **2**, S. 143–196

Whittaker, Edmund (1951/53): *A History of the Theories of Aether & Electricity*, New York: Dover

Wiechert, Emil (1920): Die Gravitation als elektrodynamische Erscheinung, *Annalen der Physik* (4) **63**, S. 301–389

Will, Clifford M. (1992): The confrontation between general relativity and experiment: a 1992 update, *Int. Journal of Modern Physics* **D1**, S. 13–68 sowie weitere updates im Internet

Anschr. d. Verf.: Dr. habil. Klaus Hentschel, Institut für Philosophie, Arbeitsgruppe Wissenschaftstheorie und Wissenschaftsgeschichte, Universität Bern, Länggassstr. 49a, CH-3012 Bern 9, Schweiz; e-mail: Khentsc@aol.com

Abb. 1 (zum folgenden Beitrag). Principe Island, 29. Mai 1919. Auf einem photographischen Negativ der Sonnenfinsternis sind die Positionen von Sternen markiert, die für die Prüfung der Lichtablenkung im Schwerefeld der Sonne untersucht wurden (Memoirs of the Royal Astronomical Society LXII, Appendix, Plate 1, Ausschnitt). ©Royal Astronomical Society, London.

Miniaturen zur relativistischen Lichtablenkung in der Sonnenumgebung

Peter Brosche, Daun

Im Umkreis der relativistischen Lichtablenkung (RL) stößt man auf verschiedene wirkliche oder vermeintliche Schwierigkeiten. Vielleicht die wichtigste betrifft die Rolle des Skalenwertes bei der photographischen Aufnahme von Sternfeldern um die total verfinsterte Sonne. In der Literatur wird immer wieder behauptet, daß es nötig aber schwierig sei, die reziproke Abhängigkeit der RL vom Winkel-Abstand von der Sonne von der linearen Abhängigkeit durch einen geänderten Skalenwert zu unterscheiden. Das ist aber dann nicht wahr, wenn Sterne auf gegenüberliegenden Seiten der Sonne zur Verfügung stehen. In diesem Fall ergibt sich die Lichtablenkung (wegen ihrer gegenläufigen Natur) schon aus den beiden linearen Gradienten, ohne daß die Krümmung der Hyperbel der RL empirisch faßbar sein muß.

A number of true or alleged difficulties arise within the area of relativistic light deflection (RL). Perhaps the most essential one refers to the role of the scale value of photographic exposures of star fields around the totally eclipsed sun. It is frequently stated in the literature that it should be necessary but difficult to disentangle the following two effects from each other: (a) the reciprocal dependence of the RL from the angular distance from the sun, (b) the linear dependence due to a change in the scale value. This is not true, however, if stars at opposite sides of the sun have been observed. In this case the RL can be derived (because of their changing sign) already from the two linear gradients without requesting that the curvature of the RL's hyperbola should be noticeable.

1 Einleitung

Das Thema der relativistischen Lichtablenkung wird von einer großen, breiten und tiefen Literatur behandelt. Irgendeine Art von Konkurrenz zu ihr wäre gar nicht möglich und ist hier nicht beabsichtigt. Vielmehr soll nur auf einige spezielle Punkte hingewiesen werden, die sonst in der Fülle untergehen. Dabei handelt es sich um nicht wahrgenommene oder um vermeintliche

Schwierigkeiten oder um solche, die längst gelöst sind, deren Lösung aber wieder vergessen worden ist.

Im weiteren und im allgemeinen beziehen wir uns auf die allgemeinrelativistische Lichtablenkung[1], aber es scheint charakteristisch zu sein, daß schon bei der speziell-relativistischen, nämlich der Aberration, etwas Derartiges auftreten kann: Es wurde meist nicht deutlich konstatiert, daß die Aberration *nicht* von der Relativbewegung Lichtquelle–Beobachter, sondern von der zwischen zwei Beobachtern abhängt.[2,3]

2 Klassische Lichtablenkung

Wenden wir uns nun der Lichtablenkung im Schwerefeld zu. Es war – und ist? – nicht allgemein bekannt, daß es so etwas in der klassischen Physik gibt bzw. geben kann. Dann nämlich, wenn man annimmt, daß auch Licht der Gravitation unterliegt, d.h. eine Masse hat, die freilich winzig sein darf. Denn die Wirkung einer anziehenden Masse – z.B. eines Sterns – besteht ja in einer Beschleunigung, die von der angezogenen Masse unabhängig ist. Solche Vorstellungen waren zumindest für die Korpuskulartheorie des Lichts, wie sie von Newton vertreten wurde, ganz folgerichtig. Man konnte in ihrem Rahmen Bahnänderungen des Lichts ermitteln und man tat das für zwei Extreme:

1. eine Richtungsänderung von 180°, also ein Zurückkehren des Lichts zu einem hypothetischen Stern von extremen Eigenschaften, der somit kein Licht nach außen abstrahlen würde. Diese Variante wurde mit dem Namen Laplace verbunden, der die entsprechende Behauptung in den ersten beiden Auflagen seiner *Exposition du Système du Monde* deutlich aufgestellt hat. Zach vermochte es, ihm auch eine Begründung dafür zu entlocken, die er in deutscher Übersetzung wiedergegeben hat.[4] Während *Rameaus Neffe* von Diderot lange nur in der deutschen Übersetzung von Goethe bekannt war, dann aber

---

[1] Eine kurze Darstellung der historischen Entwicklung unseres Themas, die dann für das allgemeinere Thema der relativistischen Optik und der beobachteten Gravitationslinsen weitergeführt wird, findet sich bei P. Schneider, J. Ehlers, E. E. Falco: Gravitational Lenses. Berlin-Heidelberg-New York, 2. Aufl. 1999, Kapitel 1, p. 1ff.

[2] D. E. Liebscher, P. Brosche: Aberration and relativity. Astronomische Nachrichten 319 (1998) 309–318.

[3] D. E. Liebscher, P. Brosche: Three traps in stellar aberration. In: P. Brosche et al. (eds.): The Message of the Angles – Astrometry from 1798 to 1998 (Acta Hist. Astr. 3). Thun, Frankfurt a.M., 1998, 96–99.

[4] Allgemeine Geographische Ephemeriden 4 (1799) 1.

die Urfassung gefunden wurde, besteht in unserem Fall wohl keine Hoffnung darauf.[5]

2. Reale Sterne verursachen nur eine sehr geringe Richtungsänderung des Lichts; man wird sie zunächst bei dem nächsten und bestbeobachtbaren suchen, bei der Sonne. Da wir per Erde um sie herumreisen, erleiden die Sterne, die wir in ihrer Nähe sehen, eine Ablenkung, später und vorher aber praktisch nicht. Es gibt also Hoffnung auf die Messung des Unterschieds. Diese Variante wird dem deutschen Geodäten und Astronomen Soldner[6] zugeschrieben, auch mit Recht, was die Ausarbeitung des Details und die zeitgenössische Publikation betrifft. Qualitativ hatte schon Lichtenberg derartige Ideen. Im Zusammenhang mit den durch die Gravitation gekrümmten Planetenbahnen sagt er:

„Das Licht allein scheint hiervon ein Ausnahme zu machen, da es aber vermutlich schwer ist, so wird es doch gebogen..."[7]

Eisenstaedt hat jedoch darauf hingewiesen, daß der allgemeine Ahnherr beider Varianten der Engländer John Michell (1724–1793) ist[8], wenngleich er hinsichtlich des Problemkreises (2) wohl auch nur Anreger von Cavendish war und dessen Text erst im Jahre 1921 veröffentlicht wurde.

Für reale Sterne ist die Fluchtgeschwindigkeit an der Oberfläche sehr viel kleiner als die bekannte Lichtgeschwindigkeit, daher wird im klassischen Rahmen die Bahn eines Lichtpartikels eine Hyperbel sein, wobei der Winkel zwischen den beiden Asymptoten nur klein ist. Und zwar beträgt dieser Ablenkungswinkel α eines Lichtstrahls, der die Masse M im nächsten Abstand r passiert, im Bogenmaß

$$\alpha_N = \frac{2G}{c^2} \cdot \frac{M}{r} \qquad (1)$$

oder am Sonnenrand ($r = R$) in Bogensekunden

$$\alpha_{NR} = 0.''87.$$

---

[5] P. Brosche: Die Bücher der Astronomen. Lindenau-Museum Altenburg 2004.
[6] J. G. Soldner: Astr. Jahrbuch für 1804 (1801) 161–172.
[7] Diese Aussage schrieb Lichtenberg im August 1773 nieder, sie wurde erst 1844 in der zweiten Auflage der Vermischten Schriften veröffentlicht. Eine andere von 1795 erschien schon 1806 in der ersten Auflage. P. Brosche: Ahn-Herr der Lichtablenkung. Lichtenberg-Jahrbuch 1992 (1993) 138–146. Errata 1993 (1994) 106.
[8] J. Eisenstaedt: De l'influence de la gravitation sur la propagation de la lumière en théorie newtonienne. L'archéologie des trous noirs. Archive for History of Exact Sciences 42 (1991) 315–386.

Diese klassische oder Newtonische Lichtablenkung ist deshalb so wichtig, weil sich herausstellt, daß ihre Amplitude gerade die Hälfte der allgemein relativistischen beträgt:

$$\alpha_E = \frac{4G}{c^2} \cdot \frac{M}{r} \qquad (2)$$

$$\alpha_{ER} = 1.''75.$$

Der schlichte Faktor 2 bezieht sich auf die beobachtbaren Winkel; der prinzipielle Unterschied, nämlich der nichteuklidische Charakter der relativistischen Raumzeit, ist natürlich viel bedeutender.

3 Die Prüfung

Erst seit Aufstellung der allgemeinen Relativitätstheorie Anfang des 20. Jh. suchte man nach einer Lichtablenkung am Sonnenrand, dem damaligen Stand der Beobachtungstechnik entsprechend durch photographische Aufnahmen eines Sternfelds um eine total verfinsterte Sonne und ein halbes Jahr später ohne Sonne. Natürlich mußten zunächst die *zufälligen* Fehler klein genug sein, um eine Messung des gesuchten Effekts zu erlauben. Wegen der Möglichkeit des klassischen Effekts genügte es *nicht*, die bloße Existenz der Ablenkung nachzuweisen, das Ergebnis mußte schon wesentlich weniger als um einen Faktor 2 unsicher sein. Die Konkurrenz mit einem andern, von Leo Courvoisier vorgeschlagenen Effekt[9], war, wenn man diesen zuließ, nicht zu gewinnen. Er sollte in einer Refraktion in einem unbekannten Medium um die Sonne bestehen, die plausiblerweise von innen nach außen abnehmen würde, aber sonst von unbekannter funktionaler Abhängigkeit[10] und insbesondere von unbekannter Amplitude war. Das war nicht auf gleichem Fuß mit den spezifischen Voraussagen der allgemeinen Relativitätstheorie. Doch selbst wenn man die Möglichkeit nicht gleich von der Hand wies, sprach gegen sie, daß diese a priori beliebig große Refraktion ausgerechnet den Einsteinschen Wert annahm.

Alle diese Argumente werden in der Diskussion zu einem wohl abgewogenen Übersichtsvortrag von J. Hopmann bei dem 2. Physikertag in Bonn

---

[9]L. Courvoisier: Jährliche Refraktion und Sonnenfinsternisaufnahmen 1919. Astronomische Nachrichten 211 (1920) 305–312. – Erste Gedanken über einen solchen Effekt äußerte C. in den Beobachtungsergebnissen der Kgl. Sternwarte zu Berlin No. 15 (1913) S. 1–79. – 1919 hatte Sir Oliver Lodge die Form einer solaren Refraktion errechnet, die gerade den Einsteineffekt vortäuschen würde (J. Ehlers: Gravitationslinsen. Lichtablenkung in Schwerefeldern und ihre Anwendung. Carl Friedrich von Siemens-Stiftung. Themen Bd. 69 (1999) 16).

[10]Courvoisier hatte nur einen empirischen Ansatz vorgeschlagen.

1923 vorgebracht:[11]

> *Herr Einstein:* Eine Entscheidung zwischen Courvoisiers kosmischer Refraktion und Relativitätseffekt ist aus Campbells Messungen tatsächlich noch nicht möglich.
>
> *Herr Sommerfeld:* Die frühere Sonnenfinsternis sollte entscheiden zwischen Einsteineffekt und halbem Einsteineffekt. Diese Entscheidung ist durch die neue Expedition gesichert zugunsten des vollen Einsteineffektes. Wir lernen aber von dem Herrn Vortragenden, daß die Entscheidung zwischen dem Einstein- und Courvoisiereffekt heute noch nicht sicher ist.
>
> *Herr Lanczos:* Über den funktionalen Verlauf der Ablenkung kann naturgemäß bei der Schwierigkeit der Beobachtung nichts ausgesagt werden. Es fragt sich nur, ob aus der absoluten Größe der Ablenkung dieselbe Konstante herauskommt, die sich nach der Relativitätstheorie allein aus der Masse der Sonne und universellen Konstanten berechnen läßt. Ist das der Fall, so müßte eine andersartige Verursachung als kolossaler Zufall betrachtet werden.

Während der Courvoisiereffekt schon damals nicht *in aequo esse* zugelassen werden konnte und mit der heutigen Kenntnis der Sonnenumgebung ganz ausgeschlossen werden kann, geistert ein anderer Einwurf seit jenen Zeiten in der Literatur herum, der elementarer und je nach Situation wahrer ist. Wenn wir unterstellen, daß die photographische Schicht *beliebige* Verschiebungen in der Größenordnung des gesuchten Effekts erleidet, brauchen wir gar nicht fortfahren, wie beim Courvoisiereffekt läßt sich dann *alles* derartig deuten. Diese Unterstellung wird auch nicht gemacht, sondern nur die – durch die Erfahrung bestens untermauerte – daß *lineare* Änderungen vorkommen, also solche des Skalenwerts = Winkel am Himmel pro Millimeter auf der Platte. Diese können durchaus für zwei Koordinaten x und y verschiedene sein, es müssen sich die Punkte von einer Platte zu einer anderen also nicht durch eine *ähnliche,* sondern bloß durch eine *affine* Abbildung zuordnen lassen. In jedem Fall sind die dadurch erzeugten Abweichungen Δx (Platte 2 minus Platte 1) durch eine *Ebene* als Funktion von x, y darstellbar. Entlang einer Geraden (z.B. durch die Sonne) also als eine *Gerade,* deren Steigung gerade die Änderung des Skalenwerts in der Richtung des betrachteten Positionswinkels angibt. Wenn zu einer solchen Änderung noch die relativistische Änderung tritt, ergeben sich die in Abb. 2 dargestellten Verhältnisse.

In der Realität liegen die Sterne natürlich nur genähert auf einer Geraden durch die Sonnenmitte, hier sollte aber nur das Prinzipielle klar werden.

---

[11] J. Hopmann: Physikalische Zeitschrift 24 (1923) 476–485. Ich danke Herrn Ralf Hahn, M.A., für die Mitteilung, daß die Tagung 1923 stattfand.

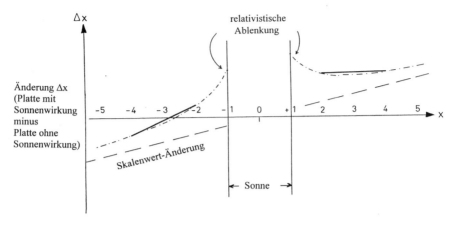

Abb. 2. Wenn meßbare Sterne auf beiden Seiten der verfinsterten Sonne vorhanden sind, genügt es, daß die beiden linearen Gradienten der Verschiebungen bestimmt werden (fette Linien), um die Lichtablenkung zu bestimmen.

Wenn die meßbaren Sterne sogar einigermaßen gleichförmig um die Sonne auftreten, kann man gewissermaßen viele solcher Geraden finden; für die simultane Bearbeitung wird das Gesagte also erst recht gelten.

Falls Sterne nur auf *einer* Seite der Sonne beobachtet werden, die aber so genau, daß die Krümmung der Hyperbel fixiert werden kann, ist die Trennung von Hyperbel und Skalenwerteffekt auch aus einseitigen Beobachtungen möglich. Ersichtlich war diese Situation aber um 1920 nicht realistisch. Man hatte pro Seite nur eine Handvoll Sterne, die gerade zur Festlegung einer Geraden reichten. Die war die Summe von Skalenwerteffekt und einer Hyperbelapproximation in dem beobachteten Intervall. In diesem Fall folgt dann aus einseitigen Beobachtungen in der Tat nichts: Der Vorwurf der Untrennbarkeit ist berechtigt. Bei Beobachtungen auf *beiden* Seiten ist die Lage aber ganz anders: Hyperbel und Skalenwert agieren mit *gegenläufigen* Vorzeichen und aus der Differenz ist sehr wohl die relativistische Ablenkung zu erhalten, *ohne* die Krümmung der Hyperbel erfassen können zu müssen! Mathematisch vornehmer ausgedrückt: Bei beidseitigen Sternbelegungen sind die beiden gesuchten Funktionen in etwa orthogonal, sonst aber stark korreliert. In einem Fall muß auch das 3. Glied der Taylor-Reihe signifikant sein, im andern Fall nur die Werte der 2. Glieder für die beiden Seiten.

Für Liebhaber des Expliziten:
Wir rechnen x dimensionslos in Einheiten des Sonnenradius r und lernen

aus den Messungen, daß die beiden Gradienten effektiv aus den Bereichen $|x| = 3 \pm 1$ bestimmt werden. Wir entwickeln also die Funktion (2) um $|x| = 3$ und erhalten

$$\left.\frac{\Delta \alpha_E}{\Delta x}\right|_{|x|\,=\,3} = \pm \frac{1}{9}\,\alpha_{ER}\,. \qquad (3)$$

In der Differenz D der beiden beobachteten Steigungen fällt der Skalenwert-Einfluß heraus und es bleibt

$$D = (2/9)\,\alpha_{ER} \quad \text{bzw.} \quad \alpha_{ER} = (9/2)\cdot D\,. \qquad (4)$$

Auch die Genauigkeit des so gewonnenen α_{ER} läßt sich abschätzen. Wenn jeder beobachtete Gradient aus 2 Normalwerten – für die Intervalle $|x| = 2.5 \pm 0.5$ und $|x| = 3.5 \pm 0.5$ – stammt, die ihrerseits den mittleren Fehler σ_N haben, so ist der Erwartungswert *eines* Gradientenfehlers gleich dem Fehler einer Ordinatendifferenz – $\sqrt{2}\sigma_N$ – dividiert durch die Differenz der mittleren Abszissen – hier 1. Bei der Subtraktion der beiden Gradienten tritt noch ein Faktor $\sqrt{2}$ hinzu, so daß wir $\sigma\,(D) = 2\sigma_N$ erhalten, also

$$\sigma(\alpha_{ER}) = 9\,\sigma_N\,. \qquad (5)$$

Für die Normalwerte aus seriöser photographischer Astrometrie wird man $\sigma_N = 0.''01$ bis $0.''02$ ansetzen dürfen und somit $\sigma(\alpha_{ER}) = 0.''1$ bis $0.''2$ erwarten. Das ist natürlich allein der zufällige Fehler.

Wenn man nur über Sterne auf einer Seite verfügt, läßt sich *eine* mittlere Steigung der Lichtablenkung nicht vom Skalenwert trennen. Wir müssen dann in der Tat die Krümmung der Hyperbel erkennen, also die nächsthöhere Ableitung. Genähert läßt sich das durch die Aufteilung des beobachteten Bereichs – wir nehmen o.B.d.A. $x > 0$ und wieder $x = 3 \pm 1$ an – in zwei Intervalle $2 < x \leq 3$ und $3 < x \leq 4$ bewerkstelligen, für die wir separate Gradienten ermitteln. An ihren mittleren Abszissen erwarten wir theoretisch:

$$\left.\frac{\Delta\alpha_E}{\Delta x}\right|_{x\,=\,2.5} = -\frac{\alpha_{ER}}{6.25} \quad (3a) \qquad \left.\frac{\Delta\alpha_E}{\Delta x}\right|_{x\,=\,3.5} = -\frac{\alpha_{ER}}{12.25}\,. \quad (3b)$$

In der Differenz D' der beiden beobachteten Steigungen ist der Skalenwert nicht mehr enthalten, sondern nur noch der Unterschied von (3a) und (3b)

$$D' = 0.078\,\alpha_{ER} \quad \text{bzw.} \quad \alpha_{ER} = 12.8\,D'\,. \qquad (4')$$

Obige Überlegungen für den Fehler *einer* der beiden eingehenden Steigungen führen (bei ungeänderter Sternanzahl pro Intervall) auf einen 2 mal größeren Wert, weil die Intervalle 2 mal kleiner sind, somit auch $\sigma(D') = 4\sigma_N$ und für das aus D' gemäß (4') erschlossene α_{ER}

$$\sigma(\alpha_{ER}) = 51\ \sigma_N\ . \qquad (5')$$

Das heißt, das α_{ER} aus der zweiten Ableitung ist fast 6 mal ungenauer als das aus den ersten aber beiderseitigen Ableitungen. Es ist dann $\sigma(\alpha_{ER}) = 0.''5$ bis $1.''0$ zu erwarten, und das ist schon in der Größenordnung des gesuchten Effekts.

Um Platz zu sparen, habe ich den ahistorischen Weg gewählt, die Sorge um den Skaleneffekt sogleich als überzogen darzustellen. Ich reiche nun ein paar Belege dafür nach, daß diese Sorge oder dieser Einwand wirklich existierte und existiert. Natürlich meist nicht in aller Klarheit formuliert, tauchte sie aber sofort auf, wenn die Daten konzentriert nur als Funktion $f(r)$ des *radialen Abstands von der Sonne* präsentiert wurden (zuvor zwar oft noch als zweidimensionale Verteilung der Verschiebungsvektoren, aber es ist vom Auge zu viel verlangt, diese Vektoren in die Skalenwert- und Einstein-Effekt-Anteile zu zerlegen). Denn damit sah es so aus, als ob man in $f(r)$ unbedingt die Krümmung der Hyperbel erkennen müsse, um den Einstein-Effekt herausfiltern zu können. So bei Hopmann (1923) in Fig. 2 und den zugehörigen Feststellungen S. 478 (Hervorhebungen von mir):

1. Ohne Kenntnis des Einsteineffektes würde man sicher die beobachteten Werte *linear* ausgleichen.

2. Innerhalb der Beobachtungsgrenzen unterscheidet sich die der Relativitätstheorie entsprechende Kurve kaum von eine durch die Streufigur passend hindurchgelegten *Geraden*.

Der letzte große Übersichts-Aufsatz über die photographischen Unternehmungen zur Bestimmung der relativistischen Lichtablenkung stammt von von Klüber (1960)[12], der selbst beteiligt war. Er schreibt u.a. auf S. 53:

"It will be seen... that the main trouble... arises from the quite unavoidable fact that... there will... a... difference in the scale-value between the eclipse-plate and the night-plate."

---

[12] H. von Klüber: The Determination of Einstein's Light-Deflection in the Gravitational Field of the Sun. Vistas in Astronomy 3 (1960) 47–77. Siehe auch W. Mattig: Sonnenfinsternisse und die Lichtablenkung. Sterne und Weltraum 37 (1998) 1045–1049. Auch dieser Verfasser äußert S. 1047 (mittl. Spalte oben) die eben geschilderten Bedenken. Schließlich kann als ganz gegenwartsnahe Äußerung die von Thomas R. Williams, Houston (Biographical Encyclopedia of Astronomers) zitiert werden, der die Klübersche Arbeit empfiehlt und sie u.a. so zusammenfaßt: "It concludes that results could be fitted with a straight line as well as by the hyperbola that is predicted in relativity theory..." (e-mail vom 22.5.05 an HASTRO-L, die History of Astronomy Discussion Group).

Er gibt eine Reihe von Bildern mit der Darstellung der Meßwerte als Funktion des Abstands r vom Sonnenmittelpunkt, diskutiert ein entsprechendes Reduktionsverfahren von Danjon und betont dann noch einmal:

S. 64: "These sketches emphasize the fact that the most important part of the *hyperbola* is scarcely covered by stars at all. In fact, most observations could be represented simply by *straight lines*".

Von Klüber gibt auch graphisch die Sternverteilungen bei den verschiedenen Sonnenfinsternisexpeditionen, die zum Zweck der Prüfung des Einsteineffekts unternommen wurden. Die erste solche Finsternis war die vom 23. Mai 1919. Das Royal Greenwich Observatory entsandte zwei Expeditionen, eine nach Sobral in Brasilien, eine auf die Insel Principe (Ilha do Príncipe, damals portugiesischer Besitz, heute Bestandteil der Demokratischen Republik von São Tomé und Príncipe) im Golf von Guinea. Die Resultate waren $a_{ER} = 1.''98 \pm 0.''16$ bzw. $1.''61 \pm 0.''40$. Nach Klüber wird das Resultat von Sobral als das zuverlässigere betrachtet, allerdings spricht dafür nur die etwas längere Brennweite (570 gegenüber 343 cm) der verwendeten Objektive. Ein Vergleichsfeld wurde nur in Principe aufgenommen. Die Sternverteilung war natürlich bei beiden praktisch dieselbe und alles andere als günstig (Abb. 1). Insofern überraschen nicht die Abweichungen der gefundenen a_{ER} vom wirklichen Wert, sondern eher der kleine Fehler beim Wert von Sobral.

Eine „gute", nämlich halbwegs beiderseitige Sternverteilung gab es bei der Sonnenfinsternis von 1922 und ihrer Beobachtung mit den Instrumenten der Lick-Expeditionen nach Australien. Gerade da wurde aber ein Wert mit einem kleinen inneren Fehler und in bester Übereinstimmung mit der Theorie gefunden.

Freilich ist eine „gute" Sternverteilung nur eine notwendige, jedoch keine hinreichende Voraussetzung für gute Resultate. Dies zeigte sich bei der sowjetischen Expedition nach Sibirien zur Beobachtung der Finsternis vom 19. Juni 1936. Sie erhielt durch unglückliche Umstände kein Vergleichsfeld, und wohl dadurch war das Resultat trotz guter Sternverteilung mit $a_{ER} = 2.''73 \pm 0.''31$ stark fehlerhaft.

4 Zwischenspiel

Bevor wir zum Schluß kommen, noch eine Warnung vor einer kleinen Falle. Wir wissen ja, der damals gesuchte Effekt ist inzwischen bestens nachgewiesen und alles Licht unterliegt ihm. So auch das Licht, das vom Sonnenrand selber ausgeht. Aus Symmetriegründen sollte man meinen, erleidet es die Hälfte der Ablenkung eines Lichtstrahls von einem Stern, den wir gerade am Sonnenrand sehen. Also wird uns wohl die Sonne um die halbe Sternablenkung zu groß erscheinen? Der Haken war schon früher[13] erkannt worden und muß deshalb hier nicht explizit werden. Anschaulich gesprochen schauen wir mit der berührenden Licht-Hyperbel in solarem Zentriwinkel gerechnet um einen Betrag wie die Lichtablenkung weiter um die Sonne herum als mit der geraden Tangente, der scheinbare Durchmesser der Sonne wächst dadurch aber nur um einen minimalen Bruchteil des Winkels. Dieser Bruchteil entspricht absolut dem Schwarzschild-Radius der Sonne.

5 Ausblick

Von einer Tatsache wird bei der empirischen Prüfung der allgemeinen Relativitätstheorie gar kein Aufhebens gemacht: Die erfolgreichen Beobachtungsverfahren gehörten zur Astrometrie, also zu einem lange als altfränkisch verschrieenen Gebiet. Die Drehung des Merkurperihels war den Himmelsmechanikern schon aufgefallen, bevor es die Relativitätstheorie gab, sie ist somit eine schöne Bestätigung für die Entstehung von Neuem aus der sorgfältigen Betreibung des Alten. Die Ablenkung am Sonnenrand konnte gerade noch mit den Methoden der photographischen Astrometrie einigermaßen ordentlich fixiert werden. Die einzige „astrophysikalische" Prüfung, nämlich die Gravitationsverschiebung der Spektrallinien, funktionierte nicht. Was schließen wir daraus? Natürlich nicht, daß man nur altfränkische Verfahren fördern soll. Aber schon, daß man gar nicht in solchen Kategorien denken sollte und sich vor modischen Aspekten besser hütet. Im übrigen hat die Astrometrie jetzt, nach dem Erfolg des Satelliten Hipparcos, keine Verteidiger mehr nötig. Und zuvor haben ihr die VLBI-Beobachtungen – besonders der Geodäten – neue Möglichkeiten erschlossen. Die nebenbei auch zu einem drei Zehnerpotenzen genaueren Wert der Lichtablenkung führten: Das Verhältnis von beobachteter zu theoretischer Lichtablenkung[14] hat mit einer Streuung von 1 Promille den Wert 1!

---

[13] A. Wittmann: Wie beeinflußt die Lichtablenkung im Schwerefeld den beobachteten Sonnendurchmesser? Umschau 79 (1979) 579f.

[14] O. J. Sovers, J. L. Fanselow, Ch. S. Jacobs: Astrometry and geodesy with radiointerferometry: experiments, models, results. Rev. Mod. Phys. 70 (1998) 1393–1454, speziell 1444. Die Autoren berichten über relative Fehler von 1 bis 2 Promille.

Ein neuer Übersichts-Aufsatz von C. M. Will erscheint dieses Jahr im Annual Review of Astronomy (preprint arXiv: gr-qc/0504086v1). Darin wird auf einen von mir nicht eingesehenen Artikel verwiesen (S. S. Shapiro, J. L. Davis, D. E. Lebach, J. S. Gregory: Phys. Rev. Lett. 92 (2004) 121101.) und in Wills Table 1 ein "limit" oder "bound" der Abweichung vom relativistischen Wert von $3 \cdot 10^{-4}$ für die VLBI-Methode angegeben.

Den Herren Prof. Dr. H. Duerbeck und Dr. W. Dick bin ich für Hinweise und Literaturzitate sehr dankbar.

Anschr. d. Verf.: Prof. Dr. Peter Brosche, Observatorium Hoher List der Universitäts-Sternwarte Bonn, 54550 Daun;
e-mail: pbrosche@astro.uni-bonn.de

Abb. 1 (zum folgenden Beitrag). Karl Schwarzschild (links) und Ejnar Hertzsprung in Göttingen (mit freundlicher Erlaubnis von A. Wittmann, Universitäts-Sternwarte Göttingen)

Gekrümmte Universen vor Einstein: Karl Schwarzschilds kosmologische Spekulationen und die Anfänge der relativistischen Kosmologie[*]

Matthias Schemmel, Berlin

Der deutsche Astronom Karl Schwarzschild erkannte im Gegensatz zu den meisten seiner Kollegen in Astronomie und Physik die Bedeutung der allgemeinen Relativitätstheorie sofort und spielte eine Vorreiterrolle in ihrer frühen Entwicklung. In diesem Beitrag wird argumentiert, daß der Schlüssel zum Verständnis von Schwarzschilds außerordentlicher Reaktion auf die allgemeine Relativitätstheorie im Studium seines vorrelativistischen Werkes liegt. Lange vor der Entstehung der allgemeinen Relativitätstheorie beschäftigte sich Schwarzschild mit grundlegenden Problemen im Grenzbereich zwischen Physik, Astronomie und Mathematik, die aus heutiger Perspektive zum Problemfeld der allgemeinen Relativitätstheorie gehren. In diesem Beitrag werden als Beispiel Schwarzschilds frühe Spekulationen über die nicht-euklidische Natur des physikalischen Raumes auf kosmologischen Skalen vorgestellt und ihr Widerhall in seiner Reaktion auf die allgemeine Relativitätstheorie erörtert.

In contrast to most of his collegues in astronomy and physics, the German astronomer Karl Schwarzschild immediately recognized the significance of general relativity for physics and astronomy, and played a pioneering role in its early development. In this contribution, it is argued that the clue for understanding Schwarzschild's exceptional reaction to general relativity lies in the study of his prerelativistic work. Long before the rise of general relativity, Schwarzschild occupied himself with foundational problems on the borderline of physics, astronomy, and mathematics that, from today's perspective, belong to the field of

---

[*]Dies ist eine erweiterte Fassung des Beitrags *Gekrümmte Universen vor Einstein: Karl Schwarzschilds kosmologische Spekulationen* in J. Renn (Hrsg.): 100 Autoren für Einstein, S. 90–93 (Berlin 2005).

problems of that theory. In this contribution, the example of Schwarzschild's early speculations about the non-Euclidean nature of physical space on cosmological scales is presented and their reflection in his reception of general relativity is discussed.

Albert Einsteins allgemeine Relativitätstheorie von 1915 bedeutete eine Umwälzung grundlegender Begriffe der Physik. Was vorher eine Kraft war und die materiellen Körper von ihrer natürlichen Bahn ablenkte, die Gravitation, sollte nun eine Deformation von Raum und Zeit sein, der die Körper in ihren natürlichen Bahnen folgten. Was vorher eine Bühne war, auf der sich das physikalische Geschehen abspielte, Raum und Zeit, sollte nun selbst zum Akteur werden: die dynamische Raumzeit, die nicht nur Bewegungen der Materie beeinflußt, sondern auch selbst von dieser gebogen und gekrümmt wird.

Verlangte Einsteins neue Theorie also einerseits ein grundlegendes Umdenken der Physiker, so war andererseits der empirische Nutzen der Theorie marginal. Alle beobachteten Phänomene, die Einsteins revolutionäre Theorie richtig beschrieb, wurden ebenso gut durch Newtons etablierte Theorie beschrieben, die darüber hinaus mathematisch viel einfacher zu handhaben war. Lediglich eine winzige, bisher unerklärte Abweichung der Bewegung des Planeten Merkur von der durch die Newtonsche Theorie vorhergesagten Bahn konnte Einstein mit seiner Theorie erklären. Noch 1917 bemerkte der renommierte Physiker Max von Laue hierzu, daß die „Übereinstimmung zwischen zwei einzelnen Zahlen" doch kein hinreichender Grund sein könne, „das gesamte physikalische Weltbild von Grund auf zu ändern, wie es die Einsteinsche Theorie tut." (Laue 1917, S. 269.)

Auch unter den Astronomen herrschte eine abwartende, wenn nicht gar ablehnende Haltung gegenüber der neuen Theorie vor. Tatsächlich waren damals all die spektakulären astronomischen Objekte, die heute so erfolgreich auf der Grundlage der allgemeinen Relativitätstheorie beschrieben werden – supermassive Sterne, Schwarze Löcher, Galaxienkerne und Quasare, bis hin zum expandierenden Universum als Ganzem – kein Gegenstand der Forschung, ja, man wußte noch nicht einmal von ihrer Existenz! Dennoch zählen einige wenige Astronomen zu den bedeutendsten Pionieren der Relativitätstheorie. Eine solche Ausnahme stellt der deutsche Astronom Karl Schwarzschild (1873–1916) dar.

Bereits vor Vollendung der allgemeinen Relativitätstheorie beschäftigte sich Schwarzschild (Abb. 1) mit den möglichen Folgerungen, die für die astronomische Beobachtung aus dieser erwuchsen. 1913 begann er eine Serie von Beobachtungen des Sonnenspektrums, um die Verschiebung der Spektrallinien der Sonne zum Roten hin, die Einstein auf der Grundlage seines Äquivalenzprinzips vorhersagte, zu untersuchen (Schwarzschild 1914). Nur wenige Wochen nachdem Einstein im November 1915 die erfolgreiche Berechnung der anomalen Bewegung des Merkur auf der Grundlage seiner neuen Theorie vorgestellt hatte, veröffentlichte Schwarzschild die erste nicht-triviale exakte Lösung der Einsteinschen Gleichungen, die das Gravitationsfeld und seine Wechselwirkung mit der Materie im Universum beschreiben (Schwarzschild 1916a). Die Lösung beschreibt ein kugelsymmetrisches Gravitationsfeld im Vakuum und spielte eine wesentliche Rolle in der weiteren Entwicklung der Relativitätstheorie, in der sie bis heute eine zentrale Stellung einnimmt. Eine zweite exakte Lösung präsentierte Schwarzschild in einer weiteren Veröffentlichung (Schwarzschild 1916b), in der auch zum ersten Mal die Größe auftaucht, die später in der Theorie der Schwarzen Löcher unter dem Namen „Schwarzschildradius" eine große Rolle spielen sollte.

Weshalb reagierte Schwarzschild so anders auf die Relativitätstheorie als die meisten seiner Kollegen in Physik und Astronomie? Wie konnte er die Bedeutung der allgemeinen Relativitätstheorie so früh erkennen? Geht man diesen Fragen nach, dann findet man, daß Schwarzschild sich schon lange vor der Entstehung der Relativitätstheorie mit Problemen beschäftigte, die erst später in dieser Theorie den adäquaten Rahmen zu ihrer Behandlung finden sollten. Ein Beispiel soll dies näher erläutern.

Wie bereits angedeutet, sind Raum und Zeit in Einsteins allgemeiner Relativitätstheorie „gekrümmt". Dies ist in dem Sinn des Wortes zu verstehen, in dem eine Kugeloberfläche gegenüber einer flachen Ebene gekrümmt ist. Das bedeutet zum Beispiel, daß – im Gegensatz zur flachen, sogenannten Euklidischen Geometrie, die man gewöhnlich in der Schule kennen lernt – die Summe der Winkel in einem Dreieck nicht mehr genau 180° beträgt. Die Mathematik der gekrümmten Räume ist bereits im Laufe des 19. Jahrhunderts entwickelt worden. Der Mathematiker Bernhard Riemann (1826–1866) hat diese Entwicklung zu einem gewissen Abschluß gebracht, weshalb man auch von Riemannscher Geometrie spricht. Mit der Kenntnis der mathematischen Möglichkeit nicht-flacher Räume ergab sich natürlich auch die Möglichkeit darüber nachzudenken, ob diese in der Natur tatsächlich realisiert sind. Carl Friedrich Gauß (1777–1855) war einer der ersten, die diese Möglichkeit in Erwägung zogen.

Schwarzschild verband nun das mathematische Wissen über gekrümmte Räume mit seinem physikalischen und astronomischen Wissen über den Kosmos, wie Notizen aus dem Jahre 1899[1] und eine Veröffentlichung aus

---

[1] Nachlaß von Karl Schwarzschild, Katalog-Nr. 11:17, Niedersächsische Staats- und Universitätsbibliothek Göttingen.

dem folgenden Jahr bezeugen (Schwarzschild 1900). Er nahm an, daß Licht sich immer entlang sogenannter geodätischer Linien, den kürzesten Verbindungen zwischen zwei Punkten, ausbreitet. Im flachen Raum sind diese Linien gerade, in gekrümmten Räumen sind sie es im allgemeinen nicht. Auch in Einsteins Theorie sollten die Geodäten eine zentrale Rolle spielen: Nicht nur die Fortpflanzung des Lichts, sondern auch die Trägheitsbewegung materieller Teilchen folgt dort diesen Linien.

In seiner Veröffentlichung von 1900 stellte Schwarzschild die Frage, wie weit unsere Welt in Anbetracht unseres astronomischen Wissens überhaupt von dem flachen Raum abweichen könne. Die Abweichung konnte ja offensichtlich nicht sehr groß sein, denn alle irdischen Messungen von Dreiecken, die man durch Verbindung dreier beliebiger Punkte im Raum mit geraden Linien erhält, ergaben immer die Winkelsumme 180°. Aber die Astronomie bietet sehr viel größere Strukturen, und Schwarzschild betrachtete die größten damals durch Beobachtung konstruierbaren Dreiecke. Die Ecken eines solchen Dreiecks waren gegeben durch die Position der Erde zu zwei ein halbes Jahr auseinanderliegenden Zeitpunkten und der Position eines weit entfernten Sternes. Die Basislinie eines solchen Dreiecks ist also der Durchmesser der Bahn der Erde um die Sonne. Die anderen beiden Seiten des Dreiecks sind gegeben durch die Lichtstrahlen, die vom Stern ausgehend die Erde an den beiden Positionen treffen. Die halbe Differenz der Winkel, unter denen man den Stern in einem halben Jahr Abstand von der Erde aus sieht, wird auch als Parallaxe bezeichnet. Setzt man einen flachen Raum voraus, so ist die Parallaxe ein Maß für den Abstand des Sterns: Kennt man die Basislinie des Dreiecks (den Erdbahndurchmesser) und die zwei daran anliegenden Winkel, dann kann man das ganze Dreieck konstruieren. Man kann aber mit Hilfe dieses Dreiecks nicht bestimmen, ob der Raum wirklich flach ist. Dazu müßte man den Winkel des Dreiecks beim Stern kennen und die Winkelsumme errechnen. Aber man kann untersuchen, wie sich das Dreieck verhält, wenn man einen gekrümmten Raum annimmt.

Schwarzschild betrachtet als Alternative zum euklidischen flachen Raum zwei Typen von gekrümmten Räumen, den hyperbolischen und den sphärischen.[2] Zur anschaulichen Darstellung der drei Raumtypen mögen zweidi-

---

[2] Genaugenommen betrachtet Schwarzschild einen Spezialfall des sphärischen Raumes, den elliptischen Raum. Diesen erhält man aus dem gewöhnlichen sphärischen Raum, indem man die „gegenüberliegenden" (antipodischen) Punkte jeweils miteinander identifiziert. Die Folge ist, daß sich zwei Geodäten, die die Welt umlaufen, in nur einem Punkt treffen. Schwarzschild zieht den elliptischen Raum dem gewöhnlichen sphärischen Raum vor, weil sich in letzterem Lichtstrahlen, die von einem Punkt in verschiedene Richtungen ausgestrahlt werden, im antipodischen Punkt wieder träfen, so daß es von allen Objekten Scheinbilder entstünden.

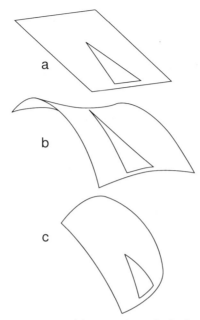

Abb. 2. Dreiecke auf einer ebenen (a), einer hyperbolischen (b) und einer sphärischen (c) Fläche.

mensionale Flächen dienen (siehe Abbildung 2). Dann ist der flache Raum durch eine Ebene (a), der hyperbolische Raum durch eine sattelförmige Fläche (b) und der sphärische Raum durch eine Kugelfläche (c) dargestellt.

Im hyperbolischen Raum ist die Winkelsumme eines Dreiecks kleiner als 180°. Die Schenkel des Parallaxendreiecks, die die geodätischen Linien darstellen, auf denen das Licht vom Stern zur Erde läuft, sind daher nach innen gekrümmt (siehe Abbildung 2b). Der Stern ist bei gleicher Parallaxe im hyperbolischen Raum also weiter entfernt als im flachen Raum. Tatsächlich haben im hyperbolischen Raum selbst noch Sterne, die unendlich weit entfernt sind, eine Parallaxe. Und zwar ist diese Parallaxe umso größer, je stärker der Raum gekrümmt ist. Nun ist es natürlich unmöglich, den Winkel, unter dem man einen Stern sieht, unendlich genau zu bestimmen. Daher kann man die Parallaxe nur dann wahrnehmen, wenn sie größer ist als ein durch die Meßgenauigkeit gegebener Minimalwert. Aus der Tatsache, daß man bei vielen Sternen keine Parallaxe beobachtet, schließt Schwarzschild so auf die zulässige Krümmung eines hyperbolischen Universums: Die Krümmung muß so gering sein, daß die Parallaxe eines im Unendlichen befindlichen Sterns kleiner ist als der damals meßbare Minimalwert.

Im sphärischen Raum ist die Winkelsumme eines Dreiecks größer als 180°. Die Schenkel des Parallaxendreiecks, die die geodätischen Linien darstellen, auf denen das Licht vom Stern zur Erde läuft, sind daher nach außen gebogen (siehe Abbildung 2c). Der Stern ist bei gleicher Parallaxe im sphärischen Raum also näher als im flachen Raum. Um das zulässige Krümmungsmaß des sphärischen Raumes abzuschätzen, macht Schwarzschild von einer Eigenschaft dieses Raumes Gebrauch, die ihn vom flachen und vom hyperbolischen Raum unterscheidet. Im Gegensatz zu diesen Räumen ist der sphärische Raum nämlich endlich, wie man sich leicht durch die Betrachtung einer geschlossenen Kugelfläche klarmacht. Gibt man einen beliebigen Parallaxenwert vor, so müssen sich daher alle Sterne mit einer geringeren Parallaxe in einem endlichen Volumen befinden. Dieses Volumen ist umso kleiner, je größer die Krümmung des sphärischen Raumes ist. Bei einer Proberechnung mit einem bestimmten Krümmungswert kommt Schwarzschild zu dem Schluß, daß die weit von der Erde entfernten Sterne durchschnittlich nur ungefähr 40 Erdbahnradien voneinander entfernt wären. „Es ist ganz ausgeschlossen," schließt Schwarzschild, „dass die Sterne so dicht ständen, ohne dass sich ihre gegenseitigen physikalischen Einwirkungen" – ihre gegenseitige Anziehung nämlich – „verrathen hätten." (Schwarzschild 1900). Aus derartigen Überlegungen leitet Schwarzschild einen Wert für das zulässige Krümmungsmaß des sphärischen Raumes her.

Schwarzschilds Anwendung der nicht-flachen Geometrie auf das Universum ist in vielerlei Hinsicht verschieden von der der allgemeinen Relativitätstheorie. So denkt Schwarzschild an den gekrümmten dreidimensionalen Raum, in der Relativitätstheorie haben wir es mit der gekrümmten vierdimensionalen Raumzeit zu tun. In Schwarzschilds Überlegungen bleibt der Raum die starre Bühne des Materie- und Strahlungsgeschehens, in Einsteins Theorie ist die Raumzeit selbst Veränderungen unterworfen. Darüber hinaus hat sich unser Bild vom Kosmos seit Schwarzschilds Zeiten tiefgreifend geändert: Bezogen sich kosmologische Überlegungen damals zumeist auf das Fixsternsystem – den damals bekannten Teil unserer Galaxie – so wissen wir heute, daß unsere Galaxie nur eine unter Milliarden ist, die sich in Haufen und Superhaufen anordnen und einen Raum erfüllen, dessen Ausdehnung den damals bekannten um mehrere Zehnerpotenzen übersteigt. Dementsprechend groß sind auch Schwarzschilds maximale Krümmungswerte verglichen mit den in der gegenwärtigen Kosmologie erwogenen Werten.

Aber ungeachtet dieser Unterschiede prägten Schwarzschilds frühere Überlegungen seine Rezeption von Einsteins revolutionärer Theorie in der Weise, daß die Idee einer gekrümmten Raumzeit für ihn im Gegensatz zu vielen seiner Kollegen nicht mehr fremd war. Sie befähigten ihn sogar dazu, kosmologische Konsequenzen der neuen Theorie zu erkennen, lange bevor Einstein selbst dazu in der Lage war.

So war Schwarzschild der erste, der die Möglichkeit eines geschlossenen Universums mit elliptischer Geometrie als eine Lösung der Einsteinschen Feldgleichungen betrachtete. In einem Brief an Einstein vom 6. Februar 1916, in dem er auch von seiner zweiten exakten Lösung der Einsteinschen Feldgleichungen berichtet, schreibt Schwarzschild:

> Was die ganz großen Räume angeht, hat Ihre Theorie eine ganz ähnliche Stellung, wie Riemann's Geometrie, und es ist Ihnen gewiß nicht unbekannt, daß man die elliptische Geometrie aus Ihrer Theorie herausbekommt, wenn man die ganze Welt unter einem gleichförmigen Druck stehen läßt (Energietensor $-p, -p, -p, 0$).[3]

Schwarzschilds Hinweis auf die Riemannsche Geometrie verweist direkt auf seine vorrelativistischen Studien aus dem Jahr 1900.

Im Gegensatz zu Schwarzschilds Annahme waren Einstein derartige kosmologische Implikationen seiner Theorie zu dieser Zeit vermutlich überhaupt nicht bewußt. Noch im November 1916 bezeichnet Einstein in einem Brief an den niederländischen Astronomen Willem de Sitter (1872–1934) die Frage der Randwertbedingungen des Gravitationsfeldes, das nach seiner Theorie die Raumzeitgeometrie bestimmt, als „eine reine Geschmacksfrage, die nie eine naturwissenschaftliche Bedeutung erlangen wird".[4] Erst die Diskussion mit de Sitter, die im Herbst 1916 einsetzte, führte Einstein dazu, das Modell eines geschlossenen Universums zu betrachten, das er mit einigem Zögern im folgenden Jahr publizierte (Einstein 1917).[5] Der Unterschied zwischen sphärischem und elliptischem Raum war ihm dabei unklar geblieben. De Sitter wies Einstein auf den Unterschied hin, indem er sich auf Schwarzschilds Arbeit von 1900 über das Krümmungsmaß des Raumes und das darin enthaltene Argument bezog, das dem elliptischen Raum den Vorzug vor dem sphärischen gab.[6]

---

[3]Schwarzschild an Einstein, 6. Feb. 1916, CPAE 8, Dok. 188, S. 258 = SUB Göttingen, N193, 7-8; Der Energietensor, den Schwarzschild angibt, erzeugt tatsächlich nur dann ein sphärisches, statisches Universum, wenn man ihn nicht in die endgültigen Feldgleichungen der allgemeinen Relativitätstheorie einsetzt, sondern in die Gleichungen der unmittelbaren Vorgängertheorie, auf deren Basis Einstein die Merkurbewegung berechnet hatte und die auch Schwarzschilds erster Veröffentlichung zur allgemeinen Relativitätstheorie zugrunde liegen.
[4]Einstein an de Sitter, 4. Nov. 1916, CPAE 8, Dok. 273, S. 359.
[5]Die Einstein-de Sitter-Debatte ist dokumentiert in CPAE 8, S. 351–357; siehe auch die dortigen Literaturhinweise, vor allem Kerszberg (1989).
[6]De Sitter an Einstein, 20. Juni 1917, CPAE 8, Dok. 355, S. 472. Zum Zusammenhang von elliptischer und sphärischer Geometrie siehe Fußnote 2.

Interessanterweise taucht die Frage der globalen Geometrie des Universums in der Korrespondenz zwischen Schwarzschild und Einstein in genau demselben Zusammenhang auf wie später in der Einstein-de Sitter-Debatte: der Diskussion der Relativität der Trägheit. So findet sich zum Beispiel in Einsteins Brief an Schwarzschild, der dem oben zitierten Brief Schwarzschilds vorangeht, eine Stelle, in der Einstein genau die Art strikter Machscher Forderungen zum Ausdruck bringt, an der sich seine Diskussion mit de Sitter später entzünden sollte. Einstein schreibt:

> Die Trägheit ist eben nach meiner Theorie im letzten Grunde eine Wechselwirkung der Massen, nicht eine Wirkung bei welcher ausser der ins Auge gefassten Masse der ‚Raum' als solcher beteiligt ist. Das Wesentliche meiner Theorie ist gerade, dass dem Raum als solchem keine selbständigen Eigenschaften gegeben werden. Man kann es scherzhaft so ausdrücken. Wenn man alle Dinge aus der Welt verschwinden lasse, so bleibt nach Newton der Galileische Trägheitsraum, nach meiner Auffassung aber *nichts* übrig.[7]

Man kann hier den Anfang einer „Einstein-Schwarzschild-Debatte" erkennen, die Aspekte der späteren Einstein-de Sitter-Debatte antizipiert. Einstein scheint jedoch zu diesem Zeitpunkt noch nicht bereit gewesen zu sein, die kosmologischen Folgerungen seiner Theorie zu betrachten. Und als er schließlich durch seinen Briefwechsel mit de Sitter zu solchen Betrachtungen bewegt wurde, war Schwarzschild schon einen verfrühten Tod infolge einer Hautkrankheit, die er sich an der russischen Front zugezogen hatte, gestorben. Es scheint offensichtlich, daß Schwarzschild anderenfalls einen substantiellen Betrag zu den späteren kosmologischen Diskussionen hätte leisten können.

Ähnlich wegweisende Überlegungen wie seine frühen Spekulationen zur nicht-Euklidischen Kosmologie sind in Schwarzschilds vorrelativistischem Werk zu weiteren Fragestellungen zu finden, die aus heutiger Perspektive zum Problemfeld der Relativitätstheorie gehören. Diese Fragen betreffen zum Beispiel die Relativität von Bewegungen, den Ursprung der Trägheit, die Gültigkeit des Newtonschen Gravitationsgesetzes und die Anomalie der Merkurbewegung. All diese Beispiele aus dem Werk Schwarzschilds zeigen, daß nicht nur *ein* Weg zu den Erkenntnissen der allgemeinen Relativitätstheorie führte, sondern daß Hinweise auf den Charakter einer solchen Theorie auf vielen Wegen zu finden waren für den, der die schmalen Straßen der spezialisierten Fachdiskurse verließ und sich an die übergreifenden Fragen heranwagte, die die Grundlagen der Physik und ihrer Nachbardisziplinen betreffen.

---

[7] Einstein an Schwarzschild, 9. Januar 1916, CPAE 8, Dok. 181, S. 239.

Literatur

Einstein, Albert, 1917. Kosmologische Betrachtungen zur allgemeinen Relativitätstheorie. Sitzungsberichte der Königlich Preußischen Akademie der Wissenschaften 1917, 142–152

Kerszberg, Pierre, 1989. The Invented Universe. The Einstein-de Sitter Controversy of 1916–1917 and the Rise of Relativistic Cosmology. Oxford: Clarendon Press

Laue, Max von, 1917. Die Nordströmsche Gravitationstheorie. Jahrbuch der Radioaktivität und Elektronik 14, 263–313

Schemmel, Matthias, 2004. An Astronomical Road to General Relativity: The Continuity between Classical and Relativistic Cosmology in the Work of Karl Schwarzschild. In: Jürgen Renn, Matthias Schemmel and Milena Wazeck. In the Shadow of the Relativity Revolution. Max-Planck-Institut für Wissenschaftsgeschichte, Preprint Nr. 271

Schwarzschild, Karl, 1900. Über das zulässige Krümmungsmaass des Raumes. Vierteljahrsschrift der Astronomischen Gesellschaft 35, 337–347

Schwarzschild, Karl, 1914. Über die Verschiebung der Bande bei 3883 Å im Sonnenspektrum. Sitzungsberichte der Königlich Preußischen Akademie der Wissenschaften 1914, 1201–1213

Schwarzschild, Karl, 1916a. Über das Gravitationsfeld eines Massenpunktes nach der Einsteinschen Theorie. Sitzungsberichte der Königlich Preußischen Akademie der Wissenschaften 1916, 189–196

Schwarzschild, Karl, 1916b. Über das Gravitationsfeld einer Kugel aus inkompressibler Flüssigkeit nach der Einsteinschen Theorie. Sitzungsberichte der Königlich Preußischen Akademie der Wissenschaften 1916, 424–434

Anschr. d. Verf.: Dipl.-Phys. Matthias Schemmel, Max-Planck-Institut für Wissenschaftsgeschichte, Wilhelmstraße 44, 10117 Berlin; e-mail: schemmel@mpiwg.de

Abb. 1 (zum folgenden Beitrag). Albert Einstein, Edwin P. Hubble und Walter S. Adams am 100-Zoll-Spiegelteleskop der Mt.-Wilson-Sternwarte (reproduziert mit Erlaubnis von *The Huntington Library, San Marino, California*).

Einsteins Beitrag zur Kosmologie – ein Überblick*

Tobias Jung, Augsburg

Einstein initiierte bekanntermaßen mit seiner Arbeit „Kosmologische Betrachtungen zur allgemeinen Relativitätstheorie" im Jahre 1917 die relativistische Kosmologie. Er hielt an seinem statischen, räumlich endlichen, aber unbegrenzten Weltmodell, in dem die Materie auf großen Skalen als gleichförmig verteilt angesehen wird, über ein Jahrzehnt beharrlich fest und verteidigte es zunächst gegen Einwände von de Sitter, Klein und Weyl (1917–1919), später gegen die nichtstatischen Modelle von Friedmann (1922/23) und Lemaître (1927) sowie gegen den Vorschlag eines räumlich unendlichen Weltmodells von Selety (1922). Erst nachdem Einstein um den Jahreswechsel 1930 herum durch Hubble, Tolman und andere mit den neuesten Beobachtungen vertraut gemacht wurde – vor allem mit der 1929 von Hubble entdeckten Entfernungs-Rotverschiebungs-Relation für Spiralgalaxien, deren extragalaktische Natur 1923 erkannt worden war – gab er sein statisches Weltmodell auf und erkannte das expandierende Universum an. In der Folgezeit schlug er selbst bestimmte expandierende Weltmodelle vor, nämlich das Friedmann-Einstein-Modell im Jahre 1931 und das Einstein-de Sitter-Modell in einer gemeinsamen Arbeit mit de Sitter im Jahre 1932. Einstein war weiterhin für die Beibehaltung eines positiv gekrümmten Weltmodells und setzte sich für den Verzicht auf die kosmologische Konstante, die er 1917 zur Gewährleistung der Statik des Universums eingeführt hatte, ein. Gegen Ende seines Lebens wurde seine Einstellung zur relativistischen Kosmologie skeptischer, wie beispielsweise die Auseinandersetzung mit dem Gödel-Universum (1949) zeigte. Wenngleich Einstein in der Kosmologie gleichsam eine „Modekrankheit" sah, stellen die in dieser Zeit gefundenen Friedmann-Lemaître-Modelle bis heute die raumzeitlichen Hintergrundmodelle der großskaligen Entwicklung des Universums dar.

---

*Ein Teil der in diesem Aufsatz enthaltenen Untersuchungen ist während der Arbeit an meiner Dissertation „Relativistische Weltmodelle – Eine wissenschaftsphilosophische Analyse zur physikalischen Kosmologie des 20. Jahrhunderts" am Lehrstuhl für Philosophie und Wissenschaftstheorie der Universität Augsburg bei meinem Doktorvater Prof. Dr. Klaus Mainzer entstanden. Ihm möchte ich für seine Unterstützung und seine Anregungen an dieser Stelle herzlich danken. Dank gebührt daneben der Studienstiftung des deutschen Volkes für die finanzielle Förderung meiner Promotion.

It is well known that Einstein founded relativistic cosmology in 1917 when he published his "Cosmological considerations in the general theory of relativity." He presented a static, spatially closed though unbounded cosmological model with a uniform large-scale distribution of matter. For more than a decade, he defended his Einstein model against the proposals of Friedmann (1922/23) and Lemaître (1927) who took non-static world models into consideration, as well as against the spatially infinite model worked out by Selety (1922). Only after getting acquainted with the latest observational data like Hubble's redshift-distance relation during visiting Hubble, Tolman and others in California around the turn of the year 1930, Einstein gave up his static model and began to accept expanding world models. In the aftermath, he himself proposed two expanding world models, namely the Friedmann-Einstein universe in 1931 and the Einstein-de Sitter universe in a joint paper with de Sitter in 1932. In Einstein's opinion, world models still had to be spatially closed, but the cosmological constant which he had introduced in 1917 to obtain a static cosmological model had to be abandoned. In his later years, Einstein showed scepticism against relativistic cosmology as can be seen from his remarks concerning the rotating Gödel universes (1949). Although Einstein seemed to consider relativistic cosmology as a "fashionable disease" the then discovered Friedmann-Lemaître models are still used to describe the large-scale evolution of the space-time background of the universe.

1 Einleitung

Während etliche Bereiche des physikalischen Werkes Albert Einsteins (1879–1955) intensiv untersucht wurden, scheint mir sein Beitrag zur Kosmologie, zumal als Gesamtheit betrachtet, gleichsam im toten Winkel der Einstein-Forschung zu liegen. Einsteins Beiträge zur Quantentheorie[1], sein Weg zur speziellen[2] und zur allgemeinen[3] Relativitätstheorie überstrahlen seine Arbeiten und Diskussionsbeiträge zur relativistischen Kosmologie, für die er gleichwohl mit seinen „Kosmologischen Betrachtungen"[4] im Jahre 1917 den Anstoß gab. Etliche Übersichtsarbeiten über Einsteins Leben und Werk wie beispielsweise Fischer (1999), Fölsing (1993), Frank (1949), Kanitscheider (1988), Withrow (1973) oder Wickert (2000) erwähnen die Kosmologie mit Ausnahme des statischen Einstein-Universums von 1917 gar nicht oder allenfalls am Rande. Selbst Pais (2000) widmet der Kosmologie nur wenige Seiten und stellt sie alles andere als vollständig dar. Natürlich gibt es wissenschaftshistorische Untersuchungen zu einzelnen Aspekten und Details wie etwa die Auseinandersetzung zwischen Einstein und de Sitter oder

---

[1] Vgl. zum Beispiel Pais (1979).
[2] Vgl. zum Beispiel Miller (1998).
[3] Vgl. zum Beispiel Earman, Janssen und Norton (1993) sowie Goenner et al. (1998).
[4] Vgl. Einstein (1917).

die zwischen Friedmann und Einstein, ein halbwegs kompletter Überblick fehlt aber meines Wissens nach wie vor. Aus diesem Grunde möchte ich hier versuchen, einen solchen Überblick über Einsteins Auseinandersetzung mit dem kosmologischen Problem zu geben. Einsteins Beitrag zur Kosmologie soll beginnend mit dem Einstein-Universum von 1917 über die de Sitter-Einstein-Klein-Weyl-Debatte, seine Synthese in den „Vier Vorlesungen"[5] Anfang der 20er Jahre, seine ablehnenden Bemerkungen bezüglich der Weltmodelle Friedmanns, Seletys und Lemaîtres, seinen Meinungsumschwung bezüglich expandierender Weltmodelle Anfang 1931, seinen Verzicht auf die kosmologische Konstante bis hin zu seinen Kommentaren zum Gödel-Universum und seiner eher skeptischen Einstellung der Kosmologie gegenüber am Ende seines Lebens nachgezeichnet werden.

2 Die Begründung der relativistischen Kosmologie durch das Einstein-Universum von 1917

Nachdem Einstein im November 1915 letztlich die Feldgleichungen der allgemeinen Relativitätstheorie aufgestellt hatte[6], lag meines Erachtens für ihn eine Anwendung derselben auf das kosmologische Problem, das heißt „die Frage über die Beschaffenheit des Raumes im großen und über die Art der Verteilung der Materie im großen"[7], aus zwei Gründen nahe. Zum einen war die Newtonsche Gravitationstheorie, die in der allgemeinen Relativitätstheorie als Grenzfall statischer, schwacher Gravitationsfelder und im Vergleich zur Lichtgeschwindigkeit kleiner Geschwindigkeiten der beteiligten Körper enthalten ist, in ihrer Anwendung auf das Universum als Ganzes gescheitert, wie das Gravitationsparadoxon oder das Olbersche Paradoxon demonstrierten.[8] Zum anderen stellte sich Einstein die Frage, inwiefern die Bedingtheit der Trägheit durch die „fernen [...] Massen"[9], das heißt das von ihm später sogenannte Machsche Prinzip, in seiner allgemeinen Relativitätstheorie inkorporiert war. Den Hintergrund seiner Betrachtungen bildete das statische Sternenuniversum, wie es in kosmologischen Arbeiten im Rahmen der Newtonschen Physik üblich war.[10] Einstein

---

[5] Vgl. Einstein (1922b).
[6] Vgl. Einstein (1915). Zum Prioritätsstreit zwischen Einstein und dem Mathematiker David Hilbert (1862–1943) bezüglich der Entdeckung der Feldgleichungen vgl. Wuensch (2005).
[7] Einstein (1931), S. 235.
[8] Vgl. Suchan (1999), S. 28 ff. und S. 45 ff.
[9] Vgl. zum Beispiel Mach (1897), S. 233.
[10] Folgender Punkt scheint mir bemerkenswert. Während in kosmologischen Arbeiten seit dem Briefwechsel zwischen Isaac Newton (1643–1727) und dem Gräzisten, Lati-

ging also von Sternen als grundlegenden kosmologischen Bausteinen aus, sah sie als gleichförmig, das heißt homogen und isotrop, im Raum verteilt an und folgerte aus den im Vergleich zur Lichtgeschwindigkeit geringen Sterngeschwindigkeiten, daß das System der Sterne sich mit der Zeit nicht verändert.

Ein kosmologisches Modell stellt eine Lösung der Einsteinschen Feldgleichungen dar. Für eine solche Lösung sind Anfangs- beziehungsweise Randbedingungen vorauszusetzen. Zunächst suchte Einstein nach Randbedingungen im Unendlichen – beispielsweise war in der 1916 vorgestellten Schwarzschild-Lösung[11], welche die Raumzeit für eine sphärisch-symmetrische, statische Materieverteilung beschreibt, der Raum asymptotisch flach, mit anderen Worten, im Unendlichen gingen die Koeffizienten des Metriktensors in die Werte der Minkowski-Metrik der speziellen Relativitätstheorie über. Allerdings scheiterten Einsteins Bemühungen um die Festlegung von Randbedingungen im Unendlichen hinsichtlich der Kosmologie. Entweder hätte er eine Welteninsel annehmen müssen, das heißt, alle Sterne sind auf einen räumlichen Bereich begrenzt und außerhalb erstreckt sich der unendliche leere Raum, oder er hätte den Koeffizienten des Metriktensors unendlich große Werte im Unendlichen zuweisen müssen. Die erste Möglichkeit erschien ihm zum einen wegen des Machschen Prinzips unbefriedigend, und zum anderen würde sich aus statistischen Gründen die Welteninsel auflösen, solange die Gesamtenergie des Systems groß genug ist, daß einer der Sterne entweichen kann. Die zweite Möglichkeit stand im Widerspruch zur Beobachtung kleiner Sterngeschwindigkeiten. Eventuell mit der Hilfe des österreichischen Physikers Paul Ehrenfest (1880–1933) kam Einstein auf den Gedanken, daß er die Frage nach den Grenzbedingungen im Unendlichen gar nicht zu lösen brauchte, wenn er sie auflöste: In einem räumlich endlichen, aber dennoch unbegrenzten Universum stellt sich die Frage nach Grenzbedingungen im Unendlichen überhaupt nicht mehr. Daher suchte Einstein nach einer Lösung seiner Feldgleichungen für

---

nisten und Theologen Richard Bentley (1662–1742) im Jahre 1692 – die „Four letters" erschienen erstmals 1756 im Druck – die Annahme, daß „die Materie gleichmäßig im unendlichen Raum verteilt ist" (Newton 1978, S. 281, meine Übersetzung), immer wieder herangezogen wurde, setzte sich in dem Bereich der Astronomie, den man in ahistorischer Weise als galaktische Astronomie bezeichnen könnte, bis Ende des 19. Jahrhunderts die Ansicht durch, daß die für uns mit bloßem Auge und mit den damaligen technischen Hilfsmitteln wie Fernrohren sichtbaren Sterne zu einer Welteninsel gehören, innerhalb der die Sternverteilung keineswegs homogen ist. Daß dieser Widerspruch offenbar hingenommen wurde, bleibt durchaus verwunderlich.

[11]Vgl. Schwarzschild (1916). Schwarzschild machte auch erste Ansätze für kosmologische Modelle, die aber nicht publiziert wurden (vgl. Schemmel (2004) sowie den Beitrag von M. Schemmel in diesem Band).

einen positiv in sich gekrümmten Raum. Das Resultat seiner „Kosmologische[n] Betrachtungen zur allgemeinen Relativitätstheorie"[12] publizierte er am 15. Februar 1917, nicht ohne vorher an Ehrenfest zu schreiben:[13]

> „Ich habe auch wieder etwas verbrochen in der Gravitationstheorie, was mich ein wenig in Gefahr setzt, in einem Tollhaus interniert zu werden."

Um seine Annahme der Statik[14] gewährleisten zu können, sah sich Einstein zu einer Modifizierung der ursprünglichen Feldgleichungen gezwungen; er ergänzte sie um den Term mit der kosmologischen Konstante Λ. In der Sprache der Newtonschen Physik ausgedrückt, kam die Statik des Universums dadurch zustande, daß die attraktive Gravitationskraft von der repulsiven Kraft, die mit der kosmologischen Konstante in Verbindung stand, genau kompensiert wurde. Das statische Einstein-Universum wird aufgrund seiner raumzeitlichen Struktur auch als Zylinderuniversum bezeichnet. Der Zeitparameter t durchläuft alle reellen Werte: $t \in \mathbb{R}$. Zu jedem festen Zeitpunkt $t = $ const. ist der zugehörige 3-Raum eine 3-Sphäre $\mathbb{S}^3_t$ mit festem Radius R_E. Dieser Weltradius R_E des Einstein-Universums steht mit der kosmologischen Konstante Λ_E und seiner Dichte ρ_E in folgender Beziehung:

$$\Lambda_E = \frac{1}{R_E^2} = \frac{4\pi G \rho_E}{c^2}. \qquad (1)$$

Hierbei bezeichnet G die (Newtonsche) Gravitationskonstante und c die Lichtgeschwindigkeit im Vakuum. Abschließend faßte Einstein sein Weltmodell zusammen:[15]

> „Der Krümmungscharakter des Raumes ist nach Maßgabe der Verteilung der Materie zeitlich und örtlich variabel, läßt sich aber im großen durch einen sphärischen Raum approximieren. Jedenfalls ist diese Auffassung logisch widerspruchsfrei und vom Standpunkte der allgemeinen Relativitätstheorie die naheliegendste; [...]."

---

[12] Vgl. Einstein (1917).

[13] Schreiben von Einstein an Ehrenfest vom 4. Februar 1917, CPAE 8, Dok. 294, S. 386.

[14] Einstein begründete die Annahme der Statik mit den geringen Pekuliargeschwindigkeiten der Sterne. Es wäre genauer zu untersuchen, ob neben diesem empirischen Argument die Machschen Gedanken eine zweite Wurzel für diese Annahme der Statik gewesen sein könnten. Der Physiker und Philosoph Ernst Mach (1838–1916) schrieb in seinem Buch „Die Mechanik in ihrer Entwicklung", daß in unserer Aussage, „dass ein Körper seine Richtung und Geschwindigkeit *im Raum* beibehält, [...] nur eine kurze Anweisung auf Beachtung der *ganzen Welt*" liegt (Mach 1897, S. 227). In den weiteren Ausführungen Machs wird deutlich, daß die Fixsterne ein idealisiertes *starres* System liefern.

[15] Einstein (1917), S. 152.

Dem holländischen Astronomen Willem de Sitter (1872–1934), mit dem
Einstein in der Zeit seiner Arbeit an den „Kosmologischen Betrachtungen"
in brieflichem Kontakt stand, teilte er seine Erleichterung über die Lösung
des Problems mit:[16]

> „[...] für mich war die Frage brennend, ob sich der Relativitäts-Gedanke
> fertig ausspinnen lässt, oder ob er auf Widersprüche führt. Ich bin nun
> zufrieden, dass ich den Gedanken habe zu Ende denken können, ohne auf
> Widersprüche zu kommen. Jetzt plagt mich das [kosmologische] Problem
> nicht mehr, während es mir vorher keine Ruhe liess."

In demselben Brief an de Sitter bemerkte Einstein aber auch, daß er „[v]om
Standpunkte der Astronomie [...] natürlich ein geräumiges Luftschloss
[...] gebaut" hat. Daher stellte er sich die Frage nach der empirischen
Haltbarkeit seines Weltmodells erst gar nicht, denn „[l]eider besteht [...]
wenig Aussicht, die vertretene Ansicht an der Wirklichkeit zu prüfen".[17]

3 Die de Sitter-Einstein-Klein-Weyl-Debatte

De Sitter, der im Jahre 1916 Arbeiten über die allgemeine Relativitätstheorie verfaßte und entscheidend zu ihrer Verbreitung in England beitrug,
entwickelte ein kosmologisches Modell, das er im Jahre 1917 publizierte.[18]
In der ursprünglichen Koordinatendarstellung de Sitters wurde das Modell
als statisch und leer, das heißt als Modell ohne Materie, angesehen. Diese Koordinatenwahl führte auch dazu, daß es einen Koordinatenursprung,
also einen ausgezeichneten Punkt gab und Testteilchen, die außerhalb des
Ursprungs eingebracht wurden, eine „scheinbare [...] Radialgeschwindigkeit"[19] erfuhren. Die Rotverschiebung von Testteilchen wurde als de Sitter-
Effekt bezeichnet.[20] Einstein war das de Sitter-Modell aus zwei Gründen
ein Dorn im Auge. Erstens wäre es natürlich befriedigender gewesen, wenn
die modifizierten Feldgleichungen *genau eine* kosmologische Lösung zugelassen hätten, die auch noch mit den astronomischen Beobachtungen in
Einklang gestanden hätte. Zweitens sollte es bei Gültigkeit des Machschen

---

[16] Brief von Einstein an de Sitter, der vor dem 12. März 1917 geschrieben worden sein muß, CPAE 8, Dok. 311, S. 411.
[17] Brief von Einstein an Besso vom 9. März 1917, CPAE 8, Dok. 306, S. 401.
[18] Vgl. de Sitter (1917a,b).
[19] de Sitter (1917b), S. 26, meine Übersetzung.
[20] Es ist zu beachten, daß zu dieser Zeit der Unterschied zwischen Doppler-Effekt, Gravitationsrotverschiebung und kosmologischer Rotverschiebung noch nicht immer klar gesehen wurde. Vgl. auch den Beitrag von Klaus Hentschel in diesem Band.

Prinzips – zu dieser Zeit sah er im Machschen Prinzip neben dem Relativitätsprinzip und dem Äquivalenzprinzip den dritten Pfeiler der allgemeinen Relativitätstheorie[21] – keinen leeren Raum mit Krümmung geben, das heißt, Einstein ging davon aus, daß keine Vakuumlösungen der Feldgleichungen existieren. Daher bemühte er sich um den Nachweis, daß das de Sitter-Modell fehlerhaft ist. Im Verlauf des Briefwechsels mit de Sitter verhärteten sich die Fronten spürbar. De Sitter scheint meines Erachtens anfangs nicht von seinem eigenen Modell überzeugt gewesen zu sein, vertrat es aber als theoretische Möglichkeit zunehmend vehementer, während Einstein von Anfang an der Meinung war, daß sein kosmologisches Modell als realistisches Modell gelten müßte. „[W]enn Sie ihre Auffassung nur der Wirklichkeit nicht aufzwingen wollen, dann sind wir einig"[22], schrieb de Sitter an Einstein und fügte hinzu: „Als widerspruchslose Gedanken-reihe habe ich nichts dagegen, und bewundere ich sie." Einstein ersann allerlei Einwände gegen das de Sitter-Modell, die aber alle nicht haltbar waren. Schließlich fand er eine Singularität, wegen der er das de Sitter-Universum als realistisches Weltmodell ausschließen wollte: „Haben Sie nicht auch das Gefühl, dass solche Fälle für die Wirklichkeit nicht in Betracht kommen?"[23] Einstein suchte nach einem realistischen Weltmodell und ließ sich dabei auch von seiner Intuition leiten. Dagegen argumentierte de Sitter eher in der Art eines Logikers, der ein Modell sicherlich nicht allein deshalb ablehnt, weil es ihm aus physikalischen Gründen nicht vernünftig erscheint: „Unsere ‚Glaubensdifferenz' kommt darauf an das Sie einen bestimmten Glauben haben, und ich Skeptiker bin."[24] Letztendlich veröffentlichte Einstein im März 1918 „Kritisches zu einer von Hrn. De Sitter gegebenen Lösung der Gravitationsgleichungen".[25] Der Hauptkritikpunkt bestand in der vermeintlichen Existenz einer im Endlichen gelegenen Singularität. De Sitter reagierte auf Einsteins Kritik mit seiner am 26. April 1918 eingereichten Arbeit „Further remarks on the solutions of the field-equations of Einstein's theory of gravitation"[26], von deren Inhalt er Einstein in einem Brief vom 10. April 1918 bereits unterrichtet hatte[27]. Einsteins Ausgangspunkt war das Postulat, daß seine Feldgleichungen „für alle Punkte im Endlichen gelten"[28] müssen, daß also keine echten Singularitäten im Endlichen auftre-

---

[21] Vgl. Einstein (1918b), S. 241.
[22] Brief von de Sitter an Einstein vom 15. März 1917, CPAE 8, Dok. 312, S. 413.
[23] Schreiben Einsteins an de Sitter vom 22. Juli 1917, CPAE 8, Dok. 363, S. 485.
[24] Schreiben de Sitters an Einstein vom 18. April 1917, CPAE 8, Dok. 327, S. 434.
[25] Vgl. Einstein 1918a.
[26] Vgl. de Sitter (1918). Auf der Arbeit ist fälschlicherweise der 26. April 1917 als Eingangsdatum abgedruckt.
[27] Vgl. Brief von de Sitter an Einstein vom 10. April 1918, CPAE 8, Dok. 501, S. 712f.
[28] Einstein (1918a), S. 270.

ten dürfen. Dagegen vertrat de Sitter die Ansicht, daß Einsteins Postulat in dieser Form „philosophisch oder metaphysisch"[29] ist und die Formulierung durch „für alle Punkte im Endlichen, die physikalisch zugänglich sind" ersetzt werden sollte. Der Mathematiker Felix Klein (1849–1925) fand schließlich heraus, daß es sich bei dieser Singularität um eine Koordinatensingularität handelt, eine Singularität also, die sich wegtransformieren läßt und die bei geeigneter Koordinatenwahl nicht auftritt.[30] Wenngleich Einstein in einem Brief an Ehrenfest vom 6. Dezember 1918 bemerkt, daß seine „Kritik an einer [...] [von de Sitters] Arbeiten [...] zum Teil nur zutreffend"[31] war, publizierte er dennoch keine Korrektur zu seiner kritischen Notiz.

In die Diskussionen um das Einstein-Universum und das de Sitter-Modell war neben de Sitter und Klein der Physiker Hermann Weyl (1885–1955) eingebunden.[32] Außer der Natur der Singularität im de Sitter-Modell wurde die Frage nach der globalen Topologie des Universums und die Einführung der kosmologischen Konstante erörtert. Der Astronom Erwin Freundlich (1885–1964) hatte Einstein bereits kurz nach Erscheinen seiner „Kosmologischen Betrachtungen" darauf aufmerksam gemacht, daß neben der sphärischen Topologie, die Einstein implizit angenommen hatte, auch eine elliptische Topologie möglich sei, bei der antipodische Punkte jeweils identifiziert werden.[33] In der Folgezeit schwankte Einstein hinsichtlich der Bevorzugung einer der beiden globalen Topologien. Am 26. März 1917 äußerte er Klein gegenüber, daß ihm „die näherliegende elliptische Topologie entgangen"[34] sei, und gab ihr auch in einem Schreiben an de Sitter vom 28. Juni 1917 den Vorrang.[35] Nachdem Klein am 25. April 1918 in einem Schreiben an Einstein begründete, warum „man doch nicht den sphärischen Raum durch den elliptischen ersetzen"[36] kann, ließ Einstein die elliptische Topologie wieder fallen. An Weyl schrieb er kurze Zeit später: „Ich habe so ein dunkles Gefühl, das mich das Sphärische bevorzugen lässt. Ich empfinde nämlich solche Mannigfaltigkeiten am Einfachsten, in welchen sich

---

[29] de Sitter (1918), S. 1309, meine Übersetzung.
[30] Vgl. Klein (1918a,b).
[31] Brief von Einstein an Ehrenfest vom 6. Dezember 1918, CPAE 8, Dok. 664, S. 960.
[32] Zur de Sitter-Einstein-Klein-Weyl-Debatte vgl. Kerszberg (1988, 1989) und den Übersichtsaufsatz in CPAE 8, S. 351–357. Es ist zu bemerken, daß Kerszberg (1989) durchaus umstritten ist, vgl. Eisenstaedt (1993), S. 375 und S. 377, sowie Goenner (1991).
[33] Vgl. Brief von Freundlich an Einstein, der am 18. Februar 1917 oder später geschrieben wurde, in CPAE 8, Dok. 300, S. 393.
[34] Brief von Einstein an Klein vom 26. März 1917, CPAE 8, Dok. 319, S. 425.
[35] Brief von Einstein an de Sitter vom 28. Juni 1917, CPAE 8, Dok. 359, S. 478f.
[36] Schreiben von Klein an Einstein vom 25. April 1918, CPAE 8, Dok. 518, S. 733.

jede geschlossene Kurve stetig auf einen Punkt zusammenziehen lässt."[37] Ein Jahr später unterbreitete er Klein ein Argument, „das die sphärische Möglichkeit gegenüber der elliptischen als bevorzugt erscheinen lässt."[38]

Die Diskussionen mit de Sitter, Klein und Weyl waren sicherlich von bedeutendem Einfluß auf Einsteins Auseinandersetzung mit der kosmologischen Konstante. War sie zunächst vor allem eine Annahme, um die Statik des Universums zu gewährleisten, sah er in ihr zunehmend „eine notwendige Ergänzung [...], ohne welche weder die Trägheit noch die Geometrie wahrhaft relativ ist."[39] Schließlich unternahm Einstein in seiner Arbeit „Spielen Gravitationsfelder im Aufbau der materiellen Elementarteilchen eine wesentliche Rolle?"[40] den Versuch, die kosmologische Konstante mikrophysikalisch zu begründen. Hier zeigen sich ansatzweise sein Streben nach Vereinheitlichung der Physik und sein späteres Interesse nach einer einheitlichen Feldtheorie. Einstein formulierte die Ausgangssituation folgendermaßen:[41]

> „Wie ich in einer früheren Arbeit ausführte, verlangt die allgemeine Relativitätstheorie, daß die Welt räumlich geschlossen sei [...], wobei eine neue universelle Konstante [...] Λ eingeführt werden mußte, die zu der Gesamtmasse der Welt [...] in fester Beziehung steht. Hierin liegt ein besonders schwerwiegender Schönheitsfehler der Theorie."

Auf Grundlage eines rein elektromagnetischen Anteils für den Energie-Impuls-Tensor leitete Einstein eine Beziehung zwischen der kosmologischen Konstante Λ und dem Ricci-Skalar $\overline{R}$ ab:

$$\Lambda = \frac{\overline{R}}{4}. \qquad (2)$$

Damit ergäbe sich aus der Elementarteilchenphysik ein Zusammenhang von Gravitation und Elektromagnetismus. Eine Größe der Physik, die lediglich auf kosmologischen Skalen eine Rolle spielt, nämlich die kosmologische Konstante, hinge dann mit dem mikrophysikalischen Aufbau der Materie zusammen:[42]

> „Die neue Formulierung hat [...] den großen Vorzug vor der früheren, daß die Größe [...] [Λ] als Integrationskonstante, nicht mehr als dem Grundgesetz eigene universelle Konstante, in den Grundgleichungen der Theorie auftritt."

---

[37] Brief von Einstein an Weyl vom 31. Mai 1918, CPAE 8, Dok. 551, S. 776 f.
[38] Postkarte von Einstein an Klein vom 16. April 1919, CPAE 9, Dok. 24, S. 37.
[39] Brief von Einstein an Klein vom 26. März 1917, CPAE 8, Dok. 319, S. 425.
[40] Vgl. Einstein (1919).
[41] Einstein (1919), S. 351.
[42] Einstein (1919), S. 353.

4 Einsteins Synthese seiner frühen kosmologischen Arbeiten in den „Vier Vorlesungen" von 1921

Im Mai 1921 hielt Einstein an der Universität Princeton vier Vorträge über „die Hauptgedanken und mathematischen Methoden der Relativitätstheorie". In diesen Vorträgen, die ein Jahr später als *Vier Vorlesungen über Relativitätstheorie* publiziert wurden, stellte Einstein gewissermaßen eine Synthese seiner frühen kosmologischen Arbeiten dar. Daß er dem Umfang nach betrachtet immerhin ein Zehntel seiner Ausführungen dem kosmologischen Problem widmete, wirft angesichts seiner Bemühung, „alles weniger Wesentliche wegzulassen"[43], ein Licht auf den Stellenwert, den er der Kosmologie beizumessen bereit war.[44]

Seine Ausführungen zum kosmologischen Problem, „ohne dessen Erwägung die Betrachtungen über allgemeine Relativität in gewissem Sinne unbefriedigend bleiben müssen"[45], begann Einstein mit einer umfangreicheren Darstellung des Mach-Prinzips, an die er die drei Annahmen der Existenz einer absoluten Zeit, einer räumlich konstanten Dichte und der Geschlossenheit der Welt anfügte. Bereits im Rahmen seines statischen Einstein-Universums von 1917 hatte sich herausgestellt, daß sich ein geeignetes Koordinatensystem einführen läßt, in dem es eine kosmische Zeit gibt, die an Isaac Newtons (1643–1727) „absolute, wahre und mathematische Zeit"[46] erinnert.[47] Einstein war diese Restaurierung einer ausgezeichneten Zeit natürlich aufgefallen, wie aus einer Postkarte vom 14. Februar 1917 an Ehrenfest hervorgeht:[48]

> „Komisch ist, dass nun endlich doch wieder eine quasi-absolute Zeit und ein bevorzugtes Koordinatensystem erscheint, aber bei voller Wahrung aller Erfordernisse der Relativität."

Anstelle der wirklichen Materieverteilung nahm Einstein eine kontinuierlich verteilte Materie räumlich konstanter Dichte ρ an, die mit den Forderungen räumlicher Homogenität und Isotropie in Einklang steht:[49]

> „In dieser fingierten Welt werden alle Punkte mit räumlichen Richtungen geometrisch gleichwertig sein; sie wird also in ihren räumlichen Ausdehnungen von konstantem Krümmungsmaße [...] sein."

---

[43] Einstein (1922b), Vorwort.
[44] Für eine ausführlichere Darstellung vgl. Jung (2004).
[45] Einstein (1922b), S. 63.
[46] Zitiert nach der deutschen Übersetzung der „Philosophiae naturalis principia mathematica" aus Newton (1963), S. 25.
[47] Erst später wurde klar, daß Symmetrieannahmen wie die räumliche Homogenität und Isotropie zur Existenz einer solchen kosmischen Zeit führen.
[48] Brief von Einstein an Ehrenfest vom 14. Februar 1917, CPAE 8, Dok. 298, S. 390.
[49] Einstein (1922b), S. 67.

Schließlich führte Einstein die Annahme von der Geschlossenheit der Welt ein:[50]

> „Besonders befriedigend erscheint die Möglichkeit, daß die Welt räumlich geschlossen, also [...] von konstanter Krümmung, und zwar sphärisch oder elliptisch sei, weil dann die vom Standpunkte der allgemeinen Relativitätstheorie so unbequemen Grenzbedingungen für das Unendliche durch die viel natürlichere Geschlossenheitsbedingung zu ersetzen wäre."

Aus dieser Aussage läßt sich entnehmen, daß Einstein der Frage nach der Festlegung der globalen Topologie, das heißt der Frage, ob dem Universum ein sphärischer oder elliptischer Zusammenhang zu unterstellen sei, nur geringe Bedeutung beimaß. Mit diesen drei Annahmen knüpfte Einstein direkt an seine „Kosmologischen Betrachtungen" von 1917 an, wenngleich sich der Stellenwert und die gegenseitige Beziehung dieser Annahmen zueinander geändert haben mag. Die wesentliche Neuerung betraf jedoch den Energie-Impuls-Tensor, für den Einstein zwei Beiträge postulierte: Zum einen den bekannten Beitrag der staubartigen, das heißt druckfreien Materie, zum anderen einen Druckterm, dessen Bedeutung sich für Einstein folgendermaßen darstellte. Jules Henri Poincaré (1854–1912) hatte zur Begründung der Stabilität elektrisch geladener Elementarteilchen, aus denen sich die Materie konstituiert, im Inneren der Teilchen einen Unterdruck angenommen, der die aus der elektrodynamischen Theorie von James Clerk Maxwell (1831–1879) folgende elektrostatische Abstoßung kompensieren sollte.[51] Ein solcher Unterdruck hatte sich auch aus den theoretischen Überlegungen Einsteins zur mikrophysikalischen Begründung der kosmologischen Konstante ergeben, denn innerhalb „jeder [elektrischen] Korpuskel besteht ein negativer [mit dem Krümmungsskalar $\overline{R}$ verbundener] Druck [...], dessen Gefälle der elektrodynamischen Kraft das Gleichgewicht leistet".[52] Einstein konstatierte, daß „nun nicht behauptet werden [kann], daß dieser Druck außerhalb der Elementarteilchen verschwinde"[53], weshalb sich ein zusätzlicher Term $-g_{\mu\nu}p$ zum Energie-Impuls-Tensor ergibt. Ausgehend von diesen Annahmen leitete Einstein aus seinen Feldgleichungen ohne kosmologische Konstante Λ folgende zwei Relationen zwischen Weltradius R, Dichte ρ und Druck p ab:

$$p = -\frac{\rho c^2}{2}, \tag{3}$$

$$R = \frac{c}{\sqrt{4\pi G \rho}}. \tag{4}$$

---

[50] Einstein (1922b), S. 67.
[51] Vgl. Poincaré (1905), S. 1506, und Poincaré (1906), S. 130.
[52] Einstein (1919), S. 352.
[53] Einstein (1922b), S. 68.

Ein Euklidisches Universum, das unendlichen Krümmungsradius R erfordern würde, wäre gemäß Gleichung (4) nur mit verschwindender Dichte $\rho = 0$, die ihrerseits dann einen verschwindenden Druck $p = 0$ nach sich zöge, vereinbar, was Einstein mit folgenden Worten ablehnte:[54]

> „Es ist aber unwahrscheinlich, daß die mittlere Dichte der Materie in der Welt wirklich Null sei; [...]. Ebensowenig scheint der von uns hypothetisch eingeführte Druck verschwinden zu können, dessen physikalische Natur erst durch eine bessere theoretische Erkenntnis des elektromagnetischen Feldes erfaßt werden könnte."

Die mit dem Volumen $V = 2\pi^2 R^3$ für einen Raum mit sphärischer Topologie aus Gleichung (4) folgende Relation

$$R = \frac{2GM}{\pi c^2} \quad (5)$$

zwischen Gesamtmasse M im Universum und Krümmungsradius R zeigt „die völlige Abhängigkeit des Geometrischen vom Physikalischen besonders deutlich", ist also nach Einstein Ausdruck dafür, daß in diesem Weltmodell das Mach-Prinzip gewährleistet ist. Abschließend faßte Einstein drei Gründe gegen „die Auffassung von der räumlich-unendlichen und für die Auffassung einer räumlich-geschlossenen Welt" zusammen:

1. Gemäß dem Prinzip der Einfachheit ist die Annahme der Geschlossenheit des Universums Grenzbedingungen im Unendlichen im Falle der Euklidischen Welt vorzuziehen.

2. Dem Mach-Prinzip entspricht „nur eine räumlich-geschlossene (endliche) Welt, nicht eine quasi-euklidische, unendliche".

3. Die für eine Euklidische Welt notwendige Annahme, daß die mittlere Materiedichte ρ verschwindet, „ist zwar logisch möglich, aber weniger wahrscheinlich als die Annahme, daß es eine endliche mittlere Dichte der Materie in der Welt gebe."[55]

Im Vergleich zu seinem ersten kosmologischen Modell von 1917 blieben bis auf zwei wesentliche Änderungen die übrigen Forderungen und Annahmen wie Mach-Prinzip, Statik, Homogenität und Isotropie oder Geschlossenheit des Modells erhalten. Die beiden Änderungen, die durchaus miteinander verknüpft sind, waren, daß Einstein zum einen die kosmologische Konstante Λ fallen ließ, zum anderen den Energie-Impuls-Tensor um einen gemäß der Materietheorie Poincarés erforderlichen Druckterm ergänzte.

---

[54]Einstein (1922b), S. 69.
[55]Einstein (1922b), S. 70.

5 Einsteins vehemente Ablehnung nichtstatischer Weltmodelle

Einsteins Beiträge zur relativistischen Kosmologie in den 20er Jahren beschränkten sich meines Wissens nach den „Vier Vorlesungen" auf einige ablehnende Kommentare neuen kosmologischen Modellen gegenüber.
Der russische Mathematiker, Meteorologe und Physiker Aleksandr Aleksandrowitsch Friedmann (1888–1925) untersuchte 1922 in seiner Arbeit „Über die Krümmung des Raumes"[56] mögliche kosmologische Lösungen der Einsteinschen Feldgleichungen für einen positiven Krümmungsparameter $k = 1$ in Abhängigkeit von der kosmologischen Konstante Λ und der Anfangsbedingung $R(t_0) = R_0$, das heißt des Weltradius zu einem gegebenen Zeitpunkt t_0.[57] Dabei fand Friedmann neben den statischen Lösungen Einsteins und de Sitters auch zeitlich veränderliche Weltmodelle wie oszillierende Universen, Katenarmodelle oder Biegeuniversen. Einstein schienen die in Friedmanns Arbeit „enthaltenen Resultate bezüglich einer nichtstationären Welt [...] verdächtig". Er behauptete, „daß jene gegebene Lösung mit den Feldgleichungen [...] nicht verträglich ist"[58] und bezichtigte Friedmann eines Rechenfehlers. Nachdem Friedmann seine Rechnungen noch einmal überprüft hatte, ohne einen Fehler zu finden, schrieb er am 6. Dezember 1922 an Einstein mit der Bitte „mir auf meinen vorliegenden Brief die Antwort nicht vorzuenthalten, obwohl ich weiss, wie sehr Sie voraussichtlich beschäftigt sind."[59] Einstein war tatsächlich längere Zeit unterwegs und antwortete nicht auf Friedmanns Brief. Letztendlich konnte Yuri Aleksandrovich Krutkov (1890–1952), ein Freund Friedmanns, der mit Einstein in Leiden im Mai 1923 zusammentraf, diesen von der Richtigkeit der Friedmannschen Rechnungen überzeugen. In seiner am 31. Mai 1923 bei der „Zeitschrift für Physik" eingegangenen „Notiz" korrigierte Einstein seine Kritik:[60]

> „Ich halte Herrn *Friedmanns* Resultate für richtig und aufklärend. Es zeigt sich, daß die Feldgleichungen neben den statischen dynamische (d.h. mit der Zeitkoordinate veränderliche) zentrisch-symmetrische Lösungen für die Raumstruktur zulassen."

Allerdings bezog sich Einsteins Akzeptanz der Resultate Friedmanns wohl ausschließlich auf ihren mathematischen Gehalt und nicht auf ihre mögli-

---

[56] Vgl. Friedmann (1922).
[57] Zur Auseinandersetzung zwischen Friedmann und Einstein vgl. auch Jung (2005), Tropp, Frenkel und Chernin (1993), S. 69ff., sowie den Beitrag von Georg Singer in diesem Band.
[58] Einstein (1922c), S. 326.
[59] Brief von Friedmann an Einstein vom 6. Dezember 1922, AEA 11-114, mit freundlicher Genehmigung der Albert Einstein Archives.
[60] Einstein (1923), S. 228.

chen physikalischen Implikationen eines nichtstatischen Universums, denn in einem Entwurf für seine obige „Notiz" lautete der letzte Satz, dessen letzten Nebensatz Einstein schließlich strich:[61]

> „Es zeigt sich, daß die Feldgleichungen neben den statischen dynamische (d. h. mit der Zeitkoordinate veränderliche) zentrisch-symmetrische Lösungen für die Raumstruktur zulassen, denen eine physikalische Bedeutung kaum zuzuschreiben sein dürfte."

Der belgische Priester und Physiker Georges Lemaître (1894–1966) schlug 1927 ein expandierendes Weltmodell vor, das vor unendlich langer Zeit als statisches Einstein-Universum begann und sich für hinreichend große kosmische Zeiten einem exponentiell expandierenden de Sitter-Universum annähert.[62] Damit gelang es Lemaître, der meines Wissens als einer der ersten einer kosmologischen Arbeit kein Sternengas sondern ein Galaxiengas als kosmische Flüssigkeit zugrunde legte, zwischen den damals bekannten zwei Lösungen, nämlich dem statischen, materieerfüllten Einstein-Universum und dem dynamischen, leeren de Sitter-Universum[63] zu vermitteln – eine Forderung die der englische Physiker und Astronom Arthur Stanley Eddington (1882–1944) wenige Jahre später folgendermaßen treffend formulierte:[64]

> „The situation has been summed up in the statement that Einstein's universe contains matter but no motion and de Sitter's contains motion but no matter. It is clear that the actual universe containing both matter and motion does not correspond exactly to either of these abstract models. The only question is, Which is the better choice for a first approximation? Shall we put a little motion into Einstein's world of inert matter, or shall we put a little matter into de Sitter's Primum Mobile?"

Wenngleich Eddingtons Formulierung schon im Hintergrund der kosmologischen Diskussion virulent war und Lemaîtres Arbeit eine Antwort auf

---

[61] Entwurf der „Notiz" von Einstein, AEA 1-026, zitiert mit freundlicher Genehmigung der Albert Einstein Archives.

[62] Vgl. Lemaître (1927). Siehe auch den Beitrag von Kurt Roessler in diesem Band.

[63] War anfangs das de Sitter-Modell als statisches Modell angesehen worden, so zeigten nachfolgende Untersuchungen zum Beispiel von Cornelius Lanczos (1893–1974) und Lemaître, daß der vermeintliche Massenhorizont und ein scheinbares Zentrum vermieden werden konnten, wenn man eine andere Koordinatendarstellung wählte (vgl. Lanczos 1922, Lemaître 1925). In diesen Diskussionen spielte auch der polnische Physiker Ludwik Silberstein (1872–1948) eine bedeutende Rolle (vgl. den Beitrag von Hilmar W. Duerbeck und Piotr Flin in diesem Band). Die Statik wurde also durch die Wahl eines ungeeigneten Koordinatensystems vorgespielt. Bei einer Wahl von Koordinaten, in denen alle Punkte des Raumes gleichwertig waren, lag die Interpretation des de Sitter-Modells als zeitlich veränderliches Modell nahe.

[64] Eddington (1933), S. 46.

die von Eddington aufgeworfene Frage enthielt, fand seine Arbeit dennoch nahezu keine Beachtung, nicht zuletzt deswegen, weil sie in einer international wenig bekannten belgischen Zeitschrift in französischer Sprache veröffentlicht wurde.[65] Auf der fünften Solvay-Konferenz im Oktober 1927 in Brüssel traf Einstein mit Lemaître zusammen. In einem Gespräch bemerkte Einstein zu Lemaîtres Weltmodell, daß er es aus physikalischer Sicht „völlig widerwärtig"[66] fände.

Trotz seiner Distanz nichtstatischen Weltmodellen gegenüber äußerte Einstein in einer Postkarte an Weyl vom 23. Mai 1923:[67]

> „Inbezug auf das kosmologische Problem bin ich nicht Ihrer Meinung. Nach de Sitter laufen zwei genügend voneinander entfernte Punkte beschleunigt auseinander. Wenn schon keine quasi-statische Welt, dann fort mit dem kosmologischen Glied."

Bereits zu dieser Zeit war er also geneigt, die kosmologische Konstante aus der Theorie zu verbannen, wenn sich das Universum als nichtstatisch herausstellen sollte und damit der Grund ihrer ursprünglichen Einführung entfallen wäre – die kosmologische Konstante „haben wir nur nötig, um eine quasi-statische Verteilung der Materie zu ermöglichen, wie es der Tatsache der kleinen Sterngeschwindigkeiten entspricht."[68]

Neben der Statik gab es noch zwei andere Forderungen, auf denen Einstein beharrte, was durchaus nachhaltigen Einfluß auf den Großteil der kosmologischen Untersuchungen bis Anfang der 30er Jahre hatte. Zum einen war Einstein überzeugt, daß das Universum positiv gekrümmt ist, das heißt, daß es räumlich endlich, aber dennoch unbegrenzt ist. Zum anderen war er davon ausgegangen, daß die kosmologische Konstante einen positiven Wert aufweisen muß. Während der zweite Punkt eher implizit in seinen Betrachtungen vorhanden ist, läßt sich klar zeigen, daß Einstein Verfechter eines räumlich endlichen, aber unbegrenzten Universums war. In seiner am 5. Mai 1920 an der Universität Leiden gehaltenen Rede über

---

[65] Kragh (1966), S. 30f., vermutet, daß Lemaître seine wissenschaftliche Reputation gleichgültig war und er vielleicht auch selbst Vorbehalte gegenüber seinem expandierenden Weltmodell hatte. Meines Erachtens kann der Grund für die Wahl einer relativ unbekannten Zeitschrift auch in pragmatischen Gründen zu suchen sein: Vielleicht konnte Lemaître so seine Arbeit einfach schneller und leichter publizieren, als wenn er sie an eine der renommierten Zeitschriften wie „Annalen der Physik", „Zeitschrift für Physik" oder „Monthly Notices of the Royal Astronomical Society" geschickt hätte und dafür in eine fremde Sprache hätte übersetzen müssen.
[66] Vgl. Lemaître (1958), S. 129, und einen Brief von Lemaître an Eddington von Anfang 1930, teilweise wiedergegeben in Eisenstaedt (1993), S. 361, meine Übersetzung.
[67] Postkarte von Einstein an Weyl vom 23. Mai 1923, AEA 24-080, mit freundlicher Genehmigung der Albert Einstein Archives.
[68] Einstein (1917), S. 152.

"Äther und Relativitätstheorie"[69] behauptete er, „daß eine Abweichung vom euklidischen Verhalten bei Räumen von kosmischer Größenordnung dann vorhanden sein muß, wenn eine noch so kleine positive mittlere Dichte der Materie in der Welt existiert"[70], und „[i]n diesem Falle muß die Welt notwendig räumlich geschlossen und von endlicher Größe sein". Ähnlich äußerte er sich am 27. Januar 1921 in einem Festvortrag über „Geometrie und Erfahrung" an der Preußischen Akademie der Wissenschaften[71], im Mai 1921 in den „Vier Vorlesungen" an der Universität Princeton[72] oder am 13. Juni 1921 in der „King's College Lecture"[73]. Im Buch *Einstein – Einblicke in seine Gedankenwelt* des vor allem bei Einsteins Freunden umstrittenen Journalisten und Autors Alexander Moszkowski (1851–1934)[74] aus dem Jahre 1920 nannte Einstein einen Zahlenwert für den Weltradius des Einstein-Universums und fügte hinzu:[75]

> „Ob die Zahlen so oder so ausfallen, ist unerheblich, wichtig ist vielmehr nur die allgemeine Erkenntnis, daß die Welt als ein nach seinen räumlichen Erstreckungen geschlossenes Kontinuum angesehen werden kann."

Einstein soll zudem geäußert haben, daß „[e]s [...] möglich [ist], [...], daß andere Universen außer Zusammenhang mit diesem [unserem geschlossenen Einstein-Universum] existieren."[76] Diese Aussage erinnert in hohem Maße an die heute diskutierten Konzepte von Multiversen, wenngleich meines Erachtens all diesen Betrachtungen vom empirischen Standpunkt aus sehr vorsichtig begegnet werden muß. 1922 veröffentlichte Franz Seleety (1893–1933?), der in Wien und Leipzig Philosophie, Psychologie und Physik studiert hatte, ein unendliches, hierarchisches Weltmodell auf Basis der Newtonschen Physik.[77] Selety stand mit Einstein seit 1917 in Briefkontakt und teilte in seinem vermutlich ersten Brief an Einstein mit, daß er „selbst nicht an die Begrenztheit der Welt glaube"[78], und wies auf eine seiner Arbeiten hin, in der er ein „Problem kosmologischer Natur" auf Basis der „einfachen und oft gemachten, wenn auch unbeweisbaren Voraussetzung[...], der Unendlichkeit der Welt in Raum und Zeit" behandelt habe.

---

[69] Vgl. Einstein (1920).
[70] Einstein (1920), S. 13.
[71] Vgl. Einstein (1921), S. 129.
[72] Vgl. Einstein (1922a), S. 69 f.
[73] Vgl. CPAE 7, S. 433. Dieser Vortrag wurde in Einstein (1934a) auf Englisch abgedruckt.
[74] Vgl. Fölsing (1993), S. 529ff.
[75] Moszkowski (1921), S. 131.
[76] Moszkowski (1921), S. 133.
[77] Vgl. Selety (1922). Siehe auch den Beitrag von Jung über Franz Selety in diesem Band.
[78] Brief von Selety an Einstein vom 23. Juli 1917, CPAE 8, Dok. 364, S. 494.

Einstein teilte diese Voraussetzung eines räumlich unendlichen Universums keineswegs und reagierte in seiner „Bemerkung zu der Franz Seletyschen Arbeit ‚Beiträge zum kosmologischen System'":[79]

> „Auch vom Standpunkte der allgemeinen Relativitätstheorie ist die Hypothese vom molekularhierarchischen Aufbau des Weltalls *möglich*. Aber vom Standpunkt dieser Theorie ist die Hypothese dennoch als unbefriedigend anzusehen. [...] Wenn die geometrischen und die Inertialeigenschaften des Raumes durch die Materie beeinflußt, bzw. zum Teil bedingt sind, so drängt sich die Ansicht auf, daß diese Bedingtheit eine vollständige sei, wie dies nach der allgemeinen Relativitätstheorie der Fall ist, wenn die mittlere Dichte der Materie endlich und die Welt räumlich geschlossen ist."

Interessant ist in dieser Hinsicht auch eine Bemerkung des Philosophen Hans Reichenbach (1891–1953) in seinem erstmals 1928 erschienenen Buch „Philosophie der Raum-Zeit-Lehre". Reichenbach war nach seinem Studium der Mathematik, Philosophie und Physik und seiner Promotion über mathematische und erkenntnistheoretische Aspekte der Wahrscheinlichkeitsrechnung einer der wenigen Studenten in Einsteins erster Veranstaltung über Relativitätstheorie in Berlin, die im Wintersemester 1918/1919 angeboten wurde.[80] Offenbar fand Einstein Reichenbach sympathisch und war von seinen Fähigkeiten so beeindruckt, daß er ihn bei seiner Stellensuche unterstützte:[81]

> „Es hätte wahrlich keines so langen Briefes bedurft, um mich von Ihrem natürlichen Anrecht auf die von Ihnen erstrebte Position zu überzeugen. Wenn etwas aus der Sache wird, freut sich ausser Ihnen niemand so sehr als ich. Schlägt es fehl, so stützen Sie sich nur stets auf mich, wo dies nützen kann."

Im Jahre 1926 bekam Reichenbach eine Professur für Philosophie der Physik in Berlin, die in Einsteins naturwissenschaftlicher Fakultät angesiedelt war, nachdem sich Einstein für ihn eingesetzt hatte.[82] Bei seiner intensiven Auseinandersetzung mit den philosophischen Implikationen der speziellen und der allgemeinen Relativitätstheorie sprach Reichenbach vom sphärischen Raum, der „nicht wie der Torusraum nur eine *mögliche* Form der physikalischen Realität darstellt, sondern nach der Vermutung Einsteins dem *wirklichen* Raum entspricht."[83] In seinem Artikel „Space-time" für

---

[79] Vgl. Einstein (1922a), S. 436. Man beachte, daß Einstein den Titel von Seletys Arbeit falsch zitierte: statt „Beiträge zum kosmologischen Problem" schrieb er „Beiträge zum kosmologischen System".
[80] Vgl. CPAE 8, S. 1027.
[81] Brief von Einstein an Reichenbach, 16. Aug. 1919, CPAE 9, Dok. 89, S. 132.
[82] Vgl. die Einleitung von Wesley C. Salmon in Reichenbach (1977a), hier S. 9.
[83] Reichenbach (1977b), S. 91.

die 14. Auflage der *Encyclopaedia Britannica*, die 1929 herauskam, schrieb Einstein:[84]

> „Nothing certain is known of what the properties of the space-time-continuum may be as a whole. Through the general theory of relativity, however, the view that the continuum is infinite in its time-like extent but finite in its space-like extent has gained probability."

Hieraus läßt sich entnehmen, daß trotz der Arbeiten von Friedmann und Lemaître, trotz der inzwischen dynamischen Deutung des de Sitter-Modells und trotz der Existenz extragalaktischer Sternsysteme, die Ende 1923 durch Edwin Powell Hubble (1889–1953) nachgewiesen worden war[85], Einstein auch gegen Ende der 20er Jahre weiterhin an seinem statischen Weltmodell von 1917 mit seiner unendlichen zeitlichen Erstreckung und seiner räumlich endlichen, aber unbegrenzten Ausdehnung festhielt.

6 Einsteins Akzeptanz expandierender Weltmodelle 1930/31

Die schlagartige Durchsetzung des expandierenden Weltmodells, die sich im Jahre 1930 vollzog, scheint Einstein entgangen zu sein. Hubble veröffentlichte 1929 seine bahnbrechende Arbeit über den Zusammenhang zwischen den Rotverschiebungen in den Spektren von Spiralgalaxien und ihren Entfernungen von uns.[86] Dabei möchte ich ausdrücklich darauf hinweisen, daß Hubble mit einer Interpretation seiner Resultate eher vorsichtig war und nicht etwa die Expansion des Universums oder ähnliches behauptete. Er äußerte, daß die „Ergebnisse eine *ungefähr* lineare Beziehung zwischen Geschwindigkeiten und Entfernungen der Nebel" ergäben, und erwähnte „die *Möglichkeit*, daß die Geschwindigkeits-Entfernungs-Beziehung den de Sitter-Effekt widerspiegelt."[87] In einer kurze Zeit später zusammen mit dem beobachtenden Astronomen Milton L. Humason (1891–1972) veröffentlichten Arbeit zum selben Thema schrieb er, daß „die Interpretation der Rotverschiebungen als wirkliche Geschwindigkeiten nicht in dem Maße gesichert sei [wie die Interpretation der absoluten Größenklassen als Entfernungsmaßstab] und der Ausdruck ‚Geschwindigkeit' im Sinne von ‚scheinbarer' Geschwindigkeit verwendet werden soll, ohne Vorurteil hinsichtlich seiner letztendlichen Bedeutung."[88]

---

[84]Einstein (1929), S. 107.
[85]Vgl. zum Beispiel Hubble (1925a,b). Zur Entdeckungsgeschichte siehe auch Berendzen und Hoskin (1971).
[86]Vgl. Hubble (1929).
[87]Hubble (1929), S. 173, meine Übersetzung und Hervorhebung.
[88]Hubble und Humason (1931), S. 75f., meine Übersetzung.

Auf einer Tagung der Royal Astronomical Society am 10. Januar 1930 sprachen sich Eddington und de Sitter für ein nichtstatisches Weltmodell aus:[89]

> „Making (as I think) a rather excessive estimate of the masses of the nebulæ, de Sitter propounded the dilemma that the actual universe apparently contained enough matter to make it an Einstein world and enough motion to make it a de Sitter world. This naturally called attention to the need of intermediate solutions for handling such a question."

Lemaître, der 1924 Eddingtons Schüler in Cambridge war, wies seinen früheren Lehrer auf seine Arbeit von 1927 hin. Eddington mußte eingestehen, daß er die Arbeit von Lemaître geschickt bekommen, aber in ihrer Bedeutung nicht erkannt hatte.[90] Er sandte am 19. März 1930 ein Exemplar von Lemaîtres Arbeit an de Sitter mit dem Vermerk:[91] „This seems a complete answer to the problem we were discussing." In der Folgezeit nahmen die Untersuchungen zu nichtstatischen kosmologischen Lösungen stark zu. Zusammenfassend kann man die Entwicklung von 1917 bis 1930 als Übergang von einem statischen Sternenuniversum zu einem expandierenden Galaxienuniversum charakterisieren. Von Seiten der Theorie war dieser Übergang begleitet von der Ausweitung der relativistischen Kosmologie vom Einstein-Modell und dem de Sitter-Universum auf die Klasse der homogenen und isotropen Friedmann-Lemaître-Modelle, die systematisch erstmals in Arbeiten von Otto Heckmann (1901–1983) im Jahre 1932 und Howard Percy Robertson (1903–1961) im Jahre 1933 dargestellt wurden.[92]

Über die Gründe, daß Einstein diese Entwicklungen offenbar nicht verfolgte, kann man nur Vermutungen anstellen. Sicherlich lagen die kosmologischen Debatten außerhalb seines aktuellen Arbeitsgebietes um diese Zeit. Einstein war ja bemüht, eine vereinheitlichte Feldtheorie zu formulieren und arbeitete Anfang 1930 am Fernparallelismus. Offenbar hatte er sich zu dieser Zeit auch aus dem universitären Leben etwas zurückgezogen, so daß er „sogar die wöchentlichen Akademie-Sitzungen schwänzte und nur noch in der Akademie erschien, wenn Planck vortrug oder er selbst eine Abhandlung einreichte, und beides kam nicht oft vor"[93]. Mag sein, daß er ungestört arbeiten wollte, daß er die Verschlechterung der politischen Lage spürte oder auch dem Rummel um seine Person etwas entgehen wollte. Ein Motiv, das sich aber von Anfang seiner kosmologischen Arbeiten

---
[89] Eddington (1931), S. 414.
[90] Vgl. McVittie (1967), S. 295.
[91] Zitiert nach Smith (1982), S. 198.
[92] Vgl. Heckmann (1932) und Robertson (1933).
[93] Fölsing (1993), S. 697.

an über die Kritik an Seletys Arbeit, die Gespräche mit Lemaître im Jahre 1927 bis hierhin durchzieht, ist, daß er bezüglich der astronomischen Entwicklungen augenscheinlich schlecht informiert war. De Sitter, der unbestritten als einer der wichtigsten Astronomen seiner Zeit gelten kann, bemerkte, daß Einstein zwar ein großartiger Wissenschaftler sei, aber nur über geringe astronomische Kenntnisse verfüge.[94] Diese Aussage fiel im Zusammenhang mit einem Disput zwischen de Sitter und Einstein, ob das im 18. Jahrhundert gegründete Radcliffe Observatory von Oxford nach Johannesburg verlegt werden sollte. Die Astronomen einschließlich de Sitter waren für eine Verlegung, da in Oxford aufgrund für astronomische Beobachtungen ungeeigneten Wetterverhältnissen die Geräte von Seiten der Studenten lange Zeit ungenutzt geblieben waren, wohingegen der Physiker Frederick Alexander Lindemann (1886–1957), zu dieser Zeit einflußreicher Wissenschaftler in Oxford, mit der Begründung, daß der Verzicht auf das Observatorium einen Verlust für die University of Oxford darstellte, einen Umzug ablehnte und sich für seine Position Einsteins Unterstützung gesichert hatte. De Sitter schrieb an Einstein am 29. August 1933:[95]

> „Ich habe ein Gutachten zu Gesicht bekommen, das Sie abgegeben haben, wenigstens das unter Ihrem Namen abgegeben ist [...]. Es ist deutlich dass derjenige der das unter Ihre Verantwortung geschrieben hat entweder den Sachverhalt nicht kennt, oder absichtlich falsch darstellt."

Im weiteren erläutert de Sitter überzeugend, warum eine Verlegung des Observatoriums von Oxford nach Südafrika keinen Verlust und keine Beeinträchtigung von Lehre und Forschung für die Universität Oxford bedeuten würde. Einstein ignorierte de Sitters Argumente, indem er antwortete:[96]

> „Auf der anderen Seite steht aber das Interesse der Universität Oxford und dadurch wieder indirekt ein Interesse der astronomischen Wissenschaft. Wenn nämlich die bedeutendsten Universitäten ihrer Beobachtungsmittel beraubt werden, so muss dies unbedingt den Nachwuchs der Astronomie schädigen. [...] Ich habe das von Ihnen erwähnte Gutachten zwar wohl auf Anregung hin, aber in vollem Vertrauen auf die Richtigkeit des Standpunktes des Oxforder Lehrkörpers verfasst."

In seiner „Bemerkung" zur Arbeit von Selety behauptete Einstein, daß „die Hypothese von der Gleichwertigkeit der Spiralnebel mit der Milchstraße durch die letzten Beobachtungen als widerlegt zu betrachten sein dürfte."[97]

---

[94] Vgl. Kahn und Kahn (1975), S. 454.
[95] Brief von de Sitter an Einstein vom 29. August 1933, AEA 20-587, mit freundlicher Genehmigung der Albert Einstein Archives.
[96] Brief von Einstein an de Sitter vom 4. September 1933, AEA 20-588, mit freundlicher Genehmigung der Albert Einstein Archives.
[97] Einstein (1922a), S. 436

Sicherlich gab es Astronomen wie Harlow Shapley (1885–1972), Adriaan van Maanen (1884–1946) oder Frederick Hanley Sears (1873–1964), die der Auffassung waren, die Spiralnebel wären keine eigenständigen Galaxien, und Wissenschaftler wie Robert Grant Aitken (1864–1951), George Ellery Hale (1868–1938) oder Charles Dillon Perrine (1867–1951), welche die Frage nach der Natur der Nebel als unentschieden betrachteten. Anderseits unterstützten Eddington, James Jeans (1877–1946), Heber Doust Curtis (1872–1942), William Wallace Campbell (1862–1938) und Vesto Melvin Slipher (1875–1969) die Auffassung, daß die Nebel extragalaktische Objekte vergleichbar der Milchstraße wären. Man kann vermuten, daß Einstein die Debatten der Astronomen kaum kannte und vielleicht eine selektive Wahrnehmung hatte, so daß er seine Argumentation durch Beobachtungen stützen zu können glaubte. Lemaître erinnerte sich an eine gemeinsame Taxifahrt mit Einstein am Rande der Solvay-Konferenz 1927, auf der Einstein den Eindruck hinterließ, über die neuesten astronomischen Tatsachen zum Beispiel hinsichtlich der Geschwindigkeiten der Galaxien nicht auf der Höhe zu sein.[98] Dabei ist zu beachten, daß sich Lemaître selbst in den Vereinigten Staaten von Amerika auf seine Dissertation vorbereitete und in dieser Zeit mit führenden Beobachtern wie Shapley, Slipher oder Hubble in Kontakt kam. Von daher erscheint es mir wenig verwunderlich, daß die Entdeckungen Hubbles und die Diskussionen über die Kosmologie im Jahre 1930 nicht Einsteins Aufmerksamkeit erregten, zumal er Fachzeitschriften wie die *Monthly Notices of the Royal Astronomical Society* oder die *Astronomischen Nachrichten* allenfalls sehr unregelmäßig gelesen haben dürfte.

Einsteins reservierte Haltung gegenüber nichtstatischen Weltmodellen änderte sich drastisch, als er auf einer Reise nach Kalifornien vom 31. Dezember 1930 bis zum 4. Januar 1931 am California Institute of Technology mit Hubble und Richard Chace Tolman (1881–1948) zusammentraf (Abb. 1). Die New York Times berichtete am 3. Januar 1931 auf ihrer Titelseite:[99]

---

[98] Vgl. Lemaître (1958), S. 129.

[99] „Prof. Einstein begins his work at Mt. Wilson; Hoping to solve problems touching relativity", New York Times 80, Nr. 26 642, 3. Januar 1931, S. 1. Die Berichte, daß Einstein gewissermaßen die Falsifizierung seines statischen Weltmodells durch Hubbles Beobachtungen vorbehaltlos anerkannte, wurden von interessierten (auch anti-relativistischen) Kreisen in Deutschland aufgegriffen und als Beleg für die Widersprüchlichkeit der Relativitätstheorie angeführt. In der Unterhaltungsbeilage der Anhaltischen Rundschau vom 12. Juni 1931, Nr. 134, S. 9–10, ist unter dem Titel „Einsteins Zusammenbruch oder der Sieg der Vernunft" von Alfred Seeliger zu lesen: „Einstein selber habe sich dort [am Mount Wilson Observatory] über den Raum in einer Weise geäußert, die von den maßgebenden Anwesenden als eine ‚Annullierung' der von ihm vertretenen Auffassung vom Weltall betrachtet wurde. Er habe selber zugegeben, daß die Grundlage der allgemeinen Relativitätstheorie unbefriedigend sei!" In der Folge wird diese verkürzte Darstellung der Äußerungen Einsteins, die zu Fehlinterpretationen Anlaß geben muß,

> „New observations by Hubble and Humason [...] concerning the red shift of light in distant nebulae make the presumptions near that the general structure of the universe is not static[...]
>
> Theoretical investigations made by La Maitre [sic!] and Tolman [...] show a view that fits well into the general theory of relativity."

Ähnliches berichtete Einstein seinem Freund Michele Besso (1873–1955):[100]

> „Die Leute vom Mount Wilson-Observatorium sind ausgezeichnet. Sie haben in letzter Zeit gefunden, dass die Spiralnebel räumlich annähernd gleichmäßig verteilt sind und einen ihrer Distanz proportionalen mächtigen Dopplereffekt zeigen, der sich übrigens aus der Relativitätstheorie zwanglos folgern lässt (ohne kosmologisches Glied). Der Haken ist aber, dass die Expansion der Materie auf einen zeitlichen Anfang schliessen lässt, der 10^{10}, bezw. 10^{11} Jahre zurückliegt."

Aus seinem Schreiben an Besso gehen zwei Punkte hervor, die für Einsteins künftige Gedanken zur Kosmologie zentral wurden. Zum einen zeigte die aus den Beobachtungsdaten nahegelegte Expansion des Universums, daß die ursprünglich durch die Annahme der Statik des Universums motivierte Einführung der kosmologischen Konstante verzichtbar geworden war. Im Gegensatz zu anderen Wissenschaftlern wie vor allem Lemaître[101] war Einstein zu dem Verzicht auf die kosmologische Konstante, deren Einführung er als „größte Eselei seines Lebens"[102] bezeichnet haben soll, bereit. In seinem Buch „The meaning of relativity" aus dem Jahre 1945 stellte er klar heraus:[103]

> „Die Einführung des ‚kosmologischen Gliedes' in die Gravitationsgleichungen ist zwar relativistisch möglich, vom Standpunkt der logischen Ökonomie aber verwerflich. [...] Würde die Hubble-Expansion bei Aufstellung der allgemeinen Relativitätstheorie bereits entdeckt gewesen sein, so wäre es nie zur Einführung des kosmologischen Gliedes gekommen. Es erscheint nun a posteriori um so ungerechtfertigter, ein solches Glied in die Feldgleichungen einzuführen, als dessen Einführung seine einzige ursprüngliche Existenzberechtigung – zu einer natürlichen Lösung des kosmologischen Problems zu führen – einbüßt."

---

sogleich als Beleg für die Richtigkeit der Ablehnung von Einsteins Relativitätstheorie durch die „Hundert Autoren gegen Einstein" (vgl. Israel, Ruckhaber und Weinmann 1931) herangezogen.

[100] Zitiert nach Speziali (1972), S. 268 f.
[101] Vgl. zum Beispiel Lemaître (1949).
[102] Dies ist die gängige deutsche Übersetzung von Gamow (1970), S. 44.
[103] Zitiert nach der deutschen Übersetzung in Einstein (1990), S. 125 f.

Ähnlich äußerte sich Einstein in seinen „Bemerkungen"[104] bezüglich Lemaîtres Beitrag „The cosmological constant":[105]

> „Die Einführung eines solchen Gliedes bedeutet einen erheblichen Verzicht auf logische Einfachheit der Theorie, welcher Verzicht mir nur solange als unvermeidlich erschien, als man an der im wesentlichen statischen Natur des Raumes nicht zu zweifeln Grund hatte. Nach Hubbles Entdeckung der ,Expansion' des Sternsystems [sic!], und seit Friedmanns Entdeckung, daß die zusatzfreien Gleichungen die Möglichkeit der Existenz einer mittleren (positiven) Dichte der Materie in einer expandierenden Welt involvieren, erscheint mir vom theoretischen Standpunkt die Einführung eines solchen Gliedes zunächst als unberechtigt."

Zum anderen wies Einstein in dem Schreiben an Besso auf den „Haken [...] [mit dem] zeitlichen Anfang" hin, das sogenannte Problem der Zeitskalen. Extrapolierte man die Expansion des Universums und damit die Expansion des Galaxiengases in der Zeit zurück, so konnte man auf einen Zeitpunkt schließen, zu dem die gesamte Materie an einem räumlichen Punkt konzentriert war. Ging man davon aus, daß die Expansionsgeschwindigkeit, die durch die Hubble-Konstante H_0 charakterisiert werden kann, im Laufe der Zeit unverändert geblieben ist, dann konnte man diesen Anfangszeitpunkt errechnen. Einsteins Wert für das Weltalter scheint sogar für damalige Verhältnisse deutlich zu hoch: Zieht man den damals üblichen Wert von $H_0 \simeq 500 \,\mathrm{km\,s^{-1}\,Mpc^{-1}}$ für die Hubble-Konstante heran, so erhält man ungefähr ein Weltalter von:

$$T_{H_0} := \frac{1}{H_0} \simeq 2 \cdot 10^9 \,\mathrm{a}. \tag{6}$$

Ernest Rutherford (1871–1937) hatte demgegenüber im Jahre 1929 aus seinen Untersuchungen an radioaktiven Uranisotopen als Alter für die Erde den Wert $T_{\mathrm{Erde}} \lesssim 4 \cdot 10^9 \,\mathrm{a}$ abgeleitet[106], und de Sitter kam im Rahmen einer Theorie der Sternentstehung und -entwicklung gar auf Werte von $T_{\mathrm{Stern}} \simeq \left(10^{12} \ldots 10^{13}\right)$ a für das Alter der Sterne.[107] In jedem Falle ergab sich das logische Problem, daß Konstituenten des Universums wie die Erde und die

---

[104]Vgl. Einstein (1955). Die „Bemerkungen zu den in diesem Bande vereinigen Arbeiten" stellen Einsteins Reaktion auf die von Paul Arthur Schilpp (1897–1993) publizierte Sammlung der Arbeiten von Wissenschaftlern, die mit Einstein in Beziehung standen, dar. Der sogenannte Schilpp-Band wurde mit dem Titel „Albert Einstein. Philosopher – scientist" als siebter Band der Reihe „The library of living philosophers" im Jahre 1949 anläßlich des 70. Geburtstags Einsteins herausgegeben (Schilpp 2000).
[105]Einstein (1955), S. 508.
[106]Vgl. Rutherford (1929).
[107]Vgl. de Sitter (1933), S. 630

Sterne älter zu sein schienen als das Universum selbst – ein Tatbestand, der „als Albtraum der Kosmologen in den 30er Jahren"[108] bezeichnet werden kann.[109]

Seine neuen Erkenntnisse präsentierte Einstein am 16. April 1931 vor der Preußischen Akademie der Wissenschaften zu Berlin zusammengefaßt in der Arbeit „Zum kosmologischen Problem der allgemeinen Relativitätstheorie."[110] Anfangs führte er die Annahmen auf, die seiner Abhandlung zum kosmologischen Problem von 1917 zugrunde lagen. Die Vereinfachung, daß „die Materie der Sterne und Sternsysteme [...] durch kontinuierliche Verteilung der Materie ersetzt gedacht wird", machte er weiterhin ebenso zur Voraussetzung wie die Annahme, daß „[a]lle Stellen des Universums [...] gleichwertig"[111] sind. Mit Blick auf diese zweite Annahme prägte Edward Arthur Milne (1896–1950) in seinem Buch „Relativity, gravitation and world-structure" im Jahre 1935 den Ausdruck „Einsteins Kosmologisches Prinzip."[112] Einstein wies auf die empirische Evidenz für die Gültigkeit des Kosmologischen Prinzips hin, nämlich auf die Gleichförmigkeit der Galaxienverteilung. Dagegen machte er deutlich, daß er nicht mehr geneigt war, die Annahme der Statik, die seiner ersten Lösung, dem statischen Einstein-Universum, zugrunde gelegen hatte, aufrechtzuerhalten. Dafür gab er zwei Gründe an, zum einen die Instabilität des Einstein-Universums gegenüber kleinen Störungen, die Eddington im Jahre 1930 nachgewiesen hatte[113] und die kurz darauf von William Hunter McCrea (1904–1999) und George Cunliffe McVittie (1904–1988) näher untersucht worden war[114], und zum anderen natürlich Hubbles Beobachtungen:[115]

> „Mit Hilfe dieser Gleichungen [der Friedmann-Lemaître-Gleichungen] läßt sich aber auch zeigen, daß diese Lösung [das Einstein-Universum] nicht stabil ist, d. h. eine Lösung, welche sich von jener statischen Lösung zu einer gewissen Zeit nur wenig unterscheidet, weicht im Laufe der Zeit immer stärker von jener Lösung ab. Schon aus diesem Grunde bin ich nicht mehr geneigt, meiner damaligen Lösung eine physikalische Bedeutung zuzuschreiben, schon abgesehen von Hubbels [sic!] Beobachtungsresultaten."

---

[108] North (1990), S. 125, meine Übersetzung.

[109] Ein Lösung erfuhr das Problem der Zeitskalen erst Anfang der 50er Jahre durch die Arbeiten von Walter Baade (1893–1960), durch die sich eine Reskalierung der Entfernungsleiter ergab (vgl. Baade 1952 sowie Baade 1956). Meinem Kenntnisstand nach hat dies aber Einstein nicht mehr wahrgenommen.

[110] Vgl. Einstein (1931).

[111] Einstein (1931), S. 235.

[112] Milne (1935), S. 19, meine Übersetzung.

[113] Vgl. Eddington (1930).

[114] Vgl. McCrea und McVittie (1930).

[115] Einstein (1931), S. 236.

Mit der Annahme der Statik ließ er auch die kosmologische Konstante fallen. Stillschweigend ging Einstein weiterhin von einem positiv gekrümmten, sphärischen Universum aus, das heißt, implizit nahm er als Krümmungsparameter $K = 1$ an. Aus den von Friedmann im Jahre 1922 aufgestellten Gleichungen, die ja nur für $K = 1$ gültig sind, leitete Einstein mit $\Lambda = 0$ ein heute als Friedmann-Einstein-Universum bezeichnetes Weltmodell ab, das eine Anfangs- und eine Endsingularität aufweist, in dem also die Materiedichte groß genug ist, um die Expansion aufzuhalten und in eine Kontraktion umzukehren. Dementsprechend wächst der Weltradius vom Wert Null zu einem Anfangszeitpunkt mit abnehmender Expansionsgeschwindigkeit bis zu einem maximalen Weltradius und kollabiert anschließend mit zunehmender Kontraktionsgeschwindigkeit wieder bis auf den Wert Null. Friedmann hatte in seinem 1923 in russischer Sprache publizierten Buch *Die Welt als Raum und Zeit* dieses Modell als periodisch angesehen, es schien das von ihm bevorzugte Weltmodell zu sein:[116]

> „Der veränderliche Welttyp weist eine breite Vielfalt von Fällen auf. [...] Außerdem gibt es Fälle, in denen sich der Krümmungsradius periodisch verändert: Das Weltall schrumpft auf einen Punkt (zu nichts) zusammen, aus dem Punkt heraus vergrößert es anschließend seinen Radius wieder bis auf einen gewissen Wert, wird dann unter Verringerung seines Krümmungsradius' erneut zu einem Punkt, und so fort. Unwillkürlich denkt man an die Erzählung aus der indischen Mythologie von den Perioden des Lebens [...]."

Dagegen beschrieb Einstein in seiner Arbeit nur die Veränderung des Weltradius für eine Periode. Während sich für Friedmann die Betrachtungen „durch unzulängliches astronomisches Beobachtungsmaterial nicht solide bestätigen" ließen – der Nachweis der extragalaktischen Natur der Spiralnebel war noch nicht erfolgt und die Rotverschiebungs-Entfernungs-Relation für solche Nebel war noch nicht bekannt –, konnte Einstein versuchen, seine theoretischen Resultate mit Beobachtungen in Beziehung zu setzen. Aus dem beobachteten Hubble-Radius, den Einstein mit D bezeichnete, leitete er für die mittlere Dichte den größenordnungsmäßigen Wert $\rho \simeq 10^{-26}\,\mathrm{g\,cm^{-3}}$ ab, wobei aber unklar bleibt, woher er den Wert für den Hubble-Radius nahm. Die von ihm herangezogene Hubble-Konstante $H_0 = cD$ entspricht einem Wert von $H_0 \simeq 800\,\mathrm{km\,s^{-1}\,Mpc^{-1}}$, was größenordnungsmäßig mit den damals diskutierten Werten übereinstimmt. Als „größte Schwierigkeit der ganzen Auffassung"[117] ergab sich für Einstein das Problem der Zeitskalen. Interessant ist sein Vorschlag zur Lösung die-

---
[116] Friedmann (2002), S. 109.
[117] Einstein (1931), S. 237.

ses Problems, „daß die Inhomogenität der Verteilung der Sternmaterie unsere approximative Behandlung illusorisch macht". Die Meinung, daß eine Berücksichtigung von Inhomogenitäten in der Materieverteilung für kleine Werte des Weltradius', also für $R \to 0$, zur Vermeidung der Anfangssingularität führen würde, vertrat Einstein auch in einem Brief an Tolman vom 27. Juni 1931.[118] Nach Einstein war „[j]edenfalls [...] diese Theorie [das Friedmann-Einstein-Modell] einfach genug, um bequem mit den astronomischen Tatsachen verglichen werden zu können".[119] Einfachheit spielte aus wissenschaftstheoretischer Sicht für Einstein als heuristischer Ausgangspunkt bei der Aufstellung von Theorien, aber auch bei ihrer Bewertung eine wesentliche Rolle. In der Frage nach der globalen Topologie des Universums oder hinsichtlich der Rolle der kosmologischen Konstante bezog sich Einstein ebenfalls auf die Einfachheit, wobei seine genaue Verwendung dieses Konzepts schwer zu definieren sein dürfte.

Im Jahre 1932 präsentierten Einstein und de Sitter gemeinsam – zwischen beiden hatte es infolge der Diskussionen um Einstein-Universum und de Sitter-Modell offenbar eine Verstimmung gegeben, die immer noch nicht vollständig ausgeräumt war – in ihrer Arbeit „On the relation between the expansion and the mean density of the universe"[120] ein kosmologisches Modell, das nicht nur auf die Einführung der kosmologischen Konstante verzichtete, sondern auch von verschwindendem Krümmungsparameter, das heißt von einem flachen Universum ausging. Heckmann hatte 1931 in einer Arbeit gezeigt, „daß neben der Annahme eines sphärischen (bezw. elliptischen) geschlossenen Raumes die Annahme eines hyperbolischen, im Grenzfall sogar eines euklidischen Raumes völlig gleichberechtigt ist im Rahmen der Relativitäts-Theorie".[121] Diesen Gedanken griffen Einstein und de Sitter auf, da es „keine direkte empirische Evidenz für die Krümmung"[122] gab. Sie entwickelten ein Weltmodell mit $K = 0$ und $\Lambda = 0$, das sogenannte Einstein-de Sitter-Modell, und setzten es mit den Beobachtungstatsachen der Expansion und der mittleren Dichte in Beziehung. Während das Modell heute aufgrund seiner großen Einfachheit und der hiermit zusammenhängenden leichten Berechenbarkeit etlicher Größen

---

[118]Vgl. Brief von Einstein an Tolman vom 27. Juni 1931, Einstein Collection, Box 6, Boston University. Erst die Singularitätstheoreme von Stephen Hawking (geb. 1942) und Roger Penrose (geb. 1931) in den 60er Jahren zeigten, daß diese Auffassung nicht haltbar ist, daß Anfangssingularitäten unter wesentlich allgemeineren Bedingungen auftreten können und kein Artefakt bestimmter Symmetrieanforderungen wie Homogenität und Isotropie sind.
[119]Einstein (1931), S. 237.
[120]Vgl. Einstein und de Sitter (1932).
[121]Heckmann (1931), S. 126.
[122]Einstein und de Sitter (1932), S. 213, meine Übersetzung.

eine bedeutende Rolle als Referenzmodell spielt, maßen ihm anscheinend zur Zeit der Publikation weder Einstein noch de Sitter Bedeutung bei, wie einer von Eddington berichteten Anekdote zu entnehmen ist:[123]

> „Einstein came to stay with me shortly [...] [after they had given a joint paper], and I took him to task about [...] [the dropping of the cosmological constant]. He replied: 'I did not think the paper very important myself, but de Sitter was keen on it.' Just after Einstein had gone, de Sitter wrote to me announcing a visit. He added: 'You will have seen the paper by Einstein and myself. I do not myself consider the result of much importance, but Einstein seemed to think that it was.'"

Den Rest seines Lebens leistete Einstein, soweit ich sehe, keine weiteren neuen Beiträge zur Kosmologie. Wenn er gelegentlich auf das kosmologische Problem zu sprechen kam, lagen ihm vor allem Hinweise auf die Verzichtbarkeit der kosmologischen Konstante, das Problem der Zeitskalen und seine Bevorzugung sphärisch gekrümmter Weltmodelle am Herzen. Eine Rezension von Tolmans Buch *Relativity, thermodynamics and cosmology* im Jahre 1934 nutzte Einstein zu einer „Bemerkung, die sich nicht nur auf dieses Buch, sondern auf alle neueren Publikationen über diesen Gegenstand bezieht":[124]

> „Die Einführung der kosmologischen Konstante in die ‚Feld'-Gleichungen war zunächst eine scheinbare Notwendigkeit, solange man daran festhalten zu müssen glaubte, dass die mittlere Dichte der Materie bezw. Energie in der Welt von der Zeit unabhängig sei. Die Einführung einer solchen Konstante ist aber vom theoretisch-formalen Standpunkt eine reine Willkür. Seitdem empirisch die Expansions-Bewegung der Stern-Systeme bekannt geworden ist, besteht vorläufig für die Einführung jenes Gliedes weder ein logischer noch ein physikalischer Anlass. Es scheint deshalb natürlich, bei der Behandlung des kosmologischen Problems von der Einführung des Λ-Gliedes abzusehen, solange sich für dessen Einführung keine zwingenden Gründe in der Erfahrung gefunden haben."

Aufschlußreich für Einsteins späte kosmologische Ansichten ist der Anhang zu seinem Buch *The meaning of relativity* aus dem Jahre 1945. Dieses Buch ist eine erweiterte Fassung der „Vier Vorlesungen" aus dem Jahre 1921. Besagten Anhang publizierte Einstein separat unter dem Titel „On the 'Cosmologic Problem'"[125] in der Zeitschrift *American Scholar* im Jahre 1945. Wenngleich er sich „des Eindrucks nicht erwehren kann, daß bei der gegenwärtigen Behandlung dieses Problems [des kosmologischen Problems] die wichtigsten prinzipiellen Gesichtspunkte nicht genügend hervor-

---
[123] Eddington (1975), S. 128.
[124] Einstein (1934b), S. 358.
[125] Vgl. Einstein (1945).

treten"[126], so scheint seine eigene Darstellung hinter die systematischen Arbeiten Heckmanns und Robertsons zurückzufallen. Anfangs wies er auf „die Komplizierung der Theorie [durch Einführung der kosmologischen Konstante], welche deren logische Einfachheit bedenklich vermindert" hin. Er stellte die Bedeutung von Hubbles Beobachtung der Rotverschiebungs-Entfernungs-Relation heraus. Hierbei fällt einerseits auf, daß er mehrfach von der „Expansion des Fixstern-Systems" spricht und nicht von einer Expansion der Sternsysteme beziehungsweise genauer von einer Expansion des Galaxiengases. Andererseits behauptete er, daß die Hubblesche Linienverschiebung nicht anders als durch einen Doppler-Effekt zu erklären ist.[127] Natürlich wendete er sich hiermit gegen Versuche, die Ursache der Rotverschiebung in Ermüdungseffekten oder ähnlichem zu sehen, genau genommen ist jedoch auch die Erklärung der Expansion als Doppler-Effekt nicht korrekt. Vielmehr handelt es sich um eine kosmologische Rotverschiebung, die von der Zeitabhängigkeit der Komponenten des Metriktensors herrührt. Anschließend leitete er die Friedmann-Lemaître-Gleichungen für den Fall verschwindender kosmologischer Konstante ($\Lambda = 0$) und druckfreier Materie ($p = 0$) ab. Er gab die drei Fälle konstanter positiver, verschwindender und negativer Krümmung an. Wiederum erscheint ihm „der Fall negativer Krümmung als physikalische Möglichkeit weniger befriedigend zu sein als der Fall positive [sic!] Krümmung."[128] Unabhängig vom Krümmungsparameter ergibt sich eine Anfangssingularität, wobei Einstein „[d]ie Einführung einer solchen neuartigen Singularität [...] an sich bedenklich" fand. Ein Grund, der gegen die Singularität sprach, war das Problem der Zeitskalen, die „Dauer für die Entwicklung der gegenwärtig wahrnehmbaren Sterne und Sternsysteme [ergibt] sich als so merkwürdig kurz." Dieses Problem bestand unabhängig vom Vorzeichen des Krümmungsparameters und ließ sich auch durch Berücksichtigung einer ungeordneten Bewegung der Galaxien im Galaxiengas nicht beseitigen. Für Einstein war dieser Grund aber nicht der eigentliche Grund für seine Skepsis gegenüber der Singularität, denn er war der Meinung, „daß diese ‚Evolutionstheorie' der Sterne auf schwächeren Grundlagen ruht als die Feldgleichungen." Der eigentliche Grund, daß die Einführung einer Singularität „an sich bedenklich" erscheint, war nämlich darin zu suchen, daß „[d]ie gegenwärtige relativistische Gravitationstheorie [...] auf einer begrifflichen Trennung von Gravitationsfeld und ‚Materie'" beruht. Die „Spaltung der physikalischen

---

[126]Zitiert nach der deutschen Übersetzung in Einstein (1990), S. 108; die folgenden Zitate sind der gleichen Quelle entnommen.
[127]Vgl. Einstein (1990), S. 126.
[128]Zitiert nach der deutschen Übersetzung in Einstein (1990), S. 122; die folgenden Zitate sind der gleichen Quelle entnommen.

Realität in metrisches Feld (Gravitation) einerseits und elektromagnetisches Feld und Materie andererseits", also das Fehlen einer vereinheitlichten Feldtheorie, machte die Singularität unglaubwürdig, da sie durch eine Extrapolation der allgemeinen Relativitätstheorie auf Gebiete sehr hoher Dichte der Materie folgt, für welche diese Theorie „inadäquat" ist. Insgesamt deutet sich bereits die Skepsis Einsteins bezüglich der relativistischen Kosmologie an, die sich in den letzten Lebensjahren noch verstärkt zu haben scheint.

Der russisch-amerikanische Physiker George Gamow (1904–1968) schrieb am 24. September 1946 an Einstein[129], um ihn mit einer noch nicht weiter ausgearbeiteten Idee zu konfrontieren. Gamow schlug vor, die Eigenrotation der Galaxien dadurch zu erklären, daß das gesamte sichtbare Universum einen Eigendrehimpuls aufweist, das heißt, daß es um ein fernes Zentrum rotiert.[130] Damit ergäbe sich seiner Meinung nach ein ellipsoidales (sichtbares) Universum, also eine abgeplattete 3-Sphäre. Folglich wären anisotrope Weltmodelle zu untersuchen. Gamow meinte, daß solche Modelle keine Anfangssingularität besitzen sollten. Um die relativen Häufigkeiten chemischer Elemente im Universum erklären zu können, mußte man eine heiße, dichte Anfangsphase mit einer mittleren Dicht von $\rho \simeq 10^7 \, \mathrm{g\,cm^{-3}}$ und einer Temperatur von 10^{10} K annehmen. Aus diesen Werten hoffte Gamow die Größe des kosmischen Drehimpulses ableiten und die beobachtete Größe der Fluktuationen in den Radialgeschwindigkeiten der Galaxien vorhersagen zu können. Einstein stand Gamows Ausführungen skeptisch gegenüber, ihm schien vor allem ein kosmischer Drehimpuls fragwürdig, da diese Größe ohne vorgegebenes Koordinatensystem keine Bedeutung hat.[131] Ferner hielt er es für unmöglich, ausgehend von dem Teil des Universums, der uns zugänglich ist, Aussagen zu treffen, die sich auf nicht zugängliche Bereiche des Universums beziehen.

7 Das Gödel-Universum und Einsteins Kommentar

Im Zuge seiner Arbeiten an einem Beitrag zum Schilpp-Band[132] vertiefte sich der Logiker und Mathematiker Kurt Gödel (1906–1978), der sich nach seiner Emigration ins amerikanische Princeton mit dem bereits seit

---

[129]Vgl. Brief von Gamow an Einstein vom 24. September 1946, Einstein Collection, Box 4, Boston University.
[130]Vgl. Kragh (1996), S. 109.
[131]Vgl. Brief von Einstein an Gamow vom September 1946, Einstein Collection, Box 4, Boston University.
[132]Vgl. Schilpp (2000).

Ende 1932 dort lebenden Einstein angefreundet hatte[133], in die allgemeine Relativitätstheorie und fand eine neue kosmologische Lösung mit überraschenden Eigenschaften.[134] Eine physikalische Untersuchung des später sogenannten Gödel-Modells wurde im Jahre 1949 unter dem Titel „An example of a new type of cosmological solutions of Einstein's field equations of gravitation" veröffentlicht.[135] Es handelt sich um ein homogenes und anisotropes, statisches Weltmodell mit konstanter Krümmung, in dem sich die Materie relativ zum lokalen Trägheitskompaß in Rotation befindet. Dieses Modell weist ferner geschlossene zeitartige Weltlinien auf.[136] Die Rotation zeigt, daß das Mach-Prinzip nicht in den Feldgleichungen enthalten ist, denn gemäß dem Mach-Prinzip sollte die Gesamtheit der Materie des Universums den Trägheitskompaß festlegen und eine relative Rotation zwischen beiden ausschließen. Die geschlossenen zeitartigen Weltlinien führen zu Kausalitätsverletzungen: sind p und q zwei Punkte auf einer offenen Kurve mit unendlicher affiner Länge und ist p der zeitliche Vorgänger von q auf dieser Kurve, dann existiert eine zeitartige Kurve zwischen p und q derart, daß p der zeitliche Nachfolger von q ist. Folglich ist p zeitlicher Vorgänger und zeitlicher Nachfolger von q. Im Gegensatz zu den homogenen und isotropen Friedmann-Lemaître-Modellen ist in Gödels Modell somit keine Definition einer kosmischen Zeit möglich. Gödel ging in seinem Beitrag „A remark about the relationship between relativity theory and idealistic philosophy"[137] zum Schilpp-Band sogar so weit, die physikalische Realität der Zeit überhaupt anzuzweifeln und in Übereinstimmung mit bestimmten Auffassungen der idealistischen Philosophie die Zeitlichkeit der Welt als subjektives Element zu deuten. Einstein nannte in seinen „Bemerkungen" „Gödels Abhandlung [...] einen wichtigen Beitrag zur allgemeinen Relativitätstheorie".[138] Im Gegensatz zu Gödel, der später Untersuchungen zur Orientierung von Galaxien durchführte, um die Gültigkeit seines Weltmodells nachzuweisen[139], war Einstein der Ansicht, daß solche rotierenden Modelle nicht der Wirklichkeit entsprechen können: „Es wird interessant sein zu erwägen, ob diese [die Gödel-Modelle] nicht aus physikalischen Gründen auszuschließen sind."[140]

---

[133]Vgl. hierzu Yourgrau (2005), insbesondere S. 107 ff.
[134]Zu Gödels Auseinandersetzung mit der Relativitätstheorie und seinen Arbeiten zur relativistischen Kosmologie aus einer historischen Perspektive vgl. Dawson (1999), Kapitel IX.
[135]Vgl. Gödel (1949a).
[136]Vgl. Kanitscheider (1991), S. 292 ff.
[137]Vgl. Gödel (1949b).
[138]Einstein (1955), S. 510.
[139]Vgl. Dawson (1999), S. 156.
[140]Einstein (1955), S. 511.

8 Einsteins Skepsis gegenüber dem „Kosmologischen Problem"

Gegen Ende seines Lebens scheint Einstein eine gewisse Skepsis bezüglich der Kosmologie gehegt zu haben. Dafür gibt es mehrere Gründe: das Fehlen einer vereinheitlichten Feldtheorie – und sie wäre die angemessene Grundlage einer kosmologischen Untersuchung gewesen –, das Problem der Zeitskalen, die Fragwürdigkeit des Machschen Prinzips angesichts der Gödel-Modelle und die Meinungsverschiedenheiten bezüglich der kosmologischen Konstante. In seinem Buch „The meaning of relativity" thematisierte er nochmals das Problem der Zeitskalen und sprach von einem „paradoxe[n] Resultat, das aus mehr als einem Grunde Zweifel an dem Zutreffen der Theorie wachgerufen hat."[141] In seinen „Bemerkungen" wies er darauf hin, daß eine vereinheitlichte Feldtheorie, der sein ganzes Bestreben in seinen letzten Lebensjahrzehnten gegolten hatte, noch fehlt:[142] „Man braucht sich durch solche skeptische Einstellung bei kosmologischen Überlegungen nicht hemmen zu lassen; man sollte sich ihnen aber nicht von vornherein verschließen." Wohl unter dem Eindruck der Gödel-Modelle nimmt Einstein in einem Brief an den Physiker Felix Pirani (geb. 1928) vom 2. Februar 1954 Abstand vom Machschen Prinzip. Er analysierte ferner die Folgen der Einführung der kosmologischen Konstante:[143]

> „Das Dilemma war (sowohl nach Newtons Theorie als auch nach der allgemeinen Relativität) wohl nur durch Friedmanns Expandierendes Universum zu lösen.
>
> Da mir diese Möglichkeit nicht in den Sinn kam, glaubte ich (irrtümlich), dass eine quasi-homogene Welt *nur* durch Einführung des (‚kosmologischen Terms') zu erzielen sei. Diese Setzung war aber weder physikalisch noch vom Standpunkt der logischen Einfachheit gerechtfertigt. Sie hat dann dazu beigetragen, dass man in kosmologischen Betrachtungen dem ‚wishful thinking' eine Rolle zugebilligt hat, über welche spätere Generationen gewiss lächeln werden."

Abschließend fügte er an:

> „Wenn man dies bedenkt, könnte man meinen, dass das ganze kosmologische Problem nichts sei als eine Modekrankheit."

Aus heutiger Sicht ist eine solche Skepsis der relativistischen Kosmologie gegenüber sicherlich nicht gerechtfertigt, denn die allgemeine Relativitäts-

---
[141] Zitiert nach der deutschen Übersetzung in Einstein (1990), S. 119.
[142] Einstein (1955), S. 509.
[143] Brief von Einstein an Pirani vom 2. Februar 1954, AEA 17–447, mit freundlicher Genehmigung der Albert Einstein Archives.

theorie und die sich aus ihr ergebenden Friedmann-Lemaître-Modelle stellen nach wie vor einen integralen Bestandteil der modernen physikalischen Kosmologie dar.[144] Allerdings erfüllte sich der vermutlich von Einstein ursprünglich gehegte Wunsch, daß seine Feldgleichungen *genau eine* kosmologische Lösung zuließen und damit das kosmologische Problem ein für allemal geklärt sei, nicht. So bleibt für uns ein gewisses Erstaunen darüber, daß wir die Welt zumindest teilweise verstehen können, gepaart mit der Hoffnung auf einen zwar raffinierten, aber nicht böswilligen Gott.

Anhang: Ein kurzer Überblick über die Friedmann-Lemaître-Kosmologie

Im folgenden sollen kurz die Friedmann-Lemaître-Kosmologie skizziert und einige Weltmodelle graphisch repräsentiert werden.[145] Die Friedmann-Lemaître-Modelle stellen eine Klasse homogener und isotroper Weltmodelle auf Grundlage der Einsteinschen allgemeinen Relativitätstheorie mit einer idealen Flüssigkeit als Materiemodell dar. Folgende Annahmen liegen dieser Klasse kosmologischer Modelle zugrunde:

1. Gültigkeit der allgemeinen Relativitätstheorie:[146]
   Wir setzen die Gültigkeit der allgemeinen Relativitätstheorie und damit insbesondere der Einsteinschen Feldgleichungen mit kosmologischer Konstante Λ voraus:

$$R_{\mu\nu} - \frac{1}{2}\overline{R}g_{\mu\nu} + \Lambda g_{\mu\nu} = -\frac{8\pi G}{c^4}T_{\mu\nu}. \quad (7)$$

Hierbei ist $R_{\mu\nu} := R^\tau{}_{\mu\nu\tau}$ der Ricci-Tensor, der aus dem Riemannschen Krümmungstensor

$$R^\mu{}_{\nu\rho\sigma} := \Gamma^\mu_{\nu\sigma,\rho} - \Gamma^\mu_{\nu\rho,\sigma} + \Gamma^\mu_{\tau\rho}\Gamma^\tau_{\nu\sigma} - \Gamma^\mu_{\tau\sigma}\Gamma^\tau_{\nu\rho} \quad (8)$$

mit den Christoffel-Symbolen

$$\Gamma^\mu_{\nu\sigma} := \frac{1}{2}g^{\mu\tau}\left(g_{\tau\nu,\sigma} + g_{\tau\sigma,\nu} - g_{\nu\sigma,\tau}\right) \quad (9)$$

---

[144] Vgl. den Beitrag von Hans-Jürgen Schmidt in diesem Band.

[145] Für eine eingehendere Darstellung vgl. zum Beispiel Fließbach (1995), Teil X, Goenner (1994), Kapitel 2 und 3, Kanitscheider (1991), Abschnitt 6.4.3, Rindler (1977), Kapitel 9. Siehe auch Audretsch und Mainzer (1989).

[146] Zur allgemeinen Relativitätstheorie vgl. zum Beispiel Misner, Thorne und Wheeler (1973). Für eine allgemeinverständliche Einführung siehe Audretsch (1994).

berechnet wird, und $\overline{R} := g^{\mu\nu} R_{\mu\nu}$ der Ricci-Skalar. $g_{\mu\nu}$ bezeichnet den Metriktensor und $T_{\mu\nu}$ den Energie-Impuls-Tensor, in dem sich die Art der betrachteten Materie manifestiert. G ist wie üblich die Gravitationskonstante und c die Geschwindigkeit von Licht im Vakuum.

2. Gültigkeit des Kosmologischen Prinzips, das heißt Annahme von Homogenität und Isotropie im Universum auf großen Skalen:
Diese Annahme schränkt die Form des Linienelements auf das Friedmann-Lemaître-Robertson-Walker-Linienelement (FLRW-Linienelement) ein:

$$\mathrm{ds}^2 = \mathrm{c}^2 \, \mathrm{dt}^2 - \mathrm{R}^2(\mathrm{t}) \left[\frac{\mathrm{dr}^2}{1 - \mathrm{Kr}^2} + \mathrm{r}^2 \left(\mathrm{d}\theta^2 + \sin^2\theta \, \mathrm{d}\phi^2 \right) \right] . \quad (10)$$

$\mathrm{ds}^2 = g_{\mu\nu} \mathrm{dx}^\mu \mathrm{dx}^\nu$ (Einsteinsche Summenkonvention vorausgesetzt) bezeichnet das Quadrat des invarianten Abstandes zweier infinitesimal benachbarter Ereignisse x^μ und $x'^\mu = x^\mu + dx^\mu$ auf der vierdimensionalen Raum-Zeit-Mannigfaltigkeit. Die Koordinaten r, θ und ϕ sind mitschwimmende Koordinaten. t parametrisiert die kosmische Zeit. Das FLRW-Linienelement weist zwei unbestimmte Elemente auf, nämlich zum einen die Skalenfunktion $R(t)$ (auch als Skalenfaktor oder Weltradius bezeichnet) und zum anderen den Krümmungsparameter $K \in \{-1, 0, 1\}$. Die an die zugrunde liegende Raum-Zeit-Mannigfaltigkeit gestellten Symmetrieanforderungen der Homogenität und Isotropie schränken das Linienelement und damit die Komponenten des Metriktensors $g_{\mu\nu}$ ein.

3. Annahme einer idealen Flüssigkeit als Modell für die kosmische Materie:
Zunächst nehmen wir an, daß sich die Materie im Universum durch ein Kontinuumsmodell beschreiben läßt, das heißt die in Strukturen wie Sternen, Galaxien usw. vorhandene Materie wird als ausgeschmiert und im Raum verteilt betrachtet. Des weiteren beschreiben wir die kosmische Materie durch den Energie-Impuls-Tensor $T_{\mu\nu}$ einer idealen Flüssigkeit:

$$T_{\mu\nu} = \left(\rho + \frac{p}{c^2} \right) u_\mu u_\nu - p g_{\mu\nu} . \quad (11)$$

Damit liegt der relativistischen Kosmologie anschaulich gesprochen eine Flüssigkeit zugrunde, deren Teilchen Galaxien sind. Hierbei bezeichnet $p = p(t)$ den Druck im Ruhesystem der Flüssigkeit, $\rho = \rho(t)$

bezeichnet ihre Dichte im Ruhesystem, und $u_\mu := \frac{dx_\mu}{d\tau}$ gibt die 4-Geschwindigkeit der Flüssigkeit an ($d\tau$ stellt das Element der Eigenzeit dar). Schließlich ziehen wir den Spezialfall einer druckfreien Flüssigkeit heran, das heißt wir setzen $p = 0$ voraus. Das damit gegebene Materiemodell wird als „Staub" bezeichnet.

Setzt man den Energie-Impuls-Tensor (11) mit der Bedingung $p = 0$ und den aus dem FLRW-Linienelement (10) folgenden Metriktensor $g_{\mu\nu}$ in die Einsteinschen Feldgleichungen (7) ein, so erhält man folgendes Gleichungspaar:[147]

$$\frac{\dot{R}^2}{R^2 c^2} + \frac{K}{R^2} - \frac{\Lambda}{3} = \frac{8\pi G \rho}{3c^2}, \tag{12}$$

$$\frac{2\ddot{R}}{Rc^2} + \frac{\dot{R}^2}{R^2 c^2} + \frac{K}{R^2} - \Lambda = 0. \tag{13}$$

Subtrahiert man Gleichung (12) von Gleichung (13) und formt Gleichung (12) um, so erhält man die Friedmann-Lemaître-Gleichungen:

$$\ddot{R} = -\frac{4\pi G \rho R}{3} + \frac{\Lambda c^2 R}{3}, \tag{14}$$

$$\dot{R}^2 = \frac{8\pi G \rho R^2}{3} + \frac{\Lambda c^2 R^2}{3} - K c^2. \tag{15}$$

Für nicht statische Weltmodelle, das heißt $\dot{R} \neq 0$, lassen sich die beiden Friedmann-Lemaître-Gleichungen (14) und (15) wie folgt umschreiben:

$$\dot{R}^2 = \frac{C}{R} + \frac{\Lambda c^2 R^2}{3} - K c^2, \tag{16}$$

$$C = \frac{8\pi G \rho R^3}{3} = \text{const.} \tag{17}$$

Als Lösung der Friedmannschen Differentialgleichung (17) erhält man unter Vorgabe der Werte für den Krümmungsparameter $K \in \{-1, 0, 1\}$ die Konstante $C \in \mathbb{R}_0^+$ und die kosmologische Konstante $\Lambda \in \mathbb{R}$ und unter Berücksichtigung der Anfangsbedingung $R_0 := R(t_0)$ für einen beliebigen, aber fest gewählten Zeitpunkt t_0 verschiedene Klassen von Weltmodellen, die durch das zeitliche Verhalten des Skalenfaktors $R(t)$ beschrieben werden. Der Skalenfaktor $R(t)$ gibt die Entwicklung des Abstandes zweier

---

[147] Diese beiden Gleichungen sind die nicht trivialen Gleichungen, die man aus der Auswertung der zehn Einsteinschen Feldgleichungen erhält.

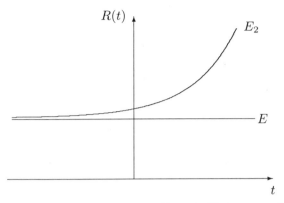

Abb. 1. Schematische Darstellung des statischen Einstein-Universums E und des expandierenden Eddington-Lemaître-Modells E_2

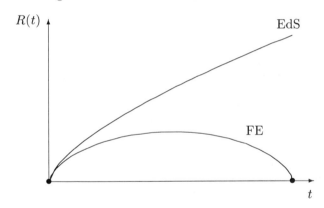

Abb. 2. Schematische Darstellung des Einstein-de Sitter-Modells EdS und des Friedmann-Einstein-Modells FE

fundamentaler Teilchen, zum Beispiel in der kosmischen Flüssigkeit mitschwimmender Galaxien, in Abhängigkeit von der kosmischen Zeit t an.

Um die Vielfalt möglicher Modelle zu illustrieren, sind in Abbildung 1 das statische Einstein-Universum E und das räumlich endliche, aber unbegrenzte, beidseitig zeitlich unendliche Eddington-Lemaître-Modell E_2 und in Abbildung 2 das räumlich unendliche Einstein-de Sitter-Modell EdS, das einen Anfang in der Zeit hat, sowie das räumlich endliche, aber unbegrenzte Friedmann-Einstein-Modell FE, das Anfang und Ende in der Zeit hat, dargestellt.

Literatur

Audretsch, Jürgen; Mainzer, Klaus (Hrsg.), 1989: *Vom Anfang der Welt. Wissenschaft, Philosophie, Religion, Mythos*, C. H. Beck, München

Audretsch, Jürgen, 1994: *Ist die Raum-Zeit gekrümmt?*, in: Audretsch, Jürgen; Mainzer, Klaus (Hrsg.): *Philosophie und Physik der Raum-Zeit*, Bibliographisches Institut, Mannheim, 2. Auflage, 52–82

Baade, Walter, 1952: *A revision of the extra-galactic distance scale*, Transactions of the International Astronomical Union **8**, 397–398

Baade, Walter, 1956: *The period-luminosity relation of the cepheids*, Publications of the Astronomical Society of the Pacific **68**, 5–16

Berendzen, Richard; Hoskin, Michael Anthony, 1971: *Hubble's announcement of cepheids in spiral nebulae*, Astronomical Society of the Pacific Leaflet **10**, Nr. 504, 425–439

Dawson, John W., 1999: *Kurt Gödel: Leben und Werk*, aus dem Amerikanischen übersetzt von Jakob Kellner, Springer, Wien

Earman, John; Janssen, Michel; Norton, John D. (Hrsg.), 1993: *The attraction of gravitation: New studies in the history of general relativity*, Einstein Studies, Volume 5, Birkhäuser, Boston

Eddington, Arthur S., 1930: *On the instability of Einstein's spherical world*, Monthly Notices of the Royal Astronomical Society **90**, 668–678

Eddington, Arthur S., 1931: *The expansion of the universe*, Monthly Notices of the Royal Astronomical Society **91**, 412–416

Eddington, Arthur S., 1933: *The expanding universe*, Cambridge University Press, Cambridge; deutsche Ausgabe: *Dehnt sich das Weltall aus?*, aus dem Englischen übersetzt von Helene Weyl, Deutsche Verlags-Anstalt, Stuttgart, 1933

Eddington, Arthur S., 1975: *Forty years of astronomy*, in: Needham, Joseph; Pagel, Walter (Hrsg.), *Background to modern science*, Arno Press, New York, 115–142 (Nachdruck der ersten Ausgabe Cambridge University Press, Cambridge, 1940)

Einstein, Albert, 1915: *Die Feldgleichungen der Gravitation*, Sitzungsberichte der Königlich Preußischen Akademie der Wissenschaften zu Berlin **47**, 844–847

Einstein, Albert, 1917: *Kosmologische Betrachtungen zur allgemeinen Relativitätstheorie*, Sitzungsberichte der Königlich Preußischen Akademie der Wissenschaften zu Berlin, 142–152

Einstein, Albert, 1918a: *Kritisches zu einer von Hrn. De Sitter gegebenen Lösung der Gravitationsgleichungen*, Sitzungsberichte der Königlich Preußischen Akademie der Wissenschaften zu Berlin, 270–272

Einstein, Albert, 1918b: *Prinzipielles zur allgemeinen Relativitätstheorie*, Annalen der Physik **55**, 241–244

Einstein, Albert, 1919: *Spielen Gravitationsfelder im Aufbau der materiellen Elementarteilchen eine wesentliche Rolle?*, Sitzungsberichte der Königlich Preußischen Akademie der Wissenschaften zu Berlin, 349–356

Einstein, Albert, 1920: *Äther und Relativitätstheorie. Rede, gehalten am 5. Mai 1920 an der Reichs-Universität zu Leiden*, Springer, Berlin

Einstein, Albert, 1921: *Geometrie und Erfahrung*, Sitzungsberichte der Königlich Preußischen Akademie der Wissenschaften zu Berlin **86**, 123–130

Einstein, Albert, 1922a: *Bemerkung zu der Franz Seletyschen Arbeit „Beiträge zum kosmologischen System"*, Annalen der Physik **69**, 436–438

Einstein, Albert, 1922b: *Vier Vorlesungen über Relativitätstheorie*, Vieweg, Braunschweig

Einstein, Albert, 1922c: *Bemerkung zu der Arbeit von A. Friedmann „Über die Krümmung des Raumes"*, Zeitschrift für Physik **11**, 326

Einstein, Albert, 1923: *Notiz zu der Arbeit von A. Friedmann „Über die Krümmung des Raumes"*, Zeitschrift für Physik **16**, 228

Einstein, Albert, 1929: *Space-time*, in: The Encyclopaedia Britannica, Volume *21*, The Encyclopædia Britannica Inc., London, 14. Auflage, 105–108

Einstein, Albert, 1931: *Zum kosmologischen Problem der allgemeinen Relativitätstheorie*, Sitzungsberichte der Königlich Preußischen Akademie der Wissenschaften zu Berlin **96**, 235–237

Einstein, Albert; de Sitter, Willem, 1932: *On the relation between the expansion and the mean density of the universe*, Proceedings of the National Academy of Sciences of the United States of America **18**, 213–214

Einstein, Albert, 1934a: *On the theory of relativity*, in: Einstein, Albert, *Essays in science*, Philosophical Library, New York, 48–52

Einstein, Albert, 1934b: *Relativity, thermodynamics and cosmology [by Richard Chace Tolman]*, Science **80**, 358

Einstein, Albert, 1945: *On the 'Cosmologic problem'*, American Scholar **14**, 137–156

Einstein, Albert, 1955: *Bemerkungen zu den in diesem Bande vereinigten Arbeiten*, in: Schilpp, Paul Arthur (Hrsg.), *Albert Einstein als Philosoph und Naturforscher*, Kohlhammer, Stuttgart, 493–511

Einstein, Albert, 1990: *Grundzüge der Relativitätstheorie*, Vieweg, Braunschweig, 6. Auflage, zugleich 8., erweiterte Auflage der „Vier Vorlesungen über Relativitätstheorie"

Eisenstaedt, Jean, 1993: *Lemaître and the Schwarzschild solution*, in: Earman, John; Janssen, Michel; Norton, John D. (Hrsg.), *The attraction of gravitation: New studies in the history of general relativity*, Einstein Studies, Volume 5, Birkhäuser, Boston, 353–389

Fischer, Klaus, 1999: *Einstein*, Herder, Freiburg

Fließbach, Torsten, 1995: *Allgemeine Relativitätstheorie*, Spektrum, Heidelberg, 2. Auflage

Fölsing, Albrecht, 1993: *Albert Einstein. Eine Biographie*, Suhrkamp, Frankfurt am Main

Frank, Philipp, 1949: *Einstein. Sein Leben und seine Zeit*, mit einem Vorwort von Albert Einstein, Paul List, München

Friedmann, Aleksandr Aleksandrowitsch, 1922: *Über die Krümmung des Raumes*, Zeitschrift für Physik **10**, 377–386

Friedmann, Aleksandr Aleksandrowitsch, 2002: *Die Welt als Raum und Zeit*,

Übersetzung aus dem Russischen, Einführung und Anmerkungen von Georg Singer, Ostwalds Klassiker der exakten Wissenschaften, Bd. 287, Verlag Harri Deutsch, Frankfurt am Main, 2., überarbeitete Auflage

Gamow, George, 1970: *My world line: An informal autobiography*, Viking Press, New York

Gödel, Kurt, 1949a: *An example of a new type of cosmological solutions of Einstein's field equations of gravitation*, Reviews of Modern Physics **21**, 447–450

Gödel, Kurt, 1949b: *A remark about the relationship between relativity theory and idealistic philosophy*, in: Schilpp, Paul Arthur (Hrsg.), *Albert Einstein. Philosopher – Scientist*, The Library of Living Philosophers Volume VII, Open Court, La Salle (Illinois/USA), 557–562

Goenner, Hubert, 1991: *Book Review. The Invented Universe: The Einstein-de Sitter Controversy (1916–1917) and the Rise of Relativistic Cosmology by P. Kerszberg. Oxford: Oxford Science Publication, Clarendon Press, 1989*, General Relativity and Gravitation **23**, 615–617

Goenner, Hubert, 1994: *Einführung in die Kosmologie*, Spektrum, Heidelberg

Goenner, Hubert; Renn, Jürgen; Ritter, Jim; Sauer, Tilman (Hrsg.), 1998: *History of general relativity, Einstein Studies, Volume 7*, Birkhäuser, Boston

Heckmann, Otto, 1931: *Über die Metrik des sich ausdehnenden Universums*, Nachrichten von der Gesellschaft der Wissenschaften zu Göttingen, Mathematisch-Physikalische Klasse, 126–130

Heckmann, Otto, 1932: *Die Ausdehnung der Welt in ihrer Abhängigkeit von der Zeit*, Nachrichten von der Gesellschaft der Wissenschaften zu Göttingen, Mathematisch-Physikalische Klasse, 97–106

Hubble, Edwin Powell, 1925a: *N.G.C. 6822, a remote stellar system*, Astrophysical Journal **62**, 409–433

Hubble, Edwin Powell, 1925b: *Cepheids in spiral nebulae*, Observatory **48**, 139–142

Hubble, Edwin Powell, 1929: *A relation between distance and radial velocity among extra-galactic nebulae*, Proceedings of the National Academy of Sciences of the United States of America **15**, 168–173

Hubble, Edwin Powell; Humason, Milton L., 1931: *The velocity-distance relation among extra-galactic nebulae*, Astrophysical Journal **74**, 43–80

Israel, Hans; Ruckhaber, Erich; Weinmann, Rudolf (Hrsg.), 1931: *Hundert Autoren gegen Einstein*, Voigtländer, Leipzig

Jung, Tobias, 2004: *Einsteins kosmologische Überlegungen in den „Vier Vorlesungen über Relativitätstheorie"*, in: Beiträge zur Astronomiegeschichte **7**, hrsg. von Wolfgang R. Dick und Jürgen Hamel, H. Deutsch, Frankfurt a.M., 189–219

Jung, Tobias, 2005: *Einsteins tatsächlich „größte Eselei seines Lebens"*, Sudhoffs Archiv, voraussichtlich **95**, Nr. 2

Kahn, Carla; Kahn, Franz, 1975: *Letters from Einstein to de Sitter on the nature of the universe*, Nature **257**, 451–454

Kanitscheider, Bernulf, 1988: *Das Weltbild Albert Einsteins*, C.H. Beck, München

Kanitscheider, Bernulf, 1991: *Kosmologie. Geschichte und Systematik in philosophischer Perspektive*, Reclam, Stuttgart, 2. Auflage

Kerszberg, Pierre, 1988: *The Einstein-de Sitter controversy of 1916–1917 and the rise of relativistic cosmology*, in: Howard, Don; Stachel, John (Hrsg.), *Einstein and the history of general relativity, Einstein Studies, Volume 1*, Birkhäuser, Boston, 325–366

Kerszberg, Pierre, 1989: *The invented universe. The Einstein-De Sitter controversy (1916–17) and the rise of relativistic cosmology*, Clarendon Press, Oxford

Klein, Felix, 1918a: *Über die Integralform der Erhaltungssätze und die Theorie der räumlich-geschlossenen Welt*, Nachrichten von der Königlichen Gesellschaft der Wissenschaften zu Göttingen, Mathematisch-physikalische Klasse, 394–423

Klein, Felix, 1918b: *Bemerkungen über die Beziehungen des de Sitter'schen Koordinatensystems B zu der allgemeinen Welt konstanter positiver Krümmung*, Koninklijke Nederlandse Akademie van Wetenschappen Amsterdam, Wis- en Natuurkundige Afdeeling **27**, 488–489

Kragh, Helge, 1996: *Cosmology and controversy. The historical development of two theories of the universe*, Princeton University Press, Princeton (New Jersey/USA)

Lanczos, Cornelius, 1922: *Bemerkung zur de Sitterschen Welt*, Physikalische Zeitschrift **23**, 539–543

Lemaître, Georges, 1925: *Note on de Sitter's universe*, Journal of Mathematics and Physics **4**, 188–192

Lemaître, Georges, 1927: *Un univers homogène de masse constante et de rayon croissant, rendant compte de la vitesse radiale des nébuleuses extra-galactiques*, Annales de la Société Scientifique de Bruxelles **47**, 49–59

Lemaître, Georges, 1949: *The cosmological constant*, in: Schilpp, Paul Arthur (Hrsg.), *Albert Einstein. Philosopher – scientist*, The Library of Living Philosophers Volume VII, Open Court, La Salle (Illinois/USA), 439–456

Lemaître, Georges, 1958: *Rencontres avec A. Einstein*, Revue des Questions Scientifiques **129**, 129–132

Mach, Ernst, 1897: *Die Mechanik in ihrer Entwicklung. Historisch-kritisch dargestellt*, Brockhaus, Leipzig, 3. Auflage

McCrea, William Hunter; McVittie, George Cunliff, 1930: *On the contraction of the universe*, Monthly Notices of the Royal Astronomical Society **91**, 128–133

McVittie, George C., 1967: *Georges Lemaître*, Quarterly Journal of the Royal Astronomical Society **8**, 294–297

Miller, Arthur I., 1998: *Albert Einstein's special theory of relativity: Emergence (1905) and early interpretation (1905–1911)*, Springer, New York

Milne, Edward Arthur, 1935: *Relativity, gravitation and world-structure*, Clarendon Press, Oxford

Misner, Charles W.; Thorne, Kip S.; Wheeler, John Archibald, 1973: *Gravitation*, Freeman, New York

Moszkowski, Alexander, 1921: *Einstein – Einblicke in seine Gedankenwelt. Gemeinverständliche Betrachtungen über die Relativitätstheorie und ein neues Weltsystem*, Hoffmann und Campe, Hamburg

Newton, Isaac, 1963: *Mathematische Prinzipien der Naturlehre*, mit Bemerkungen und Erläuterungen herausgegeben von Jakob Philipp Wolfers, Wissenschaftliche Buchgesellschaft, Darmstadt, lateinisches Original *Philosophiae naturalis principia mathematica*, William & John Innys, London, 1726, 3. Auflage

Newton, Isaac, 1978: *Four letters from Newton to Bentley*, in: Cohen, I. Bernard; Schofield, Robert E. (Hrsg.), *Isaac Newton's papers & letters on natural philosophy and related documents*, Harvard University Press, London, 280–312

North, John D., 1990: *The measure of the universe. A history of modern cosmology*, Dover, New York, Nachdruck der 1. Auflage, Oxford University Press, Oxford, 1965

Pais, Abraham, 1979: *Einstein and the quantum theory*, Reviews in Modern Physics **51**, 863–914

Pais, Abraham, 2000: *Raffiniert ist der Herrgott... Albert Einstein. Eine wissenschaftliche Biographie*, Spektrum, Heidelberg, 2000

Poincaré, Henri, 1905: *Sur la dynamique d'électron*, Comptes Rendus hebdomadaires des séances de l'Académie des Sciences, Paris **140**, 1504–1508

Poincaré, Henri, 1906: *Sur la dynamique d'électron*, Rendiconti del Circulo Matematico di Palermo **21**, 129–175

Reichenbach, Hans, 1977a: *Gesammelte Werke in 9 Bänden, Band 1: Der Aufstieg der wissenschaftlichen Philosophie*, herausgegeben von Andreas Kamlah und Maria Reichenbach, mit einer Einleitung zur Gesamtausgabe von Wesley C. Salmon und mit Erläuterungen von Andreas Kamlah, Vieweg, Braunschweig

Reichenbach, Hans, 1977b: *Gesammelte Werke in 9 Bänden, Band 2: Philosophie der Raum-Zeit-Lehre*, herausgegeben von Andreas Kamlah und Maria Reichenbach, mit den einleitenden Bemerkungen zur englischen Ausgabe der „Philosophie der Raum-Zeit-Lehre" von Rudolf Carnap und mit Erläuterungen von Andreas Kamlah, Vieweg, Braunschweig

Rindler, Wolfgang, 1977: *Essential relativity. Special, general, and cosmological*, Springer, New York, 2., durchgesehene Auflage

Robertson, Howard Percy, 1933: *Relativistic cosmology*, Reviews of Modern Physics **5**, 62–90

Rutherford, Ernest, 1929: *Origin of actinium and the age of the earth*, Nature **123**, 313–314

Schemmel, Matthias, 2004: *An astronomical road to general relativity: The continuity between classical and relativistic cosmology in the work of Karl Schwarzschild*, in: Renn, Jürgen; Schemmel, Matthias; Wazeck, Milena, *In the shadow of relativity*, Max-Planck-Institut für Wissenschaftsgeschichte, Preprint 271, 37–64

Schilpp, Paul Arthur (Hrsg.), 2000: *Albert Einstein. Philosopher – Scientist,*

The Library of Living Philosophers Volume VII, Open Court, La Salle (Illinois/USA), Nachdruck der 1. Auflage von 1949

Schwarzschild, Karl, 1916: *Über das Gravitationsfeld eines Massenpunktes nach der Einsteinschen Theorie*, Sitzungsberichte der Königlich Preußischen Akademie der Wissenschaften zu Berlin, 189–196

Selety, Franz, 1922: *Beiträge zum kosmologischen Problem*, Annalen der Physik **68**, 281–334

de Sitter, Willem, 1917a: *On the relativity of inertia. Remarks concerning Einstein's latest hypothesis*, Koninklijke Nederlandse Akademie van Wetenschappen te Amsterdam, Section of Sciences, Proceedings **19**, 1217–1225

de Sitter, Willem, 1917b: *On Einstein's theory of gravitation, and its astronomical consequences. Third paper*, Monthly Notices of the Royal Astronomical Society **78**, 3–28

de Sitter, Willem, 1918: *Further remarks on the solutions of the field-equations of Einstein's theory of gravitation*, Koninklijke Nederlandse Akademie van Wetenschappen te Amsterdam, Section of Sciences, Proceedings **20**, 1309–1312

de Sitter, Willem, 1933: *On the expanding universe and the time-scale*, Monthly Notices of the Royal Astronomical Society **93**, 628–634

Smith, Robert W., 1982: *The expanding universe. Astronomy's "Great Debate" 1900–1931*, Cambridge University Press, Cambridge

Speziali, Pierre (Hrsg.), 1972: *Albert Einstein – Michele Besso: Correspondence 1903–1955*, A. Hermann, Paris

Suchan, Berthold, 1999: *Die Stabilität der Welt. Eine Wissenschaftsphilosophie der Kosmologischen Konstante*, mentis, Paderborn

Tropp, Eduard A.; Frenkel, Victor Ya.; Chernin, Artur D., 1993: *Alexander A. Friedmann: The man who made the universe expand*, Cambridge University Press, Cambridge

Whitrow, Gerald J. (Hrsg.), 1973: *Einstein – the man and his achievement*, Dover, New York

Wickert, Johannes, 2000: *Einstein*, Rowohlt, Reinbek bei Hamburg

Wuensch, Daniela, 2005: *„zwei wirkliche Kerle". Neues zur Entdeckung der Gravitationsgleichungen der Allgemeinen Relativitätstheorie durch Albert Einstein und David Hilbert*, Termessos, Göttingen

Yourgrau, Palle, 2005: *Gödel, Einstein und die Folgen. Vermächtnis einer ungewöhnlichen Freundschaft*, aus dem Englischen von Kurt Beginnen und Susanne Kuhlmann-Krieg, C. H. Beck, München

Anschr. d. Verf.: Dr. Tobias Jung, Kreuzstraße 21, D-82299 Türkenfeld; e-mail: tobias.jung@web.de

Abb. 1 (zum folgenden Beitrag). Gruppenbild; v.l.n.r., vorne: Arthur S. Eddington, Hendrik A. Lorentz; hinten: Albert Einstein, Paul Ehrenfest, Willem de Sitter (©American Institute of Physics, Emilio Segrè Visual Archives).

Einsteins Arbeiten in Bezug auf die moderne Kosmologie
De Sitters Lösung der Einsteinschen Feldgleichung mit positivem kosmologischen Glied als Geometrie des inflationären Weltmodells

Hans-Jürgen Schmidt, Potsdam

Albert Einsteins Arbeit von 1918 „Kritisches zu einer von Hrn. De Sitter gegebenen Lösung der Gravitationsgleichungen" zu Willem de Sitters Lösung der Einsteinschen Feldgleichung in seiner Arbeit „On the curvature of space" wird unter heutigem Gesichtspunkt kommentiert. Dazu wird zunächst die Geometrie der de Sitterschen Raum-Zeit beschrieben sowie ihre Bedeutung für das inflationäre Weltmodell erläutert.

We comment on Albert Einstein's 1918 paper "Kritisches zu einer von Hrn. De Sitter gegebenen Lösung der Gravitationsgleichungen", referring to Willem de Sitter's solution of the Einstein field equation in his paper "On the curvature of space" from today's point of view. To this end, we start by describing the geometry of the de Sitter space-time and present its importance for the inflationary cosmological model.

1 Einleitung

Um die Arbeit von Albert Einstein mit dem Titel[1] „Kritisches zu einer von Hrn. De Sitter gegebenen Lösung der Gravitationsgleichungen" [1] angemessen beurteilen zu können, muß man sich klarmachen, daß im Jahre 1918 die Differentialgeometrie der zugrundeliegenden Raum-Zeiten ein noch wenig erforschtes Gebiet war. Man täte Einstein also Unrecht, wenn man mit heutigem Wissen an seine damalige Arbeit heranginge, und feststellte, wo überall er mathematische Fehler begangen hat. Vielmehr ist zu beurteilen, welche Fehler er bei gründlichem Literaturstudium hätte vermeiden können

---

[1] Das Hrn. im Titel ist eine Abkürzung für Herrn und nicht für de Sitters Vorname, der lautet Willem.

und welche nicht. Ähnliches ist zu den kritisierten Arbeiten de Sitters [2] (siehe Abb. 1) zu sagen.

Nachfolgend soll deshalb zunächst in Abschnitt 2 die Geometrie der Schwarzschildschen und der de Sitterschen Raum-Zeit ausführlich beschrieben werden (siehe auch [3] bzw. die Lehrbücher [4, 5, 6, 7]), sowie in Abschnitt 3 kurz ihre Bedeutung für das inflationäre Weltmodell erläutert werden (vgl. hierzu wieder [4–7] sowie die Arbeiten [8] und [9]). Schließlich sollen in Abschnitt 4 die Arbeiten [1] und [10] von Albert Einstein kurz kommentiert werden.

2 Die Geometrie der de Sitterschen Raum-Zeit

Die de Sittersche Raum-Zeit ist durch folgende Definition eindeutig bestimmt: Sie ist die einzige homogene isotrope Raum-Zeit von positiver Krümmung. Sie ist die geometrische Grundlage des inflationären Weltmodells, deshalb soll sie hier detailliert eingeführt werden. Als Vorbereitung dazu werden zunächst die Begriffe Koordinatensingularität, echte Singularität, Horizont und Schwarzes Loch geklärt.

2.1 Koordinatensingularität und echte Singularität

Generell wird der Begriff Singularität verwendet, um auszudrücken, daß eine Größe ihren zulässigen Geltungsbereich verläßt, in den meisten Fällen geschieht das dadurch, daß eine Größe, die nur positive reelle Werte annehmen darf, gegen Null oder gegen Unendlich konvergiert. Man unterscheidet eine Koordinatensingularität von einer echten Singularität, je nachdem, ob sich diese dadurch beseitigen läßt, daß man ein anderes Bezugssystem verwendet, oder ob das nicht möglich ist.

Der einfachste Fall einer Koordinatensingularität ist die Euklidische Ebene in Polarkoordinaten (r, φ) bei $r = 0$: Der Geltungsbereich dieser Koordinaten ist durch $r > 0$ und $0 \leq \varphi < 2\pi$ gegeben. Die Einschränkung für φ ist Ausdruck der Tatsache, daß der Vollwinkel $\varphi = 2\pi$, d.h. 360°, geometrisch nicht vom Winkel 0° unterschieden wird.[2]

Die Einschränkung für r ergibt sich daraus, daß bei $r = 0$ alle Koordinatenpaare (r, φ) demselben Punkt der Ebene entsprechen, nämlich dem Koordinatenursprung, und dies ist unzulässig, da die Zuordnung zwischen

---

[2]Die topologisch befriedigendere Variante der Polarkoordinaten erlaubt allerdings beliebige reelle Werte für φ und nimmt dann eine Identifikation aller solcher Winkelwerte vor, deren Differenz ein ganzzahliges Vielfaches von 2π darstellt. Damit wird verhindert, daß man dem Winkel 0 fälschlich eine Sonderrolle zukommen läßt.

Punkten und Koordinaten eineindeutig (d.h. in beiden Richtungen eindeutig) sein soll. Wie entscheidet man nun, ob es sich dabei um eine echte Singularität handelt? Die Antwort ist bekannt: Der Übergang zu kartesischen Koordinaten (x, y), deren Verbindung mit Polarkoordinaten durch die Formeln

$$x = r \cdot \cos\varphi, \qquad y = r \cdot \sin\varphi \tag{1}$$

gegeben ist, beseitigt diese Mehrdeutigkeit; also ist $r = 0$ nur eine Koordinatensingularität: Wie man aus Formel (1) sieht, ist bei $r = 0$ auch $x = y = 0$, und zwar unabhängig davon, welchen Wert der Winkel φ dort annimmt. Bei allen anderen Werten ist dagegen die Zuordnung zwischen kartesischen und Polarkoordinaten gemäß (1) stets eineindeutig.

Quadriert man die Gleichungen aus (1) und addiert sie, ergibt sich der Satz von Pythagoras in der elementaren Form

$$x^2 + y^2 = r^2,$$

die äquivalent in der trigonometrischen Form als

$$\cos^2\varphi + \sin^2\varphi = 1$$

geschrieben werden kann. Soweit der bekannte Schulstoff.

Um gekrümmte Raum-Zeiten beschreiben zu können, benötigt man den Begriff des Riemannschen Raumes und sein Linienelement ds. Genaueres hierzu läßt sich z.B. in den Lehrbüchern [5, 6, 7] nachlesen; hier soll es genügen, wenn wir jetzt die Euklidische Ebene in Form eines Riemannschen Raumes darstellen. Das Quadrat ds^2 des Linienelements läßt sich dann in kartesischen Koordinaten als

$$ds^2 = dx^2 + dy^2 \tag{2}$$

schreiben. Das ist die infinitesimale Form des Satzes von Pythagoras. Vermittels (1) transformiert sich diese Formel (2) in Polarkoordinaten wie folgt:

$$ds^2 = dr^2 + r^2 \cdot d\varphi^2. \tag{3}$$

Das Linienelement bei konstantem Wert r ergibt sich[3] nach (3) zu $ds = r \cdot d\varphi$; daraus wird sofort erkennbar, daß bei $r = 0$ die Änderungen von φ keinen Beitrag zu ds leisten, es also dort eine Koordinatensingularität gibt.

---

[3] Andere Herleitung: Der Umfang eines Kreises vom Radius r beträgt $u = r \cdot 2\pi$, also muß für den Vollwinkel $\varphi = 2\pi$ das Linienelement diesen Wert u ergeben.

Bevor wir jetzt den Begriff der echten Singularität klären können, müssen wir kurz erläutern, wie sich die Linienelemente (2) und (3) allgemeiner schreiben lassen. Zunächst werden die Koordinaten mit x^i bezeichnet, wobei $x^0 = t$ die Zeitkoordinate, und die anderen x^i ($i = 1, 2, 3$) die Raumkoordinaten darstellen. Dann wird das Linienelement in die Form

$$ds^2 = g_{ij}dx^i dx^j \tag{4}$$

gebracht, wobei hier die Einsteinsche Summenkonvention angewendet wird: Über Indizes, die sowohl in oberer als auch in unterer Position auftreten, wird automatisch summiert, ohne daß das Summenzeichen notiert wird.

Die Größen g_{ij} sind die Komponenten der Metrik. Sie werden nach allgemeiner Relativitätstheorie in einer Doppelrolle verwendet: sowohl zur Beschreibung der Geometrie der Raum-Zeit als auch zur Darstellung des Gravitationsfeldes. Diese Doppelrolle trägt die Bezeichnung: „Geometrisierung des Gravitationsfeldes". Konkret heißt das zum Beispiel: Im Satz von Pythagoras steht im Exponenten die Zahl 2; dies gilt infinitesimal auch in der Raum-Zeit, deshalb müssen auf der rechten Seite von Gleichung (4) alle dx^i quadratisch auftreten, und deshalb haben die g_{ij} eben genau zwei Indizes. In der Feldtheorie wird gezeigt, daß diese Anzahl an Indizes genau den Spin des zugehörigen Teilchens festlegt. Also: Gemäß Einsteinscher Theorie hat das Graviton[4] den Spin 2, weil im Satz von Pythagoras der Exponent 2 auftritt.

Eine weitere Änderung gegenüber der Riemannschen Geometrie erzwingt folgender Umstand: Zwar verschmelzen Raum und Zeit in der Raum-Zeit, jedoch bleiben raumartige und zeitartige Koordinaten weiterhin unterscheidbar, und zwar dadurch, daß die entsprechenden Anteile in ds^2 mit unterschiedlichen Vorzeichen eingehen. Man spricht dann von Pseudoriemannscher Geometrie. Wir wählen hier die Variante, in der die raumartigen Anteile ein zusätzliches Minuszeichen erhalten. Die Metrik der speziellen Relativitätstheorie lautet dann

$$ds^2 = dt^2 - dx^2 - dy^2 - dz^2 \,, \tag{5}$$

wobei die Einheiten so gewählt sind, daß die Lichtgeschwindigkeit c den Zahlenwert 1 hat, anderenfalls müßten wir in vielen Formeln noch zusätzlich Potenzen von c einfügen.

Nun können wir einige typische Beispiele für Singularitäten angeben: Ein Beispiel für eine echte Singularität ist der Punkt $t = 0$ im expandieren Weltmodell, hier geben wir die einfachste Form eines räumlich ebenen

---

[4]Das Graviton ist das dem Gravitationsfeld zugeordnete Teilchen, analog ist das Photon das dem elektromagnetischen Feld zugeordnete Teilchen. Dieses hat den Spin 1, da das elektromagnetische Potential A_i nur einen Index trägt.

Friedmannmodells an, welches mit Strahlung angefüllt ist, also das heiße Urknallmodell, auch hot big bang genannt. Das Linienelement lautet

$$ds^2 = dt^2 - t \cdot \left(dx^2 + dy^2 + dz^2\right) . \tag{6}$$

Der Faktor t vor der Klammer ist Ausdruck der Tatsache, daß sich in diesem Modell alle räumlichen Abstände im Laufe der Zeit ändern, und insbesondere bei $t \to 0$ alle Längen gegen 0 konvergieren. Hier läßt sich, anders als bei Gleichung (3), keine Koordinatentransformation finden, die die singuläre Stelle bei $t = 0$ beseitigen kann. Wie beweist man das? Man kann die Krümmung der Raum-Zeit berechnen und bestimmt dann solche Größen, die unabhängig vom verwendeten Koordinatensystem stets denselben Wert annehmen, man nennt sie Invarianten. Es stellt sich heraus, daß die Metrik (6) Krümmungsinvarianten besitzt, die bei $t \to 0$ divergieren, d.h. gegen unendlich konvergieren. Die physikalisch orientierte Argumentation ist die folgende: Die Einsteinsche Feldgleichung lautet

$$E_{ij} = 8\pi\, G \cdot T_{ij} , \tag{7}$$

ihre linke Seite ist rein geometrisch definiert, G ist die Gravitationskonstante, und die Größen T_{ij} messen die physikalischen Eigenschaften der Materie, z.B. ist T_{00} die Energiedichte. In letztere geht natürlich gemäß der Einsteinschen Formel[5]

$$E = m \cdot c^2$$

die Ruhmasse des Systems mit ein. In dieser physikalischen Blickrichtung heißt das: Der Urknall stellt eine echte Singularität dar, da bei Annäherung t gegen Null die Energiedichte über alle Grenzen anwächst.

Ganz anders verhält es sich mit der Metrik

$$ds^2 = dt^2 - t^2 \cdot dx^2 - dy^2 - dz^2 . \tag{8}$$

Scheinbar kann man hier genauso argumentieren: Bei $t \to 0$ sind in x-Richtung alle Längen auf Null reduziert. Genaueres Nachrechnen ergibt allerdings folgendes: Bei $t \to 0$ divergiert keine Krümmungsinvariante, und die nach Einsteinscher Feldgleichung ermittelten Größen T_{ij} verschwinden sogar alle. In der Tat handelt es sich hier um eine Koordinatensingularität, und zwar ist sie vom selben Charakter wie die oben in Formel (3) behandel-

---

[5] Gemäß obiger Vereinbarung $c = 1$ hätten wir hier natürlich einfach $E = m$ schreiben können, aber um des optischen Wiedererkennungswerts willen soll das c hier einmal stehenbleiben.

te Koordinatensingularität der Euklidischen Ebene in Polarkoordinaten.[6] In der Tat geht Metrik (8) durch eine Koordinatentransformation in Metrik (5) über, stellt also die materiefreie Minkowskische Raum-Zeit dar; genauer gesagt: Metrik (8) repräsentiert eine echte Teilmenge der Minkowskischen Raum-Zeit, während Metrik (5) sie vollständig darstellt.

Ein anderer Typ von Singularität einer Raum-Zeit kann dann auftreten, wenn die Koordinaten so gewählt sind, daß ein Teilchen bereits nach endlicher Eigenzeit[7] gegen solche Punkte der Raum-Zeit konvergieren kann, deren Koordinaten unendlich große Werte annehmen. Als Beispiel betrachten wir das expandierende räumlich ebene Weltmodell nach Friedmann mit der Metrik

$$ds^2 = dt^2 - a^2(t) \cdot \left(dx^2 + dy^2 + dz^2\right) . \tag{9}$$

Für die Funktion $a(t)$, den kosmischen Skalenfaktor, soll gelten: Für alle reellen Zahlen t ist $a(t) > 0$, und $a(t)$ ist eine monoton wachsende und zweimal stetig differenzierbare[8] Funktion. Auf den ersten Blick könnte man annehmen, diese Raum-Zeit hätte gar keine Singularität. Berechnet man jedoch die Bahnen von Teilchen, d.h. die Geodäten[9] mit Hilfe der Geodätengleichung, so ergibt sich: Diese Raum-Zeit ist singularitätsfrei genau dann, wenn

$$\int_{-\infty}^{0} a(t)dt = \infty \tag{10}$$

gilt, siehe z.B. [9]. Anschaulich heißt dieses Ergebnis: Wenn die Bedingung (10) nicht erfüllt ist, d.h. wenn der kosmische Skalenfaktor zu schnell klein wird, so kann ein Teilchen bereits nach endlicher Eigenzeit bis nach $x \to \infty$ gelangen. Wenn dieser Fall auftritt, bedarf es weiterer Untersuchungen, ob es sich dabei um eine echte oder um eine Koordinatensingularität handelt. Wir werden in Abschnitt 2.3. noch einmal auf diese Frage zurückkommen.

---

[6]Für Liebhaber der komplexen Zahlen sei hier noch folgendes ergänzt: Wenn man die raumartigen Koordinaten mit der imaginären Einheit multipliziert, ergibt sich in allen quadratischen Ausdrücken ein zusätzlicher Faktor (-1), und man kann dann die Formeln aus der Elementargeometrie, z.B. Formel (1), anwenden, um die Koordinatensingularität zu beseitigen. Bei der anschließenden Rückgängigmachung der Multiplikation muß natürlich der Sinus (sin) durch den entsprechenden hyperbolischen Sinus (sinh) ersetzt werden etc.

[7]Das ist diejenige Zeit, die eine von diesem Teilchen mitgeführte Uhr anzeigt.

[8]Diese Voraussetzung wird benötigt, da die zweiten Ableitungen der Metrik in die Berechnung der Krümmungsinvarianten eingehen.

[9]Kräftefrei bewegte Teilchen bewegen sich längs Geodäten, das sind diejenigen Kurven in der gekrümmten Raum-Zeit der allgemeinen Relativitätstheorie, die das Analogon der geradlinig gleichförmig bewegten Beobachter der Speziellen Relativitätstheorie darstellen.

2.2 Horizonte und Schwarze Löcher

Beginnen wir mit einem Zitat aus [8]: „Der am häufigsten diskutierte Effekt der allgemeinen Relativitätstheorie ist die Vorhersage der Existenz Schwarzer Löcher. Ein Schwarzes Loch ist ein Himmelsobjekt, das so schwer ist, daß selbst das Licht nicht in der Lage ist, die gravitative Anziehungskraft zu überwinden. Anders gesagt: Man erkennt es daran, daß „nichts" zu sehen ist, wenn man hinschaut. Astronomisch reale Bilder des Schwarzen Lochs kann es also nicht geben. Man kann aber die umgebende Materie sehen, und wenn diese ganz bestimmte Eigenschaften aufweist, schließt man daraus auf ein darin befindliches Schwarzes Loch."

Um den Begriff eines Schwarzen Lochs mathematisch genauer zu klären, muß man zunächst festlegen, was ein Horizont ist. Anschaulich ist der Horizont gerade die Grenze des Teils der Erdoberfläche, den ich von meiner Position aus direkt einsehen kann; es handelt sich also um eine beobachterabhängige Definition, insbesondere brauche ich in bestimmten Situationen meine Position nur um wenige Meter zu ändern, um eine merkliche Änderung meines Horizonts ausmachen zu können. Man stelle sich etwa einen am Nordpol stehenden Beobachter vor, dann besteht sein Horizont aus einem nördlichen Breitenkreis, und welcher Breitenkreis das ist, hängt von der Größe des Beobachters ab, im Grenzfall eines unendlich großen Beobachters konvergiert dieser Breitenkreis bis an den Äquator, aber keinesfalls darüber hinaus.

In der Raum-Zeit V wird analog definiert: Sei M die Menge derjenigen Punkte x aus V, die die Eigenschaft hat, daß eine kausale Kurve[10] von x zu einem Punkt der Weltlinie des Beobachters existiert. Der Rand von M heißt dann der Horizont W von V bezüglich dieses Beobachters. Bei dieser Definition kann es durchaus offen bleiben, ob die Punkte, die den Horizont bilden, auch noch zu M gehören sollen oder nicht.

Anschaulich gesprochen heißt das: Wir gehen davon aus, daß Information maximal mit Lichtgeschwindigkeit übermittelt werden kann, dann stellt die Menge M die Menge derjenigen Ereignisse dar, von denen der Beobachter irgendwann einmal etwas erfahren kann.

Wenn man jetzt in der allgemeinen Relativitätstheorie definieren will: „Der Teil der Raum-Zeit, der sich jenseits des Horizonts befindet, wird Schwarzes Loch genannt", so ist damit zunächst eine beobachterabhängige Definition getroffen worden. In Formeln sieht das so aus: Das Schwarze

---

[10]d.h. eine zeitartige oder lichtartige Kurve; eine Kurve nennt man zeitartig, wenn sie Bahnkurve eines Teilchens darstellt, das sich mit Unterlichtgeschwindigkeit bewegt.

Loch ist derjenige Teil der Raum-Zeit, der durch

$$V \backslash (M \cup W)$$

gegeben ist. In der hier gewählten Definition wird also der Horizont nicht als Bestandteil des Schwarzen Lochs angesehen.

Um die Definition von dieser Beobachterabhängigkeit zu befreien, gibt es folgende Möglichkeit: Man nimmt an, daß außerhalb eines räumlich beschränkten Gebiets die Raum-Zeit völlig materiefrei ist; dann kann man annehmen, daß die Raum-Zeit asymptotisch flach ist. Es ergibt sich folgendes Ergebnis: Alle hinreichend weit entfernten Beobachter haben dann genau denselben Horizont. Man ordnet dann dieser Menge von Beobachtern den Begriff „Beobachter im Unendlichen" zu. Dann erhält man die Definition: „Derjenige Teil der Raum-Zeit, der für den Beobachter im Unendlichen jenseits des Horizonts liegt, wird Schwarzes Loch genannt." Damit ist die Beobachterabhängigkeit der Definition de facto beseitigt.

Es soll allerdings nicht verschwiegen werden, daß sich für den Fall allgemeiner Raum-Zeiten, z.B. einem inhomogenen Weltmodell, welches auch asymptotisch nicht homogen ist, die Beobachterabhängigkeit der Definition dessen, was als Schwarzes Loch bezeichnet werden soll, nicht ohne weiteres beseitigen läßt. Das hindert jedoch nicht daran, das „Schwarze Loch im Zentrum unserer Galaxis" als zumindest mathematisch wohldefiniert anzusehen: Unser Sonnensystem befindet sich nämlich so weit außerhalb des Zentrums der Galaxis, daß man mit guter Näherung jeden Beobachter, der sich innerhalb unseres Sonnensystems befindet, als Beobachter im Unendlichen ansehen kann; und unsere Galaxis ist so weit entfernt von anderen Galaxien, daß man mit guter Näherung annehmen kann, daß die Raum-Zeit außerhalb unserer Galaxis asymptotisch flach ist.

Die Metrik für ein Schwarzes Loch läßt sich nach Trefftz, hier zitiert aus Einstein [10], Seite 449 wie folgt beschreiben:

$$ds^2 = \left(1 + \frac{A}{w} + Bw^2\right) dt^2 - \frac{dw^2}{1 + \frac{A}{w} + Bw^2} - w^2(d\vartheta^2 + \sin^2\vartheta d\phi^2). \quad (11)$$

Einstein schreibt hierzu: „Bei negativem A und verschwindendem B geht dies in die wohlbekannte Schwarzschildsche Lösung für das Feld eines materiellen Punktes über. Die Konstante A wird also auch hier negativ gewählt werden müssen, entsprechend der Tatsache, daß es nur positive gravitierende Massen gibt. Die Konstante B entspricht dem λ-Glied der Gleichung (1a). Positivem λ entspricht negatives B und umgekehrt." Hierzu sei folgendes erläutert: Die genannte Gleichung (1a) ist die Einsteinsche Gleichung mit kosmologischem Glied λ, das heute meist als Großbuchstabe Lambda

Λ geschrieben wird. Der Ausdruck $d\vartheta^2 + \sin^2\vartheta d\phi^2$ ist das Linienelement der Kugeloberfläche, so daß sich die Metrik (11) als kugelsymmetrisch mit Radialkoordinate w ergibt.

Mehr zu Einsteins Kommentaren zu Metrik (11) wird in Abschnitt 4 folgen, hier soll zunächst die aktuelle Interpretation der Metrik (11) angefügt werden: Heutzutage wird diese Lösung meist Schwarzschild-de Sitter-Lösung genannt, bei $B < 0$ stellt sie ein in der de Sitterschen Raum-Zeit (siehe folgender Abschnitt 2.3.) befindliches Schwarzes Loch dar. Bei $B = 0$ ist Metrik (11) nach Änderung auf heute übliche Schreibweise die Schwarzschildlösung von 1916

$$ds^2 = \left(1 - \frac{2m}{r}\right) dt^2 - \frac{dr^2}{1 - \frac{2m}{r}} - r^2(d\vartheta^2 + \sin^2\vartheta d\phi^2) \qquad (12)$$

Es muß bei dieser Form natürlich noch ergänzt werden, daß hierbei die Einheiten so gewählt werden müssen, daß die Gravitationskonstante G den Wert 1 hat, anderenfalls ist stets m durch das Produkt $G \cdot m$ zu ersetzen.[11]

Wir wollen jetzt diese Metrik (12) im Falle $m > 0$ mit der oben angegebenen Definition eines Schwarzen Lochs in Relation setzen. Metrik (12) ist asymptotisch flach, da sich bei großen Werten r asymptotisch

$$ds^2 = dt^2 - dr^2 - r^2(d\vartheta^2 + \sin^2\vartheta d\phi^2)$$

ergibt, und das ist genau die flache Minkowskische Raum-Zeit (5) in Kugelkoordinaten. Es ergibt sich, daß als Beobachter im Unendlichen jedes Teilchen in Frage kommt, das sich ununterbrochen im Gebiet $r > 2m$ aufhält. Die oben definierte Menge M derjenigen Punkte x, die die Eigenschaft hat, daß eine kausale Kurve von x zu einem Punkt der Weltlinie des Beobachters im Unendlichen existiert, ergibt sich dann ebenso durch die Bedingung $r > 2m$. Der Horizont W ist also der Rand des durch $r > 2m$ definierten Gebiets M, und das Schwarze Loch ist die Menge derjenigen Punkte, die weder zu M noch zu W gehören.

Es wäre allerdings zu einfach, jetzt zu folgern: W ist also die durch $r = 2m$ definierte Teilmenge der Schwarzschildlösung (12), das Schwarze Loch also das Gebiet $r < 2m$. Das hat folgenden Grund: Sowohl bei $r = 0$ (hier divergiert der Faktor vor dt^2) als auch bei $r = 2m$ (hier divergiert der Faktor vor dr^2) wird die Metrik (12) singulär, und es ist zu klären, ob es eine echte oder eine Koordinatensingularität ist. Bei $r = 0$ ist dies ganz

---

[11] Ebenso sollte ergänzt werden, daß Metrik (12) auch bei negativen Werten m eine im Gebiet $r > 0$ mathematisch zulässige statische kugelsymmetrische Lösung der Einsteinschen Vakuum-Gleichung darstellt, die jedoch aus den genannten physikalischen Gründen hier nicht weiter behandelt werden soll.

einfach zu beantworten: Es gibt eine Krümmmungsinvariante, die im Falle der Metrik (12) den Wert m^2/r^6 annimmt, es handelt sich also um eine echte Singularität.

Kommen wir nun zu Bereich $r = 2m$. Wir vermuten zunächst eine Koordinatensingularität ähnlich wie die bei $r = 0$ in Metrik (3), da die bekannten Krümmungsinvarianten sämtlich regulär sind. Wir wählen jetzt die Eddington-Finkelstein-Koordinaten, hier zitiert nach [6]. Dazu wird die Zeitkoordinate t in Metrik (12) durch eine neue Zeitkoordinate v ersetzt, die durch die Formel

$$v = t + r + 2m \ln(r - 2m) \tag{13}$$

im Bereich $r > 2m$ definiert ist. Über die Nebenrechnung

$$dv = dt + \frac{dr}{1 - 2m/r}$$

ergibt sich schließlich die Metrik zu

$$ds^2 = \left(1 - \frac{2m}{r}\right) dv^2 - 2\, dv\, dr - r^2(d\vartheta^2 + \sin^2\vartheta d\phi^2). \tag{14}$$

Die Singularität bei $r = 0$ ist natürlich geblieben, jedoch ist nun der Bereich $r = 2m$ völlig regulär. Der Horizont W des Schwarzen Lochs ist also die durch $r = 2m$ definierte Teilmenge der Metrik (14), wobei die drei anderen Koordinaten alle möglichen Werte durchlaufen. Versucht man jetzt, dieses mittels Formel (13) in Werte für t umzurechnen, stellt sich heraus, (da $\ln 0 = -\infty$ ist), daß dies nur bei $t = \infty$ möglich ist. Wir stellen fest: In Metrik (12) gehört der Bereich $r = 2m$ bei endlichen Werten von t keinesfalls zum Horizont des Schwarzen Lochs.

2.3 Die de Sitter Raum-Zeit

Die oben erwähnte Definition der de Sitterschen Raum-Zeit als einzige homogene isotrope Raum-Zeit von positiver Krümmung soll jetzt genauer erläutert werden. Solche homogenen und isotropen Räume werden in der Literatur oft auch als „Räume konstanter Krümmung" bezeichnet, und sie sind lokal durch die Angabe einer einzigen Größe, des Krümmungsskalars, eindeutig bestimmt. Geometrisch sind sie am einfachsten als Teilmenge eines höherdimensionalen flachen Raums darstellbar, und zwar in Analogie zur Elementargeometrie: Die Oberfläche der Einheitskugel ist der durch die Bedingung $x^2 + y^2 + z^2 = 1$ definierte Teilraum des 3-dimensionalen Euklidischen Raumes.

Wir beschränken uns hier auf die vierdimensionale Raum-Zeit, die die Lösung der Einsteinschen Gleichung mit $\Lambda > 0$ darstellt. Die einfachste Form ist die als Metrik (11) mit $A = 0$ und $B < 0$, d.h.[12] eine statisch kugelsymmetrische Form der Metrik. Eine ähnlich einfache Form ist die als räumlich ebenes Friedmannmodell (9) mit

$$a(t) = e^{Ht}, \qquad H = \sqrt{\Lambda/3} > 0.$$

Die Metrik hat also die Gestalt

$$ds^2 = dt^2 - e^{2Ht}\left(dx^2 + dy^2 + dz^2\right). \tag{15}$$

Die Bedingung (10) ist nicht erfüllt, also enthält diese Metrik eine Singularität. Da es ein Raum konstanter Krümmung ist, muß es sich hierbei natürlich um eine Koordinatensingularität handeln. In der Tat läßt sich die Metrik (15) vermittels einer geeigneten Koordinatentransformation, Details siehe z.B. in [3], als echten Teilraum in ein geschlossenes Friedmannmodell einbetten, und dieses Modell hat dann den Skalenfaktor

$$a(T) = \cosh(HT) = \frac{1}{2}\left(e^{HT} + e^{-HT}\right).$$

Hierbei handelt es sich um eine singularitätsfreie Darstellung der de Sitterschen Raum-Zeit, sie ist zusammenhängend, einfach zusammenhängend, und geodätisch vollständig.

Die Übereinstimmung dieser drei Darstellungen der de Sitterschen Raum-Zeit ist im ersten Moment erstaunlich, da generell eine statisch kugelsymmetrische Raum-Zeit, ein geschlossenes und ein räumlich ebenes Friedmannmodell ja geometrisch unterscheidbar sind. Es liegt eben an der hohen Symmetrie: Die Isometriegruppe der de Sitterschen Raum-Zeit ist 10-dimensional, die der Friedmannmodelle im allgemeinen 6-dimensional, und je nachdem, welche 6-dimensionale Untergruppe dieser 10-dimensionalen Gruppe gewählt wird, entstehen diese unterschiedlichen Darstellungen. Ähnlich kann es für Irritationen sorgen, wenn man einerseits feststellt, daß Metrik (11) zeitunabhängig, also statisch ist, während Metrik (15) ein echt expandierendes Modell darstellt. Dies läßt sich wie folgt klären: Eine Zeittranslation in (15) hat zur Folge, daß $a(t)$ mit einem Faktor multipliziert wird, dieser Faktor läßt sich danach durch eine geeignete Multiplikation der Koordinaten x, y und z kompensieren.

Die Abbildung 2 ist aus [3] entnommen und stellt eine vereinfachte Form der de Sitterschen Raum-Zeit als geschlossenes Modell dar: T ist

---

[12]In dieser Form ist der Horizont durch $1 + Bw^2 = 0$ definiert.

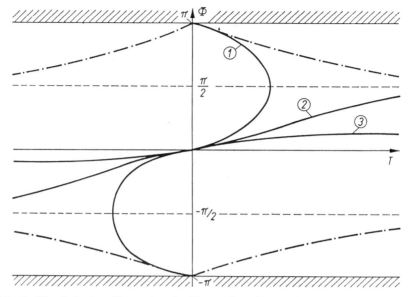

Abb. 2. Vereinfachte Form der de Sitterschen Raum-Zeit

die Zeitkoordinate, und Φ mit $-\pi \leq \Phi \leq \pi$ repräsentiert eine der drei Winkelkoordinaten. Wir starten vom Punkt $T = 0$, $\Phi = 0$ und fragen, zu welchen Punkten der Raum-Zeit man längs einer Geodäten gelangen kann. Bei raumartigen Geodäten (im Bild mit 1 gekennzeichnet) sind alle Geodäten geschlossen und treffen sich im Antipodenpunkt $T = 0$, $\Phi = \pi$, (der natürlich mit $T = 0$, $\Phi = -\pi$ identifiziert ist). Lichtartige Geodäten 2 und zeitartige Geodäten 3, die aus dem Punkt $T = 0$, $\Phi = 0$ starten, verbleiben vollständig im Intervall $-\pi/2 < \Phi < \pi/2$. Ergebnis: der Bereich innerhalb der 4 Strich-Punkt-Linien ist der Bereich, zu dem man vom Punkt $T = 0$, $\Phi = 0$ aus vermittels einer Geodäten gelangen kann. Das ist also keinesfalls die gesamte Raum-Zeit, also gilt, und das ist sicher ihre eigenartigste Eigenschaft: Die de Sittersche Raum-Zeit ist nicht geodätisch zusammenhängend, obwohl sie zusammenhängend und geodätisch vollständig ist.[13]

---

[13] In der Riemannschen Geometrie gilt dagegen: In einem zusammenhängenden geodätisch vollständigen Raum lassen sich je zwei Punkte durch einen Geodätenabschnitt verbinden. Der Grund, weshalb dieses Ergebnis nicht auf die Pseudoriemannsche Geometrie übertragbar ist, liegt darin, daß beim Beweis für Riemannsche Räume die Kompaktheit der Drehgruppe benötigt wird, die Lorentzgruppe, das Pseudoriemannsche Analogon dazu, jedoch nicht kompakt ist.

Beschränkt man sich auf kausale Geodäten, so ist das analoge Ergebnis etwas weniger erstaunlich, es gilt: Ein Beobachter, der für alle Zeiten T im Punkt $\Phi = 0$ ruht, kann nicht von allen Ereignissen Kenntnis erhalten, es gibt also auch für ihn einen Horizont. Die Lage dieses Horizonts ändert sich kontinuierlich mit der Lage des Beobachters, der Horizont ist also überhaupt nicht beobachterunabhängig lokalisierbar.

3 Das inflationäre Weltmodell

Das Standardmodell des Universums ist im einfachsten Fall durch ein räumlich ebenes Friedmannmodell (9) gegeben, das bei $t > 0$ zunächst durch $a(t) = t^{1/2}$, zu späterer Zeit dann durch $a(t) = t^{2/3}$ spezifiziert ist. Der Exponent 1/2 gilt in der Strahlungsphase (dem heißen Urknall), der Exponent 2/3 in der heutigen Phase.

Es gibt allerdings eine Reihe von Problemen, die innerhalb dieses Modells nicht gelöst werden können. Eines davon ist folgendes: Die beobachtete kosmische Hintergrundstrahlung (also das inzwischen stark ausgekühlte heute beobachtbare Relikt des Urknalls) erscheint uns aus allen Richtungen mit ziemlich gleichen Eigenschaften. Diese Strahlung stammt nach dem Standardmodell allerdings aus Gebieten der Raum-Zeit, die zuvor keinerlei Kausalkontakt gehabt haben konnten. Es muß also irgendeinen Mechanismus gegeben haben, der eine solche Synchronisierung auslöst.

Es stellt sich heraus, daß sich dies Problem am einfachsten dadurch lösen läßt, indem man annimmt, daß zwischen diesen beiden Phasen eine endliche Zeit lang eine inflationäre Phase der kosmischen Entwicklung stattgefunden haben muß. Und diese wird durch einen Skalenfaktor

$$a(t) = e^{Ht}$$

beschrieben, dabei ist H der Hubbleparameter. Ist H ein positive Konstante, so ist dies die exakte de Sittersche Raum-Zeit (15). Erlaubt man eine leichte Zeitabhängigkeit von H, so spricht man von einem quasinflationären Modell, das ebenfalls die Probleme des Standardmodells lösen kann. Es gibt unterschiedliche Theorien, wie man zu dieser inflationären Phase gelangen kann, z.B. durch Auswirkungen einer höherdimensionalen Welt (verschiedene Kaluza-Klein-Modelle), durch Wirkungen eines zusätzlichen Materiefeldes (Skalarfeld nach Brans und Dicke, Dilatonfeld, Higgsfeld u.a.), oder durch die Berücksichtigung von Quanteneffekten.

Letztere führen dann effektiv zu Korrekturtermen höherer Ordnung in der Einsteinschen Feldgleichung; siehe z.B. [9] für Details. Dabei sind es die Terme vierter Ordnung, die das Auftreten einer quasi-de Sitter-Phase als transienten Attraktor ergeben. Bei diesem Modell werden also weder zusätzliche Felder noch höhere Dimensionen eingeführt, um die inflationäre Phase zu erzeugen. Da es ein Attraktor ist, benötigt man auch keine speziellen Anfangswerte, um die Phase zu haben. Da der Attraktor transient ist, endet die inflationäre Phase auf jeden Fall nach endlicher Zeit, da die Feldgleichungen bei großen Werten t einen Übergang in die Phase $a = t^{2/3}$ erzwingen; das graceful exit-Problem anderer Inflationsmodelle tritt hier also gar nicht erst auf.

Abschließend zwei Bemerkungen zur Anwendung der de Sitterschen Raum-Zeit in der Kosmologie: Erstens: Die Tatsache, daß sie in der meist verwendeten Darstellung (15) gar nicht geodätisch vollständig ist, wird zwar selten explizit vermerkt, spielt jedoch kaum eine Rolle, da inzwischen alle kosmologischen Modelle davon ausgehen, daß sowohl vor als auch nach der inflationären Phase ein andersgeartetes Expansionsgesetz gilt, und der Urknall selbst sowieso nicht mit der klassischen Relativitätstheorie behandelt werden kann. Zweitens: Die Lage des Horizonts ist, wie oben gesagt, vom Beobachter abhängig, anders ist es mit seiner Größe: die ist im homogenen Weltmodell für alle ruhenden Beobachter genauso groß. Dies wird bei der Theorie der Galaxienentstehung angewendet.

4 Einsteins Arbeit zu de Sitters Weltmodell

In seiner Abhandlung [1] „Kritisches zu einer von Hrn. De Sitter gegebenen Lösung der Gravitationsgleichungen" schreibt Einstein: „Gegen die Zulässigkeit dieser Lösung scheint mir aber ein schwerwiegendes Argument zu sprechen, das im folgenden dargelegt werden soll." Dazu zitieren wir zunächst aus [8]: „Einstein gibt einen ‚Beweis' dafür an, daß der Horizont eines Schwarzen Lochs von keinem Teilchen überschritten werden kann; beseitigt man den Denkfehler bei Einstein, erhält man das korrekte Resultat, daß ein Teilchen zwar von außen nach innen, nicht aber von innen nach außen diesen Horizont queren kann. Das Verständnis dieser Aussage läßt sich weiter verbessern, wenn man sich entschließt, den ‚Bereich innerhalb des Horizonts' in ‚Bereich nach dem Horizont' umzubenennen, eine wegen des Relativitätsprinzips absolut zulässige Vorgehensweise. Denn daß der ‚Bereich nach dem Horizont' von keinem Teilchen mehr verlassen werden kann, ist auch ohne Detailkenntnis der Relativitätstheorie verstehbar: Der Horizont heißt dann Gegenwart, und oben genannte Eigenschaft des Horizonts, nur in einer Richtung durchschritten werden zu können, drückt dann einfach die Alltagserfahrung aus, daß die Vergangenheit nicht mehr zu ändern ist.

Der genannte Fehler von Einstein wird auch heute noch vielfach wiederholt. Es handelt sich um einen eigenartigen Verdrängungsmechanismus: Die Formeln werden korrekt aufgeschrieben, es wird explizit gesagt, daß Raum und Zeit hinfort keine Eigenbedeutung mehr haben sondern zur Raum-Zeit verschmelzen, und kurz danach bedient man sich unbefangen solcher Wörter wie ‚innerhalb' oder ‚danach', so als ob ihre umgangssprachliche Bedeutung auch im Rahmen der Relativitätstheorie noch gültig wäre. Bei der genannten Trefftz-schen Lösung (11) besteht das Problem darin, daß die mit der Variable w bzw. r (von ‚radius') bezeichnete Koordinate am Horizont ihren Charakter von raumartig zu zeitartig verändert."

Gehen wir nun etwas detaillierter in die Arbeiten von Einstein: In [1], also am 7. März 1918, legt er zunächst das vor, was in heutiger Sprechweise (siehe oben) „Horizont eines im Ursprung ruhenden Teilchens" genannt wird, dazu schreibt er: „Bis zum Beweise[14] des Gegenteils ist also anzunehmen, daß die de Sittersche Lösung in der im Endlichen gelegenen Fläche $r = \pi R/2$ eine echte Singularität aufweist, d.h. den Feldgleichungen bei keiner Wahl der Koordinaten entspricht." An dieser Stelle irrt er zwar, jedoch ist sein Vorgehen durchaus nachvollziehbar und als Forschungsansatz auch akzeptabel: Er hat sich bemüht, die singuläre Stelle durch eine Änderung der Koordinaten zu beseitigen, er fand solche Koordinaten aber nicht. Zudem paßte diese Lösung so gar nicht in das Bild, das er sich zum damaligen Zeitpunkt von der Relativitätstheorie gemacht hatte; er drückt das, also im März 1918, wie folgt aus: „Bestände die de Sittersche Lösung überall zu Recht, so würde damit gezeigt sein, daß der durch die Einführung des ‚λ-Gliedes' von mir beabsichtigte Zweck nicht erreicht wäre." Erst Jahre später sollte er erkennen, daß dieser Zweck tatsächlich nicht erreicht wurde.

Kommentieren wir nun abschließend nochmals die Einsteinsche Arbeit [10] vom 23. November 1922. Er verwendet die Bezeichnung

$$f_4 = 1 + \frac{A}{w} + Bw^2$$

und diskutiert die Nullstellen von f_4 in bezug auf Metrik (11). Nach unseren Vorüberlegungen aus Abschnitt 2 ist hier zu folgern: Solche Nullstellen ergeben einen Horizont und keine echte Singularität. Einstein schreibt jedoch: „Nach (1) ist $\sqrt{f_4}$ die Ganggeschwindigkeit einer Einheitsuhr, welche an jenem Orte ruhend angeordnet wird. Das Verschwinden von f_4 bedeutet also eine wahre Singularität des Feldes." Gleichwohl ist diese Äußerung Einsteins nicht ausdrücklich falsch, vielmehr ist diese Diskrepanz ein Ausdruck der Tatsache, daß heutzutage für die Regularität einer Raum-Zeit

---

[14]Anmerkung: Anfang des 20. Jahrhunderts war „Beweise" noch die korrekte Dativform des Wortes „Beweis" im Singular.

nicht mehr gefordert wird, daß ruhende Einheitsuhren als Zeitvergleichsapparatur möglich sein sollten, wie dies Einstein offensichtlich noch gefordert hat.

Literatur

[1] Einstein, A.: Kritisches zu einer von Hrn. De Sitter gegebenen Lösung der Gravitationsgleichungen, Sitzungsberichte der Königlich Preußischen Akademie der Wissenschaften, Phys.-Math. Klasse, 1918, Seite 270–272.

[2] De Sitter, W.: Over de Kromming der ruimte, Koninklijke Akademie van Wetenschappen te Amsterdam **26** (1917) 222–236. Die englischsprachige Variante des original niederländischen Texts erschien als: On the curvature of space, Proc. Amsterdam **20** (1918) 229. De Sitter, W.: On Einstein's theory of gravitation, and its astronomical consequences, Monthly Notices Royal Astron. Soc. **76** (1916) 699. In denselben Zeitschriften erschienen auch eine ganze Reihe von weiteren Arbeiten de Sitters zu ähnlichen Themen.

[3] Schmidt, H.-J.: On the de Sitter space-time – the geometric foundation of inflationary cosmology, Fortschr. Phys. **41** (1993) 179–199.

[4] Schutz, B.: Gravity from the ground up, Cambridge University Press 2003.

[5] Stephani, H.: General Relativity, Cambridge University Press 1982. Die deutschsprachige Originalausgabe erschien als: Allgemeine Relativitätstheorie, Verlag der Wissenschaften Berlin 1977.

[6] Hawking, S.W., Ellis, G.F.R.: The large scale structure of space-time, Cambridge University Press 1973.

[7] Landau, L.D., Lifschitz, E.M.: Klassische Feldtheorie, Akademieverlag Berlin 1962, Übersetzung aus dem Russischen, Originaltitel: Теория Поля, Verlag Наука, Moskau 1958.

[8] Schmidt, H.-J.: Zur Beweiskraft von Bildern in Mathematik und Astrophysik. In : „Im Zwischenreich der Bilder", Hrsg.: Jacobi, R., Marx, B., Strohmaier-Wiederanders, G. („Erkenntnis und Glaube", Band **35**). Evangelische Verlagsanstalt Leipzig 2004, Seite 267–276.

[9] Schmidt, H.-J.: Stability and Hamiltonian formulation of higher derivative theories, Phys. Rev. **D49** (1994) 6354–6366; Erratum Phys. Rev. **D54** (1996) 7906; diese Arbeit ist als Preprint gr-qc/9404038 in www.arxiv.org einsehbar.

[10] Einstein, A.: Bemerkung zu der Abhandlung von E. Trefftz: „Das statische Gravitationsfeld zweier Massenpunkte in der Einsteinschen Theorie", Sitzungsberichte der Preußischen Akademie der Wissenschaften, Phys.-Math. Klasse, 1922, Seite 448–449.

Anschr. d. Verf.: Privatdozent Dr. habil. Hans-Jürgen Schmidt, Institut für Mathematik, Universität Potsdam, Am Neuen Palais 10, D-14469 Potsdam, Germany; e-mail: hjschmi@rz.uni-potsdam.de

Franz Selety (1893–1933?)

Seine kosmologischen Arbeiten und der Briefwechsel mit Einstein

Tobias Jung, Augsburg

Franz Selety, studierter Philosoph und Autodidakt in Physik und Kosmologie, entwickelte ausgehend von seinen eigenen philosophisch-kosmologischen Arbeiten aus dem Jahre 1914 und anknüpfend an den frühen Briefwechsel mit Albert Einstein im Jahre 1917 ein molekularhierarchisches, unendliches Weltmodell auf Grundlage der Newtonschen Gravitationstheorie. Seine Betrachtungen aus dem Jahre 1922 wurzeln wissenschaftshistorisch gesehen in Arbeiten von Thomas Wright of Durham, Immanuel Kant und Johann Heinrich Lambert aus dem 18. Jahrhundert und schließen an Überlegungen von Edmund Fournier d'Albe und Carl Charlier zu Beginn des 20. Jahrhunderts an. Einstein kritisierte Seletys Weltmodell vor allem aufgrund seiner räumlichen Unendlichkeit, die dem Mach-Prinzip entgegenzustehen schien. Dies wirft ein Licht auf Einsteins feste Überzeugung, mit seinem statischen, räumlich endlichen, aber unbegrenzten Weltmodell von 1917 bereits die angemessene kosmologische Theorie gefunden zu haben.

In 1922, Franz Selety, university-bred philosopher and self-educated physicist and cosmologist, developed a molecular hierarchical, spatially infinite, Newtonian cosmological model. His considerations were based on his earlier philosophical work published in 1914 as well as on the early correspondence with Einstein in 1917. Historically, the roots of hierarchical models can be seen in 18th century investigations by Thomas Wright of Durham, Immanuel Kant and Johann Heinrich Lambert. Those investigations were taken up by Edmund Fournier d'Albe and Carl Charlier at the beginning of the 20th century. Selety's cosmological model was criticized by Einstein mainly due to its spatial infiniteness which in Einstein's opinion seemed to contradict Mach's principle. This criticism sheds light on Einstein's conviction that with his first cosmological model, namely the static, spatially infinite, though unbounded Einstein Universe of 1917, the appropriate cosmological theory already had been established.

1 Einleitung

Beschäftigt man sich genauer mit Albert Einstein und insbesondere seinen Beiträgen zur Kosmologie, so stößt man früher oder später unweigerlich auf den Namen Franz Selety. Im Jahre 1922 – also ein Jahr nachdem Einstein seine Sichtweise der Kosmologie mit dem räumlich endlichen, aber unbegrenzten, statischen Einstein-Universum und einer mikrophysikalischen Begründung der kosmologischen Konstante in den „Vier Vorlesungen über Relativitätstheorie"[1] dargelegt hatte[2] – schlug Selety ein unendliches hierarchisches Weltmodell auf Grundlage der Newtonschen Kosmologie vor.[3] Es ist wohl bekannt, daß Einstein auf Seletys Vorschlag mit einer kritischen „Bemerkung"[4] reagierte. Daß im Hintergrund dieser Reaktion ein Briefwechsel zwischen Einstein und Selety stattfand[5] und daß Selety als Antwort auf Einsteins „Bemerkung" in den Jahren 1923 und 1924 zwei weitere Arbeiten zur Kosmologie veröffentlichte[6], wird dagegen in der einschlägigen Literatur zu Einstein kaum erwähnt. In noch größerem Maße liegen die Person Seletys, sein akademischer Hintergrund und seine Arbeiten auf dem Gebiet der Philosophie im Dunkeln. In der vorliegenden Arbeit möchte ich daher zunächst auf Basis der bislang von mir zusammengetragenen Informationen eine biographische Skizze zu Selety mit Hinweisen zu seinen philosophischen Arbeiten erstellen und anschließend den Inhalt seiner kosmologischen Arbeiten unter Berücksichtigung des Briefwechsels mit Einstein umreißen.

2 Biographische Skizze zu Franz Selety

Franz Selety, der vor der offiziellen Änderung seines Nachnamens Franz Josef Jeiteles hieß, wurde am 2. März 1893 in Dresden als österreichischer Staatsbürger geboren.[7] Über seine Mutter Rose (oder Rosa) Jeiteles (1858–?), geborene Strakosch, seinen Vater Georg Jeiteles (1852–1919)

---

[1] Vgl. Einstein (1922b).
[2] Vgl. hierzu auch Jung (2004).
[3] Vgl. Selety (1922).
[4] Vgl. Einstein (1922a).
[5] Zwei Briefe Seletys an Einstein sind in den *Collected Papers of Albert Einstein* (CPAE 8, Dok. 364, S. 486–495, und Dok. 395, S. 537–548) abgedruckt. Der weitere Briefwechsel ist bisher nicht veröffentlicht; er wurde mir freundlicherweise von den *Albert Einstein Archives* zur Verfügung gestellt.
[6] Vgl. Selety (1923) und Selety (1924).
[7] Vgl. Geburtsregister des Standesamtes Dresden-Altstadt I laut einem Schreiben des Stadtarchivs Dresden vom 12. Januar 2005. Im folgenden werde ich einheitlich von „Franz Selety" oder kurz „Selety" sprechen.

und seine beiden Geschwister, seinen Bruder Sigmund und seine Schwester Valerie[8], konnte ich bisher wenig in Erfahrung bringen. Möglicherweise war die Familie Jeiteles finanziell gut situiert und legte Wert auf Bildung und Kultur. Der Vater ging anscheinend keiner Berufstätigkeit nach, sondern war „Rentier"[9] und „Privatmann"[10]. Ein gewisses Vermögen war vermutlich vorhanden, denn der Vater ist im Wiener Adreßbuch „Lehmann's" im Jahre 1911 am Schottenring 9, Wien I, und im Jahre 1915 in der Zedlitzgasse 11, Wien I, als „E.", das heißt als Hauseigentümer, eingetragen.[11] Eventuell war Georg Jeiteles Autor des Buches *Die Politik des Lebens. Ein Grundriss für den Bau der Menschheits-Organisation*[12], das unter dem Namen Georg Selety im Jahre 1918 im Anzengruber-Verlag zu Wien erschien.[13] Wäre Franz Seletys Vater der Autor dieses Buches, dann wäre es möglicherweise seinem Einfluß zuzuschreiben, daß der Sohn „einem gemäßigten Sozialismus zuneig[te]"[14]. Nicht nur Politik, sondern auch Musik könnte in der Familie Jeiteles eine wichtige Rolle gespielt haben. In seiner „[Kurzen Autobiographie]"[15] verwies Selety auf seine „eigene Erfahrung der Gefühle des Unendlichen, die am wunderbarsten in der enthusiastischen Form am Schlusse von Beethovens Neunter Symphonie erscheinen", er vertrat die Ansicht, daß die „meisten Gefühle des Zarathustra [...] noch vollkommener Beethoven aus[drückt]" und merkte an, daß er sich „zu einem Klassizismus bekenne und unsere Vorbilder in den Griechen, in der Renaissance und bei den deutschen Klassikern sehe (Beethoven, Goethe, aber auch Mozart, Schiller)". Vor diesem Hintergrund wäre es wohl kein Zufall, wenn Grete Jeiteles, die am Seminar für Komposition in Wien von Oktober 1916 bis Juni 1917 Schülerin bei Arnold Schönberg (1874–1951) war[16], zu Selety in verwandtschaftlichem Verhältnis gestanden

---

[8] Vgl. Todesfallaufnahme des Todes von Georg Jeiteles vom 19. November 1919, mit freundlicher Genehmigung des Wiener Stadt- und Landesarchivs.
[9] Vgl. Geburtsregister des Standesamtes Dresden-Altstadt I laut einem Schreiben des Stadtarchivs Dresden vom 12. Januar 2005.
[10] Kopie aus der Quästurkartei des Universitätsarchivs Leipzig, Einschreibung von Franz Jeiteles an der Universität Leipzig für das Wintersemester 1913/1914, mit freundlicher Genehmigung des Universitätsarchivs Leipzig.
[11] Vgl. *Lehmann's allgemeiner Wohnungs-Anzeiger Wien*, Band **53**, 1911, S. 530, und *Lehmann's allgemeiner Wohnungs-Anzeiger Wien*, Band **57**, 1915, S. 560. Für diesen Hinweis danke ich Anna L. Staudacher.
[12] Vgl. G. Selety (1918).
[13] Recherchen diesbezüglich gestalten sich schwierig, da die Wiener Verlagsbuchhandlung „Anzengruber-Verlag, Brüder Suschitzky" nur bis 1938 Bestand hatte (vgl. hierzu Lechner 1994).
[14] Selety (1914c), S. 467.
[15] Selety (1914c).
[16] Vgl. Kopie des Anmeldebogen von Grete Jeiteles am Seminar für Komposition vom 1. Oktober 1916, mit freundlicher Genehmigung des Arnold Schönberg Center.

hätte, was ich allerdings bisher nicht nachweisen konnte.

Bereits in Seletys zweitem Lebensjahre, also im Jahre 1894 oder 1895, siedelte die Familie Jeiteles nach Wien um.[17] Dort besuchte Selety das k. k. Maximilians-Gymnasium, das heutige Wasa-Gymnasium, und erwarb am 10. Juli 1911 sein Reifezeugnis.[18] In den späten Schuljahren entwickelte er Interesse für Philosophie und beschäftigte sich eigenständig mit philosophischen Fragestellungen, wie er an Einstein in einem Brief vom 23. Juli 1917 schrieb.[19] Von daher erscheint es verständlich, daß Selety im Anschluß an die Schullaufbahn im Wintersemester 1911/1912 an der Universität Wien das Studium der Philosophie aufnahm. Seine Studienschwerpunkte bildeten seinen eigenen Angaben zufolge erstens theoretische Grundfragen der Psychologie, zweitens metaphysische und kosmologische Probleme und drittens die Methodik der Physik.[20] Seinen Hauptinteressen gemäß besuchte er Vorlesungen im Bereich der Philosophie, Psychologie, Physik und Mathematik. In dieser Zeit dürften seine Lehrer Adolf Stöhr (1855–1921) in Philosophie und Psychologie, Heinrich Gomperz (1873–1942), Friedrich Jodl (1849–1914) und Karl Siegel (1872–1943) in Philosophie, Emil Reich (1864–1940) in Ästhetik, Stephan Meyer (1872–1949), Ernst Lecher (1856–1926) und Felix Ehrenhaft (1879–1952) in Physik, Eduard Haschek (1875–1947) in Experimentalphysik, Gustav von Escherich (1849–1935) in Mathematik und Alois Höfler (1853–1922) in Literatur gewesen sein.[21] Im Wintersemester 1913/1914 studierte er an der Universität Leipzig, wo er ebenfalls an Veranstaltungen in Philosophie, Psychologie und Physik teilnahm.[22] Hier belegte er die Vorlesung „Geschichte der neueren Philosophie mit einer einleitenden Uebersicht über die Geschichte der älteren Philosophie" sowie ein „Psychologisches Laboratorium" bei Wilhelm Wundt (1832–1920), die Vor-

---

[17]Vgl. Selety (1914c), S. 466. 1892 ist der Vater im Dresdner Adreßbuch in der Wiener Straße 34 gemeldet, 1893 und 1894 erfolgte eine Eintragung in der Wiener Straße 48, ab 1895 ist er nicht mehr aufgeführt (laut einem Schreiben des Stadtarchivs Dresden vom 12. Januar 2005).

[18]Vgl. Selety (1914c), S. 466, und „Curriculum vitae" im Rigorosenakt PN 4167 der Philosophischen Fakultät der k. k. Universität Wien, mit freundlicher Genehmigung des Archivs der Universität Wien.

[19]Vgl. Brief von Selety an Einstein vom 23. Juli 1917, CPAE 8, Dok. 364, S. 493. Vgl. dazu auch Selety (1914c), S. 466.

[20]Vgl. „Curriculum vitae" im Rigorosenakt PN 4167 der Philosophischen Fakultät der k. k. Universität Wien, mit freundlicher Genehmigung des Archivs der Universität Wien.

[21]Vgl. Nationale der Philosophischen Fakultät vom Wintersemester 1911/1912 bis zum Sommersemester 1915 laut Mitteilung des Archivs der Universität Wien vom 16. Dezember 2004.

[22]Vgl. Kopie aus der Quästurkartei, Nr. 1070 im Zeugnisprotokoll, Universitätsarchiv Leipzig, Film Nr. 124, mit freundlicher Genehmigung des Universitätsarchivs Leipzig.

lesung „Einleitung in die theoretische Physik" mit Übungen bei Theodor des Coudres (1862–1926), die Vorlesung „Aesthetik, Kunst und künstlerisches Schaffen" und ein philosophisches Seminar bei Johannes Volkelt (1848–1930), einen „Einführungskursus in die experimentelle Psychologie" bei Otto Klemm (1884–1939), ein eintägiges „Physikalisches Praktikum" bei Otto Wiener (1862–1927) und eine Vorlesung über „Politische Kulturgeschichte im Zeitalter des Absolutismus" bei Karl Lamprecht (1856–1915). Nach seiner Rückkehr nach Wien im Sommersemester 1914 studierte Selety an der Philosophischen Fakultät bis zum Sommersemester 1915 weiter. Während seiner Studienzeit schrieb er einige Arbeiten, die er in philosophischen Fachzeitschriften veröffentlichen konnte. Die Arbeiten „Die wirklichen Tatsachen der reinen Erfahrung, eine Kritik der Zeit"[23] und „Über die Wiederholung des Gleichen im kosmischen Geschehen infolge des psychologischen Gesetzes der Schwelle"[24] erschienen 1913 und 1914 in der *Zeitschrift für Philosophie und philosophische Kritik*, die Arbeit „Die Wahrnehmung der geometrischen Figuren"[25] wurde 1915 im *Archiv für systematische Philosophie* publiziert. Daneben nahm Selety am fünften Preisausschreiben der Kant-Gesellschaft – er wird in der Liste neu angemeldeter Mitglieder vom Mai/Juni 1914 geführt[26] – teil, in dem Aufsätze zum Thema „Kants Begriff der Wahrheit und seine Bedeutung für die erkenntnistheoretischen Fragen der Gegenwart" prämiert wurden. Von den zehn eingereichten Aufsätzen wurden zwei Arbeiten von Oberlehrer Dr. Erich Franz (1878–?) aus Kiel und Pfarrer Dr. Wilhelm Ernst (1877–?) aus Enzheim i. E. ausgezeichnet. Seletys Arbeit erhielt von den Preisrichtern Richard Friedrich Otto Falckenberg (1851–1920), Richard Hönigswald (1875–1947) und Paul Menzer (1873–1960) eine „lobende Erwähnung".[27] Daher wurde gemäß den üblichen Gepflogenheiten, um „ein anschauliches Bild des Entwicklungsganges der 3 Männer, welche durch die ausgeschriebene Preiskonkurrenz nun so plötzlich in den Mittelpunkt der Aufmerksamkeit gestellt worden sind[,]"[28] zu geben, auch ein kurzer Lebenslauf von ihm in den *Kant-Studien* abgedruckt, in dem er zu seinem bisherigen philosophischen Werdegang Stellung nehmen konnte.[29] Seletys Aufsatz wurde allerdings nicht veröffentlicht und ist leider in den Archiven der Kant-Gesellschaft nicht erhalten.[30] Die oben genannte Arbeit „Die wirklichen Tatsachen der

---

[23] Vgl. Selety (1913).
[24] Vgl. Selety (1914a).
[25] Vgl. Selety (1915).
[26] Vgl. Kant-Studien **19**, 1914, S. 479.
[27] Kant-Studien **19**, 1914, S. 463.
[28] Kant-Studien **19**, 1914, S. 463f.
[29] Vgl. Selety (1914c).
[30] Mitteilung des Archivs der Martin-Luther-Universität zu Halle-Wittenberg vom 7.

reinen Erfahrung, eine Kritik der Zeit" aus dem Jahre 1913 reichte Selety 1915 unter dem Titel „Die phänomenologischen Grundlagen der Psychologie. Eine Darstellung der Hauptsachen des Bewußtseins" als Dissertation ein. Sein Doktorvater Stöhr und der Zweitgutachter Robert Reininger (1869–1955) empfahlen im Oktober 1915 zwar die Zulassung des Kandidaten zum Rigorosum, nicht aber eine Veröffentlichung der Arbeit als von der Fakultät approbierte Dissertation:[31] „Die ganze Arbeit macht den Eindruck des Bestrebens, etwas äußerst Originelles zu leisten. Die Ausführungen [können] [...] nicht als wissenschaftliche Ergebnisse, sondern nur als Proben dialektischer Gewandtheit gelten. [...] Immerhin ist sie [die Arbeit] ein Zeugnis des festen Willens, nichts ungeprüft hinzunehmen und ein Beweis der Fähigkeit die eigene Ansicht furchtlos und mit innerer Konsequenz zu vertreten." Am 22. Dezember 1915 wurde er zum Doktor der Philosophie promoviert. Neben den eher verhaltenen und kritischen Äußerungen seines Doktorvaters Stöhr in der Beurteilung der Dissertation gab es auch von den Gutachtern des Preisausschreibens der Kantgesellschaft leise Kritik. Obwohl Selety in seinem Lebenslauf in den *Kant-Studien* angab, daß nach der Lektüre „der Ethik Spinozas [...] die Kritiken Kants an die Reihe [kamen]"[32] und ein sorgfältiges Studium der *Kritik der reinen Vernunft* (1781, 1787), der *Kritik der praktischen Vernunft* (1788) und der *Kritik der Urteilskraft* (1791) sicher zu einem guten Fundament an Kenntnissen der Philosophie von Immanuel Kant (1724–1804) nach damaligen Maßstäben geführt hätte – etliche Bände der Akademieausgabe mit Briefwechsel, Notizen und Opus postumum Kants waren ja noch nicht erschienen –, attestierten ihm die Preisrichter ein „schwaches Kantverständnis".[33] „Die verschlungenen Gedankengänge zeugen weniger von Tiefe als von Unbeholfenheit gegenüber dem kritischen Probleme" und ein „Mangel an Präzision in Ausdruck und Gedanken [...] machen die Lektüre der ersten Kapitel unerfreulich", aber „es ist soviel echte Bemühung und philosophisches Bedürfnis bemerkbar, daß [...] eine lobende Erwähnung geboten erscheint". Es war also weniger der Inhalt von Seletys wissenschaftlichen Arbeiten, der hätte überzeugen können, als vielmehr sein redliches Bemühen und sein Wille zur Originalität.

Februar 2005.
[31] „Beurteilung der Dissertation" im Rigorosenakt PN 4167 der Philosophischen Fakultät der k. k. Universität Wien, mit freundlicher Genehmigung des Archivs der Universität Wien.
[32] Selety (1914c), S. 467.
[33] Kant-Studien **19**, 1914, S. 461.

Seine Arbeiten waren bereits unter dem „Schriftstellernamen"[34] „Selety" anstelle seines eigentlichen Familiennamens „Jeiteles" veröffentlicht worden. Per Statthalterischem Erlaß vom 20. Februar 1918 erfolgte eine offizielle Änderung des Familiennamens, die Selety beantragt haben muß.[35] Der Grund für seinen Namenswechsel könnte entweder mit einer Konvertierung vom „mosaischen Bekenntnis"[36] zu einer anderen Religionsgemeinschaft, wie sie zu dieser Zeit nicht unüblich war[37], zusammenhängen oder in dem damals vermeintlichen Tatbestand zu suchen sein, der in einer Sachverhaltsdarstellung der Niederösterreichischen Statthalterei von 1890 formuliert ist:[38] „Die israelitischen Namen mit der Endsilbe -eles haben alle einen lächerlichen Klang und sind geeignet, den Träger dem Spotte auszusetzen, wodurch auch dessen Fortkommen beeinträchtigt wird. Es erscheint demnach die Bitte [auf Namensänderung] rücksichtswürdig."

Wie sein Vater übte Selety, zumindest in den Jahren nach seinem Studienabschluß, keinen Beruf aus – im Meldezettel des Jahres 1919 gibt er als Beschäftigung „Philosoph" an[39] –, sondern widmete sich privaten Forschungen, für die er weiterhin Vorlesungen an der Universität Wien besuchte.[40] Seine Hoffnung auf Zustimmung zu seinen philosophischen Arbeiten hatte sich bis dahin nicht erfüllt. Neben den eher verhaltenen Reaktionen der Preisrichter der Kant-Gesellschaft und seines Doktorvaters publizierte Rudolf Willy (1855–1920) „eine ausführliche aber ablehnende Besprechung"[41] seiner ersten Arbeit von 1913.[42] Ernst Mach (1838–1916), dem Selety im Jahre 1914 seine erste Arbeit geschickt hatte, zeigte wohl auch keine unmittelbare positive Reaktion, obwohl Selety erfahren haben will, daß „Mach sich für meine Arbeit [...] noch interessierte".[43] Wenngleich Selety weiterhin Briefkontakt zu Philosophen wie Alexius Meinong

---

[34]Vgl. Meldzettel vom 11. Februar 1913, mit freundlicher Genehmigung des Wiener Stadt- und Landesarchivs.
[35]Vgl. Statthalterischen Erlaß, 20. Februar 1918, AVSa, Magistratsabteilung 8, Z. XIII 3047/ 3 17, gemäß CPAE 8, S. 494, Fußnote [1].
[36]Gemäß Urkundenstelle des Standesamtes Dresden-Altstadt I laut einem Schreiben des Stadtarchivs Dresden vom 12. Januar 2005.
[37]Vgl. hierzu auch Staudacher (2004).
[38]Zitiert nach Anna L. Staudacher, „Auf Grund der Taufe bittet er um Änderung seines pronconcierten Vor- und Zunamens...": Zum Namenswechsel jüdisch-protestantischer Konvertiten in Wien, 1782–1914, http://www.judentum.net/geschichte/namenswechsel.htm, S. 5, Zugriff am 16. Dezember 2004.
[39]Vgl. Meldezettel vom 13. November 1919, mit freundlicher Genehmigung des Wiener Stadt- und Landesarchivs.
[40]Vgl. CPAE 8, S. 494, Fußnote [1].
[41]Brief von Selety an Einstein vom 23. Juli 1917, CPAE 8, Dok. 364, S. 490.
[42]Vgl. Willy (1914).
[43]Brief von Selety an Einstein vom 23. Juli 1917, CPAE 8, Dok. 364, S. 491.

(1853–1920) suchte[44], so scheint mir die Motivation für Selety, sich brieflich an Einstein zu wenden und ihm seine beiden Arbeiten von 1913 und 1914 zu schicken, psychologisch gesehen vor allem in der Ablehnung seiner Gedanken in der Zunft der Philosophen zu liegen:[45] „Trotzdem meine Arbeit schon lange publiziert ist, so findet sie, so viel ich weiss, bei den Philosophen keine grosse Beachtung. [...] Der Grundgedanke ist nämlich für Philosophen etwas zu mathematisch abstrakt [...]." Bei Einstein hoffte Selety auf Verständnis zu stoßen:[46] „Sie werden [...] meine Darstellung in der Abhandlung verstehen, obwohl ich fürchte, dass die meisten Philosophen dies nicht vermögen." Selety sah sich zwar „nicht [als] Physiker, sondern Philosoph"[47], jedoch als ein Philosoph, der sich viel mit Physik beschäftigt, so daß er versuchte, die Anerkennung, die ihm in der eigenen Wissenschaftsgemeinschaft nicht zuteil wurde, bei einem der größten Physiker mit nicht unbedeutenden philosophischen Interessen zu finden:[48] „Verzeihen Sie daher, dass ich mich unterfange, Ihnen diese beiden schon vor längerer Zeit erschienenen Arbeiten zu übersenden und Sie zu bitten, dieselben zu lesen. Ich bin mir dessen wohl bewusst, dass ich meinen Brief und meine Bitte an einen der grössten Geister aller Zeiten richte. Ich tue dieses, da ich es wage, meine philosophischen Gedanken Ihrer Beachtung für würdig zu halten. Die Beachtung durch Ihre Person ist mir natürlich gleichwertig der eines grossen Publikums."

Die erhaltenen frühen Briefe Seletys an Einstein vom 23. Juli 1917 und vom 29. Oktober 1917 eröffnen eine Diskussion an der Schnittstelle der neuesten, von Einstein entscheidend mit auf den Weg gebrachten physikalischen Theorien, vor allem der allgemeinen Relativitätstheorie und ihrer Anwendung in der Kosmologie, und der Philosophie, insbesondere der Erkenntnis- und Wissenschaftstheorie. Selety sieht seine philosophischen Arbeiten als Grundlegung für die weitere Auseinandersetzung mit der Physik:[49] „Die erste [Arbeit Selety (1913)] [...] behandelt das für die ganze Erkenntnis grundlegend erscheinende Problem, wie eigentlich die unmittelbaren Bewusstseinstatsachen beschaffen sind." Er untersuchte das reine Bewußtsein auf Basis einer Analyse des Zeitbegriffs und die Bedeutung einer zeitlichen Ordnung der Bewußtseinszustände und interessierte sich für das kosmologische Problem auf Basis bestimmter philoso-

---

[44]Bisher liegt mir leider keine Kopie des Briefwechsels vor.
[45]Brief von Selety an Einstein vom 23. Juli 1917, CPAE 8, Dok. 364, S. 490.
[46]Brief von Selety an Einstein vom 23. Juli 1917, CPAE 8, Dok. 364, S. 491.
[47]Brief von Selety an Einstein vom 23. Juli 1917, CPAE 8, Dok. 364, S. 486.
[48]Brief von Selety an Einstein vom 23. Juli 1917, CPAE 8, Dok. 364, S. 494.
[49]Brief von Selety an Einstein vom 23. Juli 1917, CPAE 8, Dok. 364, S. 490.

phischer Annahmen. Selety erhielt einen „ausführlichen Brief"[50] als Antwort Einsteins, nicht aber die erhoffte vorbehaltlose Zustimmung zu seinen Ausführungen:[51] „Was ihre weiteren Bemerkungen zu meiner Philosophie anlangt, so habe ich leider gefunden, dass Sie mich nicht richtig verstanden haben." Daher bemühte sich Selety im weiteren, Einsteins Einwände gegen seine philosophische Theorie der Bewußtseinszustände zu entkräften und diese Theorie näher zu erläutern. Etwa ein Jahr später, im September 1918, müßte er abermals an Einstein geschrieben haben. Selety hoffte sehr, daß Einstein diesen Brief beantworten würde, sah sich in dieser Hoffnung allerdings getäuscht, als Einstein sich bis Ende 1921 nicht mehr gemeldet hatte, nachdem er am 23. August 1919 in einer Postkarte geschrieben hatte, „[w]enn ich wieder ein bischen schnaufen kann, schreibe ich gewiß".[52] In einem Brief vom 29. Dezember 1921 wendete sich Selety erneut an Einstein, diesmal mit der Bitte, Teile seines Briefwechsels mit Einstein als Anhang für ein „sehr umfangreiches Werk über die in dem Briefwechsel mit Ihnen erörterten philosophischen Gedanken"[53], das er vollendet hatte und für die Veröffentlichung vorbereiten wollte, hernehmen zu dürfen. Einstein erteilte ihm die Genehmigung[54], wofür Selety ihm umgehend dankte und ihm mitteilte, daß er sich „überhaupt noch nicht an Verleger gewandt"[55] hatte, nun aber die Hoffnung hege, das „Werk zu veröffentlichen trotz der großen Hindernisse, die jetzt der Drucklegung einer so umfangreichen Schrift im Wege stehen". Ob Selety sein Werk, das Fragen im Umfeld der Erkenntnistheorie zum Gegenstand gehabt haben dürfte[56], tatsächlich einem Verlag anbot, ist mir unbekannt. Am Schluß seines Briefes erwähnte Selety, daß er eine physikalisch-kosmologische Arbeit fertiggestellt hatte, die er in Kürze zu publizieren gedenke. Daran knüpft der weitere Briefwechsel zwischen Einstein und Selety in den Jahren 1922 und 1923 an, der im Hintergrund der kosmologischen Arbeiten Seletys und der kritischen „Bemerkung" Einsteins stattfand.[57] Zur selben Zeit führte Selety auch einen Briefwechsel mit dem Philosophen Charles Augustus Strong (1862–1940) aus der ame-

---

[50] Brief von Selety an Einstein vom 29. Oktober 1917, CPAE 8, Dok. 395, S. 537.
[51] Brief von Selety an Einstein vom 29. Oktober 1917, CPAE 8, Dok. 395, S. 540.
[52] Zitiert nach dem Brief von Selety an Einstein vom 29. Dezember 1921, AEA 20-475, mit freundlicher Genehmigung der Albert Einstein Archives.
[53] Zitiert nach dem Brief von Selety an Einstein vom 29. Dezember 1921, AEA 20-475, mit freundlicher Genehmigung der Albert Einstein Archives.
[54] Vgl. Brief von Einstein an Selety vom 22. Februar 1922, AEA 20-476.
[55] Zitiert nach dem Brief von Selety an Einstein vom 7. März 1922, AEA 20-478, mit freundlicher Genehmigung der Albert Einstein Archives.
[56] Vgl. auch Brief von Selety an Strong vom 26. März 1923, Seite 2, Charles A. Strong Papers, Series 2, Box 7, Folder 110, Rockefeller Archive Center, Sleepy Hollow, New York, mit freundlicher Genehmigung des Rockefeller Archive Center.
[57] Vgl. Selety (1922), Einstein (1922a), Selety (1923) und Selety (1924).

rikanischen Schule des kritischen Realismus.[58] Die Arbeit Selety (1924), die am 9. Juni 1923 bei den *Annalen der Physik* eingereicht wurde, und der Brief an Einstein vom 30. Juli 1923 sind die beiden letzten ‚wissenschaftlichen Lebenszeichen', die ich von Selety bislang finden konnte. Die Jahre bis zu seiner „Abmeldung" am 10. Dezember 1929, die erfolgte, da Selety „[l]t. Auskunft des Hausbesorgers im Hause nicht mehr wohnhaft"[59] war, sowie die Zeit bis zu seinem frühen Tod im Jahre 1933 (?)[60] liegen noch völlig im Dunkeln. Über mögliche Umstände seines Todes im Alter von nur etwa 40 Jahren könnte ich hier unter anderem hinsichtlich seiner jüdischen Abstammung nur spekulieren.

3 Seletys kosmologische Arbeiten und sein später Briefwechsel mit Einstein

Aus Seletys philosophischen Arbeiten, seiner eigenen Charakterisierung seiner Hauptinteressen im Rigorosenakt, seiner „[Kurzen Autobiographie]" und dem frühen Briefwechsel mit Einstein geht klar hervor, daß er sich seit der ersten Hälfte der zweiten Dekade des 20. Jahrhunderts für kosmologische Fragestellungen interessierte. War zunächst die Orientierung Seletys eher philosophisch-kosmologisch, so scheint sicher zu sein, daß im frühen Briefwechsel mit Einstein die Wurzeln der physikalisch-kosmologischen Arbeit (Selety 1922) zu suchen sind:[61] „Zum Schluß möchte ich Ihnen [...] noch mitteilen, daß ich in letzter Zeit eine [...] Arbeit gemacht habe, die, wie ich hoffe, für Sie nicht ganz ohne Interesse sein wird. Sie knüpft wieder an Gedanken an, die ich auch in meinen Briefen im Jahre 1917 erwähnte und mit denen ich mich seitdem eingehender beschäftigt habe." Wenngleich

---

[58] Der erhaltene Briefwechsel umfaßt zwei Briefe von Selety an Strong vom 28. Februar 1921 und vom 26. März 1923. Mit dem zweiten Brief wurde ein Manuskript über erkenntnistheoretische Fragen mitgeschickt, das im Mai 1922 abgefaßt wurde. Dem ersten der erhaltenen Briefe muß ein Schreiben Seletys vorausgegangen sein, auf das Strong mit einer Postkarte vom 23. Februar 1921 antwortete. Weitere Briefe von Strong an Selety vom März 1922 und vom 22. Januar 1923 sind nicht erhalten. Selety dankt in seinem ersten Brief Strong für dessen Bücherspenden an die Universitätsbibliothek Wien, um die Selety gebeten hatte. Im weiteren werden die philosophischen Arbeiten von Selety und Strong berührt und philosophische Fragen im Zusammenhang mit der speziellen Relativitätstheorie diskutiert. Für das kosmologische Problem ergeben sich aber keinerlei aufschlußreiche Kommentare.

[59] Vgl. Meldezettel vom 13. November 1919, mit freundlicher Genehmigung des Wiener Stadt- und Landesarchivs.

[60] Vgl. CPAE 8, S. 494, Fußnote [1].

[61] Zitiert nach dem Brief von Selety an Einstein vom 29. Dezember 1921, AEA 20-475, mit freundlicher Genehmigung der Albert Einstein Archives.

Selety zu dieser Zeit noch nicht wußte, „[w]ann und wo [...] [die] Arbeit erscheinen wird, [...] da es eine recht umfangreiche Abhandlung ist"[62], ging sie wenige Wochen später, am 26. Januar 1922, bei der Zeitschrift *Annalen der Physik* ein[63]. In dieser Arbeit mit dem Titel „Beiträge zum kosmologischen Problem"[64], die mit über fünfzig Seiten durchaus monumentalen Umfang hat, stellte Selety auf Basis der Newtonschen Physik, das heißt ohne Berücksichtigung der allgemeinen Relativitätstheorie als Gravitationstheorie, mit der Defizite wie der Fernwirkungscharakter der Newtonschen Gravitationstheorie überwunden werden konnten und die mit ihren Vorhersagen der Periheldrehung des Planeten Merkur oder der Lichtablenkung, die so eindrucksvoll bei einer Sonnenfinsternis im Jahre 1919 bestätigt worden war, bereits spektakuläre Erfolge erzielt hatte, ein molekularhierarchisches, räumlich unendliches Weltmodell auf. Hierarchische Weltmodelle gingen nicht wie fast alle damaligen Arbeiten der relativistischen Kosmologie von einer homogenen und isotropen, also gleichförmigen Materieverteilung aus, das heißt, modern gesprochen, sie erfüllten nicht das Kosmologische Prinzip. Kein Teil des Universums ist in solchen Modellen groß genug, um typisch für das gesamte Universum zu sein. Selety ging es im ersten Teil seiner Arbeit darum, zu zeigen, daß es möglich ist, ein kosmologisches Modell zu konstruieren, das folgende fünf Eigenschaften aufweist:[65]

1. Das Modell ist räumlich unendlich.

2. Die Gesamtmasse des Modells ist unendlich.

3. Das Modell weist überall eine endliche lokale Dichte auf.

4. Die mittlere Dichte des Modells verschwindet.

5. Es existiert kein singulärer Mittelpunkt und kein ausgezeichnetes Mittelgebiet in diesem Modell.

---

[62] Zitiert nach dem Brief von Selety an Einstein vom 29. Dezember 1921, AEA 20-475, mit freundlicher Genehmigung der Albert Einstein Archives.
[63] Vgl. Selety (1922), S. 332.
[64] Vgl. Selety (1922). Aus wissenschaftshistorischer Hinsicht ist der Hinweis interessant, daß Howard Percy Robertson (1903–1961) in seiner Überblicksarbeit „Relativistic cosmology", in der er eine systematische Zusammenfassung zu den homogenen und isotropen Friedmann-Lemaître-Modellen gab, Seletys Arbeit zu einem hierarchischen Weltmodell auf Basis der Newtonschen Physik erwähnte (Robertson 1933, S. 69): „For an exhaustive review of the older arguments concerning the structure and physical content of the world as a whole see F. Selety, *Beiträge zum kosmologischen Problem*, Ann. d. Physik [4] **68**, 281–334 (1922)."
[65] Vgl. Selety (1922), S. 281.

Gerade der erste Punkt, die räumliche Unendlichkeit, scheint für Selety große Bedeutung gehabt zu haben. In seiner „[Kurzen Autobiographie]" bekannte er sich „[a]bgesehen von Erkenntnistheorie und Methode [...] zu den meisten Grundlehren dieses Buches [gemeint ist Spinozas Ethik], zur Identitätslehre, dem Parallelismus, *der Unendlichkeit und Ewigkeit der Welt*, dem Determinismus [...]".[66] In seinem Brief an Einstein vom 23. Juli 1917 stellte er Überlegungen an, „falls das Weltall unendlich ist, etwa periodischer Natur in Raum und Zeit"[67], und betonte, daß er „selbst nicht an die Begrenztheit der Welt glaub[t]".[68] Ferner wies er auf seine erste philosophisch-kosmologische Untersuchung aus dem Jahre 1914 hin:[69] „Ich suche darin [in Selety (1914a)] zu beweisen, dass aus gewissen einfachen und oft gemachten, wenn auch unbeweisbaren Voraussetzungen, der Unendlichkeit der Welt in Raum und Zeit, der prinzipiellen naturgesetzlichen Gleichartigkeit der Erscheinungen in dieser und dem Ausschluss singulärer Punkte die Folgerung sich ergibt, dass es zu jedem existierenden Dinge und Vorgang unendlich viele mit beliebiger Genauigkeit ununterscheidbar ähnliche gibt und die für die meisten noch Schrecken erregendere, dass alles überhaupt mögliche, auch das Unwahrscheinlichste irgendwo verwirklicht sein muss." Neben dem Gedanken der räumlichen und zeitlichen Unendlichkeit zeigt sich hier ein Einfluß von Friedrich Nietzsche (1844–1900) und seiner Lehre von der „ewigen Wiederkehr des Gleichen"[70] sowie vom Wiederkehreinwand, den der Planck-Schüler Ernst Zermelo (1871–1953) im Jahre 1896 gegen die vermeintliche Herleitung des 2. Hauptsatzes der Thermodynamik mit Hilfe des *H*-Theorems[71] durch Ludwig Boltzmann (1844–1906) vorgebracht hatte.[72] Im Unterschied zur Annahme der Unendlichkeit hob Selety die „Hypothese vom molekularhierarchischen Bau des Weltalls"[73] nicht besonders hervor, obgleich sie ebenfalls kurz in dem Brief an Einstein vom 23. Juli 1917 aufscheint, als er von „unser[em] Fixsternsystem [...] als Molekel in einem umfassenderen Weltsysteme"[74] sprach. Mit einem hierarchischen Weltmodell knüpfte Selety an spekulative Betrachtungen des 18. Jahrhunderts bei Thomas Wright of Durham (1711–1786) in seiner Schrift *An Original Theory or New Hypothesis of the Universe* von 1750, Kant in der *Allgemeinen Naturgeschichte und Theorie des Himmels* von

---

[66] Selety (1914c), S. 466, meine Hervorhebung.
[67] Brief von Selety an Einstein vom 23. Juli 1917, CPAE 8, Dok. 364, S. 489.
[68] Brief von Selety an Einstein vom 23. Juli 1917, CPAE 8, Dok. 364, S. 489.
[69] Brief von Selety an Einstein vom 23. Juli 1917, CPAE 8, Dok. 364, S. 494.
[70] Vgl. Friedrich Nietzsche, *Zarathustra* III, Der Genesende 2.
[71] Vgl. Boltzmann (1872).
[72] Vgl. Zermelo (1896a).
[73] Einstein (1922a), S. 436.
[74] Brief von Selety an Einstein vom 23. Juli 1917, CPAE 8, Dok. 364, S. 488.

1755 und Johann Heinrich Lambert (1728–1777) in den *Cosmologische[n] Briefe[n] über die Einrichtung des Weltbaues* von 1761 an. Solche Spekulationen waren in der ersten Dekade des 20. Jahrhunderts von Edmund Edward Fournier d'Albe (1868–1933) in seinem Buch *Two new worlds*[75] und – deutlich wissenschaftlicher[76] – von Carl Vilhelm Ludvig Charlier (1862–1934) in seiner Arbeit „Wie eine unendliche Welt aufgebaut sein kann"[77] aufgenommen worden. Mit seiner Betrachtung von „Quincunxen"[78] scheint Selety an die Überlegungen Fournier d'Albes anzuknüpfen.[79] Im ersten Abschnitt des ersten Teils seiner Arbeit (Selety 1922, S. 281–287) zeigte Selety die Vereinbarkeit der oben genannten Voraussetzungen 1. bis 4. und stellte eine hierarchische Materieverteilung vor, welche diese Voraussetzungen erfüllt. Anschließend (Selety 1922, S. 288–295) behandelte er Einsteins Einwände gegen die Newtonsche Kosmologie, nämlich den Verödungseinwand und die Forderung nach endlichen Potentialdifferenzen.[80] Im dritten Abschnitt (Selety 1922, S. 295–307) stellte Selety sein molekularhierarchisches Weltmodell genauer vor. Hierbei wies er darauf hin, daß „[d]ie Annahme, daß unser Milchstraßensystem eines unter vielen seinesgleichen sei, [...] weit verbreitet [ist]".[81] Wenngleich Einstein die gegenteilige Meinung vertrat, daß „die Hypothese von der Gleichwertigkeit der Spiralnebel mit der Milchstraße durch die letzten Beobachtungen als widerlegt zu betrachten sein dürfte"[82], so zeigten die Untersuchungen von Edwin Powell Hubble (1889–1953) im Jahre 1923, mit denen die extragalaktische Natur der Spiralnebel erwiesen wurde, die Richtigkeit von Seletys Vermutung. Im vierten und letzten Abschnitt des ersten Teils (Selety 1922, S. 307–312) wies Selety die Möglichkeit der Mittelpunktslosigkeit seiner hierarchischen Anordnung nach und bediente sich hierbei eines bemerkenswerten Wahrscheinlichkeitsarguments:[83] „Auch wenn man also die schließliche Begrenztheit der Schwerpunktsschwankung als genügend für das Bestehen eines Weltmittelpunktes erachtet, scheint nach unseren Darlegungen die ‚Wahrscheinlichkeit' für eine molekularhierarchische Welt *ohne* Mittelpunkt unendlich größer als für eine Welt mit Mittelpunkt." Im zweiten Teil

---

[75] Vgl. Fournier d'Albe (1907).
[76] Vgl. North (1990), S. 20: „In point of time E. E. Fournier d'Albe (*Two New Worlds*, London, 1907) should be given priority, but scientifically the work of this self-styled 'Newton of the soul' is worthless."
[77] Vgl. Charlier (1908).
[78] Selety (1922), S. 310.
[79] Vgl. Fournier d'Albe (1909), S. 197.
[80] Vgl. Einstein (1917), S. 142–144.
[81] Selety (1922), S. 297.
[82] Einstein (1922a), S. 436.
[83] Selety (1922), S. 312.

(Selety 1922, S. 313–332) „werden wir uns mit dem Probleme beschäftigen, für dessen Lösung nach Einstein eine räumlich geschlossene Welt notwendig ist, das Problem der Bestimmung der Trägheit durch die Materie"[84]. Hier führte Selety aus, inwiefern der Grundgedanke Machs einer Bestimmung der Trägheit durch die „fernen [...] Massen"[85] auch innerhalb der Newtonschen Gravitationstheorie, insbesondere in seinem hierarchischen Weltmodell, realisiert sein könnte. Am 11. September 1922, schickte er Einstein die „in den Ann. d. Ph. soeben erschienene [...] Arbeit über die Möglichkeit einer unendlichen Welt"[86], um Einsteins „Urteil darüber kennen zu lernen".

Bereits am 25. September 1922 teilte Einstein Selety mit, daß er „zu der Arbeit eine Bemerkung an die Annalen gesandt"[87] hatte. Während Einstein gegen den ersten Teil der Arbeit „nichts Wesentliches einzuwenden" hatte, übte er in der „Bemerkung zu der Franz Seletyschen Arbeit ‚Beiträge zum kosmologischen System'"[88] Kritik an Seletys Darlegung des Machschen Gedankens im zweiten Teil und seiner Vereinbarkeit mit der Newtonschen Gravitationstheorie. Einsteins Meinung nach war das Mach-Prinzip – zu dieser Zeit sah er im Machschen Prinzip neben dem Relativitätsprinzip und dem Äquivalenzprinzip den dritten Pfeiler der allgemeinen Relativitätstheorie[89] – in Seletys Modell nicht integriert:[90] „Die ‚molekularhierarchische Welt' erfüllt ebensowenig wie die ‚Inselwelt' das Machsche Postulat, nach welchem die Trägheitswirkung des einzelnen Körpers durch die Gesamtheit aller übrigen im gleichen Sinn bedingt sein soll, wie seine Gravitationskraft." Ferner kritisierte er die „Verwirrung" hinsichtlich des allgemeinen Relativitätsprinzips. Darüber hinaus thematisierte er die Frage, ob er in seinem Einstein-Universum eine absolute Zeit eingeführt hatte.

In einem ausführlichen Brief vom 30. Juli 1923 bedankte sich Selety bei Einstein, „dass Sie zu meiner kosmologischen Abhandlung im Herbst Bemerkungen veröffentlicht hatten".[91] Allerdings war Selety anscheinend

---

[84]Selety (1922), S. 313.

[85]Zum Beispiel Mach (1897), S. 233.

[86]Zitiert nach dem Brief von Selety an Einstein vom 11. September 1922, AEA 20-479, mit freundlicher Genehmigung der Albert Einstein Archives.

[87]Zitiert nach dem Brief vpn Einstein an Selety vom 25. September 1922, AEA 20-482, mit freundlicher Genehmigung der Albert Einstein Archives.

[88]Vgl. Einstein (1922a). Man beachte, daß Einstein den Titel von Seletys Arbeit in seiner „Bemerkung" falsch zitierte: Er schrieb „Beiträge zum kosmologischen System" statt „Beiträge zum kosmologischen Problem".

[89]Vgl. Einstein (1918), S. 241, und (1922b), S. 36 f.

[90]Einstein (1922a), S. 437.

[91]Zitiert nach dem Brief von Selety an Einstein vom 30. Juli 1923, AEA 20-484, mit freundlicher Genehmigung der Albert Einstein Archives.

dadurch gekränkt, daß Einstein „ein[en] Punkt erwähnt[e], der nicht nur in der Seletyschen Abhandlung, sondern vielfach in der einschlägigen Literatur Verwirrung stiftet".[92] Selety befürchtete, daß das Wort „Verwirrung", das Einstein hinsichtlich des Verständnisses des allgemeinen Relativitätsprinzips verwendet hatte, dahingehend verstanden werden könnte, daß diese Verwirrung auch bei ihm vorlag. Dies war sicher mit ein Grund, warum er eine Entgegnung zu den Überlegungen Einsteins, die „ihn nicht gänzlich überzeugten"[93], verfaßt hatte. Den Inhalt der Entgegnung, die er am 12. März 1923 unter dem Titel „Erwiderung auf die Bemerkungen Einsteins über meine Arbeit ‚Beiträge zum kosmologischen Problem'"[94] an die *Annalen der Physik* geschickt hatte, legte er im Brief an Einstein nochmals ausführlich dar. Seletys Ziel war es, die Hauptergebnisse seiner Abhandlung klarer herauszubringen, um Mißverständnisse auszuräumen. Im weiteren bemühte er sich in seiner „Erwiderung", die Einsteinschen Kritikpunkte der Reihe nach zu widerlegen. Er handelte Mach-Prinzip, Relativitätsprinzip und absolute Zeit ab und kam zu dem Schluß:[95] „Mit der klassischen Theorie ist dies alles mutatis mutandis ebenso wie mit der speziellen Relativitätstheorie vereinbar, mit der allgemeinen Relativitätstheorie dagegen [...] nur ein Teil davon, so daß die Tatsachen, die für die allgemeine Relativitätstheorie sprechen, gegen dieses, wie mir scheint, *im übrigen in jeder Hinsicht befriedigende Weltbild* geltend gemacht werden können."

Eine weitere Ausarbeitung seiner Ideen und seiner Stellungnahme zu Einsteins Kritik unternahm er in der 1924 erschienenen Arbeit „Unendlichkeit des Raumes und allgemeine Relativitätstheorie"[96], die er am 9. Juni 1923 wiederum bei den *Annalen der Physik* eingereicht hatte. Im ersten Teil dieses Aufsatzes (Selety 1924, S. 291–304) setzte sich Selety ausführlich mit Einsteins Einwänden gegen die Unendlichkeit des Raumes, die dieser in den „Vier Vorlesungen" gegeben hatte[97] – Einstein hatte Selety persönlich ein Exemplar seiner „Vier Vorlesungen" zukommen lassen[98] –, auseinander. Im zweiten Teil (Selety 1924, S. 304–314) thematisierte Selety die Frage der Unendlichkeit des Raumes auf Grundlage einer „nichtquasistatische[n]

---

[92] Einstein (1922a), S. 437f.
[93] Brief von Selety an Strong vom 26. März 1923, Seite 3, zitiert nach Charles A. Strong Papers, Series 2, Box 7, Folder 110, Rockefeller Archiv Center, Sleepy Hollow, New York, mit freundlicher Genehmigung des Rockefeller Archiv Center, meine Übersetzung.
[94] Vgl. Selety (1923).
[95] Selety (1923), S. 66.
[96] Vgl. Selety (1924).
[97] Vgl. Einstein (1922b), S. 69 f.
[98] Vgl. Brief von Einstein an Selety vom 25. September 1922, AEA 20-482, sowie Brief von Selety an Einstein vom 30. Juli 1923, AEA 20-484, mit freundlicher Genehmigung der Albert Einstein Archives.

Materieverteilung"[99], das heißt insbesondere für sein hierarchisches Weltmodell. Im dritten Teil (Selety 1924, S. 314–320) stellte er wiederum die Möglichkeit dar, in einem hierarchischen Modell die Gedanken Machs, die er vom Mach-Prinzip unterschied, zu verwirklichen. Anschließend faßte er im vierten Teil (Selety 1924, S. 320–323) seine Gründe für die Unendlichkeit des Raumes zusammen: (1) Einfachheit des euklidischen Raumes, (2) Möglichkeit der molekularhierarchischen Welt im euklidischen Raum, (3) keine Auszeichnung einer absoluten Zeit, (4) Unvereinbarkeit der räumlichen Endlichkeit mit einem hierarchischem Modell und der gleichzeitigen Nichtexistenz eines Mittelgebietes. Zum Schluß (Selety 1924, S. 323–325) stellte Selety die Resultate seiner Arbeit noch kurz zusammen.

Der Brief Seletys an Einstein vom 30. Juli 1923 und die Veröffentlichung der letztgenannten Arbeit im Jahre 1924 stellen meinen bisherigen Recherchen nach den Schlußpunkt im Gedankenaustausch der beiden dar. Derzeit sehe ich keine Anhaltspunkte dafür, daß sich Einstein gegenüber anderen über Selety geäußert und die Arbeiten Selety (1923) und Selety (1924) gelesen hat. Zumindest zeigt sich deutlich, daß Einstein zu dieser Zeit neben der Statik des Universums auch seine räumliche Endlichkeit für einen wesentlichen Bestandteil der kosmologischen Theorie im Rahmen seiner allgemeinen Relativitätstheorie hielt.

Literatur

Boltzmann, Ludwig, 1872. *Weitere Studien über das Wärmegleichgewicht unter Gasmolekülen*, Sitzungsberichte der österreichischen Akademie der Wissenschaften **66**, 275–711

Charlier, Carl Vilhelm Ludvig, 1908. *Wie eine unendliche Welt aufgebaut sein kann*, Arkiv för Matematik, Astronomi och Fysik **4**, 1–15

Einstein, Albert, 1917. *Kosmologische Betrachtungen zur allgemeinen Relativitätstheorie*, Sitzungsberichte der Königlich Preußischen Akademie der Wissenschaften zu Berlin 1917, 142–152

Einstein, Albert, 1918. *Prinzipielles zur allgemeinen Relativitätstheorie*, Annalen der Physik **55**, 241–244

Einstein, Albert, 1922a. *Bemerkung zu der Franz Seletyschen Arbeit „Beiträge zum kosmologischen System"*, Annalen der Physik **69**, 436–438

Einstein, Albert, 1922b. *Vier Vorlesungen über Relativitätstheorie*, Vieweg, Braunschweig

Fournier d'Albe, Edmund Edward, 1907. *Two new worlds*, Longmans, Green & Co., London. Deutsche Übersetzung: *Zwei neue Welten*, übersetzt von Max Iklé, Johann Ambrosius Barth, Leipzig, 1909

---

[99]Selety (1924), S. 304.

Jung, Tobias, 2004. *Einsteins kosmologische Überlegungen in den „Vier Vorlesungen über Relativitätstheorie"*, Beiträge zur Astronomiegeschichte **7**, hrsg. von Wolfgang R. Dick und Jürgen Hamel, Frankfurt a.M., 189–219

Lechner, Annette, 1994. *Die Wiener Verlagsbuchhandlung „Anzengruber-Verlag, Brüder Suschitzky" (1901–1938) im Spiegel der Zeit*, Diplomarbeit zur Erlangung des Magistergrades der Philosophie an der Geisteswissenschaftlichen Fakultät der Universität Wien

Mach, Ernst, 1897. *Die Mechanik in ihrer Entwicklung. Historisch-kritisch dargestellt*, Brockhaus, Leipzig, 3. Auflage

North, John D., 1990. *The measure of the universe. A history of modern cosmology*, Dover, New York

Robertson, Howard P., 1933. *Relativistic Cosmology*, Reviews of Modern Physics **5**, 62–90

Selety, Franz, 1913. *Die wirklichen Tatsachen der reinen Erfahrung, eine Kritik der Zeit*, Zeitschrift für Philosophie und philosophische Kritik **152**, 78–93

Selety, Franz, 1914a. *Über die Wiederholung des Gleichen im kosmischen Geschehen, infolge des psychologischen Gesetzes der Schwelle*, Zeitschrift für Philosophie und philosophische Kritik **155**, 185–205

Selety, Franz, 1914b. *Kants Begriff der Wahrheit und seine Bedeutung für die erkenntnistheoretischen Fragen der Gegenwart*, nicht veröffentlichte Preisschrift der Kant-Gesellschaft, 1914b

Selety, Franz, 1914c. *[Kurze Autobiographie]*, Kant-Studien **19**, 466–468

Selety, Franz, 1915. *Die Wahrnehmung der geometrischen Figuren*, Archiv für systematische Philosophie **21**, 49–58

Selety, Franz, 1922. *Beiträge zum kosmologischen Problem*, Annalen der Physik **68**, 281–334

Selety, Franz, 1923. *Erwiderung auf die Bemerkungen Einsteins über meine Arbeit „Beiträge zum kosmologischen Problem"*, Annalen der Physik **72**, 58–66

Selety, Franz, 1924. *Unendlichkeit des Raumes und allgemeine Relativitätstheorie*, Annalen der Physik **73**, 291–325

Selety, Georg: 1918. *Die Politik des Lebens. Ein Grundriss für den Bau der Menscheits-Organisation*, Anzengruber, Wien

Staudacher, Anna L., 2004. *Protestantisch-jüdische Konvertiten in Wien 1782–1914*, Peter Lang, Frankfurt am Main

Willy, Rudolf, 1914. *[Rezension:] Franz Selety (Wien). Die wirklichen Tatsachen der reinen Erfahrung, eine Kritik der Zeit*, Zeitschrift für positivistische Philosophie **2**, 149–151

Zermelo, Ernst, 1896. *Ueber einen Satz der Dynamik und die mechanische Wärmetheorie*, Annalen der Physik und Chemie **57**, 485–494

Anschr. d. Verf.: Dr. Tobias Jung, Kreuzstraße 21, D-82299 Türkenfeld; e-mail: tobias.jung@web.de

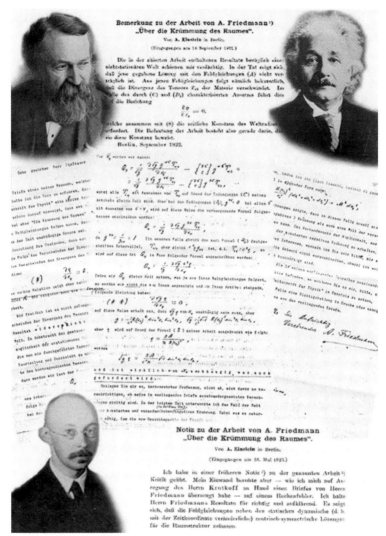

Abb. 1 (zum folgenden Beitrag). Auf Ernst Mach (oben links) zurückgehendes Gedankengut spielte in der Kontroverse zwischen Albert Einstein (oben rechts) und Alexander Friedmann (unten links) eine wichtige Rolle. Im Zentrum der Debatte, die mit kurzen Zeitschriftenbeiträgen Einsteins eingeleitet und beendet wurde, steht ein dreiseitiger Brief Friedmanns. (Mit freundlicher Genehmigung des Albert Einstein Archivs und des Verlags von Julius Springer).

Die Kontroverse zwischen Alexander Friedmann und Albert Einstein um die Möglichkeit einer nichtstatischen Welt

Georg Singer, Weiden

Einsteins Behandlung des kosmologischen Problems wie auch sein unerschütterliches Festhalten an der von ihm konstruierten statischen Lösung der erweiterten Feldgleichungen war durchgängig geprägt von dem auf Ernst Mach zurückgehenden Gedanken von der Relativität der Trägheit. Für Friedmann, der wie Eddington, Weyl und andere das von Einstein formulierte Machsche Prinzip offenbar nicht als Bestandteil der allgemeinen Relativitätstheorie betrachtete, war dagegen eine mit der Zeit sich entwickelnde Raumgeometrie durchaus vereinbar mit Weltmaterie in relativer Ruhe. In seiner die Kontroverse abschließenden Stellungnahme erkannte Einstein lediglich die formale Richtigkeit der Friedmannschen Resultate an. Anders als er einräumte, beruhte seine Kritik in Wirklichkeit nicht „auf einem Rechenfehler", sondern auf einer tief sitzenden „fixen Idee", deren Fortbestehen ihn weiterhin daran hinderte, dynamischen Lösungen physikalische Bedeutung beizumessen.

Einstein's treatment of the cosmological problem as well as his unshakeable adherence to his own static solution of the complete field equations was throughout determined by Ernst Mach's idea of relativity of inertia. Friedmann, however, like Eddington, Weyl and others did not consider Mach's principle to be a part of general relativity, and so he regarded a time dependent developing spatial geometry as being consistent with world matter at relative rest. In his final statement to the controversy Einstein acknowledged just formal correctness of Friedmann's results. Actually his criticism was not due "to a miscalculation", as he was ready to admit, but was owed to a fundamental fixed idea which continued to exist and which was the cause of his disavowal of physical significance of dynamical solutions.

Ob der Urknall, die Geburt unserer Welt, 12, 15 oder gar 18 Milliarden Jahre zurückliegt, ist so genau noch nicht bekannt. Daß die Welt mit einem derart einzigartigen Ereignis ihren Anfang nahm, wird aber heute in der Kosmologie weithin anerkannt. Ein superdichter und superheißer punktförmiger Urzustand, in dem die Materie noch nicht in Gestalt der gegenwärtig dominierenden Elementarteilchen existierte und noch nicht von den heutigentags waltenden physikalischen Kräften regiert wurde, entspricht dem Nullpunkt auf der kosmischen Zeitskala. Vom ersten Augenblick an begann das Universum, sich auszudehnen und abzukühlen. Die Grenzen unseres Vorstellungsvermögens sprengende Vorgänge ereigneten sich in den ersten Sekunden nach dem Urknall. Während die Temperatur auf einige Milliarden Grad sank, gingen aus einer einzigen Urkraft die vier heute bekannten Naturkräfte hervor und es entstanden Protonen, Neutronen und Elektronen. In den ersten Minuten bildeten sich aus Protonen und Neutronen auch Atomkerne von Deuterium und Helium. Nach einer Million Jahren war das Universum so weit abgekühlt, daß sich Elektronen und Atomkerne zu Atomen verbinden konnten. Von dieser Phase, in der, wie man sagt, die Strahlung von der Materie abkoppelte, kündet noch heute die kosmische Hintergrundstrahlung. Sie ist das stärkste Indiz für die Urknall-Theorie. Schließlich entwickelte sich aus lokalen Inhomogenitäten im Wechselspiel von Expansion und Gravitation nach und nach die heutige Verteilung der Materie im Weltall: In der Gestalt von Galaxien, die zur Bildung von Gruppen neigen, welche sich zu Haufen mit einigen tausend Mitgliedern formieren, erfüllt die Materie das Universum wie ein Schaum. Galaxienhaufen bilden die Wände der Schaumblasen ("bubbles"), die nahezu leere Raumbereiche ("voids") umhüllen.

Die Lehre von der Expansion des Weltalls hat ihre theoretische Grundlage in Arbeiten des russischen Mathematikers und Naturwissenschaftlers Alexander Friedmann (Abb. 1) aus den Jahren 1922 und 1924, wobei Friedmann sich auf die von Albert Einstein 1915 begründete allgemeine Relativitätstheorie stützte. 1927 kam der Belgier Georges Lemaître selbständig zu ähnlichen Ergebnissen wie Friedmann. Aber erst ab 1930 stießen die Arbeiten von Friedmann und Lemaître in Fachkreisen auf Aufmerksamkeit und Anerkennung. Eine wichtige Stütze waren dabei die Forschungsergebnisse Edwin Hubbles über die kosmische Stellung, die räumliche Verteilung und die Bewegung der extragalaktischen Sternsysteme.

Die allgemeine Relativitätstheorie ist zuvörderst eine Gravitationstheorie. Das herausragende Verdienst ihres Schöpfers besteht darin, erkannt zu haben, daß man die Gravitation als eine physikalische Verbindung zwischen der geometrischen Form und dem materiellen Inhalt der Welt verstehen kann. Vereinfacht ausgedrückt vertrat Einstein die Auffassung: In jedem Teil des Weltraums besteht eine Beziehung zwischen der Raumkrümmung und der Materiedichte in dem Sinn, daß einer höheren Dichte eine stärkere Krümmung entspricht. In Einsteins Theorie wird diesem Gedanken mathematische Gestalt verliehen, indem den wesentlichen Größen sogenannte Tensoren zugeordnet werden. Die geometrische Form wird durch den metrischen Tensor g_{ik}, der materielle Inhalt durch den Energietensor der Materie T_{ik} und die Verbindung durch die Gravitationsfeldgleichungen

$$R_{ik} - \frac{1}{2} g_{ik} \bar{R} = -\kappa T_{ik} \quad \text{mit} \quad i, k = 1, 2, 3, 4$$

dargestellt.[1] R_{ik}, der Krümmungstensor, setzt sich aus dem metrischen Tensor und dessen partiellen Ableitungen zusammen, $\bar{R} = g^{ik} R_{ik}$ ist der Krümmungsskalar[2], und $\kappa = \frac{8\pi G}{c^2}$ enthält die Gravitationskonstante G. Die Tensorgrößen sind Funktionen der Raumkoordinaten x_1, x_2, x_3 und der Zeit x_4, das heißt, man hat es mit Tensorfeldern zu tun. Mit dem metrischen Tensor g_{ik} läßt sich der Abstand ds zweier benachbarter Weltpunkte aus deren Raum-Zeit-Koordinaten berechnen.[3] Der Materietensor $T_{ik} = c^2 \rho\, u_i\, u_k$ beschreibt die Verteilung und den Bewegungszustand der Weltmaterie, wobei ρ die Dichte[4] und u_i bzw. u_k die sogenannte Vierergeschwindigkeit bedeuten. g_{ik}, R_{ik} und T_{ik} sind als symmetrische Tensoren zweiter Stufe je Weltpunkt durch zehn Werte bestimmt. Somit bilden die Feldgleichungen ein System von zehn gekoppelten partiellen Differentialgleichungen, das die metrischen Funktionen g_{ik} zu erfüllen haben, wenn eine Materieverteilung vorgegeben ist. Die Tatsache, daß sich die Gesetze der Physik in einer vierdimensionalen Mannigfaltigkeit tensoriell formulieren lassen, hängt mit dem bestimmenden Wesenszug der allgemeinen Relativitätstheorie zusammen, die physikalischen Gesetze kovariant darzustellen, so daß sie ihre Form unter beliebigen Koordinatentransformationen beibehalten.

Das sogenannte kosmologische Problem besteht darin, das System der Feldgleichungen für die Welt als Ganzes zu behandeln, das heißt mit Hilfe der Feldgleichungen die geometrische Form des Weltganzen zu ermitteln. Aber ehe man sich der Lösung des Gleichungssystems zuwenden kann, müssen natürlich die räumliche Verteilung der Weltmaterie und ihr Bewegungszustand bekannt sein, um den Materietensor T_{ik} angeben zu können.

---

[1] Wie Einstein (1917) und Friedman[n] (1922a) beschränken wir uns hier auf druckfreie („inkohärente") kosmische Materie. Die verwendeten Schreibweisen und Bezeichnungen waren seinerzeit in der Fachliteratur gebräuchlich, siehe z.B. Kopff (1921). Friedmann nennt den Energietensor der Materie kurz Materietensor.

[2] Hier wie im folgenden gelte die Einsteinsche Summationskonvention: Über alle zugleich oben und unten auftretenden Indizes ist zu summieren.

[3] Der metrische Tensor, auch Fundamentaltensor genannt, wird mit dem Gravitationspotential identifiziert. Die Funktionen g_{ik} sind die Koeffizienten des Abstandsquadrats $ds^2 = g_{11}dx_1^2 + g_{22}dx_2^2 + g_{33}dx_3^2 + 2g_{12}dx_1dx_2 + 2g_{23}dx_2dx_3 + 2g_{31}dx_1dx_3 + 2g_{14}dx_1dx_4 + 2g_{24}dx_2dx_4 + 2g_{34}dx_3dx_4 + g_{44}dx_4^2$.

[4] „die natürlich gemessene Dichte der Materie" (Einstein 1917, S. 146).

Als Einstein selbst 1917 als erster das kosmologische Problem in Angriff nahm, glaubte er, aufgrund des vorliegenden astronomischen Beobachtungsmaterials annehmen zu dürfen, der materielle Inhalt des Weltalls bestehe aus Sternen, die den Raum gleichmäßig erfüllen und sich relativ zueinander mit Geschwindigkeiten bewegen, die verglichen mit der Lichtgeschwindigkeit sehr klein sind. Aus Gründen mathematischer Vereinfachung idealisierte er noch weiter und setzte voraus, die Materie sei wie eine Flüssigkeit völlig homogen im Weltraum verteilt, druckfrei und in relativer Ruhe. Unter diesen Bedingungen nimmt der Materietensor eine äußerst einfache Gestalt an: Da nur die vierte Komponente der Vierergeschwindigkeit von Null verschieden ist, werden mit Ausnahme von T_{44} sämtliche Tensorkomponenten Null; $T_{44} = c^2 \rho$ ist durch die Dichte bestimmt und daher wegen der als homogen angenommenen Materieverteilung im ganzen Raum konstant. Die Feldgleichungen ergeben dann eine Welt, die in jedem Raumpunkt die gleiche Geometrie aufweist, also einen Weltraum konstanter Krümmung.

Doch Einstein ließ es – und das ist für das Weitere ganz entscheidend – nicht bei diesen aus damaliger Sicht durchaus plausiblen Voraussetzungen bewenden. Schon bei der Aufstellung der allgemeinen Relativitätstheorie hatte ihn eine Idee sehr stark beeinflußt, die er auf Überlegungen des Physikers und Erkenntnistheoretikers Mach (Abb. 1) zurückführte und schließlich als Machsches Prinzip ausformulierte. Ernst Mach hatte darüber spekuliert, ob sich die einem jeden Körper zukommende Eigenschaft, träge zu sein, wohl auf eine Wechselwirkung zwischen eben diesem Körper und der Gesamtheit aller übrigen Körper zurückführen ließe. Dahinter steckte die erkenntnistheoretische Wunschvorstellung, „dass die ‚ponderablen' Körper das einzige physikalisch Reale seien, und dass alle nicht durch sie völlig bestimmten Elemente der Theorie bewusst vermieden werden sollten".[5]

Insbesondere sollte das Konzept vom Raum an sich aus der Physik gänzlich entfernt werden. Einstein war von diesem kühnen Gedanken außerordentlich fasziniert und glaubte, ihn zu einem Bestandteil der allgemeinen Relativitätstheorie machen zu können. Im Rahmen seiner Erörterung des kosmologischen Problems vor der Preußischen Akademie der Wissenschaften am 8. Februar 1917 drückte er dies so aus: „In einer konsequenten Relativitätstheorie kann es keine Trägheit g e g e n ü b e r d e m »R a u m e« geben, sondern nur eine Trägheit der Massen g e g e n e i n a n d e r."[6] Dementsprechend forderte er, daß die Trägheit der Körper durch die Materie nicht

---

[5]A. Einstein, Brief an F. Pirani vom 2.2.1954. Zitiert nach Hentschel (1990), S. 41 – Fußnote.
[6]Einstein (1917), S. 145.

nur „b e e i n f l u ß t", sondern „b e d i n g t" sein müsse.[7] Da die Trägheitsbewegung eines kräftefreien Körpers den geodätischen Linien des Raumzeitgefüges folgt, deren Verlauf durch den metrischen Tensor bestimmt wird, postulierte Einstein deshalb: „Das G-Feld ist restlos durch die Massen der Körper bestimmt... [das heißt], daß das G-Feld durch den Energietensor der Materie bedingt und bestimmt sei."[8]

Bei seiner Behandlung des kosmologischen Problems kam Einstein nun zu der Schlußfolgerung, ein unendliches Weltall sei mit den Gravitationsgleichungen und dem Machschen Prinzip nicht in Einklang zu bringen. Es gelang ihm nämlich nicht, Grenzbedingungen für die Koeffizienten des metrischen Tensors für das räumlich Unendliche so aufzustellen, daß die Trägheit eines Körpers, der von allen anderen Körpern der Welt genügend weit entfernt ist, zu Null wird. Um dieses Problem zu umgehen, forderte er, müsse „die Welt notwendig räumlich geschlossen und von endlicher Größe sein".[9] Des weiteren interpretierte Einstein die – wie er sagte – „Tatsache der kleinen Sterngeschwindigkeiten" als statische Verteilung der Materie und leitete daraus die Rechtfertigung ab, „Unabhängigkeit von der Zeitkoordinate x_4 für alle Größen", also ein statisches Weltall, annehmen zu dürfen.[10] Als er feststellte, daß keine zeitunabhängige Lösung der Feldgleichungen existiert, die einer räumlich geschlossenen Welt entspricht, nahm er ad hoc eine Ergänzung der Feldgleichungen vor. Die durch das sogenannte kosmologische Glied erweiterten Feldgleichungen

$$R_{ik} - \frac{1}{2} g_{ik} \bar{R} + \lambda g_{ik} = -\kappa T_{ik} \quad \text{mit} \quad i,k = 1,2,3,4$$

besitzen eine Lösung exakt nach Einsteins Maß, die einer statischen räumlich geschlossenen Welt entspricht. Die Welt nach Einsteins Entwurf hat in der Zeit weder Anfang noch Ende und einen homogen mit Materie erfüllten endlichen Raum. Die Lösung, die Einstein als die einzige sah, ist durch die Bedingungen

$$\lambda = \frac{c^2 \kappa \rho}{2} \quad \text{und} \quad \lambda = \frac{c^2}{R^2}$$

charakterisiert. Demnach bestimmen die mittlere Materiedichte ρ, der Radius R des gleichmäßig gekrümmten Raumes und die kosmologische Konstante λ einander eindeutig, und somit sind auch der Rauminhalt und

---

[7]Einstein (1917), S. 147. – Vgl. hierzu Einstein (1918a), S. 241 – Fußnote: „Den Namen »M a c h sches Prinzip« habe ich deshalb gewählt, weil dies Prinzip eine Verallgemeinerung der M a c h schen Forderung bedeutet, daß die Trägheit auf eine Wechselwirkung der Körper zurückgeführt werden müsse."
[8]Einstein (1918a), S. 241 – „G-Feld" erklärt Einstein vorher als „den durch den Fundamentaltensor beschriebenen Raumzustand".
[9]Einstein (1920), S. 13.
[10]Einstein (1917), S. 149.

die Masse der Welt festgelegt.[11] Da dem statischen Gleichgewichtszustand gleichmäßig verteilter Materie eine zeitlich unveränderliche Weltgeometrie mit gleichmäßig gekrümmtem Raum entspricht, dessen Radius durch die Masse bestimmt ist, tritt, wie Einstein sagte, „die völlige Abhängigkeit des Geometrischen vom Physikalischen besonders deutlich hervor".[12] Das Machsche Prinzip wird bei der Konstruktion der Einstein-Welt in einer Weise erfüllt, die offenbar nichts zu wünschen übrig läßt[13], und das gab ihrem Konstrukteur die Gewißheit, die Wirklichkeit richtig zu beschreiben.

Doch dieses Modell für die Beschaffenheit der Welt im Großen blieb nur für kurze Zeit ohne Konkurrenz. Wenige Wochen nach Einsteins Akademievortrag veröffentlichte der niederländische Astronom Willem de Sitter eine nicht triviale Lösung der erweiterten Feldgleichungen für den Fall überall verschwindender Materiedichte. Einstein lehnte dieses Resultat rundweg ab, denn es dürfe „kein $g_{\mu\nu}$-Feld, d.h. kein Raum-Zeit-Kontinuum, möglich sein ohne Materie, welche es erzeugt". Die allgemeine Relativitätstheorie bilde nämlich, so wiederholte er, „nur dann ein befriedigendes System, wenn nach ihr die physikalischen Qualitäten des Raumes allein durch die Materie vollständig bestimmt werden".[14]

Obwohl Einstein seine ganze Autorität in die Waagschale warf, um sein Gedankengebäude zu verteidigen, begann zu dieser Zeit die Anhängerschaft der allgemeinen Relativitätstheorie in Fraktionen zu zerfallen. Nicht mehr alle „Relativisten" mochten ihrem Vordenker darin folgen, das Machsche Prinzip für einen wesentlichen Bestandteil der Theorie zu halten. Die Kritiker ahnten, was Einstein noch längst nicht wahrhaben wollte, „daß das Machsche Prinzip weder eine logische Folgerung der allgemeinen Relativitätstheorie noch eine notwendige Voraussetzung für dieselbe ist".[15] Einer der „Abtrünnigen", der britische Astrophysiker Arthur Stanley Eddington, widmete 1920 ein ganzes Kapitel seines Buches *Raum, Zeit und Schwere* der Kritik an den „kontinentalen Relativisten". Von jenen, so schrieb er,

> [...] soll offenbar die Materie [...] auf eine höhere Stufe als die geometrische Struktur gestellt werden [...] Diese Wege scheinen den [sic!] Verfasser in die Irre zu führen. Sie werden aber gerne von den Philosophen beschritten, die sich an Mach anschließen. Nach ihm sollte die raum-zeitliche Ausdehnung durch die Gesamtmasse der Welt bestimmt sein [...][16]

---

[11] Tatsächlich gibt es zwei Lösungen: mit sphärischem bzw. mit elliptischem Raum. Für den sphärischen Raum gilt $V = 2\pi^2 R^3$ und daher $R = \frac{\kappa}{4\pi^2} \cdot M$ mit der Gesamtmasse M der Einstein-Welt.
[12] Einstein (1922b), S. 69.
[13] Sinngemäß zitiert nach Weyl (1924), S. 200.
[14] Einstein (1918b), S. 271.
[15] Jammer (1980), S. 217.
[16] Eddington (1923), S. 160 bzw. S. 168f.

Zumindest ab 1922 begann auch der von Einstein sehr geschätzte Mathematiker Hermann Weyl sich von dessen Auffassung der Rolle des Machschen Prinzips zu distanzieren. Dies läßt sich anhand der für die 5. Auflage überarbeiteten Abschnitte von Weyls Lehrbuch *Raum Zeit Materie* belegen. Bereits im Vorwort äußerte sich Weyl sehr deutlich:

> Es erscheint mir verfehlt, die allgemeine Relativitätstheorie von Ursprung her unlöslich mit einer Kosmologie zu verquicken, welche die Weltmassen für die Trägheit verantwortlich macht. Denn das ist eine Hypothese, deren Durchführbarkeit heute durchaus nicht erwiesen ist.[17]

Etwa zu der Zeit, da Hermann Weyl diese Stellungnahme formulierte, im September 1922, erschien in der von der Deutschen Physikalischen Gesellschaft in Berlin herausgegebenen *Zeitschrift für Physik* Alexander Alexandrowitsch Friedmanns erster kosmologischer Aufsatz „Über die Krümmung des Raumes". Alexander Friedmann – sein eigentliches Arbeitsgebiet war die Physik der Atmosphäre bzw. die theoretische Meteorologie – war damals in Petrograd Dozent für Mathematik und Mechanik an der Universität, Professor am Polytechnischen Institut, Mitarbeiter des Staatsinstituts für Optik, Professor am Staatsinstitut für Verkehrsingenieure und leitender Mitarbeiter am Geophysikalischen Hauptobservatorium. Als 32-jähriger hatte er 1920 begonnen, die neue Relativitätstheorie und deren Konsequenzen für das Weltganze zu studieren. Er hatte sich dem Problem streng logisch ohne vorgefaßte Meinung genähert und schon bald eine umwälzende Entdeckung gemacht: Wenn er im Gegensatz zu Einstein zuließ, daß die Geometrie der Welt sich mit der Zeit veränderte, ergab sich eine unendliche Vielfalt möglicher Lösungen der Gravitationsgleichungen. Beispielsweise hatte er Lösungen entdeckt, die einer Welt mit gleichmäßig gekrümmtem Raum bei anwachsendem Radius entsprechen. Insbesondere sollte es möglich sein, so zeigten Friedmanns Resultate, daß der Raum aus einem Punkt, also gleichsam aus dem Nichts heraus, expandiert. Die Ausdehnung könnte für alle Zeiten fortdauern; sie könnte aber auch zum Stillstand kommen und in eine Kontraktion übergehen, so daß der Raum schließlich wieder auf einen Punkt zusammenschrumpft. Seine Untersuchungen hatten Friedmann auch auf periodische Lösungen für die Entwicklung der Welt geführt.

Einstein fühlte sich von Friedmanns zentralem Ergebnis, die erweiterten Feldgleichungen erlaubten nichtstatische Lösungen für das Weltganze, düpiert und wies es auf der Stelle in einer kurzen Replik als falsch zurück. Friedmann schrieb daraufhin Einstein einen Brief, worin er dessen Einwendungen Schritt für Schritt widerlegte, aber der Adressat reagierte nicht.

---

[17] Weyl (1923), S. VI.

Erst als ein Kollege Friedmanns, der sich zu dieser Zeit in Deutschland aufhielt, Einstein aufsuchte und ihm den Briefinhalt erläuterte, zeigte dieser sich einsichtig und war bereit, wenigstens die formale Richtigkeit der angezweifelten Resultate anzuerkennen. Er beharrte jedoch noch lange darauf, nur sein eigener Weltentwurf von 1917 sei imstande, die Wirklichkeit korrekt zu beschreiben. Ein sich ausdehnendes Weltall lehnte Einstein so lange als eine „ganz und gar abscheuliche"[18] Vorstellung ab, bis ihn 1931 die Beobachtungsergebnisse des amerikanischen Astronomen Edwin Hubble bezüglich der Fluchtbewegung der extragalaktischen Sternsysteme eines Besseren belehrten. Hubbles Entdeckung eines gesetzmäßigen Zusammenhangs zwischen Fluchtgeschwindigkeit und Entfernung von Galaxien wurde zur überzeugenden Stütze für die Hypothese eines expandierenden Weltalls.

Leider durfte Alexander Friedmann, der geistige Vater der Urknall- und Expansionskosmologie, den Triumph seiner Theorie nicht mehr erleben, denn er starb schon 1925. Deshalb konnte er auch ein mehrteiliges Werk über die Grundlagen der Relativitätstheorie, das er zusammen mit seinem Kollegen Frederix herauszugeben begonnen hatte, nicht vollenden. Außer diesem Lehrbuch und der bereits besprochenen Arbeit „Über die Krümmung des Raumes" hat Friedmann zwei weitere Arbeiten zu dieser Thematik publiziert. Noch 1922 hatte er unter dem Titel *Mir kak prostranstwo i wremja* einen längeren Aufsatz zur Einführung in die allgemeine Relativitätstheorie und das kosmologische Problem verfaßt, der Anfang 1923 in Petrograd als Broschüre veröffentlicht wurde.[19] Es war das allererste Buch, in dem nichtstatische Weltmodelle besprochen wurden. Dieses kleine Werk bietet, auch wenn es nicht für Fachleute im engeren Sinn geschrieben ist, aufschlußreiche Hinweise auf Friedmanns Vorstellungen sowie Anhaltspunkte, die auf seine Denk- und Arbeitsweise schließen lassen. In seiner ersten kosmologischen Arbeit hatte Friedmann sich auf Welten mit positiver Raumkrümmung beschränkt. Doch schon im Brief an Einstein erwähnte er, er habe neuerdings auch den Fall einer Welt mit räumlich konstanter, zeitlich veränderlicher negativer Krümmung untersucht. Sein Artikel „Über die Möglichkeit einer Welt mit konstanter negativer Krümmung des Raumes" erschien im Februar 1924 in der *Zeitschrift für Physik*.

Zweifellos markiert die von Alexander Friedmann 1922 durch seine Arbeit „Über die Krümmung des Raumes" ausgelöste Kontroverse mit dem seinerzeit auf dem Gipfelpunkt seines Ansehens stehenden Albert Einstein einen dramatischen Höhepunkt in der Geschichte der relativistischen Kos-

---

[18] «tout à fait abominable»(Godart & Heller 1979, S. 30).
[19] Unter dem Titel *Die Welt als Raum und Zeit* liegt als Band 287 der Reihe „Ostwalds Klassiker der exakten Wissenschaften" eine kommentierte deutsche Übersetzung vor (Friedmann 2002).

mologie. Das möge als Rechtfertigung dafür dienen, diese Episode und ihre Begleitumstände noch etwas eingehender zu beleuchten.

Albert Einstein war nicht der einzige, der sich um 1915 bemühte, auf die Frage nach dem Wesen der Gravitation eine über den Horizont von Newtons Gesetz wesentlich hinaus weisende Antwort zu geben. Zur selben Zeit arbeitete in Göttingen der Mathematiker David Hilbert am gleichen Problem. Er präsentierte sein Ergebnis unter dem programmatischen Titel „Die Grundlagen der Physik" sogar noch etwas früher als Einstein. Wie Einstein hatte Hilbert abgezielt auf eine allgemein kovariante Theorie. In Bezug auf die Gravitation gelangten auch beide Forscher – vermutlich nicht völlig unabhängig voneinander – zum gleichen Resultat, zu übereinstimmenden Feldgleichungen. Allerdings war Hilbert auf ganz anderem Pfad zum Ziel gelangt als Einstein, indem er den Versuch unternommen hatte, auf axiomatischem Wege eine einheitliche Feldtheorie für Gravitation und Elektromagnetismus aufzustellen. Einstein übte an Hilberts axiomatischem Ansatz heftige Kritik und hielt auch nichts davon, den Gedanken der allgemeinen Relativität auf den Elektromagnetismus auszudehnen. Hermann Weyls erstmals 1918 erschienenes Lehrbuch der allgemeinen Relativitätstheorie, *Raum Zeit Materie*, ist dagegen der Weiterentwicklung des Hilbertschen Ansatzes gewidmet.

Bei den Vorarbeiten zu den „Grundlagen der Physik" war Hilbert von dem jungen Physiker Frederix unterstützt worden. Wsewolod Konstantinowitsch Frederix hatte nach Studium und Promotion in Genf seit 1911 am Physikalischen Institut der Universität Göttingen eine Assistentenstelle innegehabt. Nachdem er als russischer Staatsbürger bei Kriegsbeginn entlassen werden mußte und interniert worden war, holte David Hilbert ihn aus dem Internierungslager und beschäftigte ihn fortan als Privatassistent. 1918 schließlich konnte Frederix in seine Heimat zurückkehren. Ab 1919 trat er als Universitätsdozent in Petrograd in Erscheinung und hielt um 1920 die ersten Vorlesungen über allgemeine Relativitätstheorie in Rußland.

Wie man einem Brief an Paul Ehrenfest entnehmen kann, begann Alexander Friedmann nicht vor August 1920, sich ernsthaft mit allgemeiner Relativitätstheorie zu befassen.[20] „Friedmann hat begonnen, Weyl zu studieren – nun werden wir über das Relativitätsprinzip bald genau Bescheid wissen"[21], soll sein alter Freund, der Mathematiker Jakow Tamarkin, zu dieser Zeit einmal geäußert haben. Während Friedmann sich in die allgemeine Relativitätstheorie einarbeitete – das konnte er nur während seiner

---

[20] „Gerne würde ich mich mit dem großen Relativitätsprinzip auseinandersetzen, aber es fehlt die Zeit" (Frenkel' 1988, S. 502), schrieb Friedmann am 6. August 1920.

[21] Monin et al. (1989), S. 49.

knapp bemessenen Freizeit – stand ihm als sehr sachkundiger Gesprächspartner sein drei Jahre älterer Kollege Frederix zur Seite. Mit Frederix hatte Friedmann einen Mann an der Hand, der die Genese des Hilbertschen Entwurfs einer allgemein kovarianten Theorie des physikalischen Geschehens von Anfang an miterlebt hatte und mit der Hilbertschen Herangehensweise bestens vertraut war, der aber natürlich auch den Einsteinschen Zugang zur allgemeinen Relativitätstheorie gut kannte. Offensichtlich verstanden sich die beiden Kollegen auch persönlich sehr gut, arbeiteten gut zusammen und ergänzten sich gegenseitig. Der Physiker Wladimir Fock erinnert sich, Frederix und Friedmann seien „gleich zu Beginn der zwanziger Jahre" in einem Seminar am Physikalischen Institut der Universität gemeinsam als Referenten über Relativitätstheorie aufgetreten.[22] In den Vorträgen soll Friedmann besonders auf mathematische Strenge sowie vollständige und präzise Formulierung der Voraussetzungen geachtet haben, während Frederix den physikalischen Aspekt der Theorie in den Vordergrund stellte.

Friedmann, der als Mathematiker ausgebildet war, hat sich – das ist bekannt – sehr für die Einsteins neuer Lehre zugrunde liegenden mathematischen Strukturen interessiert. Auslösendes Moment für seine intensive Beschäftigung mit der allgemeinen Relativitätstheorie scheint jedoch die Faszination gewesen zu sein, welche die gerade der Hilbertschen und vor allem der Weylschen Darstellung eigenen Aspekte erkenntnistheoretischer und wissenschaftsphilosophischer Natur auf ihn ausübten. Wie Hilbert, dessen „Fernschüler" er durch Frederix als Mittler geworden war, setzte er große Erwartungen in eine Axiomatisierung der Physik und war der Überzeugung, der axiomatische Aufbau einer dem allgemeinen Relativitätsprinzip unterworfenen Lehre von Raum und Zeit werde diese „höhere Entwicklungsphase der physikalischen Wissenschaft" einleiten. Anscheinend teilte Friedmann auch das lebhafte Interesse des Göttinger Zirkels um David Hilbert und Felix Klein an Konzepten für die Welt im Großen. Hilbert verstand „Die Grundlagen der Physik", seine Skizze einer allgemein kovarianten Theorie des gesamten physikalischen Geschehens, als Entwurf einer „Welttheorie". Offenbar begriff auch Alexander Friedmann die allgemeine Relativitätstheorie als einen Versuch, die Welt als Ganzes zu verstehen. Der Reiz, den die kosmologische Frage auf ihn ausübte, fügt sich organisch in diese Interessencharakteristik ein.

Es wurde darauf hingewiesen, welch große heuristische Bedeutung dem Werk Ernst Machs für Einstein auf dem von ihm zurückgelegten Weg zur allgemeinen Relativitätstheorie überhaupt und zu seinem kosmologischen

---

[22]Fok (1963), S. 353.

Modell im Besonderen zukam. Demgegenüber ist zu bemerken, daß in keiner von Friedmanns einschlägigen Arbeiten auf Mach Bezug genommen wird. Obwohl Friedmann in seinem Aufsatz *Mir kak prostranstwo i wremja* immer wieder dem Genie Einstein als dem Schöpfer der Relativitätstheorie aufrichtig huldigt, scheut er sich nicht, an dessen Darstellung Kritik zu üben. Er bemängelt, „dem logischen Aspekt der Angelegenheit" werde von Einstein zu wenig Gewicht beigemessen, insbesondere würden die Basisannahmen „nicht in voller Klarheit formuliert".[23] Anscheinend hatte er erkannt, in welchem Ausmaß gerade der Machsche Geist, den Einsteins frühe Arbeiten zur allgemeinen Relativitätstheorie atmen, für diesen Übelstand verantwortlich war, Unklarheiten heraufbeschwor und den Zugang erschwerte. Eigenen Aussagen wie auch Äußerungen von Schülern und Kollegen ist zu entnehmen, welch großen Wert Friedmann auf einen logisch und methodisch einwandfreien, am besten axiomatisch begründeten Aufbau einer physikalischen Theorie legte. Hilbert hatte gezeigt, daß eine solchen Ansprüchen genügende allgemein kovariante Theorie des physikalischen Weltgeschehens grundsätzlich möglich ist, ohne daß Machsches Gedankengut (in Einsteinscher Auslegung) dabei eine maßgebliche Rolle zu spielen braucht. Dank der Fern-Anbindung an die Göttinger Schule lernte Friedmann von vornherein auch eine allgemeine Relativitätstheorie kennen, die nicht so sehr vom Geiste Machs durchdrungen war wie die Einsteinsche Darstellung. Welche Auffassungs- und Darstellungsweise der Theorie er bevorzugt, machte Friedmann ganz deutlich, als er am Ende der Einleitung zu *Mir kak prostranstwo i wremja* Empfehlungen zu weiterführender Lektüre gibt und dabei keine Arbeit Einsteins, aber die schon erwähnten Werke Hermann Weyls, Arthur Eddingtons und David Hilberts nennt.

Der Aufsatz „Über die Krümmung des Raumes", in dem Friedmann die Existenz nichtstatischer Lösungen der erweiterten Feldgleichungen für das Weltganze bekannt machte, erschien im sechsten Heft des zehnten Bandes der *Zeitschrift für Physik*, das wohl im September 1922 ausgeliefert wurde. Bei seiner Behandlung des kosmologischen Problems ging Friedmann zunächst von genau denselben Voraussetzungen hinsichtlich des Zustands der Weltmaterie aus wie Einstein und folgerte hieraus genau wie Einstein, daß T_{44} die einzige nicht verschwindende Komponente des Materietensors sei. Anders als Einstein verzichtete Friedmann dann jedoch darauf, den Größen Einschränkungen hinsichtlich der Zeitabhängigkeit aufzuerlegen. Insbesondere vermied er den voreiligen Schluß von ruhender Materie auf zeitunabhängige Dichte und gelangte so nicht nur zu Einsteins und de

---

[23] „Einstein nimmt auf den logischen Aspekt der Angelegenheit wenig Rücksicht; daher werden in seinen Arbeiten diese Hypothesen nicht in voller Klarheit formuliert." (Friedmann 2002, S. 93 – Fußnote)

Sitters Welt als stationären Sonderlösungen, sondern darüber hinaus zu verschiedenen Typen „nichtstationärer Welten"[24] mit räumlich konstanter, zeitlich veränderlicher positiver Raumkrümmung, das heißt Welten mit zeitlich veränderlichem Radius und veränderlicher Dichte. Die kosmologische Konstante λ blieb dabei – anders als bei Einstein und de Sitter – unbestimmt, sie hätte auch Null sein können, und Friedmann nannte sie „eine überzählige Konstante in der Aufgabe".[25]

Die Voraussetzung „statische Materie" und das Ergebnis „nichtstatische Geometrie" als miteinander vereinbar zu empfinden, bedeutet, die Vorstellung von einer selbständigen, physikalisch aktiven Raumzeit zu vertreten, die sich „im Großen unabhängig von den kleinen Hügeln der wahrnehmbaren Materie"[26] entwickeln und die in sie eingebettete (quasi-)ruhende Materie mit sich tragen kann. „Für uns besitzt die vierdimensionale Raum-Zeit-Welt einen ihr angebornen Trieb, sich zu krümmen"[27], schrieb Eddington, und Friedmann eröffnete dieser Welt eine Fülle neuer „Entfaltungsmöglichkeiten". Damit räumte Friedmann wie Eddington und Weyl der Geometrie den Primat über die Materie ein. Gerade das war es, was Einstein als Spiritus rector des Machschen Prinzips nicht hinnehmen konnte, und deshalb reagierte er auf Friedmanns Veröffentlichung so betroffen. Umgehend[28] sandte er an die Zeitschrift für Physik seine Replik „Bemerkung zu der Arbeit von A. Friedmann »Über die Krümmung des Raumes«":

> Die in der zitierten Arbeit enthaltenen Resultate bezüglich einer nichtstationären Welt schienen mir verdächtig. In der Tat zeigt sich, daß jene gegebene Lösung mit den Feldgleichungen (A) nicht verträglich ist. Aus jenen Feldgleichungen folgt nämlich bekanntlich, daß die Divergenz des Tensors T_{ik} der Materie verschwindet. Im Falle des durch (C) und (D_3) charakterisierten Ansatzes führt dies auf die Beziehung
>
> $$\frac{\partial \rho}{\partial x_4} = 0,$$
>
> welche zusammen mit (8) die zeitliche Konstanz des Weltradius R erfordert. Die Bedeutung der Arbeit besteht also gerade darin, daß sie diese Konstanz beweist.[29]

---

[24] Friedman[n] (1922a) gebraucht das Wort „stationär" gleichbedeutend mit „statisch"; entsprechend „nichtstationär".
[25] Friedman[n] (1922a), S. 386.
[26] Eddington (1923), S. 162.
[27] Eddington (1923), S. 163.
[28] Bei der Redaktion eingegangen am 18. September 1922.
[29] Einstein (1922a), S. 326. – Mit (A) bezeichnet Friedman[n] (1922a) die um das kosmologische Glied erweiterten Feldgleichungen, mit (C) die Angaben zum Materietensor T_{ik}, mit (D_3) die Metrik der von ihm betrachteten nichtstationären Welt; Formel (8) beschreibt den Zusammenhang zwischen Dichte ρ und Weltradius R, nämlich $\rho \sim R^{-3}$.

Die gerade zehnzeilige „Bemerkung" ist ein aufschlußreiches psychologisches Belegstück, getragen von der Selbstsicherheit des weltberühmten Experten gegenüber dem vermeintlichen Dilettanten. Der erste Satz bezeugt, daß Einstein Friedmanns Resultaten gegenüber schon eingenommen ist, noch bevor er die Arbeit im Detail studiert und einen Fehler gefunden hat. Das Vorurteil setzt die selbstkritische Aufmerksamkeit herab und begünstigt so das Entdecken des (vermeintlichen) Fehlers; Einstein findet, was seiner Überzeugung nach einfach vorhanden sein muß. Erregt wird sein Mißtrauen dadurch, daß Friedmann die Möglichkeit der Zeitabhängigkeit des Weltradius aus der Voraussetzung „ruhende Materie" entwickelt. Die Bestimmung des geometrischen Verhaltens der Welt durch ihren materiellen Inhalt erscheint Einstein hierdurch aufgehoben, das Machsche Prinzip außer Kraft gesetzt. Friedmanns „nichtstationäre Welten" implizieren gerade das, was er als „absurd" empfindet, nämlich dem Raum physikalische Eigenschaften zuzuschreiben[30] oder „an eine selbständige Macht des Führungsfeldes, unabhängig von der Materie" zu glauben.[31] Die mathematische Ursache dieses in seinen Augen widersinnigen Resultats liegt für Einstein anscheinend auf der Hand. Er vermeint, aus dem Verschwinden der Divergenz des Materietensors mittels der Voraussetzung „ruhende Materie" (d. h. nur $T_{44} \neq 0$) die Beziehung $\frac{\partial \rho}{\partial x_4} = 0$, d.h. die zeitliche Konstanz der Dichte, und hieraus die zeitliche Konstanz des Weltradius folgern zu können.

Das Bilden der Divergenz ist ein spezieller Ableitungsvorgang der Tensoranalysis; aus dem zweistufigen 4×4-Materietensor ergibt sich dadurch ein einstufiger Tensor, ein Vektor mit vier Komponenten. Physikalisch entspricht das Verschwinden der Divergenz des Materietensors der lokalen Erhaltung von Energie und Impuls. In der speziellen Relativitätstheorie lautet diese Beziehung einfach $\frac{\partial T^{ik}}{\partial x_k} = 0$.[32] In der allgemeinen Relativitätstheorie ist das Gravitationsfeld zu berücksichtigen, und der Energie-Impuls-Satz läßt sich in der Form

$$\frac{1}{\sqrt{g}} \frac{\partial(\sqrt{g}\, T^{ik})}{\partial x_k} + \left\{ \begin{matrix} r\ s \\ i \end{matrix} \right\} T^{rs} = 0$$

schreiben.[33] Dabei ist g die Determinante des metrischen Tensors, und die

---

[30] „Für mich ist es absurd, dem »Raum« physikalische Eigenschaften zuzuschreiben." (Einstein, A., Brief an E. Mach. „Der undatierte Brief." Zitiert nach Wolters (1987), S. 152. – Wolters datiert den Brief auf „Jahreswechsel 1913/14".)
[31] Weyl (1923), S. 202.
[32] Die Einsteinsche Summationskonvention (s. Fußnote 2) gilt als vereinbart.
[33] Offenbar geht diese Gleichung in die entsprechend einfachere Beziehung der speziellen Relativitätstheorie über, wenn kein Gravitationsfeld vorhanden ist.

Definition der Christoffel-Symbole (2. bzw. 1. Art) lautet

$$\left\{ \begin{matrix} i\ k \\ t \end{matrix} \right\} = g^{rt} \left[\begin{matrix} i\ k \\ r \end{matrix} \right],$$

wobei

$$\left[\begin{matrix} i\ k \\ r \end{matrix} \right] = \frac{1}{2} \left(\frac{\partial g_{ir}}{\partial x_k} + \frac{\partial g_{kr}}{\partial x_i} - \frac{\partial g_{ik}}{\partial x_r} \right).$$

Von Einsteins vernichtender Kritik erfuhr Friedmann nach eigener Aussage aus dem Brief eines Freundes, der sich gerade im Ausland befand. Bei diesem Freund handelte es sich um den theoretischen Physiker Juri Alexandrowitsch Krutkow aus Petrograd. Vom 27. September 1922 an war Krutkow ein ganzes Jahr lang auf Dienstreise im Westen, seine Aufenthaltsorte waren Berlin, Leiden und Göttingen.

Obwohl es für Friedmann sicher ein Schock war, von Einstein höchstpersönlich öffentlich berichtigt zu werden, gab er nicht klein bei. Er war sich seiner Sache sicher und schrieb am 6. Dezember 1922 Einstein nach Berlin einen Brief in deutscher Sprache, in dem er seinen Standpunkt sehr höflich, aber bestimmt verteidigte. Nach kurzer Einleitung kommt Friedmann gleich zur Sache. Er widerspricht Einsteins Behauptung, aus dem Verschwinden der Divergenz des Materietensors ergebe sich automatisch $\frac{\partial \rho}{\partial x_4} = 0$, und begründet dies Schritt für Schritt. Zunächst schreibt er die Komponenten Q_k der Divergenz des Materietensors T_{ik} an,

$$Q_k = \frac{1}{\sqrt{g}} \frac{\partial \sqrt{g}\, g^{\alpha\sigma} T_{\alpha k}}{\partial x_\sigma} - \left\{ \begin{matrix} k\ \sigma \\ s \end{matrix} \right\} g^{\alpha\sigma} T_{\alpha s},$$

und weist darauf hin, daß letztlich nur die Komponente Q_4 von Interesse ist, da Q_1, Q_2 und Q_3 bei der von ihm betrachteten Metrik[34] einer nichtstatischen Welt mit zeitlich veränderlichem Krümmungsradius $R(x_4)$ des Raumes

$$d\tau^2 = -\frac{R^2(x_4)}{c^2}(dx_1^2 + \sin^2 x_1 dx_2^2 + \sin^2 x_1 + \sin^2 x_2 dx_3^2) + dx_4^2$$

ohnehin zu Null werden. Da nur T_{44} von Null verschieden ist, verschwindet nämlich für $k \neq 4$ in Q_k der Minuend, und es gilt $Q_k = \left\{ \begin{matrix} k\ 4 \\ 4 \end{matrix} \right\} g^{44} T_{44}$. Mit

---

[34]Wie Eddington bezeichnet Friedmann ds als „Intervall". Sowohl zur Darstellung der Metriken der Welten Einsteins und de Sitters als auch für die Metrik seiner nichtstatischen Welt verwendet er ein Intervall mit der Dimension „Zeit" und schreibt dafür $d\tau$. (Friedman[n] 1922a, S. 378f.)

$g^{14} = g^{24} = g^{34} = 0$ und $g^{44} = 1$ folgt weiter

$$\begin{Bmatrix} k\ 4 \\ 4 \end{Bmatrix} = g^{r4} \begin{bmatrix} k\ 4 \\ r \end{bmatrix} = g^{44} \cdot \begin{bmatrix} k\ 4 \\ 4 \end{bmatrix} = g^{44} \cdot \frac{1}{2} \left(\frac{\partial g_{k4}}{\partial x_4} + \frac{\partial g_{44}}{\partial x_k} - \frac{\partial g_{k4}}{\partial x_4} \right) =$$
$$= g^{44} \cdot \frac{1}{2} \frac{\partial g_{44}}{\partial x_k} = 0.$$

Für Q_4 ergibt sich unter Verwendung der Voraussetzung, daß nur $T_{44} \neq 0$:

$$Q_4 = \frac{1}{\sqrt{g}} \frac{\partial \sqrt{g} g^{\alpha\sigma} T_{\alpha 4}}{\partial x_\sigma} - \begin{Bmatrix} 4\ \sigma \\ s \end{Bmatrix} g^{\alpha\sigma} T_{\alpha s} = \frac{1}{\sqrt{g}} \frac{\partial \sqrt{g} g^{4\sigma} T_{44}}{\partial x_\sigma} - \begin{Bmatrix} 4\ \sigma \\ 4 \end{Bmatrix} g^{4\sigma} T_{44},$$

mit $g^{4\sigma} = 0$ für $\sigma \neq 4$

$$Q_4 = \frac{1}{\sqrt{g}} \frac{\partial \sqrt{g} g^{44} T_{44}}{\partial x_4} - \begin{Bmatrix} 4\ 4 \\ 4 \end{Bmatrix} g^{44} T_{44},$$

und wegen $\begin{Bmatrix} 4\ 4 \\ 4 \end{Bmatrix} = 0$, $g^{44} = 1$ und $T_{44} = c^2 \rho$ erhält man schließlich

$$Q_4 = \frac{1}{\sqrt{g}} \frac{\partial (\sqrt{g} c^2 \rho)}{\partial x_4}.$$

Und nun soll Friedmann wörtlich zitiert werden: „Indem wir Q_4 gleich Null setzen, was ja aus Ihren Weltgleichungen folgt, so werden wir nicht die von Ihnen angezeigte und in Ihren Artikeln stehende, sondern folgende Gleichung haben:

$$\frac{\partial \sqrt{g} \rho}{\partial x_4} = 0,$$

auf diese Weise erhält man, dass $\sqrt{g}\rho$ von x_4 unabhängig sein muss..."[35] Diese Forderung ist offenbar erfüllt, wenn $\sqrt{g}$, die Quadratwurzel aus der Determinante des metrischen Tensors, und ρ, die Dichte, reziproke Zeitabhängigkeit aufweisen, das heißt, wenn die Veränderung der Dichte mit der Zeit rein metrisch bedingt ist, also ausschließlich von der Veränderung des Weltradius R herrührt. Genau das ist bei der von Friedmann angesetzten nichtstatischen Metrik der Fall: Die Dichte ρ ist umgekehrt proportional zum Volumen, also umgekehrt proportional zur 3. Potenz des Weltradius R, die Determinante g des metrischen Tensors ist proportional zu R^6, somit ist $\sqrt{g}$ proportional zu R^3, was zu beweisen war. Das Weltfluid ruht im sich entwickelnden Raum, statische Materie und nichtstatische Geometrie sind miteinander vereinbar.

---
[35] Friedmann (1922b).

Friedmann erhält keine Antwort, weil Einstein nicht zu Hause ist, als der Brief aus Petrograd eintrifft. Einstein hat Berlin Anfang Oktober 1922 verlassen, um eine schon länger geplante Vortragsreise nach Japan anzutreten, und kehrt erst Mitte März 1923 nach Berlin zurück. Er kommt wohl nicht gleich dazu, sich um alle mittlerweile eingegangenen Briefe zu kümmern. Vermutlich hat auch die in der Zwischenzeit vom Nobelkomitee verkündete nachträgliche Verleihung des Physik-Preises für 1921 den ohnehin schon reichlichen Posteingang bei Einstein noch einmal beträchtlich anwachsen lassen. Weil Friedmann nun schon seit Monaten vergeblich auf Antwort wartet, bittet er anscheinend Juri Krutkow, der sich noch immer im Westen aufhält, mit Einstein persönlich Kontakt aufzunehmen und zu versuchen, diesen von der Richtigkeit der Friedmannschen Überlegungen und Berechnungen zu überzeugen. Krutkow ist zur fraglichen Zeit in Leiden, wo er mit Ehrenfest zusammenarbeitet. Ende April schreibt Krutkow in einem Brief nach Petrograd, Einstein werde zur Abschiedsvorlesung von H. A. Lorentz in Leiden erwartet und er freue sich schon, ihn kennenzulernen. Wann immer Einstein nach Leiden kommt, wohnt er bei seinem alten Freund Paul Ehrenfest. Am 4. Mai berichtet Krutkow von einem Vortrag Einsteins, und endlich, am 7. Mai, ergibt sich die Gelegenheit zu einem ersten Gespräch mit Einstein über Friedmanns Artikel. Doch sie kommen noch nicht zu einem Ergebnis. Um den 15. Mai reisen beide zurück nach Deutschland, und am 18. Mai sucht Krutkow Einstein in Berlin noch einmal in der bewußten Angelegenheit auf. Nun können sie auch Friedmanns Brief in die Diskussion einbeziehen, und es gelingt Juri Krutkow schließlich, Friedmann zu rehabilitieren. „Ich habe Einstein im Kampf für Friedmann besiegt. Petrograds Ehre ist gerettet!", meldet er seinen Erfolg nach Hause.[36] Am 31. Mai 1923 erhält die Redaktion der *Zeitschrift für Physik* Einsteins „Notiz zu der Arbeit von A. Friedmann »Über die Krümmung des Raumes«":

> Ich habe in einer früheren Notiz an der genannten Arbeit Kritik geübt. Mein Einwand beruhte aber – wie ich mich auf Anregung des Herrn Krutkoff an Hand eines Briefes von Herrn Friedmann überzeugt habe – auf einem Rechenfehler. Ich halte Herrn Friedmanns Resultate für richtig und aufklärend. Es zeigt sich, daß die Feldgleichungen neben den statischen dynamische (d.h. mit der Zeitkoordinate veränderliche) zentrisch-symmetrische Lösungen für die Raumstruktur zulassen.[37]

Dies zu akzeptieren, ist Einstein sicher nicht leicht gefallen, denn es bedeutete anzuerkennen, daß die Voraussetzung „ruhende Materie" nicht hin-

---

[36] Zitiert nach Frenkel' (1988), S. 506.
[37] Einstein (1923), S. 228.

reicht, um ein statisches Weltall herzuleiten. Er mußte hinnehmen, daß die allgemeine Relativitätstheorie das Machsche Prinzip auch dann nicht von sich aus verwirklicht, wenn die Feldgleichungen durch das gerade zu diesem Zweck eingeführte kosmologische Glied ergänzt werden. Dennoch wollte Einstein damals weiterhin daran festhalten, daß einzig und allein sein Weltmodell in Bezug zur Wirklichkeit stand. Den Friedmannschen Lösungen, so meinte er, dürfte „eine physikalische Bedeutung kaum zuzuschreiben sein".[38] Die „Notiz" beendete also zwar den Disput zwischen ihm und Friedmann, darf aber keinesfalls dahingehend interpretiert werden, daß Einstein Friedmanns Resultaten 1923 mehr als formale Korrektheit und Vereinbarkeit mit der allgemeinen Relativitätstheorie zugebilligt habe. Nichtsdestoweniger konnte Friedmann mit Recht stolz auf den siegreichen Ausgang der Kontroverse mit dem Geistesriesen Albert Einstein sein. Das Schicksal hat ihn so einigermaßen dafür entschädigt, daß er die breite Anerkennung seiner Ergebnisse nicht mehr erleben durfte.

Es ist bekannt, daß Friedmann seine Arbeit einschließlich der Auseinandersetzung mit Einstein bei seinem Deutschlandaufenthalt 1923 mit Potsdamer Astronomen diskutierte. Am 13. September 1923 schrieb er aus Berlin, wo er vergeblich gehofft hatte, auch Einstein treffen zu können:

> Heute war ich bei meinem alten Freund, dem Astronomen Pahlen; dort begegnete ich dem Astronomen Freundlich, einem sehr interessanten Menschen. Wir sprachen mit ihm über die Struktur des Weltalls [...] Auf alle machte mein Ringen mit Einstein und mein Sieg am Ende großen Eindruck [...][39]

Emanuel von der Pahlen verfaßte daraufhin für die Zeitschrift *Die Sterne* den Aufsatz „Der unendliche Weltraum und die Relativitätstheorie". Man meint, Friedmann sprechen zu hören, wenn man dort liest:

> Allerdings ist die von Einstein gegebene Lösung des Raumproblems nur äußerst wenig auf empirischen Tatsachen und hauptsächlich auf theoretischen Erwägungen aufgebaut, und sie stellt auch natürlich keineswegs die einzige mögliche Lösung seiner Differentialgleichungen dar, so daß wir selbstverständlich heute noch in keinem Falle sagen dürfen, das große Problem der Endlichkeit oder Unendlichkeit der Welt sei gelöst.[40]

---

[38] Im Entwurf (AEA 1-026) gestrichen und nicht veröffentlicht.
[39] Zitiert nach Tropp et al. (1988), S. 199.
[40] Pahlen (1924), S. 23.

Literatur

Eddington, A[rthur] S[tanley] (1923): Raum, Zeit und Schwere: Ein Umriß der allgemeinen Relativitätstheorie. Übers. W. Gordon. Braunschweig

Einstein, A[lbert] (1917): Kosmologische Betrachtungen zur allgemeinen Relativitätstheorie. Sitzungsberichte der Königlich Preußischen Akademie der Wissenschaften: Physikalisch-mathematische Klasse (1917), 142–152

Einstein, A[lbert] (1918a): Prinzipielles zur allgemeinen Relativitätstheorie. Annalen der Physik 4. Folge, 55, 241–244

Einstein, A[lbert] (1918b): Kritisches zu einer von Hrn. De Sitter gegebenen Lösung der Gravitationsgleichungen. Sitzungsberichte der Königlich Preußischen Akademie der Wissenschaften: Physikalisch-mathematische Klasse (1918), 270-272

Einstein, A[lbert] (1920): Äther und Relativitätstheorie. Berlin

Einstein, A[lbert] (1922a): Bemerkung zu der Arbeit von A. Friedmann ‚Über die Krümmung des Raumes'. Zeitschrift für Physik 11, 326

Einstein, A[lbert] (1922b): Vier Vorlesungen über Relativitätstheorie gehalten im Mai 1921 an der Universität Princeton. Braunschweig

Einstein, A[lbert] (1923): Notiz zu der Arbeit von A. Friedmann ‚Über die Krümmung des Raumes'. Zeitschrift für Physik 16, 228

Fok, V[ladimir] A[leksandrovič] (1963): Raboty A. A. Fridmana po teorii tjagotenija Ejnštejna. Uspechi fizičeskich nauk 80, 353–356

Frenkel', V[iktor] Ja[kovlevič] (1988): Aleksandr Aleksandrovič Fridman: Biografičeskij očerk. Uspechi fizičeskich nauk 155, 481–516

Friedman, A. (1922a): Über die Krümmung des Raumes. Zeitschrift für Physik 10 (1922): 377–386

Friedmann, A. (1922b): Brief an A. Einstein vom 6.12.1922. Albert Einstein Archives Call No. 11-114. Bisher unveröffentlicht

Friedmann, A. (1924): Über die Möglichkeit einer Welt mit konstanter negativer Krümmung des Raumes. Zeitschrift für Physik 21, 326–332

Friedmann, Alexander (2002): Die Welt als Raum und Zeit. Übers. a. d. Russ. v. Georg Singer. Ostwalds Klassiker der exakten Wissenschaften 287. 2. Aufl. Frankfurt am Main

Godart, O[don], Heller, M[ichael] (1979): Einstein-Lemaître: Recontre d'idées. Revue des Questions Scientifiques 150, 23–43

Hentschel, Klaus (1990): Interpretationen und Fehlinterpretationen der speziellen und der allgemeinen Relativitätstheorie durch Zeitgenossen Albert Einsteins. Basel u.a.

Hilbert, David (1915): Die Grundlagen der Physik: Erste Mitteilung. Nachrichten von der Königlichen Gesellschaft der Wissenschaften zu Göttingen: Math.-phys. Klasse (1915), 395–407

Hilbert, David (1917): Die Grundlagen der Physik: Zweite Mitteilung. Nachrichten von der Königlichen Gesellschaft der Wissenschaften zu Göttingen: Math.-phys. Klasse (1917), 53–76

Jammer, Max (1980): Das Problem des Raumes: Die Entwicklung der Raumtheorien. 2. erw. Aufl. Darmstadt

Kopff, August (1921): Grundzüge der Einsteinschen Relativitätstheorie. Stuttgart

Monin, A[ndrej] S[ergeevič], Polubarinova-Kočina, P[elageja] Ja[kovlevna], Chlebnikov, V[alerij] I[l'ič] (1989): Kosmologija, Gidrodinamika, Turbulentnost': A. A. Fridman i razvitie ego naučnogo nasledija. Moskva

Pahlen, E[manuel] von der (1924): Der unendliche Weltraum und die Relativitätstheorie. Die Sterne 4, 1–23

Tropp, E[duard] A[bramovič], Frenkel', V[iktor] Ja[kovlevič], Černin, A[rtur] D[avidovič] (1988): Aleksandr Aleksandrovič Fridman: Žizn' i dejatel'nost'. Moskva

Weyl, Hermann (1923): Raum Zeit Materie: Vorlesungen über allgemeine Relativitätstheorie. 5. Aufl. Berlin

Weyl, H[ermann] (1924): Massenträgheit und Kosmos: Ein Dialog. Die Naturwissenschaften 12, 197–204

Wolters, Gereon (1987): Mach I, Mach II, Einstein und die Relativitätstheorie: Eine Fälschung und ihre Folgen. Berlin, New York

Anschr. d. Verf.: Stud.-Dir. Georg Singer, Dachsweg 13, 92637 Weiden i.d.OPf.; e-mail: SingerGF@aol.com

Abb. 1 (zum folgenden Beitrag). Lemaître und Einstein in Pasadena, 1931 (mit freundlicher Genehmigung der Université Louvain-la-Neuve).

Georges Lemaître, das expandierende Universum und die kosmologische Konstante

Kurt Roessler, Bornheim

Die wissenschaftlichen und menschlichen Beziehungen von Albert Einstein zu Georges Lemaître waren über die Jahre von 1927 bis 1955 erheblichen Schwankungen unterworfen. Letzterer hatte 1927 unter Benutzung der allgemeinen Relativitätstheorie das neue Standardmodell eines expandierenden Kosmos mit positiver kosmologischer Konstante entworfen. In allen drei zwischen ihnen in diesen Jahren strittigen Fragen: Ausdehnung des Kosmos, primordialer quantenmechanischer Zustand (*„atome primitif"*) und Bedeutung der kosmologischen Konstante für die Vakuumenergie behielt Lemaître über den sich heftig verweigernden Einstein Recht. Die starke philosophisch-ontologische Komponente von Einsteins Denken gegenüber der rein epistemologischen Linie des katholischen Priesters Lemaître sorgte für überraschende Überkreuzungen der Argumente. Einstein zeigte sich in seiner Spätphase in dem Drama zwischen Freundschaft und Ablehnung, das Lemaîtres verdiente Anerkennung als „Darwin der Kosmologie" geschmälert hat, als eine die Entwicklung der Kosmologie eher behindernde Größe.

The scientific and human relations of Albert Einstein and Georges Lemaître are discussed. In 1927 the later had interpreted the General Theory of Relativity for a model of an expanding cosmos using a positive value of the Cosmological Constant. In the three open questions between them: expansion of cosmos, primordial state of a quantum vacuum (*"primeval atom"*), importance of the Cosmological Constant for vacuum energy, Lemaître finally won over the heavily opposing Einstein. The philosophical and ontological tendency of Einstein's thinking was contrasted with the strict epistemological line of the catholic priest Lemaître. The dramatic changes between friendship and controversy finally led to a diminution of Lemaître's reputation as "Darwin of Cosmology". In that case, the late Einstein proved to be a hindrance rather than a promoter of evolution in cosmology.

1 Einleitung

Die allgemeine Relativitätstheorie Albert Einsteins (1879–1955) eröffnete im Jahre 1917 für viele Gebiete der Physik neue Entwicklungen, darunter auch für die Kosmologie (Einstein 1917). Nach Jahrtausenden mythischer, theologischer und philosophischer Theorien zum Werden und aktuellen Zustand des Kosmos, die nur gelegentlich mit relevanten astronomischen Fakten verbunden waren, begann nun eine mathematisch und physikalisch fundierte Behandlung. Die allgemeine Relativitätstheorie ließ zum ersten Mal wirklich globale und widerspruchsfreie Modelle der Welt als Ganzes zu. Einstein selbst ging anfänglich von einem statischen Weltmodell aus, in dem die Welt zeitlich unveränderlich von Ewigkeit zu Ewigkeit existiert. Daher war es nicht er selbst, der die zukunftsträchtige Wende zu einem dynamischen Kosmos vollzog, sondern zwei junge Mathematiker und theoretische Physiker, der Russe Aleksandr Aleksandrowitsch Fridman (1888–1925; in seinen deutschsprachigen Publikationen Alexander A. Friedmann) und der belgische Priester Georges Lemaître (1894–1966).

Die offiziellen Biographien Einsteins berichten nur wenig über die Beziehungen zu Lemaître,[1] obwohl diese wegen der kosmologischen Interpretation der allgemeinen Relativitätstheorie von größter Bedeutung sind. Hier spiegelt sich die gegenwärtig nur geringe Bekanntheit des belgischen „Darwins der Kosmologie" wieder. Das wechselhafte Verhältnis zwischen Einstein und Lemaître wird hier an Hand von Originalquellen, darunter an Hand Lemaîtres eigener Schilderung[2] und der über ihn im wallonischen Belgien erschienenen biographischen Arbeiten[3] beschrieben. Unter diesen ist das Buch von Dominique Lambert aus dem Jahre 2000 hervorzuheben.[4] Kürzlich wurde das Thema im Rahmen eines von Hans Joachim Blome und dem Verfasser organisierten Seminars behandelt.[5]

2 Der „Philosoph" Einstein und der „Priester" Lemaître

Im Einstein-Festjahr 2005 werden auch die philosophischen Bezüge der Arbeiten Albert Einsteins erneut zur Debatte gestellt. Nicht erst seit dem

---

[1] Siehe u.a.: Frank (1979), Einstein (1979), Pais (1986), Fölsing (1993), Neffe (2005).
[2] Lemaître (1958a): Rencontres avec A. Einstein (Vortrag am 27. April 1957 im belgischen Radio).
[3] Godart (1967), Berger (1984), Godart & Heller (1985), Courtoy & Lambert (1994), De Rath (1994), Courtoy & Lambert (1995), Stoffel (1996).
[4] Lambert (2000).
[5] Roessler & Blome (2005); hierin die Aufsätze von Hans Joachim Blome & Kurt Roessler: Georges Lemaître. Mathematiker, Physiker, Vater des Urknalls und Priester, p. 13–24 und Hilmar W. Duerbeck: Lemaître und die Expansion des Weltalls, p. 37–51.

Sammelband *Albert Einstein: Philosopher-Scientist* zur Feier seines siebzigsten Geburtstags im Jahre 1949[6] gilt er auch als Wissenschaftsphilosoph.[7] Der gemeinsame Vortrag der Bonner Philosophen Andreas Bartels und Holger Lyre *Einstein – ein Philosoph?* am 1. Juni 2005 in der Universität zu Bonn belegt, dass Einstein philosophische Vorbildung und großes Interesse an entsprechenden Fragen besaß, aber nicht als eigenständiger Philosoph angesehen werden kann:[8]

> Bestimmte „metaphysische" Prinzipien der Physik waren für Einstein scheinbar unhintergehbar. So konnte es das Genie nicht hinnehmen, dass die sogenannte Nicht-Separabilität als Prinzip seiner Quantentheorie gefunden wurde. Einstein gestand später, dass er vor seinem wissenschaftlichen Durchbruch 1905 durchaus auch philosophisch beeinflusst wurde. So im Brief aus dem Jahre 1915 an Moritz Schlick: „Sehr richtig sind auch Ihre Ausführungen darüber, dass der Positivismus die Relativitätstheorie nahelegt, ohne sie indessen zu fordern. Auch darin haben Sie richtig gesehen, dass diese Denkrichtung von großem Einfluss auf meine Bestrebungen gewesen ist, und zwar E. Mach und noch viel mehr Hume, dessen Traktat über den Verstand ich kurz vor der Auffindung der Relativitätstheorie mit Eifer und Bewunderung studierte. Es ist sehr gut möglich, dass ich ohne diese philosophischen Studien nicht auf die Lösung gekommen wäre." In vielen seiner Abhandlungen sind die Parallelen zur Philosophie klar erkennbar. Einstein ist ein erkenntnistheoretischer Realist. Unbestritten ist, dass er wie kein anderer vor und nach ihm die Philosophie anregte und beeinflusste.

Noch mehr als diese Beschreibung trifft eine Passage aus Einsteins Aufsatz *Physik und Realität* aus dem Jahre 1936 auf die hier anstehende Problematik zu:[9]

> Oft und gewiss nicht ohne Berechtigung ist gesagt worden, dass der Naturwissenschaftler ein schlechter Philosoph sei. Warum sollte es also nicht auch für den Physiker das Richtigste sein, das Philosophieren dem Philosophen zu überlassen? In einer Zeit, in welcher die Physiker über ein festes,

---

[6] Schilpp 1949.
[7] Siehe Kanitscheider (1988), Howard & Stachel (1989), Held (1998), Suchan (1999), Huber (2000), Howard & Stachel (2000), Ryckman (2005). Ferner sei auf die einschlägigen Bücher und Veröffentlichungen von John Norton hingewiesen.
[8] Der Text des Vortrags liegt dank der Freundlichkeit von Prof. Dr. Andreas Bartels beim Verfasser vor. Weitere Information in der lokalen Presse: Isabell Klotz, Brigitte Linden: Einstein als Philosoph und Geschäftsmann. Dem genialen Physiker halfen auf dem Weg zu seinen Entdeckungen offenbar auch philosophische Studien [...] In: General-Anzeiger (Bonn), Donnerstag, 2. Juni 2005, 13.
[9] Einstein (1979), Kapitel *Physik und Realität*. Die deutsche Ursprungsfassung und eine englische Übersetzung finden sich in Einstein (1936).

nicht angezweifeltes System von Fundamentalbegriffen und Fundamentalgesetzen zu verfügen glaubten, mag dies wohl so gewesen sein, nicht aber in einer Zeit, in welcher das ganze Fundament der Physik problematisch geworden ist, wie gegenwärtig. In solcher Zeit des durch die Erfahrung erzwungenen Suchens nach einer neuen, solideren Basis kann der Physiker die kritische Betrachtung der Grundlagen nicht einfach der Philosophie überlassen, weil nur er selber am besten weiß und fühlt, wo ihn der Schuh drückt; auf der Suche nach einem neuen Fundament muss er sich über die Berechtigung beziehungsweise Notwendigkeit der von ihm benutzten Begriffe nach Kräften klar zu werden versuchen.

Aber nicht nur im Hinblick auf die Philosophie hat Einstein Stellung bezogen. Der aus liberalem jüdischen Elternhaus Stammende hat noch 1954 betont, nicht an einen persönlichen Gott zu glauben. In manche seiner originellen Äußerungen mischt sich aber eine über das Bonmot weit hinausführende Ehrfurcht vor einem übergeordneten metaphysischen Prinzip; so in den Sprüchen: „Gott würfelt nicht." oder „Raffiniert ist der Herrgott..."[10] Klare Worte sprechen sein 1921 abgegebenes Bekenntnis[11]:

Jedem tiefen Naturforscher muß eine Art religiösen Gefühls naheliegen, weil er sich nicht vorzustellen vermag, daß die ungemein feinen Zusammenhänge, die er erschaut, von ihm zum erstenmal gedacht werden. Im unbegreiflichen Weltall offenbart sich eine grenzenlos überlegene Vernunft. – Die gängige Vorstellung, ich sei ein Atheist, beruht auf einem großen Irrtum. Wer sie aus meinen wissenschaftlichen Theorien herausliest, hat diese kaum begriffen [...]

und die viel zitierte Stelle:

Das Schönste und Tiefste, was der Mensch erleben kann, ist das Gefühl des Geheimnisvollen. Zu empfinden, dass hinter dem Erlebbaren ein für unseren Geist Unerreichbares verborgen sei, dessen Schönheit und Erhabenheit uns nur in schwachem Widerschein erreicht, das ist Religiosität.

Im Gegensatz zu Einstein stammte Georges Lemaître aus einer religiös sehr geprägten Familie im katholischen wallonischen Belgien. Er hatte schon als Schüler den Wunsch, Priester zu werden. Seinem Vater zuliebe führte er aber ab 1911 an der Universität Löwen zunächst ein Ingenieurstudium durch – unterbrochen durch die Teilnahme am Ersten Weltkrieg als Freiwilliger der belgischen Armee –, das er 1920 mit der Doktorarbeit

---

[10] Jammer (1995), Ostermann (2001), Hattrup (2002); Dieter Hattrup: Der späte Einstein und sein Kampf mit dem theologischen Weltbild. Vortrag auf dem Einstein-Symposium. Leibniz Gemeinschaft Bonn, 9. Mai 2005.

[11] Hier zitiert nach Ernst Frankenberger (1999), p. 23.

L'approximation des fonctions de plusieurs variables réelles [Die Näherung der Funktionen mehrerer reeller Variablen] bei dem bekannten Mathematiker Charles de la Vallée-Poussain und der Promotion in Physik und Mathematik abschloss. Unmittelbar danach trat er in das Priesterseminar Saint Rombaut in Mecheln ein, das Kriegsteilnehmern einen schnellen Weg zum Priesterberuf ermöglichte. Im Jahre 1923 erhielt er aus der Hand des Primas von Belgien, Erzbischof Désiré Kardinal Mercier im Dom von Mecheln die Priesterweihe. Typisch für die Arbeitsweise Lemaîtres war, dass er im Priesterseminar in seiner Freizeit die allgemeine Relativitätstheorie gründlich studierte. Der damalige Priesterüberschuss erlaubte, den jungen Geistlichen als Assistenten der Katholischen Universität Löwen für Mathematik und Physik freizustellen. Als solcher erhielt er 1923 ein Reisestipendium der belgischen Regierung, das ihn zunächst für etwa ein Jahr als Mitarbeiter des Relativitätstheoretikers und Kosmologen Arthur Stanley Eddington nach Cambridge und danach für knapp zwei Jahre in die Vereinigten Staaten von Amerika führte, wo er u.a. Kontakte zu den berühmten Astronomen Edwin P. Hubble und Vesto M. Slipher sowie zu Robert A. Millikan knüpfte und in die moderne beobachtende Astronomie eingeführt wurde. 1925 erhielt er einen Lehrauftrag, 1927 die ordentliche Professur für Physik und Mathematik der Universität Löwen. Abgesehen vom Mitwirken an einer Priesterbruderschaft, der gelegentlichen Betreuung einiger ausländischer Studenten sowie Zeremonialpflichten als Ehrendomherr der Kathedrale von Mecheln, hat Lemaître nie eigentlich seelsorgerische oder kirchliche Funktionen ausgefüllt. Auch die Berufung in die Päpstliche Akademie der Wissenschaften im Jahre 1936 und zu ihrem Präsidenten im Jahre 1960 galten in erster Linie dem Naturwissenschaftler, nicht dem Priester. Nach außen hin mag sich Lemaîtres Priestertum daher als eine Art persönliches Hobby darstellen. Da er nicht in Theologie promoviert hatte, waren ihm bei der strengen Fakultätengliederung der Universität Löwen jegliche offizielle theologische oder philosophische Stellungnahmen untersagt.

Lemaître hat bis zum Schluss seines Wirkens seine *théorie des deux chemins vers la verité* [Theorie der zwei Wege zur Wahrheit] befolgt[12] und sich jeder metaphysischen oder religiösen Interpretation seiner naturwissenschaftlichen Theorien widersetzt. Von ihm ist das Wort überliefert:[13]

> Ich habe zu viel Ehrfurcht vor Gott, um daraus eine wissenschaftliche Hypothese zu machen.

---

[12]Lambert (2000), p. 161–172; Chapitre IX, Science et foi: La théorie des deux chemins (1924–1936). Übers. d. Verf.
[13]Lambert (2000), p. 163; pers. Mitt. von A. Caupain, 22. März 1995. Übers. des Verf.

Dominique Lambert führt an, dass die strenge Trennung der naturwissenschaftlichen von den spirituellen Realitäten insbesondere auf den starken Einfluss des Kosmologen Eddington zurückging. Das führte im Jahre 1951 bei dem wohlgemeinten Versuch Papst Pius XII., in seiner Ansprache *Un' Ora* u.a. Lemaîtres Urknall-Hypothese als naturwissenschaftlichen Beleg der christlichen Schöpfungslehre zu interpretieren, zu beredtem Schweigen des Kosmologen und der Unterbindung weiterer solcher Akte durch einflussreiche Mittelsmänner im Vatikan.[14] Franz R. Krueger formuliert treffend die Konstellationen des Physikers Einstein und des Priesters Lemaître, die die Grundlage der im Weiteren besprochenen Ereignisse waren:[15]

> Lemaître hatte – darin übrigens Teilhard de Chardin ähnelnd – eine Innen-Perspektive der Welt. Er war als Physiker ganz und gar Epistemologe. Er betrachtete „Schöpfung" vom (geistig) Geschöpften aus. Einstein hingegen – darin übrigens Nicolas de Cusa ähnelnd – suchte nach einer Außenperspektive der Welt, und damit auch ganz unbescheiden über Gott („den Alten"), als großer Physiker besonders spekulativ.

3 Die Expansion des Kosmos

Einstein hatte im Jahre 1926 in Zusammenarbeit mit Professor Théophile De Donder von der Freien Universität Brüssel an der Vorbereitung des 5. Solvay-Kongresses mitgewirkt, der vom 24. bis 27. Oktober 1927 in Brüssel stattfinden sollte, und war am 2. April 1926 mit besonderer Billigung des Königs Albert in das Wissenschaftliche Komitee des Internationalen Solvay-Instituts aufgenommen worden. Lemaître erinnerte sich 1957 in einer Radioansprache zum 2. Jahrestag von Einsteins Tod:[16]

> Ich habe Albert Einstein zum ersten Mal vor 29 Jahren getroffen. Er war nach Brüssel gekommen, um am Solvay-Kongress von 1927 teilzunehmen. Auf einem Spaziergang in den Alleen des Parks Leopold sprach er mich auf einen bisher nur wenig bekannt gewordenen Artikel an, den ich im vergangenen Jahre über die Ausdehnung des Weltalls geschrieben und den ein Freund ihm zu lesen gegeben hatte. Nach einigen wohlmeinenden Bemerkungen technischer Art schloss er mit der Bemerkung, dass ihm vom physikalischen Standpunkt alles widerwärtig [abominable] erschiene.

---

[14]Lambert (2000), p. 275–292, Chapitre XV, Science et foi: L'Affaire *Un' Ora* (1951–1952). Siehe auch Roessler & Blome (2005), p. 13–24.

[15]Franz R. Krueger: Zu Epistemologie und Ontologie der Zeit in relativistischer Hinsicht. In: Roessler & Blome (2005), p. 196–198.

[16]Lemaître (1958a), p. 129, (1995), p. 159–160. Übers. d. Verf.

Als ich versuchte, die Unterhaltung fortzusetzen, lud mich sein Begleiter Auguste Piccard ein, mit Einstein zusammen in das Taxi zu steigen, das ihn zum Besuch seines Labors an der Universität Brüssel bringen sollte. Im Taxi redete ich von den Geschwindigkeiten der extragalaktischen Nebel und hatte dabei den Eindruck, dass Einstein über astronomische Fakten kaum auf dem Laufenden war.

Dominique Lambert nimmt an, dass der „Freund", der Einstein Lemaîtres Artikel von 1927[17] zu lesen gegeben hatte, De Donder gewesen sei.[18] In einem 1929 gehaltenen Vortrag bedankte sich Lemaître übrigens bei Einstein, dass er ihn – wohl damals in Brüssel – auf die Arbeit von Friedmann hingewiesen hatte, die er vorher noch nicht kannte.[19]

Die hier gezeigte Momentaufnahme ist bezeichnend für Einsteins gelegentlich selbstherrliche Attitüde und sein misstrauisches Staunen über einen jungen Physiker im Habit eines katholischen Priesters, selbst wenn er ihm die mathematische Beherrschung der allgemeinen Relativitätstheorie bescheinigen musste. Auch Eddington, der Lemaître von seinem Gastaufenthalt in Cambridge im Jahr 1923 viel besser kannte, äußerte zunächst das Verdikt des „Theologischen" über dessen Ansatz. Dies erscheint in Kenntnis des von Lemaître – abweichend vom heutigen Ideal der fachübergreifenden Vernetzung – bis zum Ende durchgehaltenen Leitbildes der zwei getrennten Wege der Naturwissenschaften und der Metaphysik/Religion besonders fehlinterpretiert.

Einsteins forcierter Widerstand gegen ein dynamisches Weltbild ist um so erstaunlicher, als er die Arbeit Friedmanns kannte, die er aber zunächst abwertete.[20] Allerdings ist zu berücksichtigen, dass die laufenden Arbeiten Hubbles noch 1929 als Beweis des statischen De Sitter-Modells angesehen wurden[21], und dass Lemaîtres These von der Ausdehnung des Weltalls, auf die sich Hubble und Humason später bei der Neuinterpretation ihrer experimentellen Arbeiten stützten[22], im Jahre 1927 des tiefer gehenden Beweises ermangelte. Sehr ernst zu nehmen ist die von Lemaître angesprochene mangelnde Kenntnis Einsteins der zeitgenössischen beobachtenden Astronomie. Einstein mag aber auch aus den oben angesprochenen on-

---

[17] Lemaître (1927)
[18] Lambert (2000), p. 104.
[19] Georges Lemaître: La grandeur de l'espace (Vortrag am 31. Januar 1929 vor der Generalversammlung der Socit scientifique de Bruxelles). Abgedruckt als Lemaitre (1929).
[20] Einstein (1922, 1923). Vgl. auch die Behandlung der Auseinandersetzung zwischen Friedmann und Einstein in den Artikeln *Einsteins Beitrag zur Kosmologie – ein Überblick* von T. Jung und *Die Kontroverse zwischen Alexander Friedmann und Albert Einstein um die Möglichkeit einer nichtstatischen Welt* von G. Singer in diesem Band.
[21] Duerbeck in Roessler & Blome (2005), p. 37–51; hier p. 43–44.
[22] Hubble & Humason (1931).

tologischen Gründen einen statischen Kosmos begünstigt haben. Ein sich ständig änderndes System verfällt von der Philosophie her leicht dem Verdikt des Kontingenten als ein von einem höheren nicht-kontingenten Prinzip Abhängiges. Einsteins metaphysischer Hintergrund reichte aber nun doch nicht soweit, dass er das als Prinzip für die Physik akzeptiert hätte. Für die Mehrzahl der Physiker war jedenfalls ein expandierendes Universum damals noch blanker Unsinn.

In den fünf Jahren zwischen 1927 und 1933 hatte sich in der Kosmologie viel ereignet. Nachdem die experimentellen Fakten Hubbles und seiner Kollegen, die er im Januar 1931 im Mount Wilson Observatorium an Ort und Stelle kennenlernte, keinen Ausweg mehr ließen, hatte auch Einstein Friedmanns Gleichungen eines dynamischen Kosmos in sein Konzept aufgenommen.[23] Das sogenannte Friedmann-Einstein-Universum besaß eine Anfangs- und eine Endsingularität. Schon in der Interpretation von Friedmann selbst war mit dem Ende der Anfang eines neuen Universums apostrophiert, ein zyklischer, immer wieder kehrender Prozess. Dieses sogenannte Phönix-Konzept kam Einsteins metaphysischer Tendenz entgegen, da es erlaubte, ein von außen (ontologisch) gesehen quasi-statisches und nicht-kontingentes Universum zu formulieren, dessen epistemologisch erfassbare Dynamik nur in seinem Inneren ablief. De Sitter brachte dann noch 1932 zusammen mit Einstein eine dynamische Variante seines Weltmodells ohne kosmologische Konstante heraus.[24]

Ende 1932 und Anfang 1933 verbrachte Lemaître zwei Monate am Californian Institute of Technology (Caltech) in Pasadena und am Mount Wilson Observatory. Am 11. Januar 1933 wohnte Einstein Lemaîtres Seminar über die Ausdehnung des Kosmos bei, wozu Einstein übrigens die Teilnahme an einer ebenfalls wichtigen anderen Tagung strich. Für Lemaître bedeutete dies die offizielle Anerkennung seiner Theorie (Abb. 1). Diese Begegnung gab Anlass für viele, nun freundliche Diskussionen. Die Los Angeles Times schrieb am 11. Januar 1933:

> Shortly before dinner tonight [Jan. 10], Dr. Einstein and Abbé Georges Lemaître, Belgian Physicist, strolled about the Athenaeum grounds in serious expressions on their faces indicating that they were debating the present state of cosmic affairs.

Lemaître schrieb in seinen Erinnerungen über diese Zeit:[25]

> Ich sah Einstein vier Jahre später in Kalifornien im Athenäum von Pasadena wieder. Er sprach zu mir über die Zweifel, die er bezüglich der Un-

---

[23] Einstein (1931).
[24] Einstein & de Sitter (1932).
[25] Lemaître (1958a), p. 130, (1995), p. 160. Übers. d. Verf.

vermeidbarkeit eines Null-Radius des Universums hatte. Einstein schlug mir ein sehr vereinfachtes Modell des Weltalls vor, für das ich mit Leichtigkeit den Energietensor berechnen konnte. Dieses Ereignis lehrte mich viel über seine Denkweise und seine Art, Unklarheiten zu unterteilen, um sich dann an Hand gut gewählter Beispiele zu entscheiden. Er schloss mit der Bemerkung, dass die Lösung des Problems [échappatoire = Ausflucht, Notausgang], an die er gedacht hatte, nicht funktioniere.

Es dürfte sich dabei um das Phönix-Universum gehandelt haben. Von Lemaîtres Ideen nahm Einstein allerdings nicht alle auf, wie die folgende Passage des Berichtes über die Diskussionen in Pasadena belegt:

Als er eines Tages über die Vereinigungstheorie sprach, an der er damals ohne Unterlass arbeitete, zeigte er eine vorübergehende Entmutigung und sagte mir, dass das Problem sehr schwer sei und die Erfolgschancen minimal und dass es besser von jemand behandelt werden solle, der nicht mehr an seine Karriere denken müsste.

Als ich ihm dann von meinen Vorstellungen über den Ursprung der kosmischen Strahlung sprach, reagierte er sehr lebhaft: „Haben Sie davon schon mit Millikan gesprochen?". Aber als ich ihm meine Idee vom Urzustand [„atome primitif", die spätere Urknall-Theorie] vorstellen wollte, unterbrach er mich: „Nein, nicht so etwas. Das erinnert zu sehr an die Schöpfungslehre."

Trotz dieser Verurteilung Einsteins und der inneren Schwierigkeit der Annahme einer Singularität ist Lemaîtres Urknall-Hypothese mit ihrem quantenmechanischen Urzustand im Hinblick auf ein primordiales Quantenvakuum heute noch Grundstock jeder kosmologischen Diskussion. Die heftige Ablehnung von Lemaîtres Konzept aus dem Jahre 1931[26] durch Eddington und Einstein als „Schöpfungslehre" oder „Theologie" führte zu einer historischen Überkreuzung der Argumentation. Während der Biologe Thomas Henry Huxley das dynamische Evolutionskonzept Darwins auf der berühmten Sitzung der British Association for the Advancement of Science am 10. Juni 1860 gegen die statische, kreationistische Linie des Bischofs von Oxford, Samuel Wilberforce, verteidigte,[27] war es nun ein Priester, der die dynamische Kosmologie gegen das aus religiösen (bei Eddington) und philosophischen Motiven gespeiste statische Weltbild der Physiker durchsetzte.

---

[26] Lemaître (1931).
[27] U.a. in Koltermann (1994), p. 169.

4 Fast eine Freundschaft

Nach der Machtergreifung Hitlers in Deutschland am 30. Januar 1933 wusste Einstein, dass seine Stellung in Berlin keine Dauer mehr haben würde. Als er Anfang März 1933 von Pasadena nach Europa zurückkehrte, fuhr er von Antwerpen nach Brüssel, wo er in der Deutschen Botschaft als Erstes seinen Pass zurückgab. Das offizielle Rücktrittsschreiben schickte er am 30. März 1933 an die Akademie der Wissenschaften nach Berlin. Man versuchte nun in Brüssel, für Einstein eine Übergangslösung zu finden und organisierte Vorlesungen, damit er sich über Wasser halten konnte. Dabei kam ihm die Bekanntschaft mit dem belgischen Königshaus zu Hilfe, die 1929 begonnen hatte, und die Einstein durch Korrespondenz, insbesondere mit der Königin Elisabeth, aufrecht erhielt. Einstein richtete sich noch im März im Badeort Le Coq-sur-Mer (heute flämisch De Haan) in der Villa Savoyarde ein. Erst Anfang September verließ er Belgien, um nach einem kurzen Aufenthalt in England am 10. Oktober 1933 mit dem Schiff in die Vereinigten Staaten zu reisen und Europa für immer zu verlassen.[28] Philipp Frank schrieb in seinem bunten und nicht immer ganz sachgerechten Bericht:[29]

> Kap. 10.8 Einsteins letzte Woche in Europa. In den Sanddünen von Le Coque sur Mer.
>
> Einstein verlebte die letzten Wochen seines Aufenthaltes in Europa in einem belgischen Badeort in einer Villa, die zwischen großen Sanddünen versteckt lag. [...] Einstein hatte gute Freunde in Belgien. Einer von ihnen, ein katholischer Priester, der Abbé Le Maitre, hatte gefunden, daß es mit Einsteins Gleichungen des Gravitationsfeldes im Weltraum sehr gut in Einklang stehe, wenn die Verteilung der Materie im Weltall im Durchschnitt immer dieselbe bleibt. [...] Da Abbé Le Maitre ein Stolz der belgischen Wissenschaft war, hatte auch die Königin von Belgien Interesse an Einsteins Theorien genommen und sich gelegentlich an Gesprächen mit Einstein erfreut.

Aus dem Bericht, den Lemaître selbst darüber gab, kann man entnehmen, dass er Einstein möglicherweise am Anfang seines Belgien-Aufenthaltes in Le Coq-sur-Mer eingeführt und ihn auch weiterhin betreut hat. Von diesem ersten Ausflug stammt das bekannte Photo der beiden. Man ist hier versucht, an eine gewisse Freundschaft zu denken:[30]

---

[28] Fölsing (1993).
[29] Frank (1979), p. 385 ff.
[30] Lemaître (1958a), p. 131–132, (1995), p. 161–162. Übers. d. Verf.

Im nächsten Jahr [bezogen auf den Beginn von Lemaîtres Aufenthalt in Pasadena im Spätherbst 1932] traf ich Einstein in Belgien und nahm mit De Donder und Rosenfeld an seinem Vortragszyklus in Brüssel teil. Ich machte mit ihm auch einen kurzen Besuch des Seebades Le Coq. Wenn er von seinen Aktivitäten zu dieser Zeit sprach, sagte er: „Das habe ich in Le Coq gefunden."

Zu dieser Zeit rauchte ich noch und bot ihm eines Tages eine Zigarette an. Er wies sie zunächst zurück, besann sich dann aber anders, nahm die Zigarette, schnitt sie der Länge nach auf und steckte den Tabak in seine Pfeife. Er erklärte mir dann, dass er eigentlich das Rauchen aufgeben wolle und nur soviel Tabak bei sich führe, wie er jeden Tag rauchen konnte. Ich gab ihm die Gelegenheit, seine Diät ein wenig zu unterbrechen.

Natürlich wiederholte ich das bei anderen Gelegenheiten. [...] Schließlich sah ich ihn 1935 in Princeton zum letzten Mal. Er sagte mir: „Sie reisen aber viel herum [*votre mobilité est grande*]." Ich war zu sehr Relativist, um daraus nicht auch einen Rückschluss auf seine Mobilität zu ziehen, enthielt mich aber jeder Bemerkung.

Zu dieser Zeit gelang es mir, eine Versammlung einiger Professoren des Instituts zu organisieren, auf der Einstein seine aktuellen Forschungen vorstellen konnte, über die er noch nicht berichtet hatte. Die vorgetragene Theorie erschien hochgradig bizarr und wurde sehr kühl aufgenommen. Ich glaube, ich habe sogar von „Senilität" reden gehört [...]

5 Der Streit um die kosmologische Konstante Λ

Der Streit um die Bedeutung der von ihm selbst in der allgemeinen Relativitätstheorie im Hinblick auf die Stabilität des Kosmos vorgelegten Kosmischen Konstante λ, bzw. später Λ, dauerte über den Tod Einsteins hinaus und ist auch heute noch nicht gänzlich verstummt. Einstein blieb immer gegenüber seiner Konstante kritisch. George Gamow hat Einsteins angeblichen Ausspruch kolportiert:[31]

> [Die Einführung der kosmologischen Konstante war] die größte Eselei meines Lebens.

Tatsächlich hatte Einstein schon 1923 an Hermann Weyl geschrieben:[32]

> Wenn schon keine quasi-statische Welt, dann fort mit dem kosmologischen Glied.

---

[31] Gamow (1970), p. 44. Die hier zitierte deutsche Übersetzung ist die gängigste Fassung.

[32] Postkarte von Einstein an Weyl vom 23. Mai 1923. AEA 24-080. Das Zitat wurde aus der Arbeit von Jung in diesem Band übernommen. Abraham Pais (1986) zitiert die Übersetzung: „If there is no quasi-static world, then away with the cosmological term."

Das führte dann zu dem Paradoxon, dass die dynamischen Modelle, die Friedmann und Lemaître mit einer kosmologischen Konstante ungleich Null entwickelt hatten, nun von Einstein als Argument zur Ablehnung seiner eigenen Kreation benutzt wurden. Abraham Pais fasst Einsteins Reaktion zusammen:[33]

> Unter Bezug auf das theoretische Werk Friedmanns, „das von experimentellen Fakten nicht beeinflusst wurde" und unter Bezug auf die experimentellen Ergebnisse von Hubble, „denen die allgemeine Relativitätstheorie ungezwungener (nämlich ohne Λ-Glied) gerecht werden zu können scheint" verwirft Einstein formal den kosmologischen Term, der „theoretisch ohnehin unbefriedigend" sei. [Einstein (1931)] Im Jahre 1932 treffen er und De Sitter gemeinsam eine ähnliche Feststellung. [Einstein & de Sitter (1932)] Er verwendet den Λ-Term nie wieder. [Einstein (1973)]

Lemaître war nicht der Einzige, der mit Einstein über die Bedeutung der kosmologischen Konstante gestritten hat. Weinberg (1989) und Suchan (1999) haben in ihren Arbeiten gute Berichte von den vielfältigen Diskussionen um Λ gegeben, ebenso Jung im Beitrag zu diesem Buch. Lemaître war aber mit der Benutzung der Konstante in seiner Expansionsgleichung der Prominenteste in diesem Streit. Daher wird sich im Weiteren auf die Reaktionen der Antipoden Einstein und Lemaître beschränkt. Letzterer berichtete über den Beginn der 16 Jahre dauernden Diskussionen in Pasadena im Januar 1933 und kurz danach:[34]

> Ich hatte in dieser Zeit viele Unterhaltungen mit Einstein, im allgemeinen auf Spaziergängen, die sich fast immer, wie auch später, um die kosmologische Konstante „λ" drehten, die er in einem Geniestreich in seine Gleichungen eingeführt hatte, mit der er aber niemals zufrieden war und die er gerne wieder losgeworden wäre.
>
> Die Journalisten hatten mitbekommen, dass wir vom „little lambda" sprachen, aus dem sie scherzhafterweise das „little lamb", das kleine Lamm machten, das uns sozusagen auf all unseren Wegen folgte. [...]
>
> Als wir eines Tages über die Dirac-Gleichung sprachen, die am Anfang aller Teil- und Spinvektoren steht, sagte er mir: „Die Dirac-Gleichung ist ein wahres Wunderwerk." Da nahm ich natürlich die Diskussion um die kosmologische Konstante wieder auf und dachte einen Moment lang, ich hätte ihn ins Wanken gebracht. Er sagte mir: „Was auch immer. Wenn Sie zeigen könnten, dass die kosmologische Konstante ungleich Null ist, das wäre schon etwas Bedeutendes."

---

[33] Pais (1986), p. 292.
[34] Lemaître (1958a), p. 130, 132, (1995), p. 160, 162. Übers. d. Verf.

Ich konnte ihm nachweisen, dass er 1932 in dem Artikel zusammen mit De Sitter, in dem er von einem euklidischen, also unendlichen Raum sprach, eigentlich einen Raum mit einem sehr großen Radius im Blick hatte, aber keinen wirklich unendlichen. Das erlaubt Einstein von denen abzugrenzen, die mit Milne geglaubt haben, man könne eine homogene Kosmologie mit einem unendlichen Raum verbinden.

Lange bevor im Jahr 1976 Yakov Zeldovich sie als Energie des Quantenvakuums definierte, präzisierte Lemaître im Jahre 1934 die Bedeutung der kosmologischen Konstante für die Vakuumenergie, die Hauptkraft der Ausdehnung des Universums:[35]

> Everything happens as though the energy in vacuo would be different from zero. In order that absolute motion, i.e. motion relative to vacuum, may not be detected, we must associate the pressure $p = -\rho c^2$ to the density of energy ρc^2 of vacuum. This is essentially the meaning of the cosmological constant λ[36] which corresponds to a negative density of vacuum ρ_0 according to:
> $$\rho_0 = \lambda c^2/4\pi G \; 10^{-27} \text{ gr.}/\text{cm}^3. \tag{1}$$

Der fortdauernden Diskussion mit Einstein war kein gutes Ende beschieden. Im Brief an Lemaître vom 26. September 1947 wiederholte Einstein seine Ablehnung:[37]

> Ich fand es widerwärtig, annehmen zu müssen, dass die Gleichung für das Gravitationsfeld aus zwei logisch unabhängigen Termen zusammengesetzt sein sollte, die sich zueinander additiv verhalten. Es ist schwierig, Argumente zur Rechtfertigung solcher Gefühle zu geben, wie ich sie bezüglich der logischen Einfachheit empfinde. Ich kann mich aber nicht dagegen wehren, sie mit aller Kraft zu empfinden und ich bin nicht im Stande zu glauben, dass eine so widerwärtige Sache in der Natur verwirklicht werden könnte.

Der weitere Briefwechsel, der im Jahre 1947 zwischen beiden darüber geführt wurde, ist durch Dominique Lambert ansatzweise als Fortsetzung der immer gleichen Argumente interpretiert worden.[38] Das Argument der Einfachheit der Theorie war für Lemaître nur relativ, da er die Gravitationsgleichungen Einsteins auf wenige grundlegende Prinzipien zurückführte. Im Hintergrund des Denkens Einsteins stand über die Ästhetik der Einfachheit

---

[35] Lemaître (1934).
[36] Hier, in der folgenden Gl. (1) und auch später wird in Zitaten die alte Schreibweise λ statt Λ verwendet.
[37] Brief von Einstein an Lemaître vom 26. September 1947, zitiert in französischer Übersetzung in Luminet & Grib (1997), p. 307–308; siehe auch Lambert (2000), p. 156.
[38] Lambert (2000), p. 157.

hinaus vielleicht ein viel wichtigeres metaphysisches Prinzip. Ein Zitat von I. B. Cohen aus Einsteins Todesjahr 1955 akzentuiert den oft zitierten Widerspruch zu Ernst Machs antimetaphysischer Wissenschaftsphilosophie:[39]

> [Einstein sagte], er habe stets geglaubt, daß die Entwicklung wissenschaftlicher Konzepte und der Aufbau der Theorien, die auf diesen Konzepten basieren, zu den kreativsten Eigenschaften des menschlichen Geistes gehören. Diese seine Sicht stand im Widerspruch zu Mach, weil Mach die Gesetze der Wissenschaft nur für einen ökonomischen Weg zur Beschreibung einer großen Auswahl von Fakten hielt.

Bei Einstein wird somit der Aufbau einer Theorie quasi zu einem metaphysischen Akt erhoben. Allerdings sollte man solche Zitate auch nicht überinterpretieren, da es nach Suchan eine *„mehrschichtige und schwankende Motivationslage [war], die Einstein zur Modifikation der Grundgleichungen seiner Gravitationstheorie geführt hat.*"[40] Sicher ist aber, dass alle Argumentationen dieser Art Lemaître auf Grund seiner *théorie des deux chemins à la vérité* fremd bleiben mussten.

Im Jahre 1949 benutzte Lemaître seinen Beitrag *The Cosmological Constant* zu dem schon zitierten Sammelband vielleicht etwas ungeschickt, um die Diskussion in der Öffentlichkeit fortzusetzen. Lemaître hoffte, Einstein damit zu einer erneuten und nun positiveren Stellungnahme zu bewegen:[41]

> The logical convenience of the second constant λ or ρ_0 was not realised at the early stages of the elaboration of the theory. It is rather by a happy accident that, in 1917, Einstein put the final touch to the equations of gravitation by introducing in it the cosmological constant λ.
>
> „Its original reason was not very convincing and for some years the cosmical term was looked on as a fancy addition rather than an integrated part of the theory." [Eddington (1932)]
>
> Even if the introduction of the cosmological constant „has lost its sole justification, that of leading to a natural solution of the cosmological problem," [Einstein (1945)] it remains true that Einstein has shown that the structure of his equations quite naturally allows for the presence of a second constant besides the gravitational one.

Nach einer sorgfältigen Ableitung mit praktischen Beispielen aus der Kosmologie fasste Lemaître dann zusammen:[42]

---

[39] Pais (1986), p. 286–287; Cohen (1955), p. 69.
[40] Suchan (1999), p. 12 und Kap. 2.
[41] Georges Edward Lemaître: The Cosmological Constant. In: Schilpp (1949), p. 439–456; hier p. 442–443.
[42] Lemaître, in Schilpp (1949), p. 450.

> Let us summarise our argument in favour of the cosmological constant; we have shown that the introduction of this term into the equations of gravitation was necessary to make acceptable the short scale range of time which is imposed by the value of the red-shift of the nebulae. This is achieved in two ways: first, by providing a positive acceleration, it enlarges the scale and makes it definitely greater than the duration of geological ages; possibly ten times greater; secondly, by the mechanism of instability of the equilibrium between Newtonian attraction and cosmical repulsion it produces, within a short time available, great differentiations in the distribution of matter as an effect of small accidental fluctuations in the original distribution, and thus might account for the formation of stars and nebulae.

Einstein kommentierte dies in seinen abschließenden Worten zu dem Band sehr ungnädig:[43]

> As concerns Lemaître's arguments in favour of the so-called „cosmological constant" in the equations of gravitation, I must admit that these arguments do not appear to me as sufficiently convincing in view of the present state of our knowledge.
>
> The introduction of such a constant implies a considerable renunciation of the logical simplicity of theory, a renunciation which appeared to me unavoidable only so long as one had no reason to doubt the essentially static nature of space. After Hubble's discovery of the "expansion" of the stellar system, and since Friedmann's discovery that the unsupplemented equations involve the possibility of existence of an average (positive) density of matter in an expanding universe, the introduction of such a constant appears to me, from the theoretical standpoint, at present unjustified.

Lemaître reagierte auf Einsteins Beharrlichkeit in seinem großen Artikel von 1958 noch relativ verhalten:[44]

> The Cosmical Constant.
>
> This theory essentially relies on the cosmological term in the relativistic equations. The legitimacy of the introduction of the cosmological term has been challenged by outstanding authorities, Einstein and de Sitter. It has been customary to discuss and condemn relativistic cosmology by arguments which would have no meaning if the cosmological term should not have been dropped.
>
> Using the strong expression framed by Eddington in other occasions we may say that this opinion «continues to work devastation in astronomy»,

---

[43] Einstein: Reply to Criticisms [Bemerkungen zu den in diesem Band vereinigten Arbeiten]. In: Schilpp (1949), am Ende des Bandes ohne Seitenangabe.

[44] Lemaître (1958b), hier p. 14–15.

or using more sober language, that it has sterilised many attempts to make use of relativity in astronomy.

I took occasion of being called to contribute to the book offered to Einstein at the occasion of his 70 year birthday to try to vindicate the cosmological constant to provoke some new consideration of the question by Einstein.

I have not succeeded to convince him, although he agreed, of course, that the question could not be considered as definitely settled and that, in the meantime, the use of the cosmical constant in cosmology was legitimate.

The cosmical term arises naturally from any presentation of the relativity theory and to forget about it, by arbitrarily putting it to zero, is not a real solution of the difficulty.

There is one apparently superfluous constant in the theory. A superfluous constant is a blame if a theory has any right to be considered as complete. For instance, the existence of some definite parameter such as the radius of space in elliptical geometry was a logical inconsistency if geometry has to be considered as a theory complete in itself.

On the contrary, his «superfluous» constant was essential to make possible to relate geometry to gravitation as was achieved by relativity.

Eddington has written: «I would rather reverse to Newtonian theory than to drop the cosmical constant.» Eddington's point of view was that the superfluous cosmological constant would provide the way to connect relativity with quantum theory. [...]

In the meantime, there is nothing to do than to use the cosmical term in astronomical applications. Pending a theoretical determination of l, comparison with observation may provide empirical determination of the debated constant.

In seinem im Jahr 1957 im belgischen Radio zunächst mündlich vorgetragenen und ein Jahr später publizierten Bericht über seine Beziehungen zu Einstein griff er diesen aber frontal an:[45]

Die Diskussion über die kosmologische Konstante fand ein Ende in aller Öffentlichkeit, nämlich in den Beiträgen zu dem schönen Werk «Albert Einstein philosopher and scientist», das ihm im Jahre 1949 zu seinem siebzigsten Geburtstag überreicht wurde und zu dem er kritische Bemerkungen und Antworten beizusteuern versprach.

Genauso wenig wie andere, darunter Born, Heitler, Bohr zu den Themen, die ihm am Herzen lagen, konnte ich ihn weder überzeugen, noch – das muss ich schon gestehen – sein Denken präzise genug anregen [saisir sa pensée d'une façon bien précise].

---

[45]Lemaître (1958a), p. 132, (1995), p. 162–163. Übers. d. Verf.

Dieses Buch ist ein bedeutendes Dokument der Wissenschaftsgeschichte. Es kann wohl zeigen, dass selbst bei einem Gelehrten, der bis zum Ende eine vielfältige Aktivität bewahrt hat, das Altern dennoch das wunderbare Gleichgewicht seiner Blütezeit ein wenig verändert. Vielleicht altern einige Fähigkeiten schneller als andere, vielleicht lebte der Geist der Kritik länger in Einstein und verschärfte sich sogar, während das schöpferische Genie zu erlöschen begann? Es wurde ihm schwierig, bis zum Ende dem geraden Weg zu folgen, der mittig durch die beiden Klippen führt, die jede wissenschaftliche Forschung belauern: den kurzsichtigen Positivismus, der die experimentelle Erfahrung nicht überschreiten kann, und den träumerischen Idealismus, der den Kontakt zu ihr verliert.

Die Klippe, an der der alte Einstein scheiterte, war vielleicht der Traum von einer vollständigen Theorie, dem er rastlos nachjagte, und der ihn alles verwerfen ließ, was nicht mit dem ästhetischen Ideal übereinstimmte, das er dazu entworfen hatte.

Die kosmologische Konstante kann vielleicht mit den Metallankern verglichen werden, die aus einer Betonkonstruktion herausstehen. Sie sind ohne Zweifel überflüssig und bei einer fertigen Konstruktion unzulässig, aber sie sind unverzichtbar, wenn sich die heutige Konstruktion später an andere anschließen und ein Element einer viel größeren Struktur werden soll.

Mit dieser Ansprache gab Lemaître seine vorher geübte Geduld mit Einstein auf. Dass er – von ihm völlig unerwartet – den Grundsatz „de mortibus nihil nisi bene" aufs Gröbste verletzte, beweist die Erregung, mit der er im Inneren immer auf Einsteins Sturheit reagiert hatte. Zugleich dürfte er auch bemerkt haben, dass dessen ungerechtfertigte Kritik und sein Beharren auf falschen Standpunkten der wissenschaftlichen Rezeption seines (Lemaîtres) Lebenswerkes sehr geschadet hatten. Wenn man in dieser Rundfunkansprache die Anspielungen auf das Alter einmal beiseite lässt, die dem nur 15 Jahre jüngeren Lemaître, der zudem 1957 seinen wissenschaftlichen Zenit ebenso überschritten hatte, kaum zustanden, bleibt doch die Warnung vor den Gefahren einer zu stark idealistischen und philosophischen Ausrichtung der Kosmologie.

6 Die kosmologische Konstante heute

Trotz aller Bemühungen Lemaîtres blieb Albert Einsteins Bannspruch auch über dessen Tod hinaus bis in die jüngste Zeit lebendig. Im Jahre 1958, in dem der Belgier eine seiner letzten großen Veröffentlichung schrieb, vollendete Wolfgang Priester in Bonn seine Habilitationsarbeit über die Stabilität der Radioquellen in der relativistischen Theorie. Bei weiteren

Arbeiten zur Kosmologie benutzten er und seine Schule in zunehmenden Maße die Friedmann-Lemaître-Gleichung mit einem positiven Λ als Standardmodell.[46] Theodor Schmidt-Kaler berichtete vor kurzem über die Widerstände, die ihm (wie auch Wolfgang Priester) in dieser Zeit bezüglich der kosmologischen Konstante erwuchsen:[47]

> Es war wohl 1966, als mich Allan Sandage zu einer Konferenz in die Sta. Barbara Street einlud. Koryphäen der Kosmologie waren zusammengekommen. Es gab Probleme mit dem Weltalter. Schüchtern wandte ich ein, dass der Λ-Term hier doch helfen könne. Nie wieder habe ich so strafende Blicke auf mich gezogen (und wurde von Sandage auch nie wieder eingeladen). Λ hatte identisch Null zu sein, auch wenn Einsteins Feldgleichungen notwendigerweise den Term Λ_{gik} enthalten und es die Grundaufgabe jeder exakten Naturwissenschaft ist, alle Naturkonstanten durch Messung zu bestimmen. Genau diese Auffassung vertrat Wolfgang Priester bereits in seiner Habilitationsschrift 1958. Er hat sie stets konsequent vertreten und dafür sollten wir ihm danken!

Noch vor kaum mehr als zehn Jahren, als Wolfgang Priester 1994 auf einer NATO-Sommerschule in Erice über die Bestimmung des Zahlenwertes der kosmologischen Konstanten aus Beobachtungen des Lyman-α-Waldes in den Spektren von 21 sehr weit entfernten Quasaren ($z \geq 4$) vortrug[48], wurde er von Craig Hogan ex cathedra belehrt:[49]

> Your Λ is outrageous. It does not exist. It is zero.

Nur vier Jahre danach, als die Messungen der Gruppen um Saul Perlmutter und Adam Riess an 42 Supernovae vom Typ Ia in weit entfernten Galaxien ($z \leq 1$) einen erstaunlich hohen Λ-Term bewiesen und Priesters frühere Annahmen bestätigten[50], schlug die Stimmung um. Hogan bemerkte auf eine Frage nach dem früheren Verriss Priesters dann nur noch bescheiden: „Man kann ja etwas dazu lernen." So ist die kosmologische Konstante heute mit einem Wert größer null weitgehend akzeptiert und damit auch Lemaîtres Ansatz gegenüber dem Einsteins bestätigt. Auch hier wäre posthum ein „mea culpa" Einsteins fällig.

---

[46] Blome (1985), Priester & Blome (1987), Blome & Priester (1991), Vaas (1994), Overduin & Priester (2001).

[47] Schmidt-Kaler: Der kosmologische Λ-Term. In: Roessler & Blome (2005), 155–165; hier p. 155.

[48] Der Vortrag summierte die Daten der Veröffentlichung von Liebscher, Priester & Hoell (1992).

[49] Wolfgang Priester: Neuere Strukturen in der Kosmologie. In: Roessler & Blome (2005), p. 52–61; hier p. 54. (Noch im Jahre 1997 wunderte sich die Herausgeberin von ApJ über die Verwendung eines positiven Λ; pers. Mitteilung von Hilmar W. Duerbeck.)

[50] Ebd., p. 52 und 54.

7 Schlussfolgerung

Es war wohl notwendig, dass ein so großes und weltumspannendes Werk wie die allgemeine Relativitätstheorie von einem Physiker gefunden worden ist, der den ontologischen Außenblick auf die Welt suchte. Im intuitiven Zusammenstellen der Gleichungen mögen da auch Glieder eingefügt worden sein, die der späteren kritischeren Betrachtung nicht mehr standzuhalten scheinen. Dem Propheten folgten die Jünger, die in ihrer Aufarbeitung die großen Thesen der experimentellen oder (in der Astronomie) beobachteten Wirklichkeit anzupassen suchten. Die gerade im Falle des Zusammenwirkens mit Lemaître eklatanten Fehlinterpretationen der eigenen Theorie durch Einstein mögen sich u.a. durch die philosophischen Elemente seiner Denkweise erklären. Auch die durch den oben zitierten Bericht Lemaîtres belegte nur schleppende Berücksichtigung der observationellen Fakten passt in dieses Bild. Die letzten Endes auf Prinzipien wie *Ockhams razor* zurückgehende Verstoßung des eigenen, von der Inspiration geborenen Kindes, der kosmologischen Konstante, mag darin seinen Ursprung haben.

Lemaître war als Priester sicher dem metaphysischen Prinzip genauso nahe oder vielleicht näher als Einstein. Aber er zwang sich, als Naturwissenschaftler die Empirie mit Einsteins Theorie zu verbinden, ohne auf das ontologische Feld auszuweichen, d.h. nach dem scholastischen Prinzip „*Deus non daretur [Als ob es Gott nicht gäbe]*" zu arbeiten. Dieser theologisch und philosophisch abstinente Priester hat mit seinen Arbeiten die Wege in die Kosmologie des 20. Jahrhunderts geöffnet und im Streit mit Einstein in drei sehr bedeutenden Interpretationen von dessen Grundlehre Recht behalten. Die in der Publikation von 1958 ausgesprochene Ehrfurcht vor dem verborgenen Gott verleugnet nicht die selbstbewusste Beharrlichkeit des Epistemologen, die naturwissenschaftlichen Rätsel zumindest teilweise aufklären zu können:[51]

> This is the philosophical background of the Primaeval Atom hypothesis. As far as I can see, such a theory remains entirely outside any metaphysical and religious question. It leaves the materialist free to deny any transcendental Being. He may keep, for the bottom of spacetime, the same attitude of mind he has been able to adopt for events occurring in nonsingular places in space-time. For the believer, it remotes any attempt to familiarity with God, as were Laplace's chiquenaude or Jeans' finger. It is consonant with wording of Isaias speaking of the «Hidden God» hidden even in the beginning of creature.

---

[51] Lemaître (1958b), p. 7.

It does not mean that cosmology has no meaning for philosophy. The view we have proposed may be contrasted with that of Pascal in his Pensées. We may reverse Pascal's wording and say that the Universe not being infinite neither in size nor in duration has some proportion of mankind. Science has not to surrender in face of the Universe and when Pascal tries to infer the existence of God from the supposed infinitude of Nature, we may think that he is looking in the wrong direction.

There is no natural limitation of the power of mind. The Universe does not make an exception, it is not outside of its grip.

Danksagung

Der Verfasser möchte Andreas Bartels, Hans-Joachim Blome, Hilmar W. Duerbeck, Franz R. Krueger, Holger Lyre, Wolfgang Priester und Theodor Schmidt-Kaler für zahlreiche Informationen und Diskussionen danken, ebenso Jean Ladrière, Liliane Moens und Guy Schayes von der Université Catholique de Louvain in Louvain-la-Neuve sowie Dominique Lambert von der Faculté Universitaire Notre Dame in Namur.

Literatur

Berger, André (ed.), 1984: The Big Bang and Georges Lemaître. Proceedings of a Symposium in honour of G. Lemaître fifty years after his initiation of Big Bang Cosmology, Louvain-la-Neuve, 10–13 October 1983, Dordrecht, Boston, Lancaster: Reidel, 1984

Blome, Hans-Joachim, 1985: Vacuum Energy in Cosmic Dynamics. Astrophysics and Space Science 117, 327

Cohen, I. Bernard, 1955: An Interview with Einstein, Scientific American, 193, No. 1 – July 1955, 68–73

Courtoy, C., Lambert, D. (eds.), 1994: Centième anniversaire de la naissance de Georges Lemaître, père du Big-Bang. Revue des Questions Scientifiques 165, no 3

Courtoy, C., Lambert, D. (eds.), 1995: Pour découvrir ou redécouvrir Georges Lemaître. Revue des Questions Scientifiques 166, no 2

De Rath, Valérie, 1994: Georges Lemaître, le père du Big-Bang. Bruxelles: Labor

Eddington, Arthur Stanley, 1932: The Expanding Universe. Cambridge: Cambridge University Press

Einstein, Albert, 1917: *Kosmologische Betrachtungen zur allgemeinen Relativitätstheorie*, Sitzungsberichte der Königlich Preußischen Akademie der Wissenschaften zu Berlin 1917, 142–152

Einstein, Albert, 1922: Bemerkung zu der Arbeit von A. Friedmann: „Über die Krümmung des Raumes". Zeitschrift für Physik 11, 326

Einstein, Albert, 1923: Notiz zu der Arbeit von A. Friedmann: „Über die Krümmung des Raumes". Zeitschrift für Physik 16, 228

Einstein, Albert, 1931: Zum kosmologischen Problem der allgemeinen Relativitätstheorie. Sitzungsber. Preuß. Akad. Wiss. 96, 235–237

Einstein, Albert, 1936: Physik und Realität. Journal of the Franklin Institute 221, 313–347

Einstein, Albert, 1945: The Meaning of Relativity. Princeton: Princeton University Press

Einstein, Albert, 1973: Grundzüge der Relativitätstheorie. Braunschweig: Vieweg, 5. Aufl.

Einstein, Albert, 1979: Aus meinen späteren Jahren. Stuttgart: Deutsche Verlags-Anstalt

Einstein, Albert, De Sitter, Willem, 1932: On the Relation between the Expansion and the Mean Density of the Universe. Proceedings of the National Academy of Sciences of the United States of America 18, 213–214

Fölsing, Albert, 1993: Albert Einstein. Eine Biographie. Frankfurt am Main: Suhrkamp

Frank, Philipp, 1979: Einstein. Sein Leben und seine Zeit. Braunschweig und Wiesbaden: Vieweg

Frankenberger, Ernst (Hrsg.), 1999: Gottbekenntnisse grosser Naturforscher. Leutesdorf: Johannes-Verlag, p. 23

Gamow, George, 1970: My World Line. An Informal Autobiography. New York: Viking Press

Godart, Odon, 1967: Mgr Lemaître et son œuvre. Ciel & Terre [Bulletin de la Société Royale Belge d'Astronomie] 83, 57–86

Godart, Odon, Heller, Michael, 1985: Cosmology of Lemaître. Tucson: Pachart

Hattrup, Dieter, 2002: Einstein und der würfelnde Gott. An den Grenzen des Wissens in Naturwissenschaft und Theologie. Freiburg, Basel, Wien: Herder

Held, Carsten, 1998: Die Bohr-Einstein-Debatte. Paderborn: mentis

Howard, Don, Stachel, John (eds.), 1989: Einstein and the History of General Relativity. (Einstein Studies 1). Boston, Basel, Berlin: Birkhäuser

Howard, Don, Stachel, John (eds.), 2000: Einstein. The Formative Years, 1879–1909 (Einstein Studies 8). Boston, Basel, Berlin: Birkhäuser

Hubble, Edwin P., Humason, Milton L., 1931: The velocity-distance relation among extra-galactic nebulae. Astrophysical Journal 74, 43–80

Huber, Renate, 2000: Einstein und Poincaré. Die philosophische Beurteilung physikalischer Theorien. Paderborn: mentis

Jammer, Max, 1995: Einstein und die Religion. Konstanz: Universitätsverlag Konstanz

Kanitscheider, Bernulf, 1988: Das Weltbild Albert Einsteins. München: C.H. Beck

Koltermann, Rainer, 1994: Grundzüge der modernen Naturphilosophie. Ein kritischer Gesamtentwurf. Frankfurt am Main: Knecht, p. 169

Lambert, Dominique, 2000: Un atome d'univers. La vie et l'œuvre de Georges Lemaître. Bruxelles: Lessieux & Racine

Lemaître, Georges, 1927: Un Univers homogène de masse constante et de rayon croissant rendant compte à la vitesse radiale des nébuleuses extragalactiques. Annales de la Société scientifique de Bruxelles A47 (1927) 49–56. Englische Fassung: A homogeneous universe of constant mass and increasing radius accounting for the radial velocity of extragalactic nebulae. Monthly Notices of the Royal Astronomical Society 91 (1931) 490–501

Lemaître, Georges, 1929: La grandeur de l'espace (Vortrag am 31. Januar 1929 vor der Generalversammlung der Société scientifique de Bruxelles). Revue des Questions Scientifiques 95 (4e serie, T. XV), 189–216

Lemaître, Georges, 1931: The Beginning of the World from the Point of View of Quantum Theory. Nature 127, 706

Lemaître, Georges, 1934: Evolution of the Expanding Universe. Proc. Nat. Acad. Sci. 20, 12

Lemaître, Georges, 1958a: Rencontres avec A. Einstein. Revue des Questions Scientifiques 129, no 1 (1958) 129–132; erneut ebd. 166, no 2 (1995), 159–163

Lemaître, Georges, 1958b: The Primaeval Atom Hypothesis and the problem of the Clusters of Galaxies. In: La structure et l'évolution de l'univers (Institut International de Physique Solvay, 11e Conseil de Physique, Université de Bruxelles, 9–13 juin 1958), R. Stoops (Hrsg.), Bruxelles: Coudenberg, p. 1–30

Liebscher, Dierk-Ekkehard, Priester, Wolfgang, Hoell, Josef, 1992: Ly-α-forest and the evolution of the universe. Astronom. Nachr. 313, 265–273

Luminet, J.-P., Grib, A. (Hrsg.), 1997: Alexandre Friedmann, Georges Lemaître. Essais de cosmologie [...]. Paris: Seuil

Neffe, Jürgen, 2005: Einstein. Eine Biographie. Reinbek bei Hamburg: Rowohlt

Ostermann, Eduard, 2001: Wissenschaftler entdecken Gott. Was Wissenschaftler wie Max Planck, Pascual Jordan, Bruno Vollmert, Albert Einstein, Werner Heisenberg und John C. Eccles entdeckten. Holzgerlingen: Hänssler

Overduin, James, Priester, Wolfgang, 2001: Problems of modern cosmology: how dominant is the vacuum? Naturwissenschaften 88, 229–248

Pais, Abraham, 1986: „Raffiniert ist der Herrgott..." Eine wissenschaftliche Biographie. Braunschweig/Wiesbaden: Vieweg, 1986; (Übers. R. U. Sexl, H. Kühnelt, Ernst Streeuwitz); Originalfassung: 'Subtle is the Lord...' The Science and Life of Albert Einstein. Oxford/New York: Oxford University Press, 1982

Priester, Wolfgang, Blome, Hans-Joachim, 1987: Zum Problem des Urknalls: „Big Bang" oder „Big Bounce"?, Sterne und Weltraum, Heft 2, 83–89 und Heft 3, 140–144

Roessler, Kurt, Blome, Hans Joachim (Hrsg.), 2005: Die Evolution des Kosmos. Ansätze vor und nach Georges Lemaître (1894–1966), dem „Vater des Urknalls". (11. Bad Honnefer Winterseminar zu Problemen der Kosmischen Evolution, 9. – 11. Januar 2005 im Physikzentrum Bad Honnef, Skriptum), Jülich: Forschungszentrum Jülich

Ryckman, Thomas, 2005: The Reign of Relativity. Oxford: Oxford University Press
Schilpp, Paul Arthur (Hrsg.), 1949: Albert Einstein: Philosopher-Scientist. (The Library of Living Philosophers, Volume VII), Carbondale, Illinois: Southern Illinois University (3rd ed. 1995)
Stoffel, J.-F. (ed.), 1996: Mgr Georges Lemaître savant et croyant. (Actes du colloque tenu à Louvain-la-Neuve le 4 novembre 1994), Louvain-la-Neuve: Centre interfacultaire d'étude en histoire des sciences
Suchan, Berthold, 1999: Die Stabilität der Welt. Eine Wissenschaftsphilosophie der kosmologischen Konstante. Paderborn: mentis
Vaas, Rüdiger, 1994: Neue Wege in der Kosmologie. Urschwung, kosmologische Konstante und die Blasenstruktur des Universums. Naturwissenschaftliche Rundschau 47, Heft 2, 43–59
Weinberg, Steven, 1989: The Cosmological Constant Problem. Rev. Mod. Phys. 61, No. 1, 1–23.

Anschr. d. Verf.: Professor Dr. Kurt Roessler, Hemberger Str. 26, 53332 Bornheim

Abb. 1 (zum folgenden Beitrag). Ludwik Silberstein 1920 in London. Credit: J. W. Perry, Hilger & Watts Ltd. (© American Institute of Physics, Emilio Segrè Visual Archives)

Ludwik Silberstein – Einsteins Antagonist

Hilmar W. Duerbeck, Brüssel, und *Piotr Flin*, Kielce

Wir betrachten Leben und Werk des Physikers Ludwik Silberstein, der mit Einstein, Sommerfeld und anderen bekannten Physikern und Astronomen korrespondierte und durch Beiträge zur Relativitätstheorie und Kosmologie bekannt wurde, darunter ein Buch über Relativitätstheorie. Silberstein, der in Berlin promovierte, anschließend als Assistent in Lemberg und als Dozent in Bologna und Rom tätig war, wurde 1913 Industriephysiker in London und ab 1920 bei der Firma Eastman Kodak in Rochester, New York. Obwohl er sich im allgemeinen als Verehrer von Einstein und der Relativitätstheorie ansah, brachte er ihren Aussagen und ihrer Bestätigung eine vielleicht zu große Skepsis entgegen und scheute sich nicht, diese publik zu machen, wodurch er sich zeitweise die Sympathien seiner Kollegen verscherzte. Seine kosmologischen Studien sind geprägt von falschen Ansichten und einer Ignoranz astronomischer Fakten; trotzdem zeigen seine Attacken gegen etablierte Meinungen gelegentlich bemerkenswerte Weitsicht. Im Anhang werden zwei Silberstein-Briefe veröffentlicht: einer an Sommerfeld über die Diskussion der Resultate der Sonnenfinsternisexpeditionen von 1919, und ein sehr persönlicher an Einstein, in dem er Einzelheiten seines Lebens schildert.

We consider the life and work of the physicist Ludwik Silberstein, who corresponded with Einstein, Sommerfeld and other famous physicists and astronomers, and became known by his contributions to relativity and cosmology, among them a treatise on relativity. Silberstein, who had obtained his PhD in Berlin, became assistant in Lemberg, lecturer in mathematical physics in Bologna and Rome, and industrial physicist in London (1913) and with the Eastman Kodak Co. in Rochester, New York (1920). Although he always felt sympathetic with Einstein and his theory of relativity, he often voiced scepticism concerning its results and verification, and did not hesitate to make his doubts public, thereby losing much sympathy among his colleagues. His cosmological studies are also marked by wrong insights and a certain ignorance of astronomical facts; nevertheless his attacks against established opinions sometimes show an astonishing far-sightedness. In the appendix we publish two Silberstein letters: one to Sommerfeld on the discussion of the results of the solar eclipse expeditions of 1919, and another very personal one to Einstein, in which he reveals some details of his life.

1 Einleitung

Es gibt sicherlich viele, die sich als „Gegenspieler" von Einstein ansehen würden, ein Buch *100 Autoren gegen Einstein* hat eine reiche Auswahl von ihnen zwischen zwei Buchdeckeln versammelt. Aber kaum einer verdient das Prädikat so sehr wie Ludwik Silberstein, der die Entwicklung der Relativität durch zahlreiche Artikel und zwei Lehrbücher der Relativitätstheorie beeinflußt hat. So sehr er ein Anhänger der Theorie war, bewahrte er Zeit seines Lebens eine gewisse Distanz und wagte es, kritische Fragen zu stellen, wo andere Einsteins Arbeiten entweder kritiklos priesen oder grundlos verdammten. Sicher mag ein Teil dieser Distanz darin liegen, daß Silberstein kein „Einstein-Jünger" sein konnte – denn er war sieben älter als Einstein.

Wenn wir Silbersteins Leben und Werk in den folgenden Zeilen Revue passieren lassen, werden wir oft finden, daß er sich (wie manchmal auch Einstein selbst) wissenschaftliche Schnitzer leistet, aber wie Einsteins „größte Eselei" – die Einführung der kosmologischen Konstanten – gegenwärtig eine Renaissance feiert, so zeigen Silbersteins „Eseleien" ebenfalls beträchtliches Talent.

2 Silbersteins Leben bis zum Erscheinen der „Theory of relativity" (1914)

Ludwik Silberstein wurde am 15. Mai 1872 in Warschau geboren, seine Eltern waren Samuel Silberstein und Emilie geb. Steinkalk. Wir wissen von zweien seiner Geschwister – sein Bruder Henryk (1858–1890) promovierte bei Lothar Meyer 1882 in Tübingen (H. Silberstein 1882), seine Schwester Adela (1874–?) 1902 in Zürich (A. Silberstein 1902).

Ludwik besuchte das Gymnasium in Warschau und später dasjenige in Krakau. Bis 1890 studierte er an der dortigen Jagellonischen Universität, dann ein Semester in Heidelberg, und wechselte 1891 schließlich nach Berlin, wo er nach sechs Semestern eine physikalische Dissertation vorlegte. In der Vita nennt er Witkowski, Koenigsberger, Planck und von Helmholtz seine bedeutendsten Lehrer.

Von Helmholtz schrieb noch kurz vor seinem Tode das Gutachten über Silbersteins Dissertation *Ueber die mechanische Auffassung elektromagnetischer Erscheinungen in Isolatoren und Halbleitern*, das ab 18. Dezember 1893 in der Fakultät zirkulierte. Am 5. Juli 1894 fand die Promotionsprüfung statt (Prüfer: M. Planck in Physik, Schwarz in Mathematik, Landolt in Chemie, Stumpf in Philosophie). Interessanterweise ist seine

"Performance" in Mathematik nicht gerade glänzend. Am 22. November 1894 wurde er an der philosophischen Fakultät der Friedrich-Wilhelms-Universität zum Dr. phil. promoviert. Die Promotionsakten sind erhalten.[1] Von 1895 bis 1897 war er Assistent am Polytechnikum von Lemberg. Dort untersuchte er, ausgehend von Helmholtz' Wirbelgleichungen, das Auftreten von Rotation in einer inhomogenen, ursprünglich nicht rotierenden Flüssigkeit (Silberstein 1896; siehe auch Thorpe et al. 2003) – zwei Jahre später wandte Vilhelm Bjerknes diese Überlegungen auf Phänomene in der Meteorologie und Ozeanographie an. Sie wurden als „Bjerknes' Theorem" bekannt.

Da Silberstein in Lemberg Einschränkungen wegen seiner jüdischen Herkunft spürte, ging er nach Italien, wo er als Dozent in mathematischer Physik an den Universitäten von Bologna (1899–1904) und Rom (1904–1920, vermutlich ruhend ab 1912) tätig war. Da er glaubte, daß seine dortigen akademischen Freunde es auf seine schöne Frau abgesehen hatten, ging er 1912 nach England, wo er sogleich eine Dozentur am University College London erhielt. Da sich die Studenten jedoch über seinen Akzent lustig machten, besorgte ihm der Direktor der Physikabteilung eine Stellung bei der Firma Hilger, einer von den Brüdern Adam und Otto Hilger 1872 in London gegründeten Firma von Präzisionsgeräten, vor allem für optische und Infrarot-Spektroskopie. Hier war er von 1913 bis 1920 wissenschaftlicher Berater (Abb. 1). Während des ersten Weltkrieges arbeitete Silberstein außerdem mit dem British War Office zusammen (über gebündelte Schallwellen zur Signalübertragung und über viskose Flüssigkeiten).

1920 verließ er London, um den Posten eines mathematischen Physikers der Firma Eastman Kodak, Rochester, New York, anzunehmen. Er kam in Kontakt mit der Gruppe von Physikern in Chicago (Millikan, Michelson), wurde im Sommer 1920 Mitglied der American Astronomical Society, und nahm in den folgenden Jahren an verschiedenen Tagungen der Gesellschaft teil. Auch war er Gast eines „Astronomical Lunch" der British Association beim Meeting am 13. August 1924 in Toronto – zusammen mit Eddington, Lemaître, Russell, A.V. Douglas und anderen (s. Douglas 1957, Plate 8). Er hielt in den folgenden Jahren Vorträge und Vorlesungen über Relativitätstheorie an der Cornell University (Ithaca, N.Y.) und den Universitäten von Chicago und Toronto.

Silberstein war nicht nur als Physiker und Mathematiker in der Industrie und in akademischen Kreisen tätig, er war auch ein eifriger Übersetzer von Arbeiten, die einen indirekten oder direkten Bezug zur Relativität haben

---

[1] Humboldt-Universität zu Berlin, Universitätsarchiv, Akte Nr. 324 des Bestandes „Philosophische Fakultät", Bl. 223-229, 230V/R, 231, 232V/R, 233.

– hier werden die Originaltitel der von ihm übersetzten Werke angegeben: William K. Clifford, The aims and instruments of scientific thought (1896 ins Deutsche); Hermann Helmholtz, Zählen und Messen, erkenntnistheoretisch bearbeitet (1901 ins Polnische); Henri Poincaré, Le valeur de la science (1908 ins Polnische); Bertrand Russell, The Problems of Philosophy (1913 ins Polnische); Max Planck, Die Entstehung und bisherige Entwicklung der Quantentheorie – Nobel-Vortrag (1922 ins Englische); Hendrik A. Lorentz, Vorlesungen über theoretische Physik an der Universität Leiden (1927–1931 ins Englische).

3 Silbersteins Arbeiten zur Relativitätstheorie und Kosmologie bis zum Erscheinen der „Theory of relativity" (1924)

Seine ersten Aktivitäten auf dem Gebiet der Relativitätstheorie begannen 1911, als er – auf polnisch und deutsch – eine Quaternionendarstellung der speziellen Relativitätstheorie publizierte, die später auch auf englisch erschien und in sein Buch *The Theory of Relativity* (London 1914) aufgenommen wurde.

Das erste erhaltene Schriftstück der Einstein-Silberstein-Korrespondenz ist eine Postkarte, datiert London, 15. Januar 1918 und adressiert an „Zurich Polytechnicum" [! – und von dort nach Berlin weitergeleitet], in dem er um Zusendung eines Sonderdrucks von Einsteins „Kosmologischen Betrachtungen" bittet. In einem Brief von Einstein an Besso findet sich der Hinweis auf frühere Korrespondenz: „Lieber Michele! Ich sende Dir einige Abhandlungen mit der Bitte, Sie [sic] an Herrn Dr. L. Silberstein [...] weiterzusenden, der mich darum gebeten hat. Er ist der Bruder der Frau, bei welcher wir zusammen gewesen sind."[2] Möglicherweise gehörte Silbersteins Schwester Adele während Einsteins Züricher Studentenzeit zum Musikerkreis.

Silbersteins kritische Bemerkungen setzten ein mit einer Arbeit von 1917, in der er die Periheldrehung des Merkur im Rahmen der speziellen Relativitätstheorie unter bestimmten Annahmen empirisch ableitete. Unter Einführung eines Faktors γ^n mit $\gamma = \sqrt{1-v^2/c^2}$ in das speziellrelativistische Kraftgesetz berechnete er die Periheldrehung und bestimmte aus den Beobachtungen den Wert $n = 6$.[3]

---

[2] Albert Einstein an Michele Besso, 7. Mai 1917, CPAE 8, Dok. 335, S. 446.
[3] Zu diesem und dem folgenden Abschnitt siehe auch den Beitrag von K. Hentschel, insbes. Abschn. 3.1.

1918 schlug er eine „Allgemeine Relativitätstheorie ohne die Äquivalenzhypothese" vor, wegen „der Verletzlichkeit des Äquivalenzprinzips aufgrund der großen Zahl von Annahmen, die es stillschweigend macht". In der Tat war bis zu dieser Zeit die Suche nach der Gravitationsrotverschiebung im Sonnenspektrum ergebnislos verlaufen, der Wert der Lichtablenkung im Schwerefeld der Sonne noch nicht durch Beobachtungen ermittelt worden. Silbersteins eigene Theorie beruhte auf dem Postulat, daß die Raumzeit eine feste Krümmung aufweist, die vom Vorhandensein und der Verteilung von gravitierenden Massen unabhängig ist. Als Unterstützung seiner Hypothese wies er auf augenscheinlich „bizarre Folgerungen" der allgemeinen Relativitätstheorie beim Betrachten des Kontakts eines leeren und eines materieerfüllten Raumes hin (Silberstein 1918b).

Im November/Dezember 1919 wurden die Ergebnisse der britischen Sonnenfinsternisexpeditionen nach Sobral und Príncipe[4] in zwei Sitzungen diskutiert. Am 6. November gab es eine gemeinsame Sitzung der Royal Astronomical Society und der Royal Society. Die beiden Expeditionsteilnehmer Frank Dyson und Arthur S. Eddington berichteten, daß die Ergebnisse in voller Übereinstimmung mit der Vorhersage von Einsteins allgemeiner Relativitätstheorie seien. Silberstein erwies sich als einer der größten Skeptiker. Sein sehr detaillierter, wenngleich etwas parteiischer Bericht ist in einem Brief vom 27. November 1919 an Arnold Sommerfeld enthalten (siehe Anhang I).

Beim Treffen der Royal Society vom 6. November 1919 schloß der Präsident, Thomson, die Sitzung mit den Worten: „Ich muß gestehen, daß es noch niemandem gelungen ist, in verständlicher Sprache darzulegen, was die Einsteinsche Relativitätstheorie wirklich ist." Angeblich kam beim Auseinandergehen Silberstein auf Eddington zu und sagte: „Professor Eddington, Sie müssen einer von drei Menschen auf der Welt sein, der die allgemeine Relativitätstheorie versteht." Als Eddington diese Feststellung von sich weisen wollte, entgegnete Silberstein: „Eddington, seien Sie nicht bescheiden", worauf Eddington entgegnet haben soll: „Ganz im Gegenteil, ich versuche herauszufinden, wer der dritte sein könnte..."[5]

Da es bei der November-Sitzung wenig Zeit für Diskussionen gab, wurde ein Treffen der Royal Astronomical Society am 12. Dezember dafür ver-

---

[4]Siehe auch den Beitrag von P. Brosche in diesem Band. Ein allgemeiner Überblick über die Expeditionen, ihre Vorläufer, ihre Ergebnisse und die spätere Entwicklung findet sich in Earman & Glymour (1980); siehe auch Sponsel (2002) und Stanley (2003) für weitere Einzelheiten.

[5]Diese Episode wurde von Chandrasekhar (1987) überliefert, der sie allerdings aus zweiter Hand haben muß. In Silbersteins Schriften finden sich an verschiedenen Stellen Sticheleien Eddington gegenüber.

wendet. Die Diskussionsbeiträge finden sich in Anonymous (1920). Dabei verwies Silberstein auf die schon in seinem Sommerfeld-Brief erwähnten unerklärten nichtradialen Verschiebungen der Sterne und stellte sich auf den Standpunkt, daß die (damals noch unbestätigte) Rotverschiebung im Sonnenspektrum der einzige Beweis für die Richtigkeit der allgemeinen Relativitätstheorie wäre.[6]

Im Gefolge der Diskussionen über die Ergebnisse der Lichtablenkung im Schwerefeld der Sonne schlug Silberstein (1920) ein Stokes-Planck-Äther-Modell vor: Stokes stellte sich in seiner Theorie eine Mitführung des Äthers durch einen materiellen Körper vor, und Planck postulierte eine Kondensation dieses Äthers: So schrieb Silberstein, daß „die beobachtete Ablenkung durch die Kondensation des Äthers in der Umgebung der Sonne verursacht wird... und wenngleich wir in den letzten 15 Jahren unversönliche Feinde jeglichen Äthers geworden sind, zögern wir nicht, auf diese Möglichkeit hinzuweisen – vielleicht ein letzter Hoffnungsschimmer für das verschwundene Medium." Es verwundert nicht, daß niemand – abgesehen von hartnäckigen Antirelativisten – Silberstein auf diesem Weg folgen wollte.[7]

Silbersteins nächste große Attacke gegen die Relativitätstheorie war eine Arbeit "Relativity Theory of Aberration and Double Stars", geschrieben Mitte 1921, die er beim *Astrophysical Journal* einreichte. W. S. Adams and H. N. Russell begutachteten sie und fanden, daß Silberstein einem Irrtum erlegen war, den einige schon vor, und andere nach ihm begangen hatten: Daß (spectroskopische) Doppelsterne, die um einen gemeinsamen Schwerpunkt kreisen, oszillierende Bewegungen um ihren mittleren Ort am Himmel machen sollten. Daraufhin schrieb Silberstein eine prompte Antwort an Russell (Brief vom 29. Juli 1921), daß er „das Paradox gelöst" habe (oder, weniger vornehm ausgedrückt, seinen Fehler gefunden hatte), und daß er in einer der nächsten Ausgaben die Lösung publizieren wollte; aber dies erschien den Herausgebern wohl überflüssig. Parallel dazu enthält der Briefwechsel zwischen Einstein und Silberstein am 18. Juli 1921 ein Manuskript Silbersteins[8] *Special Relativity overthrown by Double Stars* (mit dem handschriftlichen deutsch geschriebenen Zusatz „Bitte entschuldigen Sie diesen etwas brutalen Titel"), das mit dem nicht weniger brutalen Satz schließt: "In short, Einstein's theory seems to lead with rigid cogency to the expectation of very conspicuous, not to say, spectacular, phenomena of

---

[6] Siehe dazu auch den Beitrag von K. Hentschel in diesem Band, insbes. Abschn. 3.2.
[7] Silberstein schickte auch einen Sonderdruck an Einstein („Ich lege dieser kleinen Skizze [...] keinen besonderen Wert bei, [...] doch möchte mich Ihre Meinung [...] ganz besonders interessieren."), Brief von Silberstein an Einstein, 10. März 1920, CPAE 9, Dok. 348, S. 472. Eine Reaktion ist nicht überliefert.
[8] AEA 21-043.

which the heavens refuse to show us the slightest trace". Dieses Manuskript wurde beim *Philosophical Magazine* eingereicht, da es jedoch die gleichen Irrtümer wie die Arbeit für das *Astrophysical Journal* enthielt, von Silberstein wieder zurückgezogen. Für eine technische und historische Diskussion des Problemkreises der Aberration sei der Leser auf eine Arbeit von Liebscher und Brosche (1998) verwiesen; wir wollen hier die (unzulängliche) Analogie für die Aberration bemühen: Silberstein glaubte, daß nicht nur die Bewegung des Mannes mit Schirm im Regen die beobachtete Fallrichtung ändert, sondern auch die Bewegung der Regenwolke.

Als Silberstein seine Vorlesungsreihe über Relativitätstheorie an der University of Chicago beendete, gab es Bestrebungen von Millikan und Gale, Einstein eine Stelle als Physikprofessor an der dortigen Universität anzubieten; Silberstein war die Stelle eines Assistenten in Aussicht gestellt worden. Einstein lehnte jedoch das Angebot dankend ab, und Silberstein verlor die Gelegenheit, eine feste Stelle an einer Universität zu erhalten. Am 15. April 1923 teilte Silberstein Einstein in einem Brief die Ergebnisse der Finsternisexpediton des Lick Observatory mit[9], und es scheint, als ob er nun endlich auch die Gültigkeit der allgemeinen Relativitätstheorie akzeptiert hatte; er bat Einstein auch um einen Sonderdruck einer Akademiepublikation, die er für die Neuausgabe seines Buchs *The Theory of Relativity* benutzen wollte (Silberstein 1924a).

In diesem Buch scheint Silberstein seinen (vorläufigen) Frieden mit der Relativitätstheorie gemacht zu haben. Über Eddingtons Buch *The Mathematical Theory of Relativity*, das im vorhergehenden Jahr erschienen war, urteilt er: „Ein wundervolles Buch, das trotz einiger fragwürdiger Seiten, die aufgrund einer überschwenglichen Haltung diktiert wurden, dem Leser warm empfohlen werden kann." – Für ihn ist typisch, was er treffend im Vorwort seiner Schrift *The Theory of General Relativity and Gravitation* (Silberstein 1922) formuliert hatte:

> Einige meiner Leser werden vielleicht in diesem Band den begeisternden Ton vermissen, der üblicherweise die Bücher und Druckschriften über dieses Thema durchdringt (ausgenommen Einsteins eigene Schriften). Der Autor ist jedoch der letzte, der der bewundernswerten Kühnheit und der strengen architekonischen Schönheit von Einsteins Theorie gegenüber blind wäre. Aber es scheint mir, als ob Schönheiten dieser Art durch die Verwendung eines nüchternen Tonfalls und einer scheinbar kühlen Form der Darstellung eher hervorgehoben als verschleiert werden.

Doch regte sich in Silberstein immer der Drang, die Relativitätstheorie zu falsifizieren. Er hatte Albert A. Michelson und Dayton C. Miller ermutigt,

---

[9] AEA 21-052.

verfeinerte Ätherdriftexperimente durchzuführen, und sogar einen eigenen, wenngleich bescheidenen, Beitrag zur Deckung der Unkosten zur Verfügung gestellt.[10] Über die von Miller am Mt. Wilson gemachten Messungen, die heute noch hin und wieder für Diskussionen sorgen[11], schrieb Silberstein im *Daily Science News Bulletin* des „Science Service" am 29.4.1925 einen Bericht[12], der wieder eine „brutale" Überschrift trug: „New Experiments Mean Downfall of Relativity", und er ließ es sich nicht nehmen, seine alte Stokes-Planck-Äthertheorie (Silberstein 1920) neu anzupreisen. Die dritte Seite des Bulletins enthält interessanterweise eine kurze Stellungnahme von Eddington („English Relativist Unconvinced that Relativity is Overthrown"), der „zunächst Einzelheiten des Experiments abwarten" will und erwähnt, daß „Adams ein bemerkenswerter neuer Test der allgemeinen Relativitätstheorie gelungen ist" (nämlich den Nachweis der Gravitationsrotverschiebung im Spektrum des Weißen Zwerges Sirius B).

Ein in Silbersteins Buch von 1924 behandeltes Thema, das ihn in den folgenden Jahren weiter beschäftigte, war die Bestimmung des Krümmungsradius der de Sitter-Welt, oder, um den Titel seines Buches von 1930 zu zitieren, *The Size of the Universe*.

Am 1. Januar 1924 reichte Silberstein seine erste Arbeit über die Krümmung der de Sitterschen Raumzeit bei der Zeitschrift *Nature* ein, und weitere Artikel in *Nature*, *Philosophical Magazine* und *Monthly Notices of the Royal Astronomical Society* (Silberstein 1924b, 1925) folgten, nicht zu vergessen das abschließende Kapitel, *Cosmological Speculations*, in seinem Lehrbuch (Silberstein 1924a). Er hatte die Formel für den Dopplereffekt eines Sterns im Inertialsystem des de Sitter-Universums abgeleitet, in der auch der Krümmungsradius R der de Sitter-Raumzeit auftritt. Obwohl es über das de Sitter-Universum verschiedene Ansichten gab (unter anderem diejenige von Weyl, daß die Weltlinien von Teilchen in der Vergangenheit zusammenlaufen und somit das de Sitter-Universum gewisse Ähnlichkeiten mit einem Friedmann-Lemaître-Universum besitzt), ging Silberstein von einer statischen Konfiguration aus und verwendete die Radialgeschwindigkei-

---

[10] Eine detaillierte Geschichte der Michelson-Morley-Miller Ätherdrift-Experimente findet sich in Swenson (1972), der aber nicht die im folgenden beschriebene Provokation dokumentiert.

[11] Eine gründliche Untersuchung der Mt.-Wilson-Messungen von Miller durch Shankland et al. (1955) führte zur Schlußfolgerung, daß die Millerschen „Experimente mit den Null-Resultaten aller anderen Versuchsanordnungen des Michelson-Morley-Experiments in Einklang stehen" und „die Interferenzmuster-Verschiebungen nicht durch ein kosmisches Phänomen (Äther-Drift) [...] verursacht sind, sondern durch Temperatureffekte, die auf das Interferometer einwirkten." – Im Internet und in Zeitschriften jenseits des „Mainstreams" finden sich jede Menge entgegengesetzter Ansichten.

[12] AEA 21-053.

ten von Sternen (zu Anfang auch von Kugelhaufen und den Magellanschen Wolken), um durch geeignete Mittelwertbildungen der Geschwindigkeiten naher und ferner Sterne die „Größe des Universums" zu ermitteln.[13] In seinen ersten Arbeiten erhielt er Werte von 6, 7, 8 und 9×10^{12} Astronomischen Einheiten, entsprechend einigen 10 Megaparsek.

Silbersteins Aktivitäten bewirkten möglicherweise die erste statistische Untersuchung der Beziehung zwischen Rotverschiebung und Entfernung der Spiralnebel von Wirtz (1924), die im März des gleichen Jahres im Druck erschien. Etwas später wurde Silbersteins Verwendung von Kugelhaufen durch Lundmark (1924) angegriffen, der zeigte, daß sich der behauptete de Sitter-Effekt bei Kugelsternhaufen nicht nachweisen ließ, wohl aber bei Galaxien. Silberstein stand damals wohl allzu sehr unter dem Einfluß von Shapley, der Spiralnebel nicht als Objekte außerhalb der Milchstraße ansah.

Silbersteins Arbeit machte in Astronomenkreisen wenig Eindruck, sei es, daß er wohl als Autorität in der Relativitätstheorie anerkannt war, nicht aber als geschickter Interpret astronomischer Daten, sei es aber auch, daß dieses Thema Mitte der 20er Jahre in Astronomenkreisen ohnehin wenig Interesse fand. Nur die kanadische Astronomin Alice Vibert Douglas, damals Studentin bei Eddington, stellte eine weitere Untersuchung an (Douglas 1924), in der sie die Silbersteinsche Theorie zugrunde legt, aber seine astronomische Interpretation in Frage stellt. Sie schreibt in ihrer Eddington-Biographie:[14] „Etwa 1925 schickte der Autor [A.V.D] ihm [Eddington] eine Arbeit, die auf der Silbersteinschen Interpretation der Relativitätstheorie beruhte; er [Eddington] glaubte nicht, daß sich Silberstein auf dem richtigen Weg befand, aber dies ließ in ihm kein Vorurteil entstehen – wenn Silberstein doch recht hätte, wären die in der Arbeit gezogenen Schlüsse richtig, und so gab er die Arbeit an die Royal Astronomical Society weiter."

Fünf Jahre später schrieb Silberstein sein Buch *The Size of the Universe* (Silberstein 1930). Seine astronomischen Kenntnisse waren, wie schon angedeutet, eher rudimentär (eine Gemeinsamkeit mit Einstein!), und dieses Mal begründete er seine Bestimmung der „Größe des Universums" auf Radialgeschwindigkeiten von 24 Cepheiden, 35 O-Sternen und 246 weiteren Sternen, und erhielt einen Wert von 3×10^{11} Astronomischen Einheiten, also 1.5 Megaparsek. Das Buch wurde 1929 geschrieben und erschien 1930, in einer für die Kosmologie stürmischen Zeit. Zwar hatte Hubble Anfang 1929 seine erste Geschwindigkeits-Entfernungs-Beziehung der Spiralnebel

---
[13] In Abb. 1 (S. 120) des Beitrags von H.J. Schmidt ist die (zeitlich konstante) Größe $2\pi R$ des de Sitter-Universums zwischen den beiden schraffierten Horizontallinien dargestellt. Vom Beobachter in $\Phi = 0$ ausgehende Lichtstrahlen bzw. Teilchen nähern sich asymptotisch der Linie $\Phi = \pi/2$.
[14] Douglas (1956), S. 110–111.

veröffentlicht, in der die entferntesten Objekte 2 Megaparsek entfernt waren – mehr als Silbersteins „Größe des Universums"! –, doch die theoretische Einsicht in die Natur des Universums war noch unklar. Rezensenten des Buches (A. Vibert Douglas für das *Journal of the Royal Astronomical Society of Canada*, und G. Castelnuovo für *Scientia*) lobten allgemein die theoretischen Grundlagen und versuchten, ihre Skepsis über Silbersteins Interpretation der astronomischen Beobachtungsdaten nicht allzu sehr zu zeigen.

4 Silbersteins spätere Jahre

Nach seinem Ruhestand 1929 war er weiterhin wissenschaftlicher Berater bei Eastman Kodak, wozu auch noch die Zusammenarbeit mit der Firma Cinema Laboratories Corp., Brooklyn, N.Y., über Fernsehtechniken, dreidimensionale und Farbfilmtechnik kam. Dennoch blieb er weiter auf dem Gebiet der Kosmologie und allgemeinen Relativitätstheorie aktiv.

Die 30er Jahre sind in mehrfacher Hinsicht bemerkenswert. Zum einen war Einstein nach Princeton übergesiedelt, und Silberstein versuchte ihn in politische Aktivitäten einzubinden. Ein für die Zeitumstände und für Silbersteins und Einsteins Persönlichkeit besonders aufschlußreicher Brief vom 23. September 1934 ist in Anhang II wiedergegeben.

Mittlerweile hatte Hubble mehrere Arbeiten über die Rotverschiebungs-Entfernungs-Beziehung publiziert, Eddington hatte Lemaîtres Arbeit von 1927 zur Kenntnis genommen und allgemein zugänglich gemacht, de Sitter hatte „sein" Universum *ad acta* gelegt und zusammen mit Einstein das expandierende Einstein-de Sitter-Universum ohne kosmologische Konstante vorgestellt. Der einzige, der sich scheinbar gegen diese Flut neuer Erkenntnis auflehnte, war Silberstein. Nicht, daß er „sein" stationäres de Sitter-Universum weiter propagierte, sondern dadurch, daß er die „Doktrin des expandierenden Universums" attackierte.

In einem Brief vom 7. Februar 1932 schreibt Silberstein an Einstein:[15]

> Ich habe soeben eine interessante Wendung in der Eddington'schen Schule (McCrea & McVittie, M.N. Roy. Astr. Soc. London, Vol. 92, No. 1, 1931, Nov., pag. 12) bemerkt.[16] Die Verfasser beginnen einzusehen, dass das "Expanding Universe"-Problem nicht nur ungelöst bleibt, sondern auch dass "this new suggestion [of Einstein's] may destroy any physical interest

---

[15] AEA 21-056.

[16] Im Brief folgt hier die Fußnote: In demselben Hefte der M.N.R.A.S. erschien eine Note von Eddington (Recession of Extra-Galactic Nebulae) in welcher sogar die Protonen Zahl (nicht nur der Weltradius) in höchst komisch-magischer Weise berechnet wird, – knabenhaf[t] unstichhaltig.

in solving it." (Dies war tatsächlich von Anfang an meine Ansicht.) Die Autoren, nun, indem sie dies sagen, berufen sich auf Ihre neue Arbeit, Sitzber. Preuss. Akad., 12, 235, 1931, in welcher "Einstein proposes to drop the λ-term from the field equations." [...]

Ich erlaube mir deshalb Sie zu ersuchen, mir einen Separat-Abdruck davon zu senden, und würde ich Ihnen besonders dankbar sein, wenn Sie auf den Marginalien (margin) Ihre persönlichen Bemerkungen, Erklärungen, etc. hinschreiben wollten. Denn Ihre Akademie-Abhandlungen sind gewöhnlich zu kurz gefaßt, wohingegen ich besonders in diesem Falle ganz gründlich wissen möchte, wie Sie die Situation (λ-term, etc.) auffassen.

Ob Einstein einen kommentierten Sonderdruck schickte, ist unbekannt. Zumindest scheint er das λ-Glied noch nicht als „Eselei" anzusehen, denn er schreibt am 23. April 1932:[17]

1. Vom Standpunkt meiner neuesten Resultate in der allgemeinen Relativitätstheorie aus betrachtet, ist die Einführung des λ-Gliedes weit natürlicher, als sie ursprünglich gewesen ist. Dies geht aus einer Arbeit hervor, die gerade jetzt bei der Akademie im Druck ist.[18]

2. Ich habe in Pasadena diesen Winter meine Stellung zum kosmologischen Problem geändert. Es zeigt sich nämlich, dass man den bisher bekannten Tatsachen ohne Benutzung eines λ-Gliedes und ohne Einführung einer Raumkrümmung gerecht werden kann. Dies ist kurz niedergelegt in einer von mir zusammen mit de Sitter in der National Academy Washington publizierten Notiz. Da sich so eine Relation ergibt zwischen der Expansion und der mittleren Dichte, welche der Größenordnung nach den Schätzungen der Astronomen entspricht, sind wir vorläufig vom Erfahrungsstandpunkte aus ausserstande, irgend etwas über die Raumkrümmung auszusagen. Dies schien eben nur möglich, solange man von der Hypothese ausgehen zu müssen meinte, dass die mittlere Dichte der Materie zeitlich konstant sei.

Doch all das schien Silberstein nicht allzu sehr zu gefallen – er verfiel über dieses Thema zunächst in Schweigen. Als er jedoch eine Buchbesprechung von Eddingtons *The Expanding Universe* (1933) schreiben sollte oder wollte, griff er das Thema wieder auf. Er versuchte nun nicht nur Einstein-de Sitter und Eddington, sondern kurzum alle Anhänger der "expanding-Universe doctrine" ad absurdum zu führen, indem er die Linearität der empirischen Korrelation, wie sie erstmals 1929 von Hubble gefunden wurde, in Zweifel zog. Silberstein zeigte, daß die Materiedichte und die kosmologische Konstante Effekte höherer Ordnung hervorrufen (wie der später

---

[17] AEA 21-057.
[18] Einstein bezieht sich offenkundig auf die Arbeit „Einheitliche Theorie von Gravitation und Elektrizität, 2. Abhandlung" (mit W. Mayer), Sitzungsberichte 1932, pp. 130–137.

in die Kosmologie eingeführte Abbremsungsparameter), und so eine streng lineare Beziehung *eben nicht* auf ein expandierendes Universum hindeuten kann. Seine Arbeit endet mit den Worten: „Das so eifrig zusammengetragene Beobachtungsmaterial ist vergleichsweise dürftig und viel zu ungenau, um selbst als qualitative Unterstützung der expansionistischen Doktrin zu dienen; noch weniger kann man sagen, ob die nächste Astronomengeneration sie unterstützen oder verwerfen wird" (Silberstein 1935).

Mehrere Astronomengenerationen waren nötig, um Abweichungen von der Linearität zu finden, Abweichungen, die nicht nur auf eine kleine Materiedichte hindeuten, sondern auch auf die Präsenz einer „dunklen Energie" – Einsteins ungeliebte kosmologische Konstante.

Die zweite Aktivität war Silbersteins Briefwechsel mit Einstein über die Lösung der Feldgleichungen der Gravitation bei Anwesenheit zweier stationärer Massen. Der Briefwechsel begann Ende 1933 und endete mit der Publikation von Arbeiten von Silberstein (1936) und Einstein und Rosen (1936). Diese Silberstein-Einstein-Kontroverse von 1933 bis 1936 ist ausführlich in einer Arbeit von Havas (1993) dokumentiert, so daß wir hier nicht weiter auf Einzelheiten eingehen wollen. Das gleiche Problem war übrigens schon ein Jahrzehnt vorher von dem wenig bekannten englischen Mathematiker Curzon (1924a,b) behandelt worden, ohne daß einer der beiden Kontrahenten dies zur Kenntnis genommen hätte. Moderne Lösungen werden bei Earman (1995) erwähnt. Der Briefwechsel zeigt, daß Einstein das ihm aufgezwungene Thema nur „mit der linken Hand" behandelt, öfters Fehler macht und schließlich auf Silbersteins Briefe und immer ironischer formulierte Berichtigungen keine Antwort mehr gibt. Dies führte zu der Abfassung einer weiteren fehlerhaften Arbeit, die diesmal in der *Physical Review* im Druck erschien (Silberstein 1936). Sie wurde außerdem von einem Bericht in *The Evening Telegram*, einer in Toronto erscheinenden Zeitung, begleitet, der die (wiederum brutale) Überschrift trug "Fatal Blow to Relativity Issued Here". Einstein sah sich gezwungen, auf Silbersteins Einwände öffentlich einzugehen (Einstein & Rosen 1936). Nach einem letzten Austausch über dieses Thema – Einstein schrieb u.a.:[19]

> In der Zeitung stand... die blödsinnige Behauptung, ich hätte auf Grund eines früheren Briefes die allgemeine Relativitäts-Theorie revidiert. Dadurch haben Sie mich in die Notwendigkeit versetzt, Ihre Irrtümer öffentlich zu berichtigen. Pauli sagte z.B. mir gegenüber, dass ich dies unbedingt tun solle, weil der Irrtum nicht so klar zutage liege, dass er von jedem kundigen Leser sogleich bemerkt werden würde.

– hört der Briefwechsel für fünf Jahre auf.

---
[19] Albert Einstein an Ludwik Silberstein, 10. März 1936, AEA 21-087.

1941 kritisierte Silberstein in einem Brief an Einstein eine Arbeit von Einstein, Infeld und Rosen, und als er nach einiger Zeit von Einstein eine erläuternde Antwort erhielt, entgegnete Silberstein „The very fact that you have written to me at all after my discourteous Letter of 1937 (or so), the outcome of a momentary passion, and thus have forgiven me, is a precious gift to me." Auch in diesem Briefwechsel versuchten sich beide Fehler nachzuweisen, aber die Sache verlief im Sande. Trotz dieser Attacken fühlte sich Silberstein stets als Einsteins Freund, wie er in seinen Briefen öfters betonte. Das Problem war, daß er sich hin und wieder Einstein und Eddington ebenbürtig fühlte und dies auch offen zeigte. Im Herbst 1946 gab es einen letzten, unvollständig erhaltenen Briefwechsel mit Einstein über die „Gesamtmasse zweier gravitierender Massen".

Silberstein starb am 17. Januar 1948 an einer Herzattacke; seine Frau Rose starb 10 Jahre später. Silberstein hinterließ einen Sohn George D., der bei Kodak als Entwicklungsingenieur tätig war, und eine Tochter Hannah, die als Biochemikerin an der Emory Universität in Atlanta, Georgia arbeitete, und deren Namen man heutzutage noch bei Berichten über den Einfluß von Plutonium auf den menschlichen Organismus findet (Welsome 1999). Eine weitere Tochter, Hedwiga R., starb schon 1946.

5 Silbersteins Persönlichkeit

Ein Mitarbeiter der Firma Adam Hilger, J. W. Perry[20], beschreibt ihn als „von einem etwas südlichen Temperament, das aber von einem scharfen, logischen Verstand beherrscht wurde." Ein anderer, Frank Twyman, klassifizierte es als „sehr heißblütiges Temperament."[21] Perry fährt in seiner Charakterisierung fort:

> Seine ehrlichen Meinungen erstreckten sich auch auf die politische Sphäre, aber es erschien zumindest mir so, daß sie sich mehr auf Abstraktionen als auf wirkliche Ereignisse bezogen. [...] Zu Hause arbeitete er beständig, auch sonntags, er war ein liebender Vater und fand Entspannung beim Samowar und dem Klavier, auf dem er sehr gut Beethoven spielte.

In einem der wenigen Nachrufe, demjenigen der *Zeitschrift für wissenschaftliche Photographie, Photophysik und Photochemie*[22], findet sich der

---

[20] 3-seitiges Typoskript, undatiert, im Archiv des American Institute of Physics.
[21] F. Twyman, Typoskript, Auszug aus dem Buch *An East Kent Family*, im Archiv des American Institute of Physics.
[22] Bd. 45, Heft 1–3, S. 64 (1950).

wunderliche Satz „Sein Hauptarbeitsgebiet war die Relativitätstheorie Einsteins und der Beweis derselben." Die theoretischen Physiker und Astronomen hatten ihn zu dieser Zeit schon vergessen, oder sie erinnerten sich nur an ihn als einen Besserwisser, der immer „auf das falsche Pferd" gesetzt hatte. Trotzdem sollte man in diesem Jahr, wo alle Welt von Einstein spricht, auch den Forschern gedenken, die in seinem mächtigen Schatten standen.

Anhang I: Brief von L. Silberstein an A. Sommerfeld[23,24]

4 Anson Road Den 27. Nov. 1919.
London, N.W.2.
Lieber Herr College,
{[...]}
 Sie wünschten von mir über die Eklipse Resultate u. die Meinung hiesiger Astronomen {S. 2} üb. deren Interpretation zu hören.
 Es freut mich, dass ich Ihnen Einiges darüber mitteilen kann:-
 Am 6.XI hatten wir eine "joint meeting" der Roy. Soc. & der Roy. Astronom. Soc. gehabt; Vorsitzender J.J. Thomson. Der sagte blos einige einladende Worte. Dann sprach Dyson (Astr. Royal of England; die beiden anderen, Sampson, Scotland, & Plummer, Ireland, waren nicht anwesend.) Dyson beschrieb einige technischen Details, zeigte einige Platten, aber ohne die Sterne; die Platten mit den Sternen hatte er damals nicht mitgebracht; ich sah eine von ihnen später. Schliesslich gab er uns die folgende Tabelle (als Resultat der Messungen von Crommelin's & Davidson's Platten, Brazil): [nur 7 Sterne wurden gemessen]

No. of Star.	$\delta x'$ Displacement in Rectasc. observed	δx calc.	$\delta y'$ Displacement in Declination obs.	δy calc.
11	$-0.''19$	$-0.''32$	$+0.''16$	$+0.''02$
5	$-0.''29$	$-0.''31$	$-0.''46$	$-0.''43$
4	$-0.''11$	$-0.''10$	$+0.''83$	$+0.''74$
3	$-0.''20$	$-0.''12$	$+1.''00$	$+0.''87$
6	$-0.''10$	$+0.''04$	$+0.''57$	$+0.''40$
10	$-0.''08$	$+0.''09$	$+0.''35$	$+0.''32$
2	$+0.''95$	$+0.''82$	$-0.''27$	$-0.''09$

Er gab nich{t} die result. Verschiebungen $\sqrt{\delta x^2 + \delta y^2}$; auch nicht ihre Richtungen. (Hierzu sage ich einige Worte weiter unten.)

---

[23] Mit Erlaubnis des Archivs des Deutschen Museums, München.
[24] Da Silberstein in seinen Briefen eckige Klammern verwendet, werden Kommentare der Herausgeber und Seitenzahlen in geschweiften Klammern gegeben: {...}.

Diese Zahlen waren 7 Photographien entnommen [von Crommelin & Davidson; Eddington's Afrika, waren ganz unzuverlässig; clouded]. Die $\delta x'$, $\delta y'$ waren gemessen, indem die Eklipse Platten auf Platten angelegt wurden die in den nächsten Wochen aufgenommen wurden; mit Comparator. Dyson schloss mit den Worten:

"It is concluded that the sun's gravitational {S. 3} field gives the deflection predicted by Einstein's generalized theory of relativity... After a careful study of the plates I am prepared to say that there can be no doubt that they confirm Einstein's prediction. A very definite result has been obtained that light is deflected in accordance with E.'s law of gravitation!

Nach ihm sprach Crommelin, kurz u. nur technisch und, sozusagen, geographisch.

Dann sprach Eddington, aber wie gesagt – waren seine Platten so gut als untauglich. Trotzdem glaubte er dass "the defl. at the limb 1.″6±0.″3" war, nach seine defekten Platten. Sonst sprach er beinahe zu viel von der Theorie selbst, die er nicht versteht (empirionist) und wollte die Unwichtigkeit des Spektrum Nulleffektes beweisen.

J. J. Thomson sprach darauf, sehr kurz; er gratulierte den Astronomen zu dieser grossen Entdeckung, bewunderte E.'s Theorie, bedauerte aber dass sie ihm (wegen der Tensorsprache etc.) ganz unverständlich sei.

Nach ihm sprach Fowler [Praes. der R. Astr. Soc.] (e. erstklassiger Spektroskopist): "I should like to emphasize our indebtedness to the Astronomer Royal for the important results obtained by the expeditions; ... the conclusion is so important that no effort should be spared in seeking confirmation in other ways." Er legte dann, im Sinne meiner Bournemouth Ansprache, viel Gewicht der Spektrum Verschiebung, St. John & Evershed, indem er zufügte: "The quantity looked for, I may {S. 4} say, is 100 times the probable error of measurements with the large spectrographs now employed in such inquiries."

Nach ihm sprach Lindemann (Junior) über seine & seines Vaters Methode Sterne bei Tag zu photographieren, dies wird vielleich nützlich werden für öftere Messungen, vorläufig eignet sich L. Methode noch nicht gut genug für Sterne mit r = 2R oder sogar 5R. {R=Sonnenradius, Zeichnung eingefügt}. Schliesslich gratulierte er "to Prof. Einstein on his good fortune in the observers who tested his prediction, as well as on the brilliant success which rewarded their efforts."

Dann sprach Prof. Newall (Astrophysik-Prof. in Cambridge). Auch er gratulierte den Astronomen, aber er meinte man soll den Weg nicht absperren zu einer Erklärung durch gewöhnliche Refraktion, trotzdem hierzu – unter gewöhnlichen Umständen (Gradient der Dichte etc.) die Dichte der Refrakt. soviel als 10^{-8} od. 10^{-9}, für $r = 2R$, betragen müsste. Er schloss mit den Worten: "I prefer to keep an open mind about interpretation", indem er sich vorstellte man wüsste nichts von Einst.'s Theorie, müsste erst von dem Befund auf die "Hypothese" (Ursache) rückschliessen.

Ich sprach dann, und trotzdem ich auch den Astronomen gratulierte "upon their observational results", legte ich starken Nachdruck auf das Ausbleiben der

Spektrum Verschiebung, und zeigte deren theoret. Consequenzen. Ich behauptete {S. 5} schliesslich dass man mit der Interpretation sehr vorsichtig vorgehen müsse, und andere auszusenden{?} Spektroskopisten wiederholte Messungen vorzunehmen. Ich schloss mit den Worten: "If the shift (spectr.) remains unproved as at present the whole theory collapses, and the phenomenon just observed by the astronomers remains an almost isolated fact awaiting to be accounted for in a different way.{"}

Dyson sagte dann noch einige Worte über die Hoffnung in 1922 wieder zu photographieren obwohl dann keine lichtstarken Sterne nahe der Sonne sich befinden werden. "I think it most important [dies zu meiner Bemerkung] that this result should be verified at the next eclipse. If necessary, a suitable equatorial mounting should be prepared; I should like to avoid the use of mirrors." Schliesslich sagte Prof. Eddington als Antwort zu meiner Ansprache. Er gab mir zu dass "it is not necessarily Einst.'s theory that is confirmed, but his law of gravitation". Dann sprach er über ds^2 in einer äusserst confusen Weise.

Der Praesident (Thomson) hob die Sitzung auf mit den Worten: "We must thank the Astr. Royal & Prof. Eddington for bringing this enormously important discovery before us, and for taking such pains to make clear to us exactly where the problem stands." Dann gingen wir alle nach Hause.

{S. 6} Am nächsten Morgen fiel es mir auf, dass Dyson nichts von den Richtungen (u. den totalen Ablenkungen $\sqrt{\delta x'^2 + \delta y'^2}$) sagte. Ich rechnete das auf Grund der obigen Tabelle (pg. 2) nach und fand:

No. of star	r/R	$\varphi' - \varphi$	Differenz der resultierenden Verschiebungen	
3.	1.99	$+3.°4$	$+0.16''$	-15%
2.	2.05	$-8.°8$	$+0.13$	$-..13\%$
4.	2.34	$-0.°2$	$+0.09$	
5.	3.30	$+3.°6$	$+0.01$	
6.	4.35	$+15.°7$	$+0.18$	
10.	5.26	$+5.°9$	-0.22	
11.	7.92	$+34.°9$	$+0.03$	

Die Abweichungen d. Richtung von der radialen scheinen mir beträchtlich zu sein; ∗ 11. ist zwar mit (7.92), aber ∗ 6. nicht so, und ∗ 2. ist einer der wichtigsten Sterne. Ich war mir wohl bewusst dass dies $\varphi' - \varphi$ "a very severe test" ist, aber so muss er auch der Natur der Sache nach sein. Die Richtung der Verschiebungen schien mir noch viel wichtiger als ihre Grösse [die Abweichungen d. Grösse, obwohl bis 15%, bei den wichtigen ∗∗ betragend, will ich hier mit Schweigen übergehen].

Diese Tabelle, mit Erklärungen, teilte ich dem Fowler mit und er teilte sie Dyson mit. Am 14. hatten wir ein R. Astronom. Soc. Sitzung, wo Dyson privatim mich ansprach und sehr {S. 7} aufgeregt (but kindly) mit mir diese Kritik diskutierte [er ist übrigens ein sehr lieber Mann]. "The test is too severe, etc.".

Da sagte ich (ruhig): "But why not mention $\sqrt{\delta x'^2 + \delta y'^2}$) nor the directions of these displacements – ratios – at all?" Er regte sich noch mehr auf und sprach von ∗ 11. (n.b. $-35°$) dass dieser Stern ja sehr weit ist. Let us discard it then, sagte ich; we are then left with 6 stars only; and No. 6? – 15.7° is a huge angle. Und sogar No. 2. Eigentlich sind nur 4 Sterne befriedigend was Radialität anbelangt. If you do not rely upon them as far as direction goes, sagt ich, let us discard them at all. We are left with 4 stars, out of »septem sidera« [ein Poëm von Copernicus]. Davon wollte aber Dyson nicht hören. Eins hat mich besonders frappiert: er war sehr aufgeregt. Nun kenne ich die Engländer; wenn sie Recht haben, bleiben sie eiskalt bei noch so scharfer Kritik des Gegners. Ich bin deshalb überzeugt, dass Herrn Dyson diese $\varphi' - \varphi$ auch nicht gefallen.

Das wird sich am 12. Dezember zeigen. Denn auf der besagten 14. Nov. Sitzung waren so viele andere Themata (und wir hatten sehr viele Gäste) dass die eigentliche Diskussion, wie mir Fowler versprochen hat, auf die ganze Sitzungszeit vom 12. Dezember verschoben wurde. Wir werden {S. 8} dann viele Details hören und sehen. Dyson versprach sogar den Comparator mitzubringen. N.b. zeigte er uns die Platte mit 7 Sternen die ich hier nur grob skizziere [ich habe mir eine genaue Copie gemacht, bin aber jetzt zu müde um sie hier abzuzeichnen]. Beachtenswerth ist dass die Sterne 3., 4. in dem intensivst leuchtenden Teil der Corona sassen. Man sah sie ganz verschleiert von der Corona... Eine gewöhnliche Refraktion scheint mir nicht unmöglich. (Die Corona in Richtg. 02, bis A erstreckte sich beinahe auf 6 R; und noch bei A leuchtete sie sehr stark. U.s.w.u.s.w.

Ich werde Ihnen weitere Details der Discussion nach dem 12. Dez. mitteilen. Mein jetziger Brief ist ohnehin schon zu lang.

Ich würde mich durchaus freuen, wenn, after all, Einstein's Theorie siegt. Denn ich habe mit Vorliebe in ihrer Richtung 3-4 Jahre gearbeitet. Auch gefällt mir die Natur immer am besten so wie sie ist nicht wie ich sie haben möchte. Aber ich möchte diese grossen Reformen auf gutem, festen Boden gebaut sehen, nicht übereilt. Ich werde mich nach Grebe & Bachem's Arbeit (Spektrum Verschiebung), von der Sie mir eben schreiben, umsehen. Dies bleibt immer e. sehr wichtiger Punkt.
Mit besten Grüssen,
Ihr ergebenster
L. Silberstein
{P.S.} Prof. Sampson (Astronomer for Scotland) sagte mir (14/XI), angenommen dass Dyson's Messungen sogar ideal stimmten, dass die $\varphi' - \varphi$ wohl e. Beachtung verdienen und: "Only an accumulation of results will convince the astronomers."
{[...]}

Anhang II: Brief von L. Silberstein an A. Einstein[25]

129 Seneca Parkway   Sunday, Sep. 23, $6^{\underline{45}}$ a.m. 1934 A.D.
Rochester, N.Y.   (I am an "early bird")

Lieber Professor Einstein,
Ich will diesmal versuchen, Ihnen deutsch zu schreiben (obwohl mir, eben durch hitleritsche Association, psychologisch, sogar diese Sprache selbst [itself] ganz verhasst [odious] im Innern meiner "Seele" klingt. Ich werde nur hier und da englische Worte einschieben.

Meine Feder ist sicherlich zu schwach (and very much so) um hier die volle Ausdehnung & Umfang (nay, and depth=Tiefe) meiner echten Bewunderung Ihrer schönen & guten Persönlichkeit [personality] wiederzugeben. Sie wissen schon, hoffentlich, that I was penetrated – all these years – with a warm admiration & true affection for you not only as a sublime genius & pioneer of new concepts & heuristic principles with respect to the study and contemplation of that Great Lady, "Nature our Goddess" [ein $W^{\underline{m}}$ Shakespeare'scher Ausdruck: Sh. sagte somewhere: "Nature, thou art my Goddess {[",] – S. 2} ich habe diese Phrase ganz besonders gern u. benütze sie very frequently in meinen publ. Schriften, ganz wahrscheinlich durch erotische Associationen, – pardon me this personal confession; ich möchte sagen (mit Heine) "Es treibt mich hin, es treibt mich her", ich: – I am a restless spirit (unruhiger Geist, wie mein Vater, liebevoll, sagte), I change often my subjects of work, my tendencies and – last not least – my four coord$^{\underline{s}}$, even x_1, x_2, x_3, x_4, but whatever I do, I do passionately, and, as I have often observed, the passion with which I approach a phys. or astronomical problem, or a social activity [my results, of course, are only poor], is of very much the same character as that of my admiration of the fair sex. Thus, for instance, I give now – for the last 10 days – a helpful hand in anti-hitlerite action with exactly {S. 3} the same, voluptuous, fully epicurean, passion & delight, as when I have the good fortune of spending a few hours in the company (at "molecular" distance) of a lady whom I love (mostly platonic, no harm to anybody); also one [oder – me] at a time. This, perhaps, is the reason why I often use, instead of "God" or "Allmighty", an ugly word in sooth, the exquisite Shakesperian phrase "Nature, my – or our – Goddess" (feminine).]

Pardon this long digression, i.e. these brackets, [ ]. To resume, I wished to say that I have always admired you, these many years, as genius & deep lover, and connoisseur, and true lover of Nature our Goddess, but still more as a most complete Man, heart, as well as mind, ideas as well as emotions. I know only two such men alive (lebendig): Einstein & Max Planck, my most beloved teacher (since 1891), and one dead, alas, H.W. Lorentz, the much {S. 4} regretted Lorentz. (Er hatte uns hier, in diesem alten Hause, besucht; er fand ein herzliches Wort für Jedermann, Frau Silberstein, our two little girls, may even for their Eskimo dog "Teddy", whom Lorentz proposed to call the Tripod, der Dreifuss,

---

[25] AEA 21-070. Mit Erlaubnis der Albert Einstein Archives, The Jewish & National University Library, Jerusalem.

[da dieser Hund – {durchgestrichen}] since that dog was run over by a street car, a year before, which has cut him off, literally, one out of his 4 legs. Es war hierbei sehr charakteristisch für Lorentz, der meine jüngere Tochter trösten wollte, dass Lorentz hinzufügte "He is now but a tripod, but a very happy tripod. You see, Hannah, he ha{s} adopted himself to this reduced number of legs. Look at him, how gay he is." Ich werde diese kleine, jedoch tiefe Episode von Lorentz's Besuch nie vergessen.)

But my letter becomes, in appearance, incoherent. Quite so. Ich lasse eben meinen Gedanken & Gefühlen freien Gang (? Fluss). {S. 5} Und warum. Einfach darum, weil ich sonst nicht wüsste, wie meine Bewunderung und wahre Affektion an Sie, lieber Professor, auszudrücken, least of all in the German language. Andererseits aber glaubte ich doch besser Ihnen deutsch zu schreiben, da ich fühlte dass diese Sprache more intimately mit Ihrem Ideengang & Gefühlfluss verbunden, zusammengewachsen {?} ist; ganz natürlich, denn dies ist u. war Ihre "Muttersprache" (oder waren Sie vielleich{t} in französischer Sprache erzogen, nämlich in der Schweiz?).

But no matter, how expressed, believe me, my admiration & sympathy are profound and have become only intensified by the form of the contents of your two letters received yesterday.

Und ich möchte Ihnen auf's Herzlichste danken, sowohl in meinem als auch im Namen der {S. 6} Mitglieder des Committee's of the

DRIVE FOR NAZI VICTIMS

[lies: "equivalent"] ≅ antihitlerite action
[or "implying"] = anti-mad bloodhound action.

Ich muss aber auch Ihnen in einem, und nur in einem Punkte widersprechen. You say that Jews (& .!. myself) should not take part in opposing actively that Archdog Adolph Hitler. Pardon me, dear Dr. Einstein, ich muss Ihnen darin widersprechen, meine ganze Natur (Instinkt) treibt mich dazu. And I have never yet disobeyed any strong instincts, i.e. Nature my Goddess. Accordingly, I shall do my {S. 7} utmost (no matter, how small this "utmost" will turn out to be) to overthrow that accursed Hitler. Ich fühle z.B. ganz deutlich (nicht abstract, oh no!) dass ich mit exaltierten Wonne diesem Bluthund die Kehle durchschneiden möchte oder mit einem "automatic" ihn in's "Jenseits" [nicht Minkowski's "Jenseits" as contrasted with "Diesseits"] ihn senden würde. The colour of fear (Furcht) is not, and never was, known to me.

Glauben Sie vielleicht, dass ein langsames Dahinsterben (old age, or selensis, or cancer, or what not) besser ist, als das "Diesseits" zu endigen in einem luxuriös exaltierten Zustand, nämlich dem Bewusstsein und dem Gefühl dass man sein Leben opferte for the good of humanity. In fine, I would not {S. 8} hesitate a second to cut Hitler's throat mwith my own hands, even if I were surrounded by 10^6 or 10^7 Nazis (to hell with them!). Nay, I would consider this to be a most ideal end (finale) of thie terrible & restless dissonance of tones and noises called (externally) Mr. Ludwik Silberstein. I say this with the most profound conviction, and I say it (,and act accordingly) in spite of – or perhaps, because of

– the fact that I now enjoy the most perfect health & strength. [I am 62 years old, but I feel 26, and now & then less. Believe me.] Ich möchte hinzufügen das Furcht [fear, absence of courage] durchaus nicht der hebräischen Race eigentümlich {S. 9} ist. Waren vielleicht die Maccabäer Feiglinge? Of course not. But this is old history. Yet I knew, and have personally come across, many courageous Jews, on either side of the Atlantic. My dear Father (died 1913) has shown such unconditioned courage in fighting against the Polish, or Polish-Russian, pogrom makers in Warsawm anno Domini 1880 or 1881. Mein Bruder Henryk (=Heinrich, died 1890 at the age of 32), a pupil of Lothar Meyer, Tübingen, was known in Warsaw, Dresden, Petersburg to be eniterely {entirely?} free of that abominable quality: Fear, Die Furcht. Maybe that the American-Jewish commercial potentates (10^7 or 10^8 \$\$-magnates) cultivate "die Furcht" (fear) in their bosom. But {S. 10} so far as I could see, the poor Jew (& I am one) is as courageous as many Gentile, & certainly $\infty^{\underline{ly}}$ more courageous than, for example, the Polish pogrom makers [these wee also absolute cowards, attacking mainly old Jews, children, little girls, half-decrepit men, etc. but running away when confronted by strong, alert, healthy Jews; I have seen this even in 1880 as a little boy, e.g. in Rymarska street, where 16 Jewish porters = Lastträgers (stationed in Market place) kept back, nay & gave a good thrashing to, a crowd of 2 or 3 . 10^2 catholic Poles and Russian Government emissaries, "helping" in the pogrom]. No, Professor Einstein, the Jew should not abstain from kicking at Hitler, {S. 11} the reason which you invoke (dass sonst diese Aktion als "jüdisch" und nur jüdisch betrachtet sein würde), this reason is not of deciding importance.

In the past history of Mankind many a Jew has fought for Freedom of Thought etc., and was a pioneer in destroying antiquated systems. What about Marx? What about Lasalle? Nay, Christ himself.

In fine, from the year

000$\underline{1}$ AD. up to 1934 AD.

did our Jewish brethren contributed active pioneers of true freedom (of body & soul), and my deeply felt opinion is that the Jews {S. 12} should continue on this truly glorious path. I am convinced, dear Professor Einstein, that in your innermost you feel just the same. Only you are equilibrated (as was, e.g., my own Father) and I am restless, by passionate hatred of things rough, brutal, & atrocious, and by passionate love of the beauty of the Heavens (astronomy) & of Earth, by passionate love of human freedom, not coërcion, by epicurean delight in fighting the brutal & powerful ones and helping those oppressed and chased around. To help me God no, not "God" (an inane word), to help me Nature my Goddess. Verzeihen Sie mir, lieber Professor, this outburst of passion. I have been elated all these words, & your wonderful letters have only intensifi{ed} my enthousiasm. Mit herzlichen Grüssen, Ihr ergeb{ener} LSilberst{ein}.

P.S. Ich telegraphierte Ihnen gestern, erhielt aber (so far) keine Antwort. Heil Einstein! Ihr LSilberstein.

Ihre Nachricht ("privatim") btrf. Max Planck hat mich ganz unsäglich erfreut.[26]

---

[26] In einem Brief vom 16. September hatte Silberstein als P.S. angefügt: „Ist es wahr,

Many-many thanks.
{S. 13} In lieu of "wrapper". P.S. I might qualify the character of this passionate letter [nay, and all the actions around us] by H. Heine's words: "Die ganze Hölle ist los fürwahr, "Und lärmet & schwärmet in wachsender Schaar!"[27]
And the insaneness {???} of this is not frightful but delightful.
Bitte schreiben Sie mir kürzlich.

Danksagungen

Wir danken den Albert Einstein Archives, The Jewish & National University Library, Jerusalem, für die Einsichtnahme in den Briefwechsel zwischen Einstein und Silberstein, dem Archiv des Deutschen Museums, München, für die Einsichtnahme in den Brief von Silberstein an Sommerfeld, dem Department of Rare Books and Special Collections, Princeton University Libraries, für die Einsichtnahme in den Briefwechsel zwischen Silberstein und H. N. Russell, dem American Institute of Physics, College Park, MD, USA, für Kopien diverser Dokumente, sowie für die Photographie von Silberstein, und dem Archiv der Humboldt-Universität für die Einsicht in die Prüfungsunterlagen Ludwik Silbersteins. Allen Institutionen danken wir für die Erlaubnis, aus Dokumenten zu zitieren.

Literatur

Anonymous (1920): Discussion on the Theory of Relativity. Monthly Notices of the Royal Astronomical Society 80, 96–118

Chandrasekhar, S. (1983): Eddington: The Most Distinguished Astrophysicist of His Time. Cambridge, University of Cambridge Press.

Curzon, H.E.J. (1924a): Bipolar Solutions of Einstein's Gravitation Equations (Abstract), Proceedings of the London Mathematical Society, Ser. 2, 23, xxix

Curzon, H.E.J. (1924b): Cylindrical Solutions of Einstein's Gravitation Equations, Proceedings of the London Mathematical Society, Ser. 2, 23, 477–480

Douglas, A. Vibert (1924): Real and Apparent Radial Velocities. Monthly Notices of the Royal Astronomical Society 84, 491–493

---

daß (wie mir einer meiner Kollegen hier erzählte) Max Planck öffentlich und beharrlich Hitler unterstützt hat? Das scheint unglaublich (incredibile dictu)." [Übers. aus d. Engl.] Darauf entgegnete Einstein (Brief vom 20. September): „Das Gerücht über Planck ist durchaus unzutreffend. Er hat sich bemüht, zu mildern, wo er konnte und er hat in seinen Handlungen und Worten keinerlei Kompromisse gemacht. [...] Zu Planck soll Hitler in einer Audienz gesagt haben, nur sein Alter schütze ihn vor dem Konzentrationslager.[...]". AEA 21-065, 21-066.

[27] H. Heine, Buch der Lieder, Junge Leiden 1817–1821, Traumbilder, VII. Gedicht: Die sämtliche Höll ist los fürwahr, Und lärmet und schwärmet in wachsender Schar.

Douglas, A. Vibert (1956): The life of Arthur Stanley Eddington. London: Th. Nelson & Sons Ltd.

Earman, John (1995): Bangs, Crunches, Whimpers and Shrieks – Singularities and Acausalities in Relativistic Spacetimes. New York: Oxford University Press, p. 17–21

Earman, John, Glymous, Clark (1980): Relativity and eclipses: The British eclipse expeditions of 1919 and their predecessors. Historical Studies in the Physical Sciences 11, 49–85

Einstein, Albert, Rosen, N. (1936): Two-Body Problem in General Relativity Theory. Physical Review, vol. 49, 404–405

Havas, Peter (1993): The General-Relativistic Two-Body Problem and the Einstein-Silberstein Controversy. In: J. Earman, M. Janssen, J.D. Norton (eds.), The attraction of gravitation: new studies in the history of general relativity, Boston: Birkhäuser, 88–125

Liebscher, D.-E.; Brosche, P. (1998): Aberration and relativity. Astronomische Nachrichten, vol. 319, no. 5, 309–318

Lundmark, Knut (1924): The Determination of the Curvature of Space-Time in de Sitter's World. Monthly Notices of the Royal Astronomical Society 84, 747–770

Shankland, R.S., McCuskey, S.W., Leone, F.C., Kuerti, G. (1955): A New Analysis of the Interferometer Observations of Dayton C. Miller. Reviews of Modern Physics 27, 167–178

Silberstein, Adela (1902): Leibniz' Apriorismus im Verhältnis zu seiner Metaphysik. Inaugural-Dissertation, Zürich. Weimar: R. Wagner Sohn.

Silberstein, Heinrich (1882): Über Diazoderivate des symmetrischen Tribromanilins und deren Umsetzungsproducte. Inaugural-Dissertation, Tübingen. Dresden: B. G. Teubner

Silberstein, Ludwig (1894): Ueber die mechanische Auffassung elektromagnetischer Erscheinungen in Isolatoren und Halbleitern. Inaugural-Dissertation, Berlin. Berlin: C. Vogts Buchdruckerei

Silberstein, Ludwik (1896): Über die Entstehung von Wirbelbewegungen in einer reibungslosen Flüssigkeit, Bull. Int. l'Acad. Sci. Cracovie, Compt. Rend. Séances Année 1896, 280–290 (auch in polnisch publiziert)

Silberstein, Ludwik (1914): The Theory of Relativity. London, MacMillan and Co.

Silberstein, Ludwik (1917): The Motion of the Perihelion of Mercury, Monthly Notices of the Royal Astronomical Society 77, 503–510

Silberstein, Ludwik (1918a): General Relativity without the Equivalence Hypothesis. Philosophical Magazine 36, 94–128

Silberstein, Ludwik (1918b): Bizarre Conclusion derived from Einstein's Gravitational Theory. Monthly Notices of the Royal Astronomical Society 78, 465–467

Silberstein, Ludwik (1920): The recent eclipse results and Stokes-Planck's aether, Philosophical Magazine 39, 161–170

Silberstein, Ludwik (1922): The Theory of General Relativity and Gravitation. Based on a course of lectures delivered at the Conference on Recent Advances in Physics held at the University of Toronto, in January, 1921. Toronto: University of Toronto Press

Silberstein, Ludwik (1924a): The Theory of Relativity. Second Edition, enlarged. London, Macmillan and Co.

Silberstein, Ludwik (1924b): The curvature of de Sitter's Space-Time derived from Globular Clusters. Monthly Notices of the Royal Astronomical Society 84, 363–366

Silberstein, Ludwik (1925): The Determination of the Curvature Radius of Spacetime. In Reply to Dr. Knut Lundmark. Monthly Notices of the Royal Astronomical Society 85, 285–290

Silberstein, Ludwik (1930): The Size of the Universe. Attempts at a Determination of the Curvature Radius of Spacetime. London, Oxford University Press

Silberstein, Ludwik (1935): On the Expanding-Universe Doctrine. Transactions of the Royal Society of Canada, Sect. 3, Ser. 3, Vol. 29, 1–4

Silberstein, Ludwik (1936): Two-centers Solution of the Gravitational Field Equations, and the need for a Reformed Theory of Matter. Physical Review 49, 268–270

Sponsel, Alistair (2002): Constructing a 'revolution in science': the campaign to promote a favourable reception for the 1919 solar eclipse experiments. British Journal for the History of Science 35, 439–467

Stanley, Matthew (2003): "An Expedition to Heal the Wounds of War": The 1919 Eclipse and Eddington as Quaker Adventurer. Isis 94, 57–89

Swenson jr., Loyd S. (1972): The Etheral Ether. A History of the Michelson-Morley-Miller Aether-Drift-Experiments, 1880–1930. Austin und London: University of Texas Press

Thorpe, Alan J., Volkert, Hans, Miemiański, Michał J. (2003): The Bjerknes' Circulation Theorem: A Historical Perspective, Bulletin of the American Meteorological Society, 84, No. 4, 471–480

Welsome, Eileen (1999): The Plutonium Files : America's Secret Medical Experiments in the Cold War. The Dial Press, New York

Wirtz, C. (1924): De Sitters Kosmologie und die Radialbewegungen der Spiralnebel. Astronomische Nachrichten, 222, 21–26

Anschr. der Verf.: Professor Dr. Hilmar W. Duerbeck, WE/OBSS, Vrije Universiteit Brussel, Pleinlaan 2, 1050 Brussel, Belgien; e-mail: hduerbec@vub.ac.be

Professor Dr. Piotr Flin, Pedagogical University, Institute of Physics, ul. Swietokrzyska, 25-406 Kielce, Polen; e-mail: sfflin@cyf-kr.edu.pl

SCIENCE SERVICE

THE INSTITUTION FOR THE POPULARIZATION OF SCIENCE organized 1921 as a non-profit corporation, with trustees nominated by the national academy of sciences.

THE NATIONAL RESEARCH COUNCIL, THE AMERICAN ASSOCIATION FOR THE ADVANCEMENT OF SCIENCE, THE E. W. SCRIPPS ESTATE AND THE JOURNALISTIC PROFESSION. WATSON DAVIS, DIRECTOR.

2101 CONSTITUTION AVENUE
WASHINGTON, D.C.

Sept. 16, 1936

Prof. Albert Einstein
Institute for Advanced Study
Princeton, N.J.

Dear Prof. Einstein:

Last spring an apparently sincere layman in science, Rudi Mandl, came into our offices here in the building of the National Academy of Sciences and discussed a proposed test for the relativity theory based on observations during eclipses of the stars.

We supplied Mr. Mandl with a small sum of money to enable him to visit you at Princeton and discuss it with you. On his return he showed us what were apparently authentic letters from you to him regarding his suggestion.

Mr. Mandl has since moved to New York City (108-11 Roosevelt Ave., Corona, L.I.) but before he left he told us that you had agreed to publish his ideas, or at least incorporate some of them in a technical paper to be prepared by you for some scientific journal.

A letter has today come from Mr. Mandl asking us if this paper has yet been published.

Could you tell us what is the status of the Mandl proposal from your point of view, with the promise that anything you would write would be completely confidential?

Sincerely yours,

Robert D. Potter
Science Service

beantwortet.

Abb. 1 (zum folgenden Beitrag). R. D. Potter an A. Einstein, 16. September 1936, AEA 17-039. (©Einstein Archives, The Hebrew University of Jerusalem)

Im Rampenlicht der Sterne

Einstein, Mandl und die Ursprünge der Gravitationslinsenforschung*

Jürgen Renn, Berlin, und *Tilman Sauer*, Pasadena

Einsteins Arbeit über Gravitationslinsen aus dem Jahr 1936 kam nur durch das hartnäckige Drängen des Hobbywissenschaftlers Rudi Mandl zustande. Wir diskutieren Mandls Rolle in der Publikationsgeschichte der Einsteinschen Arbeit und weisen auf auffallende Parallelen zwischen Mandls Situation im Jahr 1936 und Einsteins eigener Position im Jahr 1912 hin. Zu dieser Zeit hatte Einstein bereits einmal die Idee von Gravitationslinsen erwogen, wie vor einigen Jahren durch die Rekonstruktion von Forschungsnotizen aus dieser Zeit entdeckt wurde. Andere frühe Diskussionen des Gravitationslinseneffekts von Lodge, Chwolson, Tikhov, Zwicky, Russell und anderen wurden entweder erst wahrgenommen oder erst geschrieben, nachdem es Mandl gelungen war, Einstein zur Publikation seiner Arbeit zu überzeugen.

Einstein's paper on gravitational lensing from 1936 was published only as a result of insistent prodding by the Czech amateur scientist Rudi Mandl. We discuss Mandl's role for the publication history of Einstein's paper and point out striking similarities between Mandl's situation in 1936 and Einstein's own position in 1912. At that time, Einstein himself had already considered the idea of gravitational lensing, as had been discovered some years ago through the identification of research notes from that period. Other early discussions of gravitational lensing by Lodge, Chwolson, Tikhov, Zwicky, Russell, and others were either only perceived or only written after Mandl had succeeded to persuade Einstein into publication.

---

*Deutsche Fassung des Beitrages "Eclipses of the Stars. Einstein, Mandl, and the Early History of Gravitational Lensing" in: A. Ashtekar et al. (eds.), *Revisiting the Foundations of Relativistic Physics*, Dordrecht: Kluwer 2003 (Boston Studies in the Philosophy of Science 234), pp. 69–92. Übersetzt von T.S.

> Aber rühmen wir nicht nur den Weisen
> Dessen Name auf dem Buche prangt!
> Denn man muß dem Weisen seine Weisheit erst entreißen.
> Darum sei der Zöllner auch bedankt:
> Er hat sie ihm abverlangt.
>
> Bertold Brecht, Legende von der Entstehung des Buches
> Taoteking auf dem Weg des Laotse in die Emigration

1 Vorbemerkung

In dieser merkwürdigen und doch charakteristischen Episode aus Einsteins Leben stellen wir Einstein als einen egalitären Intellektuellen vor, der seine eigene Ambivalenz überwindet und nach anfänglichem Zögern einen Außenseiter des wissenschaftlichen Establishments vorurteilslos unterstützt und sich neuen Ideen gegenüber aufgeschlossen erweist, ohne darauf zu achten, woher sie stammen. Die Geschichte zeigt, wie eine unscheinbare Idee schließlich zu einem großen wissenschaftlichen Erfolg wird – nach vielen anfänglichen Widerständen und Zweifeln eines elitären Wissenschaftsverständnisses. Es ist eine Geschichte über Visionen und persönliche Großzügigkeit, aber auch über Wissenschaft als gesellschaftliches Unterfangen und die Rolle des Zufalls in ihrer Entwicklung.

2 Ein Hobbyforscher hat eine Idee

An einem Frühjahrstag im Jahre 1936 betrat der tschechische Hobbyforscher Rudi W. Mandl das Gebäude der National Academy of Sciences in Washington und erkundigte sich nach dem Büro des Science Service, einer Einrichtung zur Förderung der Popularisierung der Wissenschaft. Er hätte einen „Vorschlag für einen Test der Relativitätstheorie zu machen, und zwar fußend auf Beobachtungen während Sternverfinsterungen."[1] Er wäre auf der Suche nach jemandem, der ihm helfen könnte, seine Idee zu veröffentlichen und die professionellen Astronomen zu überzeugen, seinen Vorschlag aufzunehmen und entsprechende Untersuchungen durchzuführen.

Man wußte nicht so recht, was man mit diesem Herrn anfangen sollte. Er schien ein ernsthaftes Anliegen zu haben, ob an seinen Ideen etwas dran war oder nicht, war nicht so ohne weiteres zu entscheiden, und jedenfalls

---

[1] "a proposed test for the relativity theory based on observations during eclipses of the stars." R. D. Potter an Einstein, 16. September 1936, Albert-Einstein-Archiv Jerusalem (AEA), Nr. 17-039. Vgl. Abb. 1.

ließ sich Herr Mandl auch nicht so einfach abwimmeln. Nach einigem Hin und Her schlug ein Mitarbeiter des Science Service vor, Herr Mandl möge seine Ideen doch mit einem ausgewiesenen Fachmann der Relativitätstheorie erörtern. Princeton sei ja nicht allzuweit entfernt, und so könne er doch einmal für einen Tag dorthin fahren und mit Herrn Professor Einstein persönlich über seine Theorien reden. Man wäre auch bereit, ihm die Fahrkarte nach Princeton zu bezahlen, und falls Einstein seine Ideen interessant fände, dürfe er gern wiederkommen und dann würde man weitersehen, was man in dieser Sache für ihn tun könne.

Was Mandl Einstein zu unterbreiten hatte, war, wie wir aus im Einstein Archiv überlieferten Briefen und Manuskripten wissen, eine krause Mischung aus Relativitätstheorie, Optik, Astrophysik und Evolutionsbiologie. Wir wissen, daß Mandl hartnäckig versuchte, andere etablierte Wissenschaftler von seinen Ideen zu überzeugen, unter ihnen William Francis Gray Swann, Direktor des Centers of Cosmic Ray Studies, die Nobelpreisträger Arthur Holly Compton und Robert Andrews Millikan, sowie V. K. Zworykin, Wissenschaftler bei der Radio Corporation of America (RCA) und der Erfinder des ersten vollständig elektronischen Fernsehsystems.[2] Von diesen hatten sich einige Mandls Theorien interessiert angehört und kurz in Erwägung gezogen, andere hatten vorgegeben, sie hätten zu wenig Zeit oder würden davon nichts verstehen. Niemand jedoch hatte die Angelegenheit ernsthaft weiter verfolgt.

Als Mandl am 17. April 1936 Einstein in Princeton aufsuchte, wurde er von diesem freundlich empfangen und fand den Professor aufgeschlossen und gern bereit, sich seine ungewöhnlichen Überlegungen anzuhören. Im Kern war Mandls Überlegung in der Tat einfach und ergab sich aus der Verknüpfung einer elementaren Konsequenz der allgemeinen Relativitätstheorie, nämlich der Ablenkung von Lichtstrahlen im Gravitationsfeld, mit dem Phänomen der Lichtbündelung, das aus der geometrischen Optik von Lichtstrahlen bekannt ist. Mandl schlug ein einfaches Modell vor, nach dem ein Stern das Licht eines anderen Sterns bündelt, wenn sich beide Sterne in einer geraden Linie mit der Erde befinden, so daß die Sterne zu einer Gravitationslinse bzw. zu ihrem abzubildenden Objekt würden. Mandl spekulierte dann weiter, daß die Effekte einer solchen Fokussierung vielleicht schon einmal beobachtet worden seien, obwohl ihre Erklärung unbekannt geblieben wäre. Unter den möglichen Effekten, die Mandl in Erwägung zog, waren die erst kürzlich entdeckten ringförmigen Nebelflecken, die er als Gravitationsbilder entfernter Sterne auffasste, kosmische Strahlung, die er als Effekt gravitationsverstärkter Strahlung einer entfernten Galaxie inter-

---

[2] Mandl an Einstein, 3. Mai 1936, AEA 17-031, und Zwicky (1937a), S. 290.

pretierte, und das plötzliche Aussterben biologischer Arten, wie der Dinosaurier, die er mit der kurzzeitigen Verstärkung solcher Strahlung während Ereignissen, die er als Sternverfinsterungen bezeichnete, in Verbindung zu bringen versuchte.

Ungeachtet dieser atemberaubenden Spekulationen Mandls lag in ihrem Kern eine Einsicht, die schließlich – mehrere Jahrzehnte später – tatsächlich zu einer experimentellen Bestätigung der Relativitätstheorie führen würde. Ein Brief, den Mandl einen Tag nach seinem Besuch bei Einstein schrieb, gibt uns Aufschluß darüber, worin diese Einsicht bestand. (Vergleiche die „Alte Formel" und die begleitende Zeichnung in dem Diagramm, das Mandl seinem Brief beilegte, abgebildet in Abb. 2.)

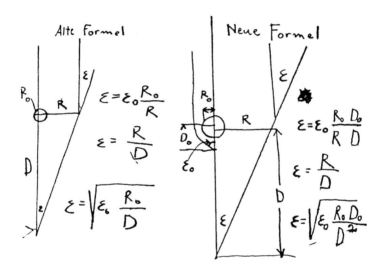

Abb. 2. Skizze des Gravitationslinseneffekts von Mandl. AEA 17-028. (©Einstein Archives, The Hebrew University of Jerusalem)

Von einem unendlich weit entfernten Stern, der sich genau hinter einem massiven, schweren Stern mit Radius R_0 befindet, welcher wiederum in der Entfernung D von einem Beobachter auf der Erde am Himmel steht, gehen Lichtstrahlen aus und laufen in einer Entfernung R vom Zentrum des gravitierenden Objekts vorbei. Die Lichtstrahlen werden wegen der Gravitationsablenkung nach innen gekrümmt, d.h. in Richtung der Sichtlinie zwischen dem Beobachter und dem gravitierenden Objekt, und werden unter dem Winkel ϵ von dem Beobachter auf der Erde wahrgenommen. Nach der allgemeinen Relativitätstheorie ist der Ablenkungswinkel ϵ umgekehrt proportional zum Abstand R, d.h. $\epsilon \propto (1/R)$. ϵ_0 bezeichne nun den Ablenkungswinkel von Lichtstrahlen, die genau am Rand des ablenkenden Sterns entlanglaufen, für die also $R = R_0$ gilt.[3] Da $\epsilon_0 \propto 1/R_0$, ergibt sich für den Ablenkungswinkel allgemein $\epsilon = \epsilon_0(R_0/R)$. Für Lichtstrahlen, die für einen auf der Erde befindlichen Beobachter sichtbar sind, gilt andererseits $\epsilon = (R/D)$. Aus diesen beiden Beziehungen ergibt sich

$$\epsilon = \sqrt{\epsilon_0 \frac{R_0}{D}}. \tag{16}$$

Worüber Mandl und Einstein miteinander diskutierten, war offensichtlich eine Art optische Linse, erzeugt durch die Lichtablenkung des gravitierenden Sterns. Der Winkel ϵ würde dann die scheinbare Vergrößerung des weit entfernten Sterns ergeben, wie er einem Beobachter auf der Erde erschiene. Aber im Unterschied zu den Eigenschaften von gewöhnlichen optischen Linsen versammelt die Gravitationslichtablenkung eines schweren Sternes die Lichtstrahlen nicht alle in einem gemeinsamen Brennpunkt, sondern eher verteilt und sozusagen entlang einer „Brennlinie". Für einen Beobachter im Abstand D ist die Linsenbedingung nur für einen einzigen Radius R erfüllt, woraus sich dann das ergibt, was wir heute einen „Einsteinring" nennen. Wie dem auch gewesen sein mag, Mandls Idee schien jedenfalls darin bestanden zu haben, daß dieser Linseneffekt sich für einen Beobachter auf der Erde in einer beträchtlichen Verstärkung des Lichts von dem weit entfernten Stern äußern würde.

Für Mandl muß die Unterhaltung mit Einstein viel bedeutet haben. „Unverzeihlicherweise" hätte er vergessen, seiner Dankbarkeit für den „freundlichen Empfang" Ausdruck zu geben und er bemühte sich, seine Unterlassung sofort wieder gutzumachen, indem er bereits am folgenden Tag einen Brief an Einstein schrieb. In diesem wies er auch darauf hin, daß er einen Fehler in ihren gemeinsamen Überlegungen entdeckt hätte. Er schlug eine Korrektur der gewöhnlichen Lichtablenkungsbeziehung vor, indem er nun ohne weitere Begründung annahm, daß der Ablenkungswinkel im allgemeinen durch $\epsilon = \epsilon_0(R_0 D_0)/(RD)$ gegeben sei, worin D_0 eine bestimmte Entfernung von dem lichtablenkenden Stern bezeichnet.[4]

Während seiner Diskussion mit Mandl hat sich Einstein, wie es scheint, durch dessen Enthusiasmus anstecken lassen, und er scheint sogar die Möchkeit erwogen zu haben, über diese Idee etwas zu veröffentlichen. Aber

---

[3]Genauer gesagt würde nur eine Bestimmung des numerischen Wertes von ϵ_0 eine Prüfung der allgemeinen Relativitätstheorie bedeuten, da die $1/R$-Abhängigkeit schon aus der Äquivalenzhypothese allein folgt und tatsächlich auch schon im Jahre 1911 von Einstein hergeleitet wurde.

[4]Mandl an Einstein, 18. April 1936, AEA 17-027/28.

nachdem er ein paar Tage weiter darüber nachgedacht hatte, hatten Skepsis und Vorsicht wieder die Oberhand gewonnen, und Einstein überlegte es sich anders. Er schrieb an Mandl:

> Es bleibt bei der ersten Formel. Die zweite beruht auf einer falschen Überlegung. Ich habe mir überlegt, daß das fragliche Phänomen doch nicht beobachtbar sein wird, sodass ich nicht mehr dafür bin, etwas darüber zu publizieren.[5]

Andererseits verfolgte Mandl seine Idee mit ungebrochener Zuversicht weiter und berichtet in einem Brief, den er noch am selben Tag schrieb und der sich mit Einsteins Brief kreuzte, über weiteren Fortschritt und berührte dabei insbesondere gerade die Frage, die Einstein umtrieb, nämlich die Schwierigkeit, das Phänomen empirisch zu überprüfen:

> Ich habe in der Zwischenzeit eine Methode gefunden die Intensitaetssteigerung im Bereich der Focuslinie eines Sternes zu messen und experimentell bestaetigen zu koennen. Es waere meiner Ansicht nach im Interesse der Wissenschaft mit diesen Versuchen alsbald als moeglich zu beginnen.[6]

Mandl bat zudem um ein weiteres Treffen mit Einstein, indem er darauf bestand, daß seine Idee eine sehr einfache Erklärung des Ursprungs der kosmischen Strahlung liefern würde. Zehn Tage später schrieb Mandl abermals. Er hatte inzwischen Einsteins Brief erhalten und stimmte nun zu, daß seine zweite Formel unrichtig sei. Mandl betonte, daß er Einstein nicht dazu überreden wolle, etwas gegen seinen Willen zu publizieren, aber er war sich zugleich im klaren darüber, daß er der Autorität Einsteins bedurfte, damit seine Idee Anerkennung fände. Er versuchte Einsteins Zustimmung zu seinem Publikationsvorhaben zu gewinnen, indem er an die Notwendigkeit appellierte, der Pseudowissenschaft entgegenzutreten:

> Der Hauptgrund warum ich Sie um Ihre w. Mitarbeit zu gewinnen belaestige ist dass unmittelbar nach Veroeffentlichung meiner Untersuchungen alle Astrologen und aehnliche Parasiten der Wissenschaft sich der Resultate meiner Ueberlegungen bemaechtigen werden und es ist meine Ueberzeugung dass es von Nutzen fuer den "Average citizen" waere wenn von vornherein ein Mann Ihren Ranges und Rufes denn Unnsinn der Pseudowissenschaft dieser Charlatane unterstreichen wuerd.[7]

Es liegt eine gewisse Ironie darin, daß gerade einige der Ideen, die Mandl in einem vierseitigen Typoskript darlegte, Einstein gerade wie jene Pseudowissenschaft vorgekommen sein muß, die Mandl zu bekämpfen vorgab.

---

[5] Einstein an Mandl, 23. April 1936, AEA 17-030.
[6] Mandl an Einstein, 23. April 1936, AEA 17-029. In diesem und den folgenden Zitaten aus Mandlschen Briefen übernehmen wir seine Zeichensetzung und Orthographie.
[7] Mandl an Einstein, 3. Mai 1936, AEA 17-031.

Mandls Schrift enthielt neben einer nüchternen Einschätzung der Beobachtbarkeit einer Sternverfinsterung kühne Spekulationen über ihre möglichen Konsequenzen für das Leben auf der Erde. Er bat Einstein, sein Manuskript zu lesen und ihn freundlicherweise auf Fehler hinweisen zu wollen, falls er solche fände.

Mandls Typoskript[8] wurde niemals publiziert. Es begann mit der Berechnung einiger numerischer Werte für die Entfernung D des „Brennpunkts" und für den scheinbaren Durchmesser ϵ des ringförmigen Bildes des entfernten Sterns als Funktion des Abstands R vom Zentrum des Linsensterns für die zwei Fälle eines Linsensterns von einfacher und von hundertfacher Sonnenmasse. Auf den folgenden drei Seiten erläuterte Mandl im Detail seine Idee einer „Einstein Focal Linie" („E.F.L." – Mandl bat Einstein auch um Erlaubnis, dieses Phänomen nach ihm zu benennen.) Was die Beobachtbarkeit angeht, so bemerkte Mandl:

> Bei der auserordentlich geringen Oberfläche den die Fixsterne im Vergleich zu der Himmelsoberflaeche einnehmen ist der Durchgang der Erde durch eine E.F.L. [eines Fixsterns] ein sehr seltenes Phaenomen und waere im Bezug auf Zeit und vielleicht auch in Ausdehnung am besten mit einer Sonnenfinsterniss zu vergleichen, ein Durchgang jedoch durch ein E.F.L. [einer Galaxie] waere etwas alltaegliches und duerfte sogar Jahrtausende andauern.[9]

Mandl fügte in Klammern hinzu:

> (Die verhaeltnissmaesig grosse Quantitaet der Cosmischen Strahlung waere am leichtesten durch einen Durchgang durch eine E.F.L. der Milchstrasse und anderer Nebel zu erklaeren).[10]

Nachdem so die astronomischen Details abgehandelt waren, wurden auf den verbleibenden Seiten die vermuteten spektakulären Konsequenzen dieses fokussierenden Effekts diskutiert:

> Nachstehend einige allgemeine Bemerkungen ueber den Darvinismus.
> Die groesste Unklarheit und Ungewissheit in der Darvinischer Evolutionslehre besteht in der Unzulaenglichkeit der Erklaerung der Ursache warum die Evolution nich graduell sondern sprunghaft vor sich ging und dass nach Perioden einer intensiven Evolution und Mutation eine lange Periode von Stillstand kam und warum ploetzlich ganze Klassen von hoch entwickelten Tieren ausstarben.[11]

---

[8] AEA 17-032.
[9] AEA 17-032.
[10] AEA 17-032.
[11] AEA 17-032.

Mit Verweis auf H. J. Mullers Versuche aus dem Jahr 1927 über Mutationseigenschaften der Drosophila nach Röntgenbestrahlung[12] fährt Mandl mit der Vermutung fort, daß der unerklärte Ursprung der diskontinuierlichen evolutionären Sprünge in Darwins Theorie genau eine Folge eben dieser Bündelung von entferntem kosmischem Licht durch Gravitationslinsen sei. Mandl schloß seine Ausführungen mit eben einer solchen Distanzierung von Pseudowissenschaft, die eher dazu angetan ist, Zweifel an der Wissenschaftlichkeit des Autors zu wecken:

> Wenn auch obige Ueberlegung uns lehrt dass die Sterne moegen selbe noch so ferne stehen fuer die Evolution "verantwortlich" sind oder sie zustande gebracht haben muss an dieser Stelle hervorgehoben werden dass die "Wissenschaft"?? der Astrologie mit obigen Ueberlegungen nichts gemein hat und dass wir selbst mit unseren heutigen Astronomischen Instru[menten] nicht im stande sind auch nur zurueckzuberechnen welche Sterne fuer unsere Erde in Betracht kommen diese im oben dargelegten Sinne beeinflust zu haben.[13]

Liest man Mandls kleine Abhandlung, kann man sich leicht vorstellen, daß andere Physiker, an die er in der Zwischenzeit mit seiner Theorie herangetreten war, mit Vorsicht oder gar offener Ablehnung reagiert hatten, wie Mandl in seinem Begleitbrief beklagte. Während Swann und Compton sich damit entschuldigt hatten, daß ihnen die Zeit fehle, um sich in dieses Thema einzuarbeiten, und Mandl gebeten hatten, ihnen doch noch mehr Details zukommen zu lassen, hatte Millikan ihn kurz mit „Ich verstehe das nicht" abgefertigt.[14]

---

[12] Mandls Memorandum verweist irrtümlicherweise auf „Professor J. P. Mueller von der University of Texas", aber es handelt sich hier offensichtlich um einen Tippfehler.

[13] AEA 17-032.

[14] „Ich fand Gelegenheit waehrend der letzten Tage mit Dr. Compton Dr. Swann und Dr. Millikan die Ueberlegung zu besprechen und die beiden erstgenannten interessierten sich fuer die Sache und ersuchten mich um (des Zeitmangels wegen) naehere Angaben Dr. Millikan jedoch fertigte mich mit drei kurzen 'I dont understand' ab." Mandl an Einstein, 3. Mai 1936, AEA 17-031. Der Verweis auf Compton bezieht sich wahrscheinlich auf Arthur Holly Compton, damals Professor für Physik an der Universität Chicago und Nobelpreisträger des Jahres 1927 für die Entdeckung des „Compton-Effekts", der in den frühen 30er Jahren sein Forschungsinteresse von den Gammastrahlen weg auf kosmische Strahlen gelenkt hatte, weshalb Mandl ihn wahrscheinlich auch kontaktiert hatte. Mandl mag jedoch auch Arthurs Bruder Karl Taylor Compton gemeint haben, der über viele Jahre Vorsitzender des Physikdepartments an der Universität Princeton gewesen war und seit 1930 Präsident des Massachussetts Institute of Technology war. In den Jahren 1935–36 war Karl Taylor Compton Präsident der American Association for the Advancement of Science. William Francis Gray Swann (1884–1962) war seit 1927 Direktor der Bartol Research Foundation des Franklin Institute, eines Zentrums zur Erforschung kosmischer Strahlung, und Autor eines außerordentlich erfolgreichen Buches über *The*

Obgleich Einstein mit seinen etablierten Kollegen die Abneigung gegen das überzogene Projekt eines Hobbyforschers mit dem Hang zu verrückten Ideen teilte, nahm er jedoch, wie wir sehen werden, die Sache weniger auf die leichte Schulter, nicht zum mindesten weil Mandl ihn nicht so ohne weiteres in Ruhe ließ. Bevor Einstein überhaupt eine Gelegenheit hatte, auf Mandls Manuskript zu reagieren, erhielt er schon wieder einen Brief von Mandl, datiert den neunten Mai. In diesem Brief argumentierte Mandl gegen Einsteins Behauptung, daß das Phänomen unbeobachtbar sei, wies darauf hin, daß in seiner Tabelle ein numerischer Fehler stecke, und gab seiner Hoffnung Ausdruck, bald von Einstein zu hören. Drei Tage später gab Einstein schließlich nach und schrieb Mandl endlich eine Antwort. Er hatte sich tatsächlich daran gemacht, Mandls Ideen genauer auszuarbeiten:

> Sehr geehrter Herr Mandl: Ich habe Ihren Verstärkungseffekt genauer ausgerechnet. Folgendes ist das Resultat.[15]

Indem Einstein die Entfernung zwischen einem Beobachter und einem „ablenkenden Stern" mit D bezeichnet, den Radius des ablenkenden Sterns mit r_0, den Betrag der Ablenkung eines Lichtstrahls, der an der Oberfläche des ablenkenden Sterns vorbeiläuft, mit α_0, die (vertikale) Entfernung des Beobachters von der Linie, die durch die Zentren des lichtentsendenden und des ablenkenden Sterns geht, mit x, und indem er die Größe $l^2 = D\alpha_0 r_0$ einführt, erhält Einstein für die Verstärkung G den Ausdruck

$$G = \frac{l}{x} \frac{1 + \frac{x^2}{2l^2}}{\sqrt{1 + \frac{x^2}{4l^2}}}. \qquad (17)$$

Er wies darauf hin, daß eine nennenswerte Verstärkung aufträte, wenn x klein gegen l sei, in welchem Fall angenähert $G = \frac{l}{x}$ gälte und man also unendliche Vergrößerung auf der optischen Achse selbst erhielte. Für einen Stern in unserer Nähe sei l ungefähr 10 Lichtsekunden, und die Verstärkung sei deshalb auf ein kleines Gebiet beschränkt. Eine Verstärkung um einen Faktor 10 erhielte man nur in einer Zone von der Größe einer Lichtsekunde, etwa vergleichbar dem Durchmesser der Sonne. Einstein wies auch darauf

---

Architecture of the Universe (1934). Robert Andrews Millikan (1868–1953) war Direktor des Norman Bridge Laboratory am California Institute of Technology in Pasadena und hatte extensive experimentelle Forschungen über kosmische Strahlen durchgeführt. Nachdem er viele Jahre lang kosmische Strahlen für Photonen gehalten hatte, die nuklearen Verschmelzungen entstammten ("birth cries" der Atome), konzedierte er Anfang der 30er Jahre, daß ein gewisser Prozentsatz der kosmischen Strahlung aus geladenen Teilchen besteht und gab um 1935 herum seine frühere Atomentstehungs-Hypothese auf. Millikan war Nobelpreisträger des Jahres 1923.

[15] Einstein an Mandl, 12. Mai 1936, AEA 17-034/35.

hin, daß l merkwürdigerweise proportional zu $\sqrt{D}$ wachsen würde, der Verstärkungseffekt für einen weit entfernten Stern also größer sei als für einen nahebei befindlichen. Diese verblüffenden Ergebnisse müssen für Mandl eine große Genugtuung bedeutet haben. Die Beobachtbarkeit des Phänomens betreffend, zeigte Einstein sich jetzt weniger pessimistisch als in seinem ersten Brief. Würde er einer Publikation, welcher Art auch immer, zustimmen? Obgleich seine Rechnungen vielversprechende Perspektiven bezüglich der Beobachtbarkeit des Phänomens eröffnet hatten, kam Einstein schließlich doch insgesamt zu einer negativen Einschätzung und beschloß seinen Brief so:

> Immerhin ist wohl mehr Chance vorhanden, diesen Verstärkungseffekt gelegentlich einmal zu beobachten als den „Hof-Effekt", von dem wir früher gehandelt haben. Aber die Wahrscheinlichkeit, dass wir so genau in die Verbindungslinie der Mittelpunkte zweier sehr verschieden entfernten Sterne hineinkommen ist recht gering, noch geringer die Wahrscheinlichkeit, dass das im Allgemeinen nur wenige Stunden während Phänomen zur Beobachtung gelangt.[16]

Beunruhigender als die Probleme der Beobachtbarkeit müssen für Einstein die wilden Spekulationen gewesen sein, die Mandl mit seiner Idee verknüpfte. Aber ungeachtet dieser Beunruhigung und im Kontrast zur Reaktion anderer Kollegen, die sich mit Mandls Theorie kurz beschäftigt hatten, faßte er dennoch die Möglichkeit einer „bescheidenen Publikation" ins Auge:

> Ihre an das Phänomen geknüpften phantastischen Spekulationen würden Ihnen nur den Spott der vernünftigen Astronomen eintragen. Ich warne Sie in Ihrem eigenen Interesse vor einer derartigen Veröffentlichung. Dagegen ist gegen eine bescheidene Publikation einer Ableitung der beiden charakteristischen Formeln für den „Hof-Effekt" und den „Verstärkungseffekt" nichts einzuwenden.[17]

Einsteins Brief löste eine Reihe begeisterter Briefe Mandls aus. Am 17ten Mai schrieb er einen langen Brief, dankte Einstein für seine Antwort, und wiederholte seine Bitte „die Resultate der Effecte sowie Ihre Formeln zu veroeffentlichen, da mir ja jede Moeglichkeit dazu fehlt."[18] Zwei Tage später entschuldigte er sich für seinen konfusen Brief, war sich aber sicher

> das selber [Brief] Ihnen eine grosse Freude machen wird eine Freude die nur um ein klein wenig kleiner wird als die Freude die unser gemeinsame Freund Hitler haben wird wenn er herausfindet dass es wieder einer der

---

[16] Einstein an Mandl, 12. Mai 1936, AEA 17-034/35.
[17] Einstein an Mandl, 12. Mai 1936, AEA 17-037.
[18] Mandl an Einstein, 17. Mai 1936, AEA 17-036.

verdammten Juden war der die Einstein Theorie in das Einstein Gezetz verwandelte.[19]

Während Hitler sich für Mandls Erfolg wohl herzlich wenig interessiert hätte, hätte ein empirische Bestätigung der allgemeinen Relativität durch einen unbekannten jüdischen Hobbyforscher nicht nur die deutschen Wissenschaftler dieser Zeit überrascht, die wie Max Planck anläßlich seines Treffens mit Hitler im Mai 1933 zwischen wertvollen und weniger wertvollen Juden unterschieden.[20] Daß ein Außenseiter zu einer physikalischen Theorie von der Komplexität der allgemeinen Relativitätstheorie etwas solle beitragen können, war auch für das amerikanische akademische Establishment schwer vorstellbar. Tatsächlich blieben Mandls Bemühungen, eine Publikationsmöglichkeit für seine Ansichten zu finden, vergeblich. Zwei Tage nach dem zuletzt zitierten Brief, am 21. Mai, wandte er sich nochmals an Einstein, und zwar diesmal in einem ziemlich entmutigten Tonfall:

> Ich machte in den letzten Tagen verzweifelte Versuche, die Resultate meiner Forschungen mit Ihren Formeln zu veroeffentlichen und hoerte ausnahmslos die Frage „Ja wenn Her Einstein ihre Resultate gut befindet warum veroeffentlicht er sie nicht selber?" So es scheint dass an Ihnen liegt die Resultate der wissenschaftlichen Welt zugaenglich zu machen.[21]

In einer Umgebung, in der die Teilhabe an der Verbreitung von Information maßgeblich vom akademischen Status abhing, hatte ein Außenseiter in der Tat wenig Möglichkeiten, seine Ideen zu verbreiten und benötigte dafür, wie die Intellektuellen der frühen Neuzeit, die Gnade, Barmherzigkeit und Autorität eines Patrons, um zur offiziellen Welt der Gelehrsamkeit zugelassen zu werden. Der Patron übernahm im Gegenzug unvermeidlicherweise eine gewisse Verantwortung für die Taten seines Protégés. Als Mandl in seinem letzten Brief Einstein mit seiner Alternative konfrontierte, gab dieser schließlich nach und stimmte zu, eine kurze Notiz über die Linsenidee zu veröffentlichen.[22] In einem Brief an Mandl vom zweiten Juni 1936 rekapitulierte er seine Rechnungen. Er erwähnte auch, daß er um eine englische Übersetzung der Note gebeten habe, deren Text aber noch nicht erhalten hätte, da sein Assistent zur Zeit auf Urlaub sei. Damit schien die Sache für Einstein erst einmal erledigt gewesen zu sein.

---

[19] Mandl an Einstein, 19. Mai 1936, AEA 17-037.
[20] Siehe Planck (1947) und die historische Diskussion in Albrecht (1993).
[21] Mandl an Einstein, 21. Mai 1936, AEA 17-038.
[22] Dieser Brief wurde 1995 versteigert und ist in Sothebys Auktionskatalog "Fine Books and Manuscripts – Sale 6791" faksimiliert wiedergegeben (lot 73). Entwurfsnotizen für diesen Brief sind im Einsteinarchiv erhalten, siehe AEA 3-011-055 und das Faksimile in Renn et al. (1997), S. 186. Ähnliche diesbezügliche, aber undatierte Rechnungen finden sich in Einsteins Princetoner Manuskripten, siehe AEA 62-225, 62-275, 62-349, 62-368.

Drei Monate später sandte Mandl einen Brief an den Science Service und erkundigte sich, was aus Einsteins Versprechen geworden sei, eine Nachfrage, die Robert D. Potter pflichtgemäß an Einstein weiterleitete

> er berichtete uns, daß Sie einer Publikation seiner Ideen zugestimmt hätten, oder jedenfalls der Möglichkeit einige von diesen in einer technischen Arbeit einzuarbeiten, die sie für eine wissenschaftliche Zeitschrift verfassen würden [...]
> Dürften wir Sie bitten, uns Ihre Meinung über den Status des Mandlschen Vorschlags mitzuteilen mit der Versicherung, daß alles was Sie uns schreiben würden, vollkommen vertraulich behandelt würde.[23]

Ob eine solche vertrauliche Antwort Einsteins auf diese Nachfrage jemals geschrieben wurde, ist nicht bekannt. Mandls Nachfrage hatte aber jedenfalls den gewünschten Effekt: Einstein entsprach seinem Wunsch und sandte eine kurze Notiz an die Zeitschrift *Science*. Die Notiz trägt den Titel „Linsenartige Wirkung eines Sternes durch die Lichtablenkung im Gravitationsfeld" ("Lens-like Action of a Star by the Deviation of Light in the Gravitational Field") und erschien in der Ausgabe vom 4. Dezember, vgl. Abb. 3. Sie gilt seither als der klassische Anfangspunkt der offiziellen Geschichte der Gravitationslinsenforschung.[24]

Wieviel Selbstüberwindung es Einstein gekostet haben muß, seine Zweifel zu überwinden und diese Notiz zu publizieren, wird deutlich in dem ersten Satz der publizierten Notiz und besonders in einem Brief, den Einstein an Professor J. McKeen Cattell, den Herausgeber von *Science*, am 18. Dezember 1936, zwei Wochen nach Erscheinen seiner Notiz, schrieb. Der erste Satz der publizierten Notiz lautet:

> Vor einiger Zeit besuchte mich R. W. Mandl und bat mich, das Ergebnis einer kleinen Rechnung zu publizieren, die ich auf seine Bitte hin gemacht hatte. Mit dieser Notiz entspreche ich diesem Wunsch.[25]

Diese Erwähnung Mandls hört sich nicht so sehr an wie eine pflichtschuldige Anerkennung des Urhebers einer guten Idee, sondern eher wie eine vorsichtige Distanzierung. In seinem Brief an den Herausgeber von *Science* distanzierte sich Einstein sogar noch deutlicher von seiner eigenen Publikation, indem er ausdrücklich betonte, daß er sie nur um Mandls willen geschrieben habe:

> Ich danke Ihnen noch sehr für das Entgegenkommen bei der kleinen Publikation, die Herr Mandl aus mir herauspresste. Sie ist wenig wert, aber dieser arme Kerl hat seine Freude davon.[26]

---

[23] R. D. Potter an A. Einstein, 16. September 1936, AE 17-039, vgl. Abb. 1.
[24] Siehe z.B. Barnothy (1989), Schneider et al. (1992), Sect. 1.1.
[25] Einstein (1936), S. 507.
[26] Einstein an J. McKeen Cattell, 18. Dezember 1936, AEA 65-603.

DISCUSSION

LENS-LIKE ACTION OF A STAR BY THE DEVIATION OF LIGHT IN THE GRAVITATIONAL FIELD

Some time ago, R. W. Mandl paid me a visit and asked me to publish the results of a little calculation, which I had made at his request. This note complies with his wish.

The light coming from a star A traverses the gravitational field of another star B, whose radius is R_o. Let there be an observer at a distance D from B and at a distance x, small compared with D, from the extended central line $\overline{AB}$. According to the general theory of relativity, let α_o be the deviation of the light ray passing the star B at a distance R_o from its center.

For the sake of simplicity, let us assume that $\overline{AB}$ is large, compared with the distance D of the observer from the deviating star B. We also neglect the eclipse (geometrical obscuration) by the star B, which indeed is negligible in all practically important cases. To permit this, D has to be very large compared to the radius R_o of the deviating star.

It follows from the law of deviation that an observer situated exactly on the extension of the central line $\overline{AB}$ will perceive, instead of a point-like star A, a luminous circle of the angular radius β around the center of B, where

$$\beta = \sqrt{\alpha_o \frac{R_o}{D}}$$

It should be noted that this angular diameter β does not decrease like $1/D$, but like $1/\sqrt{D}$, as the distance D increases.

Of course, there is no hope of observing this phenomenon directly. First, we shall scarcely ever approach closely enough to such a central line. Second, the angle β will defy the resolving power of our instruments. For, α_o being of the order of magnitude of one second of arc, the angle R_o/D, under which the deviating star B is seen, is much smaller. Therefore, the light coming from the luminous circle can not be distinguished by an observer as geometrically different from that coming from the star B, but simply will manifest itself as increased apparent brightness of B.

The same will happen, if the observer is situated at a small distance x from the extended central line $\overline{AB}$. But then the observer will see A as two point-like light-sources, which are deviated from the true geometrical position of A by the angle β, approximately.

The apparent brightness of A will be increased by the lens-like action of the gravitational field of B in the ratio q. This q will be considerably larger than unity only if x is so small that the observed positions of A and B coincide, within the resolving power of our instruments. Simple geometric considerations lead to the expression

$$q = \frac{l}{x} \cdot \frac{1 + \frac{x^2}{2l^2}}{\sqrt{1 + \frac{x^2}{4l^2}}},$$

where

$$l = \sqrt{\alpha_o D R_o}.$$

December 4, 1936

If we are interested mainly in the case $q \gg 1$, the formula

$$q = \frac{l}{x}$$

is a sufficient approximation, since $\frac{x^2}{l^2}$ may be neglected.

Even in the most favorable cases the length l is only a few light-seconds, and x must be small compared with this, if an appreciable increase of the apparent brightness of A is to be produced by the lens-like action of B.

Therefore, there is no great chance of observing this phenomenon, even if dazzling by the light of the much nearer star B is disregarded. This apparent amplification of q by the lens-like action of the star B is a most curious effect, not so much for its becoming infinite, with x vanishing, but since with increasing distance D of the observer not only does it not decrease, but even increases proportionally to $\sqrt{D}$.

ALBERT EINSTEIN
INSTITUTE FOR ADVANCED STUDY,
PRINCETON, N. J.

Abb. 3. Einsteins Notiz in *Science*, in der er „die Ergebnisse einer kleinen Rechnung" mitteilt, die er auf Mandls Wunsch hin angestellt hat.

Offensichtlich konnte Einstein in der theoretischen Analyse dessen, was ihm als ein „Science Fiction Effekt" vorkam, keinen Wert erkennen, weil Gravitationslinsen so sehr entfernt von jedweder Bestätigung durch die Beobachtung zu sein schienen. So endet denn auch die Notiz mit der Bemerkung, daß

> es keine große Chance gibt, dieses Phänomen zu beobachten, sogar dann nicht, wenn man ein Überstrahlen durch das Licht des viel näheren Sterns B vernachlässigt.[27]

Einstein schließt mit einer Bemerkung, die sich wie der Versuch einer Rechtfertigung anhört, diese „kleine Rechnung" nun doch zu publizieren:

> Diese scheinbare Verstärkung q durch die linsenartige Wirkung des Sterns B ist ein höchst merkwürdiger Effekt, nicht so sehr weil er unendlich wird, wenn x verschwindet, sondern weil er mit wachsender Distanz vom Beobachter D nicht nur nicht abnimmt, sondern sogar proportional zu $\sqrt{D}$ zunimmt.[28]

Offensichtlich war es, wenigstens in Einsteins Verständnis, kaum zulässig, daß die theoretische Physik sich in diesem Maße von empirischem Wissen oder der beobachtenden Astronomie abkoppelt und theoretische Konsequenzen rein spekulativ verfolgt, selbst dann nicht, wenn es sich um einen „höchst merkwürdigen Effekt" handelt. In der Tat konnten solche Konsequenzen empirisch ja nur in einer höchst unbestimmten Zukunft untermauert werden, während andererseits die Vielfalt der bekannten Phänomene immer noch einer befriedigenden Deutung harrten. Nichtsdestotrotz entschloß sich Einstein am Ende doch dazu, seine Notiz zu veröffentlichen.

3 Ein *déjà vu*

Warum hat Einstein Mandl nicht einfach wieder weggeschickt, wie es Professor Millikan getan hatte? Was war es, das am Ende die Waagschale doch zugunsten einer Publikation ausschlagen ließ? Muß man am Ende doch vermuten, daß es Einsteins „physikalischer Instinkt" gewesen ist, irgendeine unbewußte Fähigkeit, den späteren Erfolg von Mandls Idee doch irgendwie vorherzusehen? Ein Hinweis auf eine plausiblere Antwort findet sich in Einsteins oben erwähntem Brief an den Herausgeber von *Science*, James McKeen Cattell, ehemals Professor für Psychologie an der Columbia University. Der Brief zeigt ein politisches Bewußtsein auf seiten beider Korrespondenten, das jedenfalls einen relevanten Kontext für ihre Unterstützung Mandls darstellt:

---
[27] Einstein (1936), S. 508.
[28] Einstein (1936), S. 508.

Ich weiss sehr wohl, dass Sie Columbia verlassen mussten. Forscher werden hier behandelt wie anderwärts Kellner oder Verkäufer in Detailgeschäften (Letztere verdienten es natürlich auch, unter besser gesicherten Verhältnissen zu leben, es steckt kein Klassenhochmut hinter diesem Ausdruck.); gegenwärtig ist es besonders arg, wenn man von einem findet, er sei ein "Radical". Die Öffentlichkeit ist gegen jene Verstösse gegen die Freiheit der Lehre und der Lehrer viel zu gleichgültig.[29]

Cattell hatte Einstein auch gefragt, ob er an einem politischen Treffen teilnehmen würde, auf dem die Öffentlichkeit über die „furchtbaren Zustände" in Nazideutschland informiert werden sollte. Einstein lehnte aus privaten Gründen ab; tatsächlich lag seine Frau Elsa im Sterben, sie starb zwei Tage später. Einstein bemerkte aber auch, daß es im Interesse der Glaubwürdigkeit besser sei, wenn jemand, der nicht unmittelbar unter der „Verbrecherwirtschaft" zu leiden hatte, der Aufforderung nachkäme.

Obwohl Einstein in seinem Brief an Cattell von dem „armen Kerl" in einem etwas herablassenden Ton sprach, betrachtete er diesen dennoch nicht einfach als einen Verrückten am Rande der Wissenschaft. Tatsächlich war sich Einstein sehr darüber bewußt, daß dieser tschechische Emigrant eines der unzähligen Opfer des Naziimperialismus war, die Unterstützung bedurften, eine Unterstützung, die er ohne viel Aufhebens auch gegen jene zu geben bereit war, die nicht als berühmte Wissenschaftler im Rampenlicht der Öffentlichkeit standen.

Aber Einsteins nur quälend und widerwillig getroffener Entschluß, Mandls Drängen nachzugeben und die Ambivalenz seiner Unterstützung haben tiefere Wurzeln als sein politisches Bewußtsein. Diese Wurzeln ergeben sich aus einem Sachverhalt, der in unserer Geschichte bislang noch keine Rolle gespielt hat, obwohl er eng mit ihr verknüpft ist. Mit einer Portion Glück eröffnete sich uns dieser Sachverhalt, der in einem frühen Notizbuch Einsteins dokumentiert ist, im Verlauf eines gemeinsam mit John Stachel verfolgten Forschungsprojekts. Ohne diesen Fund wäre die Begegnung zwischen Mandl und Einstein lediglich als eine glückliche Begegnung zwischen zwei Menschen in die Geschichte der Gravitationslinsenforschung eingegangen, deren Biographien als einsamer Amateur und als berühmter Wissenschaftler um Welten voneinander entfernt waren. Es stellte sich aber heraus, daß Einstein selbst bereits einmal die Idee von Gravitationslinsen gehabt hatte, und zwar viel früher als Mandl, zu einer Zeit, in der er selbst sich in einer sehr ähnlichen Situation befand.

Wie nämlich die Rekonstruktion von Einträgen in ein Notizbuch, das Einstein während seiner Zeit in Prag benutzte, zeigte, hatte Einstein nicht

---

[29] Einstein an Cattell, 18. Dezember 1936, AEA 65-603. Der Satz in Klammern wurde im Original als Fußnote angefügt.

nur genau die gleiche Idee bereits im Jahre 1912, sondern führte auch genau dieselben Rechnungen schon einmal durch, die er 1936 auf Bitte Mandls nochmals machte (Renn et al. 1997). Und als Einstein das erste Mal auf die Idee einer Gravitationslinse kam, befand er sich ebenfalls nur am Rande des wissenschaftlichen Establishments und suchte verzweifelt nach Unterstützung für eine Idee, die vielen seiner Kollegen abwegig erschien, daß nämlich die Gravitation den Verlauf von Lichtstrahlen beeinflussen könnte. In einem 1911 veröffentlichten Aufsatz *Über den Einfluß der Schwerkraft auf die Ausbreitung des Lichtes* diskutierte Einstein die Folgerungen dieser, seitdem Newton's Korpuskulartheorie des Lichtes zugunsten wellentheoretischer Konzepte aufgegeben worden war, ganz unerhörten Idee. Und genauso wie Mandl im Jahre 1936 um Aufmerksamkeit für seine Überlegungen rang, war es damals Einstein, der die Astronomen dazu aufforderte, Untersuchungen über seine Ideen anzustellen:

> Es wäre dringend zu wünschen, daß sich Astronomen der hier aufgerollten Frage annähmen, auch wenn die im vorigen gegebenen Überlegungen ungenügend fundiert oder gar abenteuerlich erscheinen sollten.[30]

Aber Einsteins Versuche, Kontakt mit etablierten Astronomen aufzunehmen, blieben so erfolglos wie die Versuche Mandls viele Jahre später.[31] Auf Vermittlung eines seiner Prager Studenten, Leo Pollack, gelang es Einstein, die Unterstützung eines jungen Astronomen, Erwin Finlay Freundlich, zu gewinnen, der sich bereit erklärte, eine Untersuchung der beobachtbaren Konsequenzen seiner Theorie zu beginnen. Freundlich erinnerte sich später:

> Vor 25 Jahren hielt Einstein, damals Professor in Prag, einen seiner ersten Vorträge über die allg. Rel. Theorie und schloss mit den Worten, dass er nunmehr einen astronomischen Mitarbeiter bedürfe, dass die Astronomen aber zu rückständig seien, um den Physikern zu folgen. Da erhob sich ein junger Student und teilte mit, er habe in Berlin an der Sternwarte, die er besucht hatte, einen jungen Astronomen kennen gelernt, auf den diese Charakterisierung nicht stimme. Einstein schrieb sofort an mich. Daraus ist unsere gemeinsame Arbeit und de facto mein wissenschaftliches Leben hervorgegangen. Der Student war Pollack, jetzt Ordinarius in Prag.[32]

---

[30] Einstein (1911), S. 908.
[31] Siehe z.B. Einstein an Hale, 14. Oktober 1913, und Hale an Einstein, 8. November 1913, CPAE 5, Dok. 477 und 483. Obwohl Einstein zu der Zeit bereits ein wohlbestallter ETH-Professor war, hielt er es dennoch für angebracht, seinen ETH-Kollegen Julius Maurer ein Postskriptum auf seiner Anfrage hinzufügen zu lassen, in dem dieser Hale im voraus für dessen Antwort dankte.
[32] Freundlich an Bosch, 4.12.1933, (aus dem Unternehmensarchiv BASF, Ludwigshafen, Personalarchiv Carl Bosch W 1/Mappe 9/2; wir danken Dieter Hoffmann für den Hinweis auf diesen Brief.) Vgl. auch den Hinweis auf Pollacks Rolle als Vermittler in Fußnote 6 zu Dok. 278 in CPAE 5, S. 313.

Freundlich wiederum hatte mit ähnlichen Problemen zu kämpfen wie Einstein am Beginn seiner Karriere und wie Mandl viel später. Als Assistent am Preußischen Königlichen Observatorium konnte Freundlich sein Vorhaben, Einstein zu unterstützen, nur gegen den Widerstand seines Vorgesetzten verfolgen, des bekannten Astronomen Hermann Struve, der das Vorhaben mit Skepsis betrachtete.[33] Es mag daher sehr wohl die Atmosphäre einer heimlichen Verschwörung geherrscht haben, als Einstein anläßlich eines Besuches in Berlin im April 1912 sich mit Freundlich traf und seine kühnen Ideen mit ihm besprach, einschließlich der Möglichkeit eines Gravitationslinseneffektes. Es finden sich jedenfalls frühe Rechnungen über Gravitationslinsen inmitten von Notizen aus genau jener Zeit.[34]

Einstein war in seinen intellektuellen Bestrebungen auf ähnliche Art isoliert, ungeachtet seiner steilen akademischen Karriere. Tatsächlich stieß sein Projekt einer relativistischen Gravitationstheorie anfangs und sicherlich noch während seiner Prager Zeit, also in den Jahren 1911 und 1912, auf Desinteresse oder sogar Ablehnung von seiten der meisten seiner etablierten Kollegen. Das Interesse, die Aufmunterung, und die Unterstützung, die Einstein zuteil wurde, kamen von seinen Freunden aus Studentenzeiten, insbesondere von Marcel Grossmann und Michele Besso. Zieht man deren Beiträge ebenfalls in Betracht, so erscheint Einsteins hartnäckige Suche nach einer relativistischen Gravitationstheorie als direkte Fortführung seine bohèmeartigen Rebellion gegen die etablierte akademische Wissenschaft, die in dem 1902 in Bern mit Freunden gegründeten und ironisch Akademie Olympia genannten Diskussionszirkel ihren symbolischen Ausdruck fand. Einstein war damals Angestellter des Schweizerischen Patentamts, wo er einige Jahre später, aber immer noch weit von den entscheidenden Stufen seiner akademischen Karriere entfernt, das Äquivalenzprinzip formulierte, also den ersten Schritt hin zu einer Theorie der Gravitation, die auf einer Verallgemeinerung des Relativitätsprinzips basiert.

Nachdem Einstein als Mitglied der Preußischen Akademie und Direktor des Kaiser-Wilhelm-Instituts für Physik selbst Teil des akademischen Establishments geworden war, setzte er die Kampagne für sein Projekt weiter fort. Sein Bemühen, Freundlich eine Position zu verschaffen, die es diesem erlaubt hätte, über die astronomischen Konsequenzen der neuen Gravitationstheorie zu arbeiten, zog sich über Jahre hin. Noch im Jahre 1918 intervenierte Einstein in Sachen Freundlich bei Hugo Andres Krüss, Ministerialdirektor für Akademieangelegenheiten im Preußischen Unterrichtsministerium, und beklagte sich:

---

[33] Siehe Hentschel (1994), Hentschel (1997), Renn et al. (1999).
[34] Vgl. Renn et al. (1997), S. 185.

Das ablehnende Verhalten seines Direktors hat es ihm jedoch sieben Jahre lang unmöglich gemacht, seine auf die Prüfung der Theorie gerichteten Arbeitspläne zur Ausführung zu bringen.[35]

Einsteins Interventionen für Freundlich sind von bemerkenswerter Ähnlichkeit mit seinem späteren Verhalten Mandl gegenüber, und zwar auch in ihrer Ambivalenz. Tatsächlich anerkennt Einstein in demselben Brief an Krüss Freundlichs Mangel an Qualifikationen als professioneller Astronom und betonte gleichzeitig dessen Rolle als Pionier im Erkennen der astronomischen Bedeutung der allgemeinen Relativitätstheorie:

> Ungleich weniger begabt als Schwarzschild hat er doch mehrere Jahre vor diesem die Wichtigkeit der neuen Gravitationstheorien für die Astronomie erkannt und sich mit glühendem Eifer für die Prüfung der Theorie auf astronomischem beziehungsweise astrophysikalischem Wege eingesetzt.[36]

In zeitgleichen Briefen an Kollegen äusserte sich Einstein sogar noch deutlicher über Freundlichs Schwächen,[37] schloß aber immer mit einer positiven Einschätzung, nicht zuletzt weil Freundlich im wesentlichen sein treuester Unterstützer unter den deutschen Astronomen blieb.

Zusammen mit Freundlich betrachtete Einstein eine Reihe von Möglichkeiten, den von der allgemeinen Relativitätstheorie vorhergesagten Lichtablenkungseffekt der Gravitation zu beobachten. In seinem ersten Brief an Freundlich beklagte sich Einstein darüber, daß die Natur uns nicht mit einer besseren Umwelt ausgestattet hätte, um seine Theorie zu testen, zum Beispiel mit einem Planeten, der groß genug wäre, um den Effekt beobachtbar zu machen. In seinem Brief betonte er auch die zentrale Bedeutung eines solchen Tests, der in der Tat zwischen seiner Theorie und alternativen Gravitationstheorien entscheiden könnte.

> Aber eines kann immerhin mit Sicherheit gesagt werden: Existiert keine solche Ablenkung, so sind die Voraussetzungen der Theorie nicht zutreffend. Man muss nämlich im Auge behalten, dass diese Voraussetzungen, wenn sie schon naheliegen, doch recht kühn sind. Wenn wir nur einen ordentlich recht grösseren Planeten als Jupiter hätten! Aber die Natur hat es sich nicht angelegen sein lassen, uns die Auffindung ihrer Gesetze bequem zu machen.[38]

Auf der Grundlage von Einsteins Kenntnis der Größe des Universums in den zehner Jahren, das für ihn und seine Zeitgenossen im wesentlichen aus

---

[35] Einstein an Hugo A. Krüss, 10. Januar 1918, CPAE 8, Dok. 435.
[36] ibid.
[37] Siehe z.B. Einstein an Schwarzschild, 9. Januar 1916, Einstein an Sommerfeld, 2. Februar 1916, Einstein an Hilbert, 30. März 1916, CPAE 8, Dokumente 181, 186, 207.
[38] Einstein an Freundlich, 1. September 1911, CPAE 8, Dok. 130.

unserer eigenen Galaxie bestand, müssen die Bedingungen, unter denen man den Gravitationslinseneffekt würde beobachten können, noch unerreichbarer vorgekommen sein als die Beobachtbarkeit der Lichtablenkung am Jupiter. In der Tat, wie wir aus einem Brief an seinen Freund Zangger wissen, hatte Einstein die Hoffnung, eine experimentelle Bestätigung der allgemeinen Relativitätstheorie durch Gravitationslinsen zu erhalten, aufgegeben, noch bevor er die allgemeine Relativitätstheorie etwas knapp einen Monat später erst endgültig vollendete. In diesem Brief verwarf er eine frühere spekulative Deutung von Nova-Sternen als Linsenphänomene:

> Es ist mir nun leider klar geworden, dass die „neuen Sterne" nichts mit der „Linsenwirkung" zu thun haben, dass ferner letztere mit Rücksicht auf die am Himmel vorhandenen Sterndichten ein so ungeheuer seltenes Phänomen sein muss, dass man wohl vergebens ein solches erwarten würde.[39]

Als die Ablenkung des Lichts im Gravitationsfeld der Sonne schließlich von einer englischen Expedition während der totalen Sonnenfinsternis im Mai 1919 bestätigt wurde, war auch ein wenig Glück dabei, weil der Effekt gerade noch im Bereich des damals Beobachtbaren war. Diese Bestätigung von Vorhersagen der allgemeinen Relativitätstheorie durch Eddington und dessen Mitarbeiter machte Einstein über Nacht weltberühmt und rückte die allgemeine Relativitätstheorie in das anerkannte Fundament der modernen Physik. Aber trotz seines durchbrechenden Erfolgs mag Einstein sich dennoch daran erinnert haben, daß die allgemeine Relativität aus dem entstanden war, was seinen Kollegen einst als die Idee eines Verrückten erschienen war. Seine Unterstützung von Außenseitern wie Freundlich und Mandl wird, so scheint uns, erst vor dem Hintergrund dieser Erfahrung völlig verständlich.

4 Mandls Erfolg

Die Bedeutung der Gravitationslinsen in der Geschichte der allgemeinen Relativitätstheorie und der Kosmologie legt es nahe, der Frage nachzugehen, wer die Idee zuerst gehabt hat und wann. Aber die eigenartige Geschichte von Einsteins doppelter Beschäftigung mit dem Gravitationslinseneffekt – im Jahre 1912 und im Jahre 1936 – und Mandls Rolle in der zweiten Episode zeigen, daß sich diese Frage nicht leicht beantworten läßt. Es ist offensichtlich, daß Einstein selbst weder 1912 noch 1936 Gravitationslinsen als eine großartige Idee angesehen hat, geschweige denn als Entdeckung. Aber die Geschichte ist noch etwas komplizierter. Fast unmittelbar nachdem Einsteins „kleine Rechnung" – durchgeführt nur auf

---

[39] Einstein an Zangger, 15. Oktober 1915, CPAE 8, Dok. 130.

Mandls Bitte hin – in den *Discussion*-Seiten des *Science*-Heftes vom 4. Dezember 1936 veröffentlicht worden war, erschien eine Reihe von weiteren Publikationen, in denen die Idee weiterentwickelt wurde und in denen die Idee sehr viel ernster genommen wurde, als bei Einstein selbst. Es beanspruchten nun sogar verschiedene Autoren Vaterschaftsrechte eines Kindes, das allem Anschein nach nun plötzlich einen respektablen Namen bekommen hatte.

So behauptete etwa Tikhov in einer durch Einsteins Notiz ausgelösten und am 25. Juni 1937 datierten Veröffentlichung mit dem Titel «Sur la déviation des rayons lumineux dans le champ de gravitation des étoiles» (Tikhov 1937) in seinem einleitenden Abschnitt, daß er die Idee bereits im Sommer 1935 gehabt hätte und daß er eine erste Mitteilung darüber im Januar 1936 an das Observatorium Pulkovo gesandt hätte. In seiner Veröffentlichung gibt Tikhov dann eine Ableitung der Linsenformeln für die von ihm sogenannten klassischen und relativistischen Fälle.

Und Zwicky schrieb in der zweiten von zwei durch Einsteins Publikation ausgelösten Notizen über Gravitationslinsen (Zwicky 1937b):

> Dr. G. Strömberg vom Mount Wilson Observatorium wies mich freundlicherweise darauf hin, daß die Idee von Sternen, die als Gravitationslinsen wirken in der Tat sehr alt sei. Unter anderen hätte E. B. Frost, der verstorbene Direktor des Yerkes Observatoriums, bereits 1923 ein Forschungsprogramm entworfen mit dem Ziel, Linseneffekte von Sternen zu finden.

Nach unserer Kenntnis haben jedoch weder Strömberg noch Frost jemals etwas über ihre Ideen publiziert, und was immer sie an Untersuchungen angestellt hatten, hat keinen Weg in eine Veröffentlichung gefunden.

Es gab allerdings auch Vorläufer, die ihre Ideen sehr wohl veröffentlichten – aber merkwürdigerweise, ohne daß dies irgendeine Spur in der Geschichte hinterlassen hätte. Tikhov wies in seinem Aufsatz auf eine Publikation aus dem Jahre 1924 von O. Chwolson (1924) hin. Wie er bemerkte, war dies die einzige Arbeit, die er in der Literatur gefunden hatte, welche die Idee der Gravitationslinse diskutiert. Chwolsons Notiz behandelt sowohl die Möglichkeit von Doppelsternbildern wie auch den möglichen Effekt eines ringförmigen Bildes bei vollkommen gradliniger Verbindungslinie von Quelle, Linse und Beobachter.

Es ist sogar nicht unwahrscheinlich, daß Einstein Chwolsons Notiz gesehen hat. Sie erschien in den anerkannten *Astronomischen Nachrichten*, damals vielleicht die wichtigste astronomische Fachzeitschrift in Europa. Einstein selbst publizierte in dieser Zeitschrift. Und nicht nur das, es ergab sich, daß eine kurze Replik Einsteins an Anderson über die Frage des Elektronengases in demselben Heft abgedruckt wurde wie Chwolsons Notiz, genauer gesagt direkt darunter auf derselben Seite (vgl. Abb. 4).

Über eine mögliche Form fiktiver Doppelsterne. Von O. Chwolson.

Es ist gegenwärtig wohl als höchst wahrscheinlich anzunehmen, daß ein Lichtstrahl, der in der Nähe der Oberfläche eines Sternes vorbeigeht, eine Ablenkung erfährt. Ist γ diese Ablenkung und γ_0 der Maximumwert an der Oberfläche, so ist $\gamma_0 \geq \gamma \geq 0$. Die Größe des Winkels ist bei der Sonne $\gamma_0 = 1.''7$; es dürften aber wohl Sterne existieren, bei denen γ_0 gleich mehreren Bogensekunden ist; vielleicht auch noch mehr. Es sei A ein großer Stern (Gigant), T die Erde, B ein entfernter Stern; die Winkeldistanz zwischen A und B, von T aus gesehen, sei α, und der Winkel zwischen A und T, von B aus gesehen, sei β. Es ist dann

$$\gamma = \alpha + \beta.$$

Ist B sehr weit entfernt, so ist annähernd $\gamma = \alpha$. Es kann also α gleich mehreren Bogensekunden sein, und der Maximumwert von α wäre etwa gleich γ_0. Man sieht den Stern B von der Erde aus an zwei Stellen: direkt in der Richtung TB und außerdem nahe der Oberfläche von A, analog einem Spiegelbild. Haben wir mehrere Sterne B, C, D, so würden die Spiegelbilder umgekehrt gelegen sein wie in einem gewöhnlichen Spiegel, nämlich in der Reihenfolge D, C, B, wenn von A aus gerechnet wird (D wäre am nächsten zu A).

Der Stern A würde als fiktiver Doppelstern erscheinen. Teleskopisch wäre er selbstverständlich nicht zu trennen. Sein Spektrum bestände aus der Übereinanderlagerung zweier, vielleicht total verschiedenartiger Spektren. Nach der Interferenzmethode müßte er als Doppelstern erscheinen. Alle Sterne, die von der Erde aus gesehen rings um A in der Entfernung $\gamma_0 = \beta$ liegen, würden von dem Stern A gleichsam eingefangen werden. Sollte zufällig TAB eine gerade Linie sein, so würde, von der Erde aus gesehen, der Stern A von einem Ring umgeben erscheinen.

Ob der hier angegebene Fall eines fiktiven Doppelsternes auch wirklich vorkommt, kann ich nicht beurteilen.

Petrograd, 1924 Jan. 28.   *O. Chwolson.*

Antwort auf eine Bemerkung von W. Anderson.

Daß ein Elektronengas einer Substanz mit negativem Brechungsvermögen optisch äquivalent sein müßte, kann bei dem heutigen Stand unserer Kenntnisse nicht zweifelhaft sein, da dasselbe einer Substanz von verschwindend kleiner Eigenfrequenz äquivalent ist.

Aus der Bewegungsgleichung

$$\varepsilon X = \mu \, d^2x/dt^2$$

eines Elektrons von der elektrischen Masse ε und der ponderabeln Masse μ folgt nämlich für einen sinusartig pendelnden Prozeß von der Frequenz ν die Gleichung

$$\varepsilon X = -(2\pi\nu)^2 \mu x.$$

Berücksichtigt man, daß εx das »Moment« eines schwingenden Elektrons ist, so erhält man für die Polarisation $p = n\varepsilon x$ eines Elektronengases mit n Elektronen pro Volumeinheit

$$p = -\varepsilon^2 n/[\mu (2\pi\nu)^2] \cdot X.$$

Hieraus folgt, daß die scheinbare Dielektrizitätskonstante

$$D = 1 + 4\pi p/X = 1 - \varepsilon^2 n/(\pi\mu\,\nu^2)$$

ist. $\sqrt{D}$ ist in diesem Falle der Brechungsexponent, also jedenfalls kleiner als 1. Es erübrigt sich bei dieser Sachlage, auf das Quantitative einzugehen.

Es sei noch bemerkt, daß ein Vergleich des Elektronengases mit dem der gewöhnlichen Theorie der Metalle zugrundegelegte »Reibungskraft« bei freien Elektronen fehlt; das Verhalten der letzteren ist allein durch die Einwirkung des elektrischen Feldes und durch die Trägheit bedingt.

Berlin, 1924 April 15.   *A. Einstein.*

Abb. 4. Eine kurze Notiz Einsteins erscheint auf der derselben Seite in den Astronomischen Nachrichten wie Chwolsons Notiz über das Gravitationslinsenphänomen von 1924 (Einstein 1924).

Obgleich geschrieben von einem etablierten Physiker in einer anerkannten Zeitschrift, ist Chwolsons Notiz an Einstein aber spurlos vorübergegangen und scheint allgemein überhaupt keine Reaktionen nach sich gezogen zu haben.

Ironischerweise wurden mehr und mehr Vorväter der Gravitationslinsenidee identifiziert, je mehr das Gebiet sich zu einem produktiven Forschungsfeld entwickelte. Im Jahre 1964, zu einer Zeit verstärkten Interesses an Gravitationslinsen[40], machte Liebes sich die Mühe, die Referenzen

---

[40] Siehe z.B. Darwin (1959), Mikhailov (1959), Metzner (1963), Klimov (1963), Refsdahl (1964) und Schneider et al. (1992), Sect. 1.1.

zusammenzusuchen

> welche in der Literatur in Bezug auf das Gravitationslinsenphänomen gefunden wurden mit der Bitte um Entschuldigung dafür, daß zweifellos weitere Referenzen übersehen worden sind.

(Liebes 1964, S. B385). Die früheste Referenz in Liebes' Liste ist eine halbseitige Notiz von Oliver Lodge über „Gravitation und Licht", die im *Nature*-Heft vom 4. Dezember 1919 publiziert ist. Während Lodge die Idee qualitativ skizzierte, betonte er, daß

> man nicht sagen kann, das Gravitationsfeld der Sonne wirke wie eine Linse, denn es gibt keine Brennweite.

(Lodge 1919, S. 354). Liebes zitiert weiter Eddingtons 1920 erschienenes Buch *Space, Time and Gravitation*. In einem Abschnitt über empirische Tests der allgemeinen Relativitätstheorie erwähnte Eddington die Möglichkeit, daß man als Folge einer Gravitationslinse ein Doppelbild sehen könnte. Er betrachtete auch die Frage der zu erwartenden Intensität der abgelenkten Lichtstrahlen und kam zu dem Schluß, daß

> man leicht ausrechnen kann, daß die erhöhte Divergenz das Licht so schwächen würde, daß es unmöglich wird, es noch bei uns nachzuweisen.

(Eddington 1920, S. 134). Es ist sehr gut möglich, daß Einstein Lodge's Notiz gesehen hat, und er kannte sicherlich auch Eddingtons Buch. Trotzdem erwähnte er keinen dieser Autoren in seiner Publikation von 1936, und nach allem, was wir wissen, reagierte er auf diese Arbeiten ebensowenig wie auf Chwolsons Notiz. Es ist offensichtlich allein Mandls Initiative zu verdanken, daß die Gravitationslinsen überhaupt erst auf der Bühne des historischen Geschehens wahrgenommen wurden. Was war an der Intervention dieses Hobbyforschers denn so besonders?

Die Wurzel von Mandls Idee war nicht ein technisches Problem innerhalb einer hochspezialisierten Fachdisziplin, sondern ein einfaches Modell der Gravitationslichtablenkung, welche in Analogie zur geometrischen Optik aufgefaßt wurde. Was Mandl mit solcher Hartnäckigkeit verfolgte, bis er schließlich Einstein überzeugte, war eine Mischung aus diesem mentalen Modell und einer großartigen Vision von seinen Implikationen für unser Naturverständnis auf kosmologischem Maßstab. Aber die Einfachheit des mentalen Modells und die Weitläufigkeit seiner Vision paßten nicht in das Raster der zeitgenössischen professionellen Wissenschaft.

Mandls Charakterisierung als „Hobbyforscher" ist angesichts seiner mangelhaften Ausbildung und seines nicht vorhandenen akademischen Status sicherlich berechtigt. Aber diese Bezeichnung lenkt andererseits ab von einer immens wichtigen Dimension der Wissenschaft, nämlich ihrer Verwurzelung in einem überindividuellen Wissen über die Natur, das nicht nur das ausschließliche Privileg einiger weniger herausragender Individuen oder von Institutionen professioneller Wissenschaft ist. Wir glauben im Gegenteil, daß ein Verständnis der Entwicklung von Wissenschaft, und insbesondere der wissenschaftlichen Revolution, die in Einsteins Relativitätstheorie repräsentiert ist, nicht möglich ist, ohne dieses überindividuelle Wissen in Betracht zu ziehen, das unserer Meinung nach sowohl spezialisierte Theorien, aber vor allem auch einfache Begriffe, wie z.B. Raum, Zeit, Schwerkraft und Licht umfaßt. Es sind gerade diese einfachen Begriffe, die naturgemäß nicht in irgendeine spezialisierte Domäne der Physik fallen, sondern verschiedene Wissensgebiete zugleich berühren, von der Psychologie über technologische Anwendungen bis hin zur Kosmologie. Mandls Rolle in der Geschichte der Gravitationslinsenforschung macht deutlich, daß das Erforschen dieses gewaltigen Bereichs von Erfahrung und Kenntnissen keineswegs notwendig das Privileg von ein paar wenigen herausragenden Wissenschaftlern wie Einstein sein muß. Und schließlich erweisen sich auch die kühnsten und anscheinend so lächerlichen Aspekte der Mandlschen Vision bei genauerer Betrachtung als gar nicht so „unprofessionell", wie sie uns auf den ersten Blick erscheinen mögen. Seine Erwartungen bezüglich der Hoffnung, daß Gravitationslinsen zu einer empirischen Bestätigung der allgemeinen Relativitätstheorie führen würden, haben sich offenbar erfüllt. Aber auch Mandls zunächst weit hergeholten Spekulationen über kosmische Ursachen des Aussterbens der Dinosaurier sind der heute weithin akzeptierten Alvarez'schen Theorie über einen Meteoriteneinschlag als Ursache einer ökologischen Katastrophe, die zur Auslöschung von Arten führte, verblüffend ähnlich.

Was Mandl letztendlich erreichte, war, eine einfache Idee in den Kanon des akzeptierten wissenschaftlichen Wissens einzuführen, eine Idee, die zuvor abgelehnt wurde, weil ihre Konsequenzen als unbeobachtbar galten. Warum sollten Astronomen sich mit einem Effekt beschäftigen, welcher der Beobachtung unzugänglich erschien? Aber Mandls Initiative und die Tatsache, daß Einsteins Veröffentlichung von 1936 ihr Prominenz verlieh, regten eine breite Diskussion unter Astronomen und Astrophysikern an, obwohl keine Hoffnung auf irgendeine Beobachtung des Effekts bestand. Und diese Diskussionen hielten solange an, bis der Effekt dann tatsächlich beobachtet wurde. Mandls Erfolg war damit in der Tat auch ein Sieg der Phantasie. Wie würde eine Welt für uns aussehen, in der Gravitationslinsen nicht nur, wie ursprünglich von Einstein und Eddington vermutet, ein winziger, im wesentlichen unbeobachtbarer Effekt wäre? Einsteins Veröffentlichung regte seine Zeitgenossen dazu an, sich solch eine Welt auszumalen, den Effekt also ernstzunehmen und die Bedingungen zu untersuchen, unter denen er vielleicht doch beobachtbar wäre.

Eine Publikation in genau diesem Sinne stammt von Henry Norris Russell, trägt den Titel „Eine relativistische Verfinsterung" ("A Relativistic Eclipse") und erschien im *Scientific American* in der Februarausgabe des Jahres 1937 (Russell 1937). Der Autor war, wie man dort lesen konnte, „Dr., Vorsitzender des Department für Astronomie und Direktor des Observatoriums an der Universität Princeton, Wissenschaftler am Mount Wilson Observatorium der Carnegie Institution von Washington, Präsident der Amerikanischen Astronomischen Gesellschaft." ("Ph.D. Chairman of the Department of Astronomy and Director of the Observatory at Princeton University. Research Associate of the Mount Wilson Observatory of the Carnegie Institution of Washington. President of the American Astronomical Society.") Da sowohl Russell als auch Einstein in Princeton lebten, hatten sie wahrscheinlich Gelegenheit gehabt, die Fragen auch mündlich zu diskutieren. Der Aufsatz von Russell, datiert den 2. Dezember 1936, jedenfalls enthält einen Hinweis hierauf:[41]

> Mein herzlicher Dank gilt Professor Einstein, der mir gestattete, sein Manuskript vor dessen Veröffentlichung einzusehen.

Russell betrachtete die Frage der Beobachtbarkeit und stimmte zu, daß der Linseneffekt für Beobachter auf der Erde nicht wahrnehmbar sei. Aber er war deswegen nicht entmutigt und verfolgte die Idee noch weiter. Das Thema seiner Arbeit ist:

> Was man von einem Planeten aus sehen könnte, der sich in der richtigen Entfernung vom Begleiter des Sirius befände. Perfekte Tests der allgemeinen Relativitätstheorie, die undurchführbar sind.

(Russell 1937, S. 76). Indem er die Größenordnung des Effekts für einen Weißen Zwerg berechnet, faßt Russell den Begleiter von Sirius als Gravitationslinse auf und Sirius selbst als Lichtquelle. Er stellt sich dann einen kleinen Planeten vor, der den Begleiter des Sirius in genau dem richtigen Abstand umkreist, und fragt sich, wie Sirius einem Beobachter auf diesem Planeten erscheinen würde, wenn er durch die Linsenwirkung verzerrt würde. In dem Aufsatz gibt Russell eine Reihe von Zeichnungen der verzerrten Gestalt des Sirius, wie er dem Beobachter erschiene, wenn der Linsenbegleiter sich durch die Beobachtungslinie hindurch bewegen würde.

---

[41] Russell (1937), S. 77. Einstein hatte umgekehrt Russells Manuskript vor der Veröffentlichung gesehen und Bemerkungen zu einer früheren Fassung gemacht, vgl. H. N. Russell an Einstein, 27. November 1936, AEA 20-067.

In seiner Beschreibung des Effekts vergleicht Russell das Ereignis mit einer Sonnenfinsternis (ohne Gravitationsablenkung). Er beschreibt einen Zwischenzustand und das Auftreten des Linseneffekts folgendermaßen:

> ein heller Bogen hat sich auf der *gegenüberliegenden* Seite der sich verfinsternden Scheibe gebildet. Er wird von dem Licht erzeugt, das von dem Teil der geometrischen Scheibe des Sirius kommt, der sich am nähesten an dem Begleiter befindet und das um die weiter entferntere Seite des letzteren abgelenkt wird.

Die letzte Zeichnung zeigt den Fall, wo Lichtquelle, Linse und Beobachter sich genau auf einer geraden Linie befinden, oder den Fall des sogenannten „Einsteinrings":

> ...die zentrale Verfinsterung erscheint wie die ringförmige Verfinsterung einer großen Scheibe durch eine kleinere, anstelle einer Totalverfinsterung. Von diesem Punkt an laufen alle früheren Phasen von neuem ab, nur in umgekehrter Reihenfolge.

Russell kam zu der Schlußfolgerung:

> Unser hypothetischer Weltraum-Tourist könnte sich mit seinem Planeten an eine Stelle begeben, in der die allgemeine Relativitätstheorie nicht mehr eine Frage der äußersten Verfeinerung von Theorie und Experiment wäre. Sie würde viel eher unbedingt benötigt, um die bizarresten und spektakulärsten Himmelserscheinungen zu erklären, wie sie sich ihm ergeben würden.

Obwohl Russells Artikel ganz imaginär war, so trug er doch viel dazu bei, daß das Interesse an dem Phänomen nicht nachließ, und wurde in der Folge oft zitiert. Er trug auch dazu bei, der abstrakten Frage, wie eine Welt beschaffen sein müßte, in der Gravitationslinsen ein wichtiger Effekt wären, eine realistische Wendung zu geben.

Die Herausforderung, Gravitationslinsen zu benutzen, um in kosmische Dimensionen vorzustoßen, wurde in einer weiteren unmittelbaren Reaktion auf Einsteins Veröffentlichung aufgenommen, welche als "Letter to the Editor" an *Physical Review* geschickt wurde und in der Ausgabe vom 15. Februar 1937 in dieser Zeitschrift erschien (Zwicky 1937a). Die Arbeit trug den Titel „Nebel als Gravitationslinsen" ("Nebulae as Gravitational Lenses") und war von dem Schweizer Astronomen Fritz Zwicky geschrieben, der zu der Zeit am Norman Bridge Laboratory[42] des California Institute of Technology tätig war. Zwicky ging es ebenfalls um die Beobachtbarkeit des Effekts. Seine kurze Notiz begann mit einer Referenz auf Mandls Idee:

---

[42] Das Norman Bridge Laboratory wurde von Millikan geleitet.

Einstein veröffentlichte vor kurzem einige Rechnungen bezüglich eines Vorschlags von R. W. Mandl, daß nämlich ein Stern B als „Gravitationslinse" wirken könne für Licht, das von einem anderen Stern A ausgeht, welcher sich nicht weit von der Sichtlinie hinter B befindet. Wie Einstein bemerkt, sind die Chancen, diesen Effekt tatsächlich zu beobachten, extrem gering.

Die folgende Passage macht deutlich, daß auch Zwicky dem Problem der Gravitationslinsen erst in der indirekten Folge von Mandls Hartnäckigkeit begegnet ist:

> Letzten Sommer erwähnte Dr. V. K. Zworykin (dem Herr Mandl denselben Vorschlag gemacht hatte) mir gegenüber die Möglichkeit einer Bilderzeugung durch die Wirkung des Gravitationsfeldes. In der Folge hatte ich einige Rechnungen angestellt, welche ergaben, daß extragalaktische *Nebel* eine viel bessere Möglichkeit der Beobachtung des Gravitationslinseneffektes eröffnen als *Sterne*.

Es war in der Tat das Ziel der Zwickyschen Veröffentlichung, darauf hinzuweisen, daß extragalaktische Nebel, als Konsequenz ihrer Masse und offensichtlichen Dimension, viel wahrscheinlichere Kandidaten für die Beobachtung von Gravitationslinsen darstellen. Er argumentierte, daß die Entdeckung von Linsenbildern „von erheblichem Interesse" wäre, nicht nur weil sie einen Test der Relativitätstheorie liefern würden, sondern auch, weil man dadurch noch Nebel in weit größerer Entfernung entdecken würde, und weil man auf diese Weise weiteren Aufschluß über die Masse derjenigen Nebel erhalten könnte, welche als Linsen wirken. Im letzten Satz kündigt Zwicky optimistisch die Publikation eines „detaillierten Berichtes über die hier skizzierten Probleme" an.

Zwei Monate später sandte Zwicky, anstelle eines detaillierten Berichtes, einen weiteren Brief an den Herausgeber von *Physical Review* (Zwicky 1937b). Sie war betitelt „Über die Wahrscheinlichkeit, Nebel zu entdecken, die als Gravitationslinsen wirken" ("On the Probability of Detecting Nebulae Which Act as Gravitational lenses"). Zwicky argumentierte dort, daß:

> die Wahrscheinlichkeit, daß Nebel, welche als Gravitationslinsen wirken, gefunden werden, praktisch zur Gewißheit wird. [...] Derzeitige Abschätzungen der Massen und Durchmesser von Clusternebeln sind derart, daß die Beobachtbarkeit von Gravitationslinseneffekten unter den Nebeln gesichert erscheint.

Aber trotz seines Optimismus war sich Zwicky darüber im klaren, daß die Suche nach Gravitationslinsen mühsam sein würde:

> In der Durchmusterung von tatsächlichen Aufnahmen werden eine Reihe von Nebelobjekten unser Interesse erregen. Es wird aber notwendig sein,

gewisse zusammengesetzte Objekte spektroskopisch zu untersuchen, da die Unterschiede in der Rotverschiebung der unterschiedlichen Komponenten unmittelbar das Vorhandensein von Gravitationseffekten verraten würde. Bis solche Tests gemacht sein werden, muß eine weitere Diskussion des in Frage stehenden Problems aufgeschoben werden.

Sie muß für eine ganze Weile aufgeschoben worden sein, denn Zwickys Bericht, der für die Zeitschrift *Helvetica Physica Acta* angekündigt war, ist in den folgenden Jahren in dieser Zeitschrift nicht erschienen.

Wie die Arbeiten von Russell, Zwicky und anderen bezeugen, war mit Einsteins Veröffentlichung von 1936 der Gravitationslinseneffekt als eigenständiges Forschungsthema geboren worden. Mandls Rolle in dem Prozeß der Etablierung dieses Forschungsthemas war zentral, indem er half, Gravitationslinsen zu einer theoretischen Tatsache werden zu lassen, lange bevor sie zu einer experimentellen Tatsache wurden. Erst nach der Veröffentlichung von Einsteins Rechnungen, die er auf Mandls Wunsch hin angestellt hatte, nahmen andere Wissenschafter wie Russell, Zwicky und Tikhov die Idee auf und wagten die Publikation ihrer eigenen Ergebnisse. Von diesem Augenblick an blieb die Idee der Gravitationslinsen lebendig und wurde zum Bestandteil des theoretischen Programms der allgemeinen Relativitätstheorie. Seither wurde sie immer wieder angewandt, um merkürdige astronomische Phänomene zu erklären.[43] Wann immer ein neues Phänomen am Himmel beobachtet wurde, wurde nun auch routinemäßig geprüft, ob es vielleicht mit dem Gravitationslinseneffekt zu tun haben könnte, bis schließlich ein solches merkwürdiges Phänomen sich in der Tat als perfekte Verkörperung der Idee herausstellte. Aber es sollte fast ein halbes Jahrhundert nach Einsteins Publikation vergehen, bevor in der Folge der Entdeckung von Quasaren der uns bekannte Kosmos schließlich die Dimensionen erreicht und die Astrophysik die technische Fertigkeit entwickelt hatten, um Gravitationslinsen als Realität zu erkennen.[44]

Danksagung

Wir danken Hubert Goenner für hilfreiche Bemerkungen zu einer früheren Version dieser Arbeit und Michel Janssen für seinen Rat in einer frühen Phase der Forschung über dieses Thema. Ohne John Stachel wäre diese Arbeit – in vielerlei Hinsicht – niemals zustande gekommen.

Wir danken ebenfalls Ze'ev Rosenkranz, dem Bern-Dibner-Kurator des Albert-Einstein-Archivs der Hebräischen Universität Jerusalem, für die

---

[43] Siehe etwa die Diskussion der späteren Geschichte in Barnothy (1989).
[44] Siehe Walsh et al. (1979) und Young et al. (1980), sowie die Übersichtsartikel von Refsdahl und Surdej (1994) und Wambsgans (1998).

freundliche Genehmigung, aus unveröffentlichten Einsteinquellen zu zitieren, sowie den Verlagen für die Erlaubnis, die hier wiedergegebenen Dokumente zu reproduzieren. Schließlich danken wir Hilmar Duerbeck und Wolfgang Dick für ihre freundliche Einladung, eine deutsche Fassung unseres ursprünglich englischen Aufsatzes in diesen Band aufzunehmen.

Literatur

Albrecht, H. 1993. *Max Planck*: "Mein Besuch bei Adolf Hitler – Anmerkungen zum Wert einer historischen Quelle." S. 41–63 in *Naturwissenschaft und Technik in der Geschichte*, ed. H. Albrecht. Stuttgart: Verlag für Geschichte der Naturwissenschaft und Technik

Barnothy, J.M. 1989. "History of gravitational lenses and the phenomena they produce." S. 23–27 in *Gravitational Lenses*, eds. J.M. Moran, J.N. Hewitt, and K.Y. Lo. Berlin: Springer

Chwolson, O. 1924. "Über eine mögliche Form fiktiver Doppelsterne." *Astronomische Nachrichten* 221:329–330

Darwin, C. 1959. "The gravity field of a particle." *Proceedings of the Royal Society* A249, 180. London

Eddington, A.S. 1920. *Space, Time, and Gravitation*. Cambridge: Cambridge University Press

Einstein, A. 1911. "Über den Einfluß der Schwerkraft auf die Ausbreitung des Lichtes." *Annalen der Physik* 35:898–908

Einstein, A. 1924. "Antwort auf eine Bemerkung von W. Anderson." *Astronomische Nachrichten* 221:330

Einstein, A. 1936. "Lens-like Action of a Star by the Deviation of Light in the Gravitational Field." *Science* 84 (2188):506–507

Hentschel, K. 1994. "Erwin Finlay Freundlich and Testing Einstein's Theory of Relativity." *Archive for History of Exact Sciences* 47/2:143–201

Hentschel, K. 1997. *The Einstein Tower. An Intertexture of Architecture, Astronomy, and Relativity Theory*. Stanford: Stanford University Press

Klimov, Y.G. 1963. "The Deflection of Light Rays in the Gravitational Fields of Galaxies." *Soviet Physics – Doklady* 8/12:119–122

Liebes, S. 1964. "Gravitational Lenses." *Physical Review* 133:B835–B844

Lodge, O. 1919. "Gravitation and Light." *Nature* 104:354

Metzner, A.W.K. 1963. "Observable Properties of Large Relativistic Masses." *J. Math. Phys.* 4:1194–1205

Mikhailov, A.A. 1959. "Deflection of Light Rays by the Gravitational Field of the Sun." *Monthly Notices Roy. Astron. Society.* 119:593

Planck, M. 1947. "Mein Besuch bei Adolf Hitler." *Physikalische Blätter* 3:143

Refsdahl, S. 1964. "The gravitational lens effect." *Monthly Notices Roy. Astron. Society.* 128:295–308

Refsdahl, S. and J. Surdej. 1994. "Gravitational Lenses." *Rep. Prog. Phys.* 56:117–185

Renn, J., G. Castagnetti, and P. Damerow. 1999. "Albert Einstein: alte und neue Kontexte in Berlin." Pp. 333–354 in *Die Königlich Preußische Akademie der Wissenschaften zu Berlin im Kaiserreich*, ed. J. Kocka. Berlin: Akademie Verlag

Renn, J., T. Sauer, and J. Stachel. 1997. "The Origin of Gravitational Lensing: A Postscript to Einstein's 1936 *Science* Paper." *Science* 275:184–186

Russell, H.N. 1937. "A Relativistic Eclipse." *Scientific American* 156:76–77

Schneider, P., J. Ehlers, and E.E. Falco. 1992. *Gravitational Lenses*. Berlin: Springer

Tikhov, G.A. 1937. "Sur la déviation des rayons lumineux dans le champ de gravitation des étoiles." *Dokl. Akad. Nauk S.S.R.* 16:199–204

Walsh, D., R.F. Carswell, und R.J. Weymann. 1979. "0957+561 A,B: twin quasistellar objects of gravitational lens?" *Nature* 279:381–384

Wambsgans, J. 1998. http://www.livingreviews.org/Articles/volume1/1998-12wamb/

Young, P., J.E. Gunn, J. Kristian, J.B. Oke, und J.A. Westphal. 1980. "The double quasar Q0957+561 A,B: A gravitational lens formed by a galaxy at $z = 0.39$." *Astrophysical Journal* 241:507–520

Zwicky, F. 1937a. "Nebulae as Gravitational Lenses." *Physical Review* 51:290

Zwicky, F. 1937b. "On the Probability of Detecting Nebulae Which Act as Gravitational Lenses." *Physical Review* 51:679

Anschr. der Verf.: Professor Dr. Jürgen Renn, Max-Planck-Institut für Wissenschaftsgeschichte, Wilhelmstraße 44, 10117 Berlin; e-mail: renn.office@mpiwg-berlin.mpg.de

Dr. Tilman Sauer, Einstein Papers Project, California Institute of Technology, MC 20-7, Pasadena, CA 91125, USA; e-mail: tilman@einstein.caltech.edu

Abb. 1 (zum folgenden Beitrag). Einstein und Ernst G. Straus, Princeton. Das Bild wurde am 17. August 1948 aufgenommen. (© Albert Einstein Archives, Jerusalem)

Über Albert Einsteins politische Ansichten
Ein Briefwechsel zwischen Dieter B. Herrmann und Ernst G. Straus aus den Jahren 1960–1962

Dieter B. Herrmann, Berlin

Der Beitrag enthält einen kurzen Briefwechsel, den der Verfasser als Student in den Jahren 1960 bis 1962 mit Einsteins zeitweiligem Mitarbeiter Ernst G. Straus geführt hat. Straus äußert sich in seinen Briefen hauptsächlich zu einigen politischen Ansichten Einsteins. Die Briefe werden hier erstmals veröffentlicht.

The article comprises a short correspondence in 1960–1962 between the author, then a student, and Ernst G. Straus, a collaborator of Einstein in the years 1944–1948. Straus in his letters deals primarily with some of Einstein's political views. The letters are published here for the first time.

Die nachfolgende Wiedergabe des kurzen Briefwechsels zwischen dem Verfasser und Einsteins zeitweiligem Mitarbeiter Ernst G. Straus (1922–1983) bedarf keines umfangreichen Kommentars.

Die Veröffentlichung dieser Texte erscheint mir trotz inzwischen zahlreicher Publikationen über Einsteins politisches Denken gerechtfertigt, weil die Mitteilungen von Ernst G. Straus einige Details enthalten, die man sonst nirgends findet und die vielleicht mit meinen spezifisch ostdeutschen Fragestellungen zu tun haben. Außerdem sind die Antworten von Straus erfreulich ausführlich und überraschend differenziert ausgefallen – zu differenziert, um im damaligen politischen Umfeld der DDR jemals von mir ungekürzt verwendet werden zu können. Das ist ein weiterer Grund, die Brieftexte jetzt vollständig bekannt zu machen.

Ich war damals als Physik-Student der Humboldt-Universität zu Berlin an Einsteins Leben und Wirken stark interessiert, zumal ich bereits mit dem Einstein-Forscher Friedrich Herneck (einem meiner späteren Doktor-Väter) in Kontakt stand, der für Hörer aller Fakultäten die Vorlesung „Philosophische Probleme der Naturwissenschaften" hielt und dabei oft auf

Einstein zu sprechen kam. Ich beabsichtigte, selbst eine Arbeit über Einstein zu schreiben und zu diesem Zweck auch unbekannte Quellen heran zu ziehen, soweit ich dieser habhaft werden konnte. Da Einstein damals erst seit wenigen Jahren tot war, versuchte ich auch mit seinen Mitarbeitern in Kontakt zu kommen.

Einen besonders starken Eindruck hatte bei mir Einsteins Aufsatz „Warum Sozialismus?" hinterlassen, den ich in der „Amerika-Gedenkbibliothek" in Westberlin gelesen und aus Begeisterung abgeschrieben hatte. In Ostberlin war das entsprechende Buch „Aus meinen späten Jahren" (Einstein 1952), in dem dieser Aufsatz enthalten ist, in keiner Bibliothek vorhanden. Doch gerade dieser Text ließ aus meiner Sicht einige Fragen offen, die mich besonders interessierten. Von dem Mathematiker Ernst Gabor Straus wusste ich aus der Literatur, dass er Einsteins Assistent gewesen war. Inzwischen ist auch eine 15 Briefe umfassende Korrespondenz zwischen Einstein und Straus aus der Zeit vom September 1944 bis zum Juni 1946 bekannt. Außerdem haben Einstein und Straus gemeinsam den Aufsatz „Influence of the expansion of space on the gravitation fields surrounding the individual stars" publiziert (Einstein und Straus 1945). Von mir unbeachtet blieb damals allerdings, dass der Vater von E. G. Straus, Eli Straus in München, einer der ersten deutschen Zionisten gewesen war, was Ernst Straus retrospektiv noch stärker als geeigneten Adressaten für meine Fragen erscheinen lässt. Hätte Straus sich nicht selbst für politische Probleme interessiert, wäre er auch kaum in der Lage gewesen, über Einsteins diesbezügliche Ansichten Auskunft zu geben.

Wie ich Straus' Adresse ausfindig gemacht habe, weiß ich nicht mehr ganz genau. Es spielte wohl das Buch „Helle Zeit – Dunkle Zeit" (Seelig 1956) dabei eine Rolle, in dem ein Beitrag von Straus abgedruckt war.

Mein erster Brief an Straus trägt leider kein Datum. Er muss aber Monate vor dem Eintreffen der Antwort versendet worden sein, wie ich meiner freudigen Reaktion entnehme, die darauf schließen lässt, dass ich mit einer Replik von Straus gar nicht mehr gerechnet hatte. Der am 2. Juni 1960 in Jerusalem geschriebene Straus-Brief ist übrigens 18 Tage unterwegs gewesen.

Auf Annotationen zu den beiden Straus-Briefen wird hier absichtlich verzichtet. Die vorkommenden Namen und Ereignisse sind entweder allgemein oder im Zusammenhang mit Einsteins Biographie bekannt oder leicht nachzuschlagen.

In meinem (undatierten) Brief vom Frühjahr 1960 hatte ich Herrn Straus drei Fragen gestellt, die hier wörtlich wiedergegeben seien:

1. Waren Einstein die philosophischen Schriften von Marx und Engels bekannt und wenn ja, wie hat er sich zu dieser Philosophie geäußert?

2. Wie stand Einstein zur Errichtung des Kommunismus in der UdSSR (Soviel ich weiß, ließ er sich von seinem Schwiegersohn über dessen Russland-Reisen ausführlich berichten)?
3. Worin liegt Ihrer werten Meinung nach die Ursache für die konsequente Beschäftigung Einsteins mit politischen Problemen, die bei anderen Wissenschaftlern seiner Generation kaum in dem Maße anzutreffen ist?

Hier die Antwort von Ernst G. Straus in vollständigem Wortlaut:[1]

THE HEBREW UNIVERSITY OF JERUSALEM

2. VI. 60

Herrn Dieter Herrmann
Kaskelstr. 27
Berlin-Lichtenberg
Germany

Sehr geehrter Herr Herrmann,

Wie Sie sehen, ist mir Ihr Brief nach Jerusalem nachgeschickt worden, wo ich bis zum 19. Juli 1960 als Gast bin. Sie werden es deshalb hoffentlich entschuldigen, wenn meine Antwort verspätet kommt.

1. Ihre erste Frage, ob Einstein die philosophischen (Im Gegensatz zu politischen und historischen) Schriften von Marx und Engels gekannt habe, kann ich nicht mit Sicherheit beantworten. Marx' Schriften und Philosophie waren ihm vertraut, aber er könnte sie aus den nicht hauptsächlich philosophischen Werken kennengelernt haben. Soweit ich mich erinnere, kam unser Gespräch nur einmal auf Engels – und dann im Zusammenhang mit den naiven Versuchen, in gewissen mathematischen und physikalischen Entwicklungen eine Bestätigung der Dialektik zu sehen. Einstein hatte grossen Respekt für Marx als Historiker und war den sozialistischen Folgerungen aus ethischen Gründen sehr zugeneigt. Anderseits hatte er wenig für den „dialektischen Materialismus" übrig und dachte, dass die Dialektik zwar die Psychologie im menschlichen Denken ganz gut beschreiben möge, aber als Grundlage der Philosophie unbrauchbar sei.

Seine Vorliebe in philosophischer Lektüre galt den alten Griechen, aber mehr noch den Engländern, besonders Hume. Unter den Schriftstellern über soziale Probleme hatte er Thorstein Veblen besonders gern.

---
[1] Stillschweigende Korrekturen wurden lediglich vorgenommen, wenn es sich um erkennbare Rechtschreib- oder Interpunktionsflüchtigkeiten handelte.

2. Unter der „Errichtung des Kommunismus in der UdSSR" verstehen Sie wohl nicht nur die Revolution von 1917. Sondern auch die weiteren Entwicklungen. Einstein hielt diese Entwicklung im Wesentlichen für positiv. Er sagte einmal, „die Russen sind schon über eine Schranke hinweg, über die der Rest der Welt noch hinüber muss". Andererseits teilte er nicht die Auffassung, dass, was er den „bolschewistischen Puritanismus" nannte, d.h. die gewaltsame Einmischung des Staates in das private und geistige Leben, die „Liquidierung" der Opposition und dergleichen, durch die Ziele gerechtfertigt sei. Er sagte oft, dass es ihm persönlich unmöglich sein würde, unter einem solchen Regime zu existieren (Alle diese Äusserungen handeln von der Stalin-Zeit). Ich weiss nicht, ob er sich eine Meinung über die neuere (Chrustschow) Periode gebildet hat. Die ablehnende Haltung der Sowjet-Regierung zu den grosszügigen Vorschlägen des Baruch-Lilienthal Reports in der Atomwaffenfrage war ihm eine Enttäuschung und den darauf folgenden persönlichen Angriff einiger führender russischer Wissenschaftler hielt er für das erzwungene Unterzeichnen eines politischen Briefs („Ich kenne Herrn ... er ist ein kluger Mensch und hätte solchen Unsinn nicht freiwillig unterzeichnet"). Zusammenfassend kann man vielleicht sagen, dass er die grosse Linie der Entwicklung der Sowjetunion für richtig hielt, dass er aber viele der Seitensprünge und Abwege mit Trauer und manche mit Entsetzen sah. Die beinah messianischen Hoffnungen, die die orthodoxen Kommunisten an den Aufbau einer klassenlosen Gesellschaft knüpften, teilte er nicht: „Zu einem idealen Gebäude braucht man ideale Bausteine und die sind nicht gegeben."

3. Ihre letzte Frage nach der Ursache für Einsteins Beschäftigung mit politischen Problemen enthält eine Behauptung, dass dies bei anderen Wissenschaftlern seiner Generation kaum anzutreffen sei. Das ist leider für Deutschland zutreffend und sicher einer der Gründe dafür, dass die Hitlerbarbarei in einem Lande von so hoher Kultur zur Macht kommen konnte. Dagegen in Frankreich, England und den US ist ein wesentlicher Teil der führenden Wissenschaftler politisch interessiert und tätig. Die grosse Mehrzahl dieser Wissenschaftler steht auf der Seite der sozialen Gerechtigkeit und des Friedens und diese Tatsache bringt mich zu dem ersten Grund für Einsteins politisches Interesse (der auch, glaube ich, von Freud in seinem Briefwechsel „Warum Krieg" mit Einstein betont wird).

Für Einstein war das Leben ganz einem Ziel von allerhöchstem Wert gewidmet, und er dachte, dass viele andere, wenn sie nicht durch Gewalt oder Überredung davon abgehalten wären, zu den eigentlich wertvollen Dingen des Lebens kommen würden. So dachte er z.B., dass die hohe Produktion von Autos, Waschmaschinen etc. in den US den Menschen auf zweierlei Weisen aufgezwungen wird. Erstens durch den drohenden Hunger, wenn man an der Produktion nicht teilnimmt und zweitens durch intensive Propaganda (Reklame), die einem diese – seiner Meinung nach an sich wertlosen – Objekte als besonders sehnenswert erscheinen lässt. Auf Grund dieser Einstellung wird es völlig unerklärlich, dass man den Menschen in den Dienst eines überproduzierenden ökonomischen Systems, einer Kolonialmacht oder gar der Zerstörung durch Kriege stellen wolle.

Einer, der in so hohem Maße schöpferisch tätig ist, ist eben dem Frieden und der Menschenwürde – wenigstens für sich selber und, wenn er anständig ist, auch für andere – verschrieben.

Als zweiter Grund kommt mir Einsteins ablehnende Haltung zu jeglicher Autorität als solcher vor. Das ist für seine wissenschaftliche Haltung in dem wiederholten Nachprüfen der Grundlagen charakteristisch. Auch in sozialen und politischen Problemen kam es ihm daher nicht in den Sinn, die Sachen zu nehmen wie sie sind. Er musste sie immer auf ihre gedankliche und moralische Rechtfertigung hin untersuchen.

Als dritter Grund muss Einsteins Judentum genannt werden. Er hatte zwar keine traditionell-jüdische Erziehung, aber er war sich seines Judentums bewusst und er war daher doppelt immun gegen den Nationalismus und Chauvinismus in den Nationen, unter denen er lebte. Auch war er doppelt sensitiv gegen jede Beeinträchtigung der Menschenrechte, die sich ja so häufig gerade gegen Minoritäten wie die jüdische wenden. Er selbst dachte, dass es eine besondere Affinität zwischen Juden und den Problemen der sozialen und politischen Gerechtigkeit gebe.

Schliesslich sind manche seiner sozialen und politischen Äusserungen dadurch zu erklären, dass er wusste, er könne ihnen, durch die Kraft seines wissenschaftlichen Rufes, Gehör verschaffen. Er empfand es deshalb als Verpflichtung, die Macht, die ihm sozusagen in den Schoß gefallen war, zu guten Zwecken auszunützen.

Es scheint mir fraglich, ob man der tiefgehenden und kompromißlosen Persönlichkeit Einsteins gerecht werden kann, wenn man ihn unter den „Wissenschaftlern seiner Generation" aufzählt. Um dasselbe Niveau zu erreichen, muss man Männer anderer Generationen, etwa Archimedes oder Newton in den Wissenschaften, oder Beethoven, da Vinci oder Rembrandt (der ihm körperlich etwas ähnlich gesehen haben muss) in den Künsten nennen. Ich glaube, dass all die Genannten auch Interessen außerhalb ihres Gebietes, inklusive der Politik hatten.

Meine Antwort ist viel länger geworden als recht ist. Ich hoffe, dass sie Ihnen behilflich ist. Sollten Sie mich zitieren wollen, so ist mir das recht, ich würde aber gerne die Zitate noch vor der Veröffentlichung einmal sehen. Mein Schriftdeutsch, seit meiner Auswanderung als Elfjähriger nicht mehr geübt, ist nicht einwandfrei und das Übermitteln von Ideen ist auch für den größten Sprachkünstler nichts Leichtes. Das Bild Einsteins ist mir auch persönlich sehr lieb und ich möchte nichts zu seiner Verzerrung beitragen.

Mit besten Grüssen
Ihr
Ernst G. Straus

Die Ausführlichkeit und Ernsthaftigkeit des Briefes von Straus ermutigte mich, ihm noch einmal zu schreiben. Diesmal fiel mein Brief vom 10. Juli 1960 etwas länger aus als die Antwort. Hier die beiden Texte im Wortlaut:

Herrn Prof. Ernst G. Straus
California-Universität
Los Angeles

Sehr geehrter Herr Professor,

Sie können sich nicht denken, wie sehr ich mich über Ihre Antwort gefreut habe, glaubte ich doch schon, Sie hätten meinen Brief gar nicht erhalten.

Ihre ausführliche und für die Beurteilung Einsteins sehr wichtige Antwort hat mich ermutigt, Ihnen nochmals zu schreiben.

Zu Ihrer Adresse kam ich damals durch das Buch „Helle Zeit – Dunkle Zeit". Deshalb bleibt mir nun nichts übrig, als Sie zu bitten, mir mitzuteilen, wo und wie lange Sie selbst mit Einstein zusammengearbeitet haben.

Aber auch zu dem mir Mitgeteilten würde ich Sie bitten, noch etwas hinzuzufügen. Habe ich Einsteins Äußerung „Die Russen sind schon über eine Schranke hinweg, über die der Rest der Welt noch hinüber muß" richtig verstanden, wenn ich darin Einsteins Meinung erblicke, daß die Errichtung des Kommunismus (wenigstens prinzipiell) gesetzmäßig auf der ganzen Welt einmal Tagesordnung sein wird, oder bin ich bei diesem Schluß etwas zu weit gegangen?

Handelt es sich bei dem persönlichen Angriff einiger führender russischer Wissenschaftler um denselben, auf den er die berühmte Antwort verfaßt hat, die, glaube ich, auch in seinem Buch „Aus meinen späten Jahren" abgedruckt ist?

Ihre These, daß man der Bedeutung Einsteins nicht gerecht wird, wenn man ihn nur mit den Wissenschaftlern seiner Generation in Verbindung bringt, unterstütze ich natürlich vollinhaltlich. Ich wollte mit meiner Formulierung auch nur zum Ausdruck bringen, wie sehr er sich, gerade was die politische Verantwortung anbelangt, von den Wissenschaftlern seiner Zeit positiv abhebt. Daß dies gerade für Deutschland besonders zutraf (wie

Sie schreiben), ist einerseits sehr traurig, anderseits aber auch erfreulich. Daß die Wissenschaftler in Amerika sich meist mit Politik beschäftigen, ist außerordentlich lobenswert, denn es ist doch nun einmal so, daß kein Politiker einem Wissenschaftler die Verantwortung für seine Entdeckungen abnehmen kann.

Noch etwas würde ich gern erfahren: wie lange währte eigentlich Einsteins aktive Beschäftigung mit der Musik. Hat er in Amerika noch musiziert, Konzerte besucht oder wenigstens Schallplatten gehört?

Ich nehme Ihre kostbare Zeit schon viel zu lange in Anspruch. Wenn ich Sie bat, mir noch so viele Fragen zu beantworten, so nur deshalb, weil es bei uns an Einstein-Literatur noch sehr mangelt und eine große Nachfrage danach besteht. Es ist also für uns hier ganz einfach wichtig, Material über diesen großen Wissenschaftler zu bekommen.

Für Ihre Zitiererlaubnis danke ich Ihnen sehr; ich werde davon unbedingt Gebrauch machen. Die Schrift über Einstein ist jedoch, wie mir mein Verlag (Urania-Verlag Leipzig) kürzlich mitteilte, noch nicht so akut. Momentan bin ich mit einer anderen Sache beschäftigt, so daß die Einstein-Arbeit sich noch etwas hinziehen kann. Selbstverständlich werde ich die betreffenden Manuskriptstellen mit den Zitaten aus Ihren Briefen vorher zu Ihnen schicken, damit jegliche Mißverständnisse ausgeschlossen sind.

In der Hoffnung, Sie nicht allzusehr mit Fragen überschüttet zu haben, verbleibe ich mit den besten Grüßen als

Ihr
Dieter Herrmann

Dieses Schreiben beantwortete Straus mit einem Brief vom 20. Februar 1962 – also erst 19 Monate später. Die Antwort hat folgenden Wortlaut:

UNIVERSITY OF PENNSYLVANIA
Philadelphia 4
The College
Department of Mathematics
20.II.62

Herrn Dieter Herrmann
Berlin-Lichtenberg 4
Kaskelstr. 27
Germany

Sehr geehrter Herr Herrmann,

Bitte entschuldigen Sie die lange Verzögerung meiner Antwort. Ich hatte leider Ihren Brief verlegt, aber jetzt bin ich als Besuchsprofessor in Philadelphia und komme endlich dazu.

Ob Einstein dachte, „dass die Errichtung des Kommunismus gesetzmässig auf der ganzen Welt einmal Tagesordnung sein wird?". Die Antwort darauf ist dadurch erschwert, dass der Begriff des Kommunismus heute so stark mit seiner russischen oder chinesischen Abart verflochten ist. Ich würde eher sagen, dass der Kapitalismus für Einstein sowohl moralisch wie rationell unhaltbar schien und dass er deshalb an eine Form des Sozialismus für die Zukunft dachte. An der russischen Form missfiel ihm der (zu Stalins Zeiten noch stärkere) „Puritanismus", die Intoleranz gegen Kritik und die Ketzerverfolgung.

Ich glaube, dass Sie mit dem „Angriff einiger führender russischer Wissenschaftler" den richtigen im Sinn haben.

„Einsteins aktive Beschäftigung mit Fragen der Musik" war zu meiner Zeit hauptsächlich passiv. Er hörte gerne gute Musik am Radio – ich erinnere mich an keine Schallplatten. Jeden Morgen nach dem Frühstück improvisierte er am Klavier, wobei ich ihn meistens antraf. Meine ungeübten Ohren erinnerte sein Stil an Mozart. Einstein ging nur ungern zu öffentlichen Veranstaltungen, da er nicht liebte, Aufsehen zu erregen. Zu Konzerten ging er hauptsächlich aus Freundschaft für die Musiker.

Ich war bei Einstein von 1944 bis 1948 in Princeton. Danach haben wir noch etwa ein Jahr wissenschaftlich korrespondiert. Ich sah ihn zuletzt in 1953.

Mit besten Grüßen

Ihr
Ernst G. Straus

Damit endet der kurze Briefwechsel mit Ernst G. Straus. Mein Einstein-Büchlein kam nie zustande. Das Projekt war wohl auch etwas zu ehrgeizig, um nicht zu sagen vermessen für einen 21-Jährigen. Die Briefe von Straus, besonders der erste mit Einsteins kritischen Bemerkungen zur Sowjetgesellschaft, hätten in der DDR keine Chance auf Veröffentlichung gehabt. Auch Einsteins Aufsatz „Warum Sozialismus" ist nach meiner Kenntnis in der DDR niemals erschienen. Immerhin hat jedoch Friedrich Herneck (1963) in seinem Buch *Albert Einstein – Ein Leben für Wahrheit, Menschlichkeit und Frieden* auch auf die kritischen Bedenken Einsteins gegenüber dem Sozialismus in vorsichtigen Worten hingewiesen.

Literatur

Einstein, Albert 1952: Aus meinen späten Jahren, Stuttgart 1952
Einstein, Albert, Straus, Ernst G. 1945: Influence of the expansion of space on the gravitation fields surrounding the individual stars, Reviews of Modern Physics 17 (1945) 120 ff.
Herneck, Friedrich (1963): Albert Einstein, Berlin 1963, S. 239
Seelig, Carl (Hrsg.) 1956: Helle Zeit – Dunkle Zeit. In memoriam Albert Einstein. Zürich, Stuttgart, Wien 1956

Eine vorläufige Version dieses Beitrages ist als Preprint Nr. 286 des MPI für Wissenschaftsgeschichte erschienen.

Anschr. d. Verf.: Professor Dr. Dieter B. Herrmann, Alt-Treptow 1, 12435 Berlin; e-mail: post@dbherrmann.de

Anmerkungen zu D. B. Herrmanns Beitrag „Über Albert Einsteins politische Ansichten"*

Siegfried Grundmann, Berlin

Bezugnehmend auf den Straus-Herrmann-Briefwechsel wird hier nur ein Aspekt des „politischen Einstein" erörtert: dessen Haltung zu Marx, Engels, Lenin und Stalin (den einstmals zuweilen so genannten „Klassikern des Marxismus-Leninismus"). Marx wurde von Einstein verehrt, Stalin aber als Verbrecher verurteilt. Versuchen, sich durch Vertreter des „dialektischen Materialismus" vereinnahmen zu lassen, hat sich Einstein widersetzt.

Referring to the Straus-Herrmann correspondence, we deal only with one aspect of the "political Einstein": his attitude towards Marx, Engels, Lenin and Stalin (who were in the past sometimes called the *classics of Marxism-Leninism*). Einstein revered Marx, but condemned Stalin as a criminal. He also resisted attempts to be misused by representatives of *dialectic materialism*.

1 Einstein und Engels

Es stimmt, daß Einstein Engels' Versuchen, in physikalischen Erkenntnissen seiner Zeit eine Bestätigung der Dialektik zu sehen, skeptisch gegenüber stand. Die Basis seines Urteils wird Engels' Manuskript „Dialektik der Natur" gewesen sein.

Eduard Bernstein (6.1.1850–18.12.1932), der Nachlaßverwalter von Friedrich Engels (28.11.1820–5.8.1895), hatte Albert Einstein im Frühjahr 1924 um ein Gutachten zu dem in den Jahren 1873 bis 1883 geschriebenen, 1924 noch nicht veröffentlichten Manuskript „Dialektik der Natur" gebeten.

---

*Der vorliegende Kommentar beruht auf einer Bitte von D. B. Herrmann und der Herausgeber.

Bernstein wußte, daß der Vorstand der Sozialdemokratischen Partei kurze Zeit nach Engels' Tode den Physiker Leo Arons[1] fragte, ob die mathematischen und naturwissenschaftlichen Manuskripte von Marx und Engels zur Veröffentlichung geeignet seien. Arons lehnte eine Publikation derselben ab; und die mathematischen Arbeiten von Marx, meinte er, wären schülerhaft.

Einstein kannte Arons' Meinung und teilte diese im Wesentlichen. Im Gutachten vom 30.6.1924[2] schrieb Einstein, Engels' Arbeit sei weder vom Standpunkt der heutigen Physik noch für die Geschichte der Physik von besonderem Interesse. Trotzdem befürwortete er – abweichend von Arons – die Publikation, weil diese „ein interessanter Beitrag für die Beleuchtung von Engels' geistiger Bedeutung" wäre.[3] Vielleicht hat Einsteins Gutachten dazu beigetragen, daß die „Dialektik der Natur" 1925 erstmals publiziert wurde.

Einstein hat, so scheint es, nur die Physik-bezogenen Teile von Engels' Arbeit gelesen und beurteilt; bezüglich der anderen Teile hat er anscheinend gemeint, dafür nicht kompetent zu sein. Ob er die bereits 1878 veröffentlichte, z.T. mit ähnlichen Problemen befaßte Arbeit von Engels über „Herrn Dührings Umwälzung der Wissenschaft" kannte, ist fraglich. Immerhin war da zu lesen: Die „Grundformen alles Sein sind Raum und Zeit, und ein Sein außer der Zeit ist ein ebenso großer Unsinn, wie ein Sein

---

[1] Arons, Martin Leo (geboren am 15.2.1880). Physiker, Erfinder. Bis zum 24.2.1900 Privatdozent an der Universität Berlin. Erfinder der Quarz-Quecksilberdampflampe – einer „künstlichen Höhensonne". Wurde wegen sozialistischer Betätigung durch das preußische Kultusministerium von der Universität entlassen (gemäß eines eigens zu diesem Zweck von der preußischen Regierung erlassenen Gesetzes – „Lex Arons"). Nach der Novemberrevolution 1919 rehabilitiert, wenige Tage später – am 10.10.1919 – gestorben. In Einsteins Nachruf, veröffentlicht in den „Sozialistischen Monatsheften" Band 52 (1919), heißt es: „Sein soziales Fühlen und sein Gerechtigkeitsdrang führten ihn dem Kreis der Sozialisten zu, ließen ihn in der Öffentlichkeit seine sozialistischen Überzeugungen vertreten, ungeachtet der schweren Hemmungen und Anfeindungen, die er sich im reaktionär geleiteten Staat dadurch zuzog. Er war jene einer im Kreise unserer Akademiker so seltenen Erscheinungen, denen nicht nur Selbständigkeit des Geistes, sondern auch Unabhängigkeit des Charakters, Unbeeinflußbarkeit gegenüber den Vorurteilen seiner Kaste und selbstloser Opfermut eigen waren. Was er tat, war in seinen Augen nur das Selbstverständliche; er tat es in Schlichtheit, ohne die große Geste des Märtyrers".

[2] Einsteins Gutachten befindet sich weder im Bundesarchiv (SAPMO im Bundesarchiv), in den Bernstein-Beständen bei der Friedrich-Ebert-Stiftung in Bonn, beim Amsterdamer Internationalen Institut für Sozialgeschichte (IISG), noch im Russischen Staatsarchiv für sozialpolitische Geschichte (RGASPI). Folglich ist hier nur ein Rekurs auf Bernsteins Inhaltsangabe in dessen Brief vom 12.11.1924 an den Leiter der Marx-Engels-Archive-Verlagsgesellschaft in Frankfurt am Main möglich.

[3] zitiert aus dem Schreiben Bernsteins von 12.11.1924 an die Leitung der Marx-Engels Archive Verlagsgesellschaft in Frankfurt am Main (SAPMO im Bundesarchiv Berlin: NY 2023/11).

außerhalb des Raumes"[4]; in einem 10 Seiten umfassenden Abschnitt äußert sich Engels dort zum Thema „Zeit und Raum".

Über die mathematischen Abhandlungen von Karl Marx hätte Einstein vermutlich kaum anders als Arons geurteilt. Gleichwohl bemühte sich Einsteins Freund Emil Gumbel im Winter 1925/26 im Moskauer Marx-Engels-Institut um die Entzifferung der mathematischen Manuskripte von Marx und um die Vorbereitung einer Publikation derselben. Als der Leiter des Instituts eines der ersten Opfer der Stalinschen Säuberungen wurde, war damit auch über das Schicksal der Arbeit von Gumbel entschieden.[5]

2 Einstein und Marx

Einstein bewunderte Karl Marx als einen der Größten des jüdischen Volkes. Karl Marx stand für ihn „in der Tradition des jüdischen Volkes... [–dem] Streben zur Gerechtigkeit und Vernunft, das der Allgemeinheit der Völker auch in der Gegenwart und Zukunft dienen soll."[6] „Persönlichkeiten wie Moses, Spinoza und Karl Marx, so ungleich sie sein mögen, lebten und opferten sich für das Ideal sozialer Gerechtigkeit, die Tradition ihrer Vorväter hatte sie auf diesen dornigen Pfad geführt."[7]

Es ist nicht bekannt, ob und welche Werke von Marx (5.5.1818–14.3.1883) Albert Einstein las.

Max Born schreibt: „Ob er viel in den Werken von Marx, Engels, Lenin gelesen hat, weiß ich nicht. Vermutlich hat er auch nicht viel von den politischen und ökonomischen Schriftstellern bürgerlicher Richtung gekannt. Jedenfalls beruhte seine Hoffnung auf die russische Revolution mehr auf seiner Abneigung, ja man kann wohl sagen seinem Haß gegen die im Westen herrschenden Mächte, als auf rationaler Überzeugung von der Richtigkeit der kommunistischen Ideen."[8]

Vermutlich gründete sich sein Wissen weitgehend auf den Umgang mit Kennern und Bewunderern der Werke von Marx (und Engels): Eduard Bernstein, Paul Levi, Emil Gumbel, Eduard Fuchs, Jürgen Kuczynski, vielleicht auch Lehrer der Marxistischen Arbeiterschule, wo Einstein Vorträge

---

[4] Marx/Engels: Werke Bd. 20, Berlin 1962, S. 48.
[5] Gumbel, Emil: Auf der Suche nach Wahrheit, Ausgewählte Schriften, versehen mit einem Essay von Annette Vogt. Berlin 1991, S. 18ff.
[6] Einstein, Albert: Mein Weltbild. Herausgegeben von Carl Seelig. Ullstein Taschenbuch 2005, S. 103.
[7] Einstein, Albert: Aus meinen späten Jahren. Stuttgart 1979, S. 252.
[8] Einstein, Albert/Born, Max: Briefwechsel 1916 – 1955. Vorwort: Heisenberg, Werner. München 1991, S. 468.

hielt. Nachweislich schöpfte er sein Wissen nicht nur aus Gesprächen, sondern auch aus der Lektüre von Marxisten (wozu er manchmal auch das Vorwort schrieb, z.b. zu Gumbel: Vom Rußland der Gegenwart[9]). Ein Schreiben vom 4.5.1939 belegt, daß Marxisten wie Kuczynski Einsteins Denken (also auch – entgegen Born – Einsteins „rationale Überzeugungen") beeinflußt haben: „Sehr geehrter Herr Kuczynski. Ich danke Ihnen herzlich für die Zusendung ihres Werkchens, dessen Klarheit und Überzeugungskraft ich aufrichtig bewundere [...] sehe ich [...] daß wir übereinstimmen: Klassen-Interesse vor Staats-Interesse".[10] Und gerade das ist typisch marxistisch: Primat der sozialen gegenüber der nationalen Frage!

Gewiß: ein Marxist war Einstein nicht und wollte er nicht genannt werden. Darum auch an Hedwig Born: „Was Sie ‚Marxens Materialismus' nennen, das ist einfach die kausale Betrachtungsweise der Dinge. Diese Betrachtungsweise antwortet immer nur auf die Frage „Warum?" aber nie auf die Frage „Wozu?" [...] Wenn aber einer fragt „Wozu sollen wir einander fördern, einander das Leben erleichtern [...]?" so wird man ihm sagen müssen: „Wenn du's nicht spürst, kann dir's niemand erklären." Ohne dies Primäre sind wir nichts und lebten wir am besten gar nicht."[11] Eine Antwort auf „wissenschaftlicher Grundlage", meint Einstein, sei hoffnungslos. Insofern stand Einstein den Positivisten und insbesondere Popper viel näher als Karl Marx – der bekanntlich postulierte: „Die Philosophen haben die Welt nur verschieden interpretiert, es kömmt drauf an, sie zu verändern"[12], und meinte, das Endziel der gesellschaftlichen Entwicklung *wissenschaftlich* begründen zu können (und der so sehr auf ein bestimmtes Endziel fixiert war, daß daraus eine Eschatologie – also auch ein Religionsersatz – geworden ist).

Gleichwohl kann die Vorgehensweise von Albert Einstein bei der Analyse gesellschaftlicher Erscheinungen näherungsweise als „marxistisch" bezeichnet werden. Dies gilt vor allem in bezug auf seine 1949 verfaßte Schrift „Warum Sozialismus?".[13] Wer die marxistische Theorie nicht kennt, könnte meinen, daß sich Einstein bereits auf der ersten Seite von Marx abgrenzt, wenn er schreibt, daß die Geschichte der Menschheit nicht nur von wirtschaftlichen Ursachen abhänge, die meisten Staaten vielmehr Produkte von Eroberungen wären. Tatsächlich haben Marx und Engels au-

---

[9] Gumbel, E. J.: Vom Rußland der Gegenwart. Berlin 1927.
[10] Kuczynski, Jürgen: Memoiren. Die Erziehung des J.K. zum Kommunisten und Wissenschaftler. Aufbau-Verlag Berlin und Weimar 1983, S. 310.
[11] Einstein, Albert/Born, Max: Briefwechsel 1916 – 1955. Vorwort: Heisenberg, Werner. München 1991, S. 32.
[12] Marx/Engels. Werke Band 3, Berlin 1959, S. 7.
[13] Einstein, Albert: Aus meinen späten Jahren. Stuttgart 1979, S. 131–139. Die Zitate in diesem und den folgenden drei Abschnitten sind dieser Quelle entnommen.

ßerökonomischen Faktoren wie eben der Gewalt einen wichtigen, wenn auch nicht den entscheidenden Platz im Geschichtsprozeß eingeräumt.[14] In der wirtschaftlichen Anarchie der auf Privateigentum begründeten kapitalistischen Gesellschaft erkennt Einstein die eigentliche Ursache von Egoismus, „Verkümmerung des Einzelmenschen". Was anders ist das als eine „marxistische" Methodik? Wenn Einstein der „Einfachheit halber" alle diejenigen als „Arbeiter" bezeichnet, „die nicht am Besitz der Produktionsmittel teilhaben", macht er nichts anderes als Marx im „Kapital". Wenn er schreibt, die Bezahlung des Arbeiters richte sich „nicht nach dem Wert seiner Arbeit", sondern „einzig nach seinem Existenzminimum und dem Verhältnis von Angebot und Nachfrage auf dem Arbeitsmarkt", folgt er beinahe bei Verwendung der Termini von Marx dessen Arbeitswerttheorie. Wenn er schreibt, das Privatkapital habe die „Tendenz, sich in wenigen Händen anzusammeln", umschreibt er eben das, was Marx als „Akkumulation und Konzentration des Kapitals" bezeichnet hat.

Im Sinne von Marx war auch, als Einstein meinte: „Die Produktion arbeitet für den Profit, nicht für den Verbrauch. Es sind keine Vorkehrungen getroffen, daß alle Arbeitsfähigen und -willigen stets eine Stellung finden; fast immer wird eine Armee von Arbeitslosen bestehen".

Vielleicht ist Einsteins Meinung antiquiert, vielleicht auch nicht. Aber das ist hier nicht die Frage. Zu fragen war nur, ob Einstein sich der Theorie von Marx bedient hat. Und das hat er.

Er hat auch gleiche Ziele formuliert: „Ich bin überzeugt, um diesen schweren Mißständen abzuhelfen, gibt es nur ein Mittel, nämlich die Errichtung einer sozialistischen Wirtschaft mit einem Erziehungssystem, das auf soziale Ziele abgestellt ist. In einer solchen Wirtschaft gehören dann die Produktionsmittel der Gemeinschaft, die sie nach einem bestimmten Plan benutzt. Man würde in einer solchen Planwirtschaft die Produktion den Bedürfnissen der Gesellschaft anpassen die zu leistende Arbeit unter die Arbeitsfähigen verteilen[...]".

Einstein war nicht nur Physiker, Pazifist, Zionist..., er war auch ein *Sozialist.*

Dabei war Einstein weitblickender, vielen professionellen Gesellschaftswissenschaftlern haushoch überlegen. Vergesellschaftung der Produktionsmittel und Planwirtschaft waren für ihn notwendige, noch *nicht* hinreichende Bedingungen, die „Planwirtschaft noch kein Sozialismus".[15] Der Risiken einer Zentralisation von wirtschaftlicher und politischer Macht war er sich voll bewußt. Er hatte zwar auch keine Antwort, aber immerhin, die Frage

---

[14] z.B. Engels: Gewaltstheorie. In Marx/Engels. Werke Band 20, Berlin 1962, S. 147–171.

[15] Einstein, Albert: Aus meinen späten Jahren. Stuttgart 1979, S. 139.

stellte er: „Wie schützt man die Rechte des Einzelnen? Wie bildet man aus ihnen ein demokratisches Gegengewicht gegen die Bürokratie?"

Noch exponierter äußerte sich Einstein in der von Straus und Herrmann erwähnten „Antwort an die Sowjet-Gelehrten" aus dem Jahre 1948: „Wir dürfen nicht in den Fehler verfallen, dem Kapitalismus alle sozialen und politischen Mißstände in die Schuhe zu schieben und anzunehmen, daß schon die Erführung des Sozialismus genügt, um alle sozialen und politischen Übel der Menschheit zu heilen. Das Gefährliche eines solchen Glaubens liegt in der fanatischen Intoleranz, in die seine Anhänger so leicht verfallen, indem sie aus einer beliebigen gesellschaftlichen Verfassung eine Art Kirche machen und alle als Verräter und garstige Übeltäter brandmarken, die ihr nicht angehören [...]".[16]

Mit der Lehre von Marx ist diese Position Einsteins durchaus vereinbar. „Nichtmarxistisch" freilich ist Einsteins Satz „Die Wissenschaft kann keine Ziele schaffen".[17]

3 Einstein und Lenin

Einstein verehrte „in Lenin einen Mann, der seine ganze Kraft unter völliger Aufopferung seiner Person für die Realisierung sozialer Gerechtigkeit eingesetzt hat", nannte ihn einen „Hüter und Erneuerer des Gewissens der Menschheit", vergaß aber nicht hinzufügen: „Seine Methode halte ich nicht für zweckmäßig."[18]

Der Ursprung seines Wissens mag der gleiche gewesen sein wie der Ursprung seines „marxistischen" Wissens, wobei *Paul Levi* gewissermaßen eine „persönliche" Verbindung zwischen Einstein und Lenin verkörpert hat. Albert Einstein war Paul Levi freundschaftlich verbunden. Am 8. August 1929 wird er ihm schreiben: „Lieber Paul Levi [...] Es ist erhebend zu sehen, wie Sie durch Gerechtigkeitsliebe und Scharfsinn als einzelstehender Mensch ohne Rückhalt die Atmosphäre gereinigt haben, ein wunderbares Pendant zu Zola. In den feinsten unter uns Juden lebt noch etwas von der sozialen Gerechtigkeit des alten Testaments."[19] Drei Tage bevor Levi starb

---

[16] Eine Antwort an die Sowjet-Gelehrten. In Einstein, Albert: Aus meinen späten Jahren. Stuttgart 1979, S. 177. Einstein antwortete auf einen offenen Brief von Sergei Wawilow (damals Präsident der Akademie der Wissenschaften der UdSSR), A. N. Frumkin, A. F. Joffe und N. N. Semjenow.

[17] Einstein, Albert: Aus meinen späten Jahren. Stuttgart 1979, S. 132.

[18] Gelegentliches von Albert Einstein. Zum 50. Geburtstag 14.3.1929. Dargelegt von der Soncino Gesellschaft der Freunde des jüdischen Buches zu Berlin, Berlin 1929, S. 20, 21.

[19] SAPMO im Bundesarchiv Berlin: NY 4126/13/40.

(9.2.1930), haben Albert und Elsa Einstein den Freund letztmalig besucht. Danach, am 13. Februar 1930, schreibt Elsa Einstein ihrer Freundin Antonina Vallentin: „Wir kommen soeben von der Trauerfeier [...] Nur einmal, ein einziges Mal hab ich meinen Mann so weinen sehen, das war, als er von seinen Kindern sich damals trennen mußte und Abschied nahm."[20]

Die Freundschaft der Familien reicht weit zurück. Paul Levi (11.3.1883–9.2.1930) stammte aus dem gleichen Ort wie Elsa Einstein (18.1.1877–20.12.1936) – und die Mutter (Hannchen Liebmann, 1862–1909) von Einsteins Sekretärin Helene Dukas auch. Der Vater von Paul Levi und der Vater von Elsa Einstein, wird berichtet, saßen nebeneinander in der Synagoge von *Hechingen.*

Paul Levi hatte Lenin im Jahre 1915 oder 1916 durch Radek in der Schweiz kennengelernt. Levi war schon damals Bolschewik. Levi (Hartstein) war 1917 Mitunterzeichner jenes Abkommens zwischen der deutschen Regierung und russischen Emigranten, das Lenin und anderen Bolschewiken die Reise nach Rußland und die Vorbereitung der (Oktober-) Revolution ermöglichte. Rosa Luxemburg und Paul Levi waren eng miteinander befreundet. Levi war Mitbegründer der KPD, bis Februar 1921 Mitglied des ZK der KPD; nach der Ermordung von Rosa Luxemburg im Januar 1919 deren Vorsitzender. Die Meinungsverschiedenheiten, die später zum Rücktritt Levis und zu dessen Ausschluß aus der KPD führten, waren nicht so sehr Differenzen mit der Person Lenin als vielmehr solche mit dem Vertretern der Kommunistischen Internationale Rákosi und Radek.

Wichtig zu wissen: Auch Lenin hat Albert Einstein geschätzt. Im März 1922 publizierte Lenin in der Zeitschrift *Pod Snamenem Marxisma* (Unter dem Banner des Marxismus) einen Artikel „Über die Bedeutung des streitbaren Marxismus".[21] Er forderte dort – übereinstimmend mit Trotzki – die Herstellung eines engen Bündnisses der Kommunisten „mit den Vertretern der modernen Naturwissenschaft, die dem Materialismus zuneigen und sich nicht scheuen, ihn [...] zu verfechten und zu propagieren." Die Kommunisten und überhaupt die konsequenten Materialisten (die nicht der KP angehören müssen), sollten „die jüngste Revolution auf dem Gebiet der Naturwissenschaft [...] aufmerksam [...] verfolgen". Lenin betrachtet Einstein, „der persönlich keinerlei aktiven Feldzug gegen die Grundlagen des Materialismus" führe, als potentiell Verbündeten.

Sonderlich ernst haben manche Prediger des „Dialektischen Materialismus" Lenins Forderung schon im Jahre 1922 nicht genommen, als diese in der Debatte um die Vereinbarkeit von Relativitätstheorie und Dialektischen

---

[20] Archiv der Max-Planck-Gesellschaft: Abt. Va Rep. 2 Nr. 105/1.
[21] In: Lenin. Werke. Band 33, Berlin 1962, S. 213–223.

Materialismus Einstein unterstellten, er habe die Physik in den „Sumpf des Idealismus" gezogen.[22] Damals und in der Folgezeit haben viele „Dialektische Materialisten" versucht, wovor Friedrich Engels ausdrücklich gewarnt hatte, nämlich „die dialektischen Gesetze in die Natur hineinzukonstruieren", statt „sie in ihr aufzufinden und aus ihr zu entwickeln."[23]

Später, als Einsteins Kritik an den Herrschaftsmethoden der Bolschewiki lauter wurde, wurden in der Sowjetunion die „Relativisten dort schlecht behandelt", galt die Relativitätstheorie „als der offiziellen ‚materialistischen' Philosophie widersprechend."[24] Gleichwohl wurde Einstein 1923 zum Korrespondierenden Mitglied und 1927 zum Ehrenmitglied der Sowjetischen Akademie der Wissenschaften gewählt. Die Kenner der Materie, Koryphäen auf dem Gebiet der theoretischen Physik, haben sich letztlich durchgesetzt. Einem Kapiza schließlich, der die sowjetische Atombombe entwickeln sollte, konnte Stalin nicht vorschreiben, wie die Relativitätstheorie Einsteins zu deuten ist.

4 Einstein und Stalin

Gewiß, Einstein schrieb: „Die Russen sind schon über eine Schranke hinweg, über die der Rest der Welt noch hinüber muß". Aber das ist nur ein Teil der Wahrheit und sogar weniger als die Hälfte derselben. Einsteins Haltung zur Sowjetunion war in vielem widersprüchlich und Wandlungen unterworfen (wie ja auch die Rolle der Sowjetunion im Geschichtsprozeß widersprüchlich und veränderlich gewesen ist).

Wie viele Intellektuelle der damaligen Zeit empfand er die russische Oktoberrevolution als Beginn einer neuen Epoche in der Geschichte der Menschheit, gleichzeitig verabscheute er bereits in den 1920er Jahren die Mißachtung bürgerlicher Freiheiten im kommunistischen Rußland. Sein Vorwort zu Emil Gumbels Buch *Vom Rußland der Gegenwart*, das er – so Einstein – wegen dessen objektiver und vielseitiger Sicht bewunderte, darf auch dahingehend interpretiert werden, daß er sich wie Gumbel von Meinungen distanzierte, denen zufolge „Dantes Hölle ein Kindergarten gegen das heutige Rußland" war und Rußland ein nach Leichen stinkendes

---

[22] Zitiert nach Albert Einstein: Briefe. Aus dem Nachlaß herausgegeben von Helen Dukas und Banesh Hoffmann. Zürich 1981, S. 87. Allerdings kann man Hoffmann und Dukas den Vorwurf nicht ersparen, daß ihre Darstellung in diesem Punkt tendenziös gewesen ist.
[23] Marx/Engels. Werke Band 20, Berlin 1962, S. 12. Engels räumte sogar ein, daß „der Fortschritt der theoretischen Naturwissenschaften meine (Friedrich Engels'! S.G.) Arbeit größtenteils oder ganz überflüssig" machen könnte".
[24] Einstein, Albert/Born, Max: Briefwechsel 1916 – 1955. Vorwort: Heisenberg, Werner. München 1991, S. 140.

Land, aber auch von der Auffassung, daß „die dortige proletarische Revolution alle geistigen und produktiven Kräfte befreit habe" und „Rußland das fortgeschrittenste Land der Welt" geworden sei.[25]

Je mehr Stalin die Sowjetunion seinem Diktat unterwarf und Widersacher (zunächst politisch, dann auch physisch) ausschaltete, um so kritischer wurde Einsteins Urteil.

Er war „Gegner eines jeden Terrorsystems", es sei ihm „nie eingefallen, jene in Rußland geuebten Methoden zu billigen" – schrieb er in einem Brief vom 30. September 1931.[26] Er könne sich nicht entschließen, einen von Henri Barbusse initiierten Aufruf zu unterzeichnen, weil dieser „eine Glorifizierung Soviet-Russlands enthaelt", schrieb er am 6. Juni 1932 an Barbusse und ergänzte: „Ich habe mir in der letzten Zeit grosse Muehe gegeben, mir ueber die dortige Entwicklung ein Urteil zu bilden und bin zu recht trueben Ergebnissen gekommen. Oben persoenlicher Kampf machthungriger Personen mit den verworfensten Mitteln aus rein egoistischen Motiven. Nach unten voellige Unterdrueckung der Person und der Meinungsaeusserung. Was hat denn unter solchen Bedingungen des Leben noch fuer einen Wert?"[27] Wenige Tage danach, am 17. Juni 1932, äußerte er, ziemlich überzeugt zu sein, daß Barbusse, wenn dieser „zufaellig ein Russe waere, er sich irgendwo im Gefaengnis oder in der Verbannung befaende, wenn man ihn ueberhaupt am Leben gelassen haette."[28]

Wiederholt äußerte Einstein aber auch Verständnis für Stalins Innen- und Außenpolitik.

Wie viele Intellektuelle und Politiker jener Zeit meinte er, daß die Prozesse während der „Großen Säuberung" in den 30er Jahren rechtsstaatlichen Prinzipien entsprachen. Nach anfänglichem Zweifel glaubte er Anzeichen dafür zu erkennen, „daß die russischen Prozesse keinen Schwindel darstellen, sondern daß es sich um einen Komplott derer handelt, in deren Augen Stalin ein stupider Reaktionär ist, der die Revolution verraten habe [...] Anfangs war ich der festen Überzeugung, daß es sich um auf Lüge und Schwindel gegründete Machthandlungen eines Diktators handelte, aber dies war eine Täuschung."[29] Einsteins Weg der Erkenntnis war

---

[25] Gumbel, E. J.: Vom Rußland der Gegenwart. Berlin 1927, S. 9, 10.
[26] Grüning, Michael: Ein Haus für Albert Einstein. Berlin 1990, S. 367.
[27] Grüning, Michael: Ein Haus für Albert Einstein. Berlin 1990, S. 395.
[28] Grüning, Michael: Ein Haus für Albert Einstein. Berlin 1990, S. 398. Erwähnenswert ist, daß sich Einstein am gleichen Tage zusammen mit Heinrich Mann und Käthe Kollwitz an Thälmann, Wels und Leipart wandte und ein Zusammengehen von SPD und KPD in den bevorstehenden Reichstagswahlen verlangten.
[29] Nichtdatierter Brief (vermutlich aus 1937) an Max Born. In: Einstein, Albert/Born, Max: Briefwechsel 1916 – 1955. Vorwort: Heisenberg, Werner. München 1991, S. 175. Max Borns späterer Kommentar: „Ich hielt, wie die meisten Menschen im Westen, diese

sogar der von anderen Intellektuellen entgegengesetzt: Bei Einstein überwogen anfänglich Skepsis und Ablehnung...

Gleichwohl engagierte sich Einstein für Opfer der Stalinschen „Säuberungen". In einem Schreiben vom 5. Januar 1938 an den Botschafter der UdSSR in den USA z.B. verlangte er die Freilassung des in der UdSSR inhaftierten Physikers Friedrich Houtermans.[30] In einem Brief vom 16. Mai 1938 an Stalin bat er um „größte Vorsicht" gegenüber „Menschen von seltener Tatkraft und seltenen Fähigkeiten", „Männer, welche das volle Vertrauen in menschlicher Beziehung bei ihren Fachkollegen im Ausland besitzen" – darunter der österreichische Staatsangehörige und Physiker Weissberg am Ukrainischen Physiko-Technischen Institut in Charkow.[31]

Für Einstein konnte es schließlich kaum einen Zweifel daran geben, daß Stalin „wahrscheinlich der Hauptverbrecher ist".[32] Frühere Illusionen waren nach dem 2. Weltkrieg vollends verflogen. Das politische System Rußlands war für ihn ein „tyrannisches System". Dennoch war Einstein nicht bereit, sich im nun begonnenen Kalten Krieg für antikommunistische Zwecke einspannen zu lassen und den „Haß der Amerikaner gegen Rußland" schüren zu helfen.[33] Als Instrument „der für den Weltfrieden so gefährlichen Russophobie" ließ er sich nicht mißbrauchen.[34]

Da saß Einstein politisch wieder dort, wo er schon immer saß: zwischen allen Stühlen.

Anschr. d. Verf.: Professor Dr. Siegfried Grundmann, Weichselstraße 1, 10247 Berlin

---

Schauprozesse für Willkürakte eines grausamen Diktators. Einstein war offenbar anderer Meinung. Er glaubte, daß unter der Bedrohung durch Hitler den Russen nichts anderes übrigblieb, als alle möglichen Gegner im eigenen Lande zu vernichten. Mit scheint diese Ansicht mit Einsteins milder, menschlicher Art nicht recht vereinbar." (Ebenda, S. 176, 177).

[30] Viktor J. Frenkel: Professor Friedrich Choutermans. Raboty, Shisn, Sudba. S.-Peterburg 1997, S. 85 (russ.). Zum Fall Houtermans siehe auch: Landrock, Konrad: Friedrich Georg Houtermans (1903–1966) – ein bedeutender Physiker des 20. Jahrhunderts. Naturwissenschaftliche Rundschau, Heft 4/2003, S. 187–199.

[31] Weissberg-Cybulski, Alexander: Hexensabbat. Mit einem Vorwort von Arthur Koestler. Suhrkamp, Frankfurt am Main 1977, S. 17. Nach Abschluß des Hitler-Stalin-Paktes vom 23. August 1939 wurden Weissberg und Houtermans der Gestapo überstellt.

[32] Zitiert nach: Hermann, Armin: Einstein. Der Weltweise und sein Jahrhundert. Eine Biographie. München 1996, S. 454.

[33] Zitiert nach: Hermann, Armin: Einstein. Der Weltweise und sein Jahrhundert. Eine Biographie. München 1996, S. 454.

[34] Einstein, Albert: Über den Frieden. Weltordnung oder Weltuntergang? Herausgegeben von Otto Nathan und Heinz Norden. Vorwort von Bertrand Russell. Neu Isenburg 2004, S. 436.

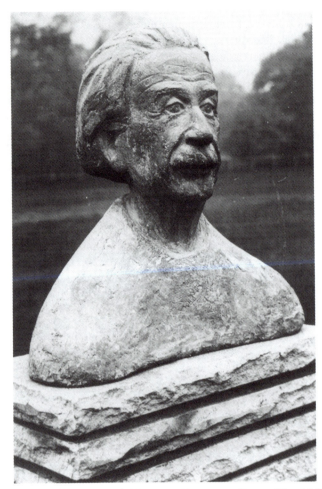

Abb. 1 (zum folgenden Beitrag). Einstein-Büste von Jenny Mucchi-Wiegmann, die am 13. März 1963, einen Tag vor Einsteins 84. Geburtstag, im Rahmen einer öffentlichen Feierstunde enthüllt wurde.

Albert Einstein und die Archenhold-Sternwarte 1905 – 2005

Dieter B. Herrmann, Berlin

In der Archenhold-Sternwarte hielt Einstein 1915 seinen ersten öffentlichen Berliner Vortrag über die beiden Relativitätstheorien. Davon ausgehend entwickelten sich zwischen Archenhold und Einstein freundschaftliche Beziehungen, die zu einer dauerhaften Verbindung der Sternwarte mit Einsteins Werk bis in die Gegenwart führten. Der Beitrag schildert die Hintergründe der Verbindung zwischen Archenhold und Einstein und die späteren Aktivitäten zur Popularisierung von Einsteins Werk bis zum Jahre 2005.

After Einstein came to Berlin, he gave his first popular lecture in the Archenhold Observatory, in 1915, on the special and the general theories of relativity. From then on, friendly relations grew between Archenhold and Einstein, which led to a permanent connection between the Observatory and Einstein's achievement. This contribution presents the background of the connection between Archenhold and Einstein, and the later activities in popularizing Einstein's work up to the year 2005.

1 Einleitung

Als Albert Einstein im Jahre 1905 seine spezielle Relativitätstheorie veröffentlichte, bestand die Treptower Sternwarte neun Jahre. Ihr Gründer, Friedrich Simon Archenhold (1861–1939), hatte außerdem im Jahre 1900 eine „Hauszeitschrift" ins Leben gerufen, die unter dem Titel „Das Weltall" (Abb. 2) ununterbrochen 44 Jahre hindurch erschien und vor allem dem Ziel dienen sollte, die Leser „durch Berichte über die Fortschritte astronomischer Forschung mit Begeisterung für diese Wissenschaft zu erfüllen".[1]

---

[1] Das Weltall 1 (1900/01) 1.

Abb. 2. Titelseite der von Archenhold begründeten und herausgegebenen Zeitschrift „Das Weltall", Bd. 28.

Für eine Einrichtung, die sich nach dem Willen ihres Gründers der naturwissenschaftlichen Bildung gegenüber einer breiten Öffentlichkeit verschrieben hatte[2], ist die Bezugnahme auf Einsteins Lebenswerk evident. Sie begründet deshalb auch keineswegs ein besonderes Verhältnis der Treptower Sternwarte zu Einstein. Sowohl Veröffentlichungen wie auch Vorträge zum Themenkreis der Einsteinschen Arbeiten werden aus diesem Grund auch im folgenden Beitrag nicht systematisch berichtet. Ähnliche Aktivitäten zur Popularisierung von Einsteins Theorien wird man auch für jede andere naturwissenschaftliche Bildungseinrichtung nachweisen können. In diesem Sinne sind auch die im „Weltall" veröffentlichten Beiträge zur speziellen Relativitätstheorie in den Jahren nach 1905 zunächst nichts anderes als eine angemessene Reaktion des Herausgebers auf die aktuelle Entwicklung der Wissenschaft.

Das änderte sich allerdings rasch, als Albert Einstein im Jahre 1914 aus der Schweiz nach Berlin übersiedelte.

2 Höhepunkt: Einsteins Vortrag

Archenhold trat schon bald nach Einsteins Übersiedlung in persönlichen Kontakt zu ihm. Dazu mag die Teilnahme der beiden Männer an den Sitzungen der „Physikalischen Gesellschaft" erste Gelegenheit geboten haben. Da es sich Archenhold u.a. zur Aufgabe gemacht hatte, mit seiner Sternwarte „Wissen aus erster Hand" zu vermitteln, d.h. berühmte Forscher über ihre eigenen wissenschaftlichen Arbeiten vortragen zu lassen, lag es nahe, auch Einstein zu einem öffentlichen Vortrag einzuladen. Zumal Einstein bereits im Jahre 1914 in allgemein verständlicher Form über die spezielle und über die noch in der Entstehung begriffene allgemeine Relativitätstheorie in der „Vossischen Zeitung" berichtet hatte.[3]

Einsteins Vortrag in Treptow wurde für den 2. Juni 1915 in mehreren Tageszeitungen und im laufenden Programm der „Treptow-Sternwarte" (wie sie sich damals nannte) angekündigt (Abb. 3). Es war der erste öffentliche Berliner Vortrag, den Einstein über seine beiden Relativitätstheorien gehalten hat. Zuvor allerdings war er schon vor der „Naturforschenden Gesellschaft" in Zürich (1911) sowie in Prag und schließlich vor der „Gesellschaft Deutscher Naturforscher und Ärzte" in Wien (1913) aufgetreten. Damals hatte es sich aber doch um ein wissenschaftlich gebildetes Publi-

---

[2] F. S. Archenhold bei der Grundsteinlegung zum Neubau der Sternwarte am 17. Mai 1908, Das Weltall 9 (1909) H. 21, S. 309.
[3] A. Einstein, Vom Relativitäts-Prinzip, Vossische Zeitung vom 26. April 1914 (Nr. 209) Morgenausgabe. = CPAE 6, p. 3.

Abb. 3. Programmzettel der „Treptow-Sternwarte" mit der Ankündigung von Einsteins Vortrag (Ausschnitt).

kum gehandelt, wenn auch nicht ausschließlich um Physiker. Der Treptower Auftritt ist also insofern ein Novum.

Was Einstein allerdings in seinem Vortrag gesagt hat, wissen wir nicht. Der Text seiner Ausführungen wurde nie veröffentlicht, auch existieren keine Fotos von Einsteins Auftreten. Die Vossische Zeitung nahm jedoch am nachfolgenden Tag mit einem umfangreicheren Bericht auf die Veranstaltung Bezug.[4] Aus diesem Beitrag erfahren wir u.a., dass Einstein damals – obschon noch keineswegs so bekannt wie später – vor einer „verhältnismäßig großen Zahl von Zuhörern" gesprochen hat. Die Besprechung seiner Ausführungen lässt außerdem darauf schließen, dass Einstein inhaltlich etwa den Darlegungen gefolgt sein dürfte, die er zuvor in der „Vossischen Zeitung" veröffentlicht hatte.[5]

Einsteins Vortrag ist in zweierlei Hinsicht als bemerkenswertes Ereignis zu werten: 1. Die allgemeine Relativitätstheorie war noch unveröffentlicht, vermutlich auch geistig noch nicht ganz abgeschlossen. Erst im November des Jahres 1915 wurde sie der „Preußischen Akademie der Wissenschaften" vorgelegt. 2. Es war seinerzeit durchaus noch keine allgemein verbreitete Gepflogenheit, dass sich erstrangige Forscher bereit fanden, über ihre Ergebnisse in allgemein verständlicher Form vor einem breiten interessierten Publikum aufzutreten.

Was den ersten Punkt anbelangt, so dürfen wir annehmen, dass Einstein den Zwang, seine Theorie vor Nicht-Fachleuten zu erläutern, dazu genutzt

---

[4] el., Einsteins Relativitätsprinzip. Vortrag in der Treptower Sternwarte. Vossische Zeitung vom 3. Juni 1915 (Nr. 279), Abendausgabe. – Als Anhang I in dieser Arbeit wieder abgedruckt.
[5] Siehe Fußnote 3.

hat, selbst letzte Klarheiten zu gewinnen.[6]

Die Bereitschaft Einsteins allerdings, seine Resultate öffentlich darzustellen, entspricht einem Wesenszug von ihm, der eng mit seiner eigenen Biographie zusammenhängt. Einstein hat mehrfach und gern eingestanden, dass er populärwissenschaftlicher Lektüre in seinem Leben viel zu verdanken habe, besonders den „Naturwissenschaftlichen Volksbüchern" von Aaron Bernstein, die er schon im Alter von 12 Jahren gelesen hat. Aus ihnen hätte man wesentliche Methoden und Ergebnisse der Naturwissenschaft in einer sich fast nur aufs Qualitative beschränkenden Darstellung erlernen können.[7]

Entsprechend hat Einstein auch gehandelt. Neben etlichen Beiträgen für Tageszeitungen und Zeitschriften hat er seine beiden Relativitätstheorien in einem populärwissenschaftlichen „Bestseller" selbst dargestellt, der erstmals 1917 erschien: „Über die spezielle und allgemeine Relativitätstheorie (Gemeinverständlich)".[8] Das schmale Bändchen ist noch heute auf dem Buchmarkt zu finden, nachdem es bereits bis zum Jahre 1954 16 Auflagen erlebt hatte.[9] Es versteht sich von selbst, dass es auch in mehrere Fremdsprachen übersetzt wurde.

Von den weiteren Aktivitäten Einsteins auf populärwissenschaftlichem Gebiet ist besonders sein Vortrag vor der „Marxistischen Arbeiterschule" in Berlin 1931 und natürlich sein gemeinsam mit Leopold Infeld verfasstes Werk „Evolution der Physik" zu erwähnen.[10]

3 Die Beziehungen zwischen Einstein und Archenhold

Nach Einsteins Treptower Vortrag entwickelte sich ein enger Kontakt zwischen Archenhold und Einstein, der vor allem durch ihre Begegnungen in der „Physikalischen Gesellschaft", aber auch durch häufige Besuche Archenholds in Einsteins Wohnung gepflegt wurde.[11] Die persönlichen Be-

---

[6] vgl. H.-J. Treder, Ansprache zur Enthüllung der Einstein-Erinnerungstafel am Großen Vortragssaal der Archenhold-Sternwarte am 15. März 1979, in diesem Band.
[7] Zit. nach F. Herneck, Albert Einstein, Berlin 1963, S. 33.
[8] A. Einstein, Über die spezielle und allgemeine Relativitätstheorie, (Gemeinverständlich), Braunschweig 1917.
[9] 23. Aufl. 1988, Nachdruck 2001. Ein Faksimile der 1. Aufl. 1917 wurde 2005 von der Universitätsbibliothek der Humboldt-Universität herausgegeben.
[10] Weitere Einzelheiten hierzu: D. B. Herrmann, Einstein und Archenhold: zwei Vorkämpfer für die Popularisierung der Naturwissenschaften, In: Jürgen Renn (Hrsg.), Albert Einstein. Hundert Autoren für Einstein, Wiley-VCH Verlag GmbH & Co 2005, S. 234–237, sowie A. Einstein/L. Infeld, The evolution of physics, New York 1938; dt. zuerst als *Die Physik als Abenteuer der Erkenntnis*, Leiden 1938.
[11] G. H. Archenhold an D. B. Herrmann, 28.11.1973, Archiv der Archenhold-Sternwarte Berlin, vgl. auch F. Herneck, Einstein privat, Berlin 1978, S. 71.

gegnungen haben allerdings keinen größeren Briefwechsel entstehen lassen, so dass wir über die Beziehungen der beiden Männer kaum Dokumente besitzen.

Was Einstein und Archenhold verbunden haben dürfte, das waren ihr humanistisches Ideal und ihre Übereinstimmung in Fragen der Wissenschaftspopularisierung. Möglicherweise spielte auch ihre gemeinsame jüdische Wurzel eine Rolle, obschon weder Einstein noch Archenhold praktizierende Juden gewesen sind.

Was die politische Haltung der beiden Männer anging, so waren sie sich u.a. darin einig, dass man aus dem I. Weltkrieg Lehren für die künftige Entwicklung ziehen müsse. Einstein hatte bekanntlich schon beim Ausbruch des Krieges einen Aufruf unterzeichnet, in dem das friedliche Zusammenleben der Völker als Ziel deklariert wurde, anders als die meisten bekannten deutschen Intellektuellen, Künstler und Wissenschaftler, die den Krieg in einer anderen Deklaration enthusiastisch begrüßt hatten. Einstein hatte sich auch bereits 1914 einem damals gegründeten „Bund Neues Vaterland" angeschlossen, der 1915 etwa 135 Mitglieder zählte. In einem Flugblatt des „Bundes" wird auch Archenhold als Sympathisant genannt.[12]

Nach dem Ende des Krieges kam es bei vielen ehemaligen Anhängern zu einem Umdenken. Schon 1919 versammelten sich in Berlin zahlreiche Jagdflieger des Krieges, aber auch Intellektuelle und berieten darüber, wie man einen nochmaligen Weltkrieg verhindern könne. Unter ihnen befanden sich u.a. auch Einstein, Archenhold und der Raketenpionier Rudolf Nebel. Die Teilnehmer hielten damals die Schaffung einer Superwaffe für ein geeignetes Mittel zur Verhinderung von Kriegen.

Diese Bemühungen mündeten schließlich 1932 unter der Losung „Nie wieder Krieg" in die Gründung einer „Panterra" genannten internationalen Forschungsgesellschaft, deren Geschäftsführung Archenhold übernahm. Die Anregung zu dieser Gesellschaft war von Einstein ausgegangen, der aber wegen der antisemitischen Hetzkampagne, die gegen ihn bereits lief, keine Funktion in der Vereinigung übernehmen wollte.[13] Ein visionäres, wenn auch in manchem etwas naives Weltfriedensprogramm dieser Gesellschaft sollte durch internationale Großprojekte der Forschung (Weltraumfahrt, friedliche Nutzung der Atomenergie u.a.) dazu beitragen, Konflikte unter den Staaten gar nicht erst aufkommen zu lassen.[14] Die Gesellschaft wur-

---

[12] Zentrales Staatsarchiv Potsdam, Kriegsakten 15, Krieg 1914, 3. Band, Blatt 155. Den Hinweis auf diese Quelle verdanke ich Herrn Dr. D. Zboralski, Birkenwerder. Weitere Einzelheiten in: D. B. Herrmann., 100 Jahre Archenhold-Sternwarte, Berlin 1996, S. 38.
[13] Vgl. Rudolf Nebel, Die Narren von Tegel, Düsseldorf 1972, S. 121f.
[14] Weitere Einzelheiten und Literaturhinweise in: D. B. Herrmann, 100 Jahre Archenhold-Sternwarte, Berlin 1996, S. 36ff.

de jedoch kurz nach der Machtübernahme durch die Nazis als „jüdisches Unternehmen" verboten.

Was die Wissenschaftspopularisierung anlangt, so sind mit Blick auf das freundschaftliche Einvernehmen zwischen Archenhold und Einstein zwei Äußerungen Einsteins bemerkenswert. Zum einen der bekennerische Text, den er Lincoln Barnetts Buch *Einstein und das Universum* voranstellte, zum anderen ein briefliches „Zeugnis" gegenüber Archenhold aus dem Jahre 1926. Damals hatte Archenhold versucht, Einstein für das Ehrenkomitee seiner geplanten Marsausstellung in der Sternwarte zu gewinnen. Einstein erklärte jedoch in seinem handschriftlichen Antwortschreiben, dass er zur beschreibenden Astronomie wenig Berührungspunkte habe, und fügte noch hinzu: „Können Sie begreifen, daß ich müde bin, überall als symbolischer Leithammel mit Heiligenschein zu figurieren? Also lassen Sie mich draußen!" Doch räumte er auch ein, dass er die Idee der Marsausstellung für einen guten Gedanken halte und würdigte Archenholds Aktivitäten mit dem schönen Kompliment: „Überhaupt sind Menschen von Ihrer Unermüdlichkeit erfreulich."

Auf die freundlichen Worte Einsteins erwiderte Archenhold, er sei wie ein junges Mädchen „rot bis über die Ohrenspitzen" geworden.[15]

Im Vorwort zu Barnetts Buch finden wir eines der gedankentiefsten Bekenntnisse Einsteins zur Wissenschaftspopularisierung. Dort heißt es: „...Es ist von großer Bedeutung, daß die breite Öffentlichkeit Gelegenheit hat, sich über die Bestrebungen und Ergebnisse der wissenschaftlichen Forschung sachkundig und verständlich unterrichten zu können... Die Beschränkung der wissenschaftlichen Erkenntnis auf eine kleine Gruppe von Menschen schwächt den philosophischen Geist eines Volkes und führt zu dessen geistiger Verarmung."[16]

Zweifellos hat die freundschaftliche Beziehung zwischen Archenhold und Einstein dazu beigetragen, dass Archenhold der Relativitätstheorie in seinem Programmangebot besondere Aufmerksamkeit schenkte. Als in den 20er Jahren die berüchtigte antisemitische Hetzkampagne gegen Einstein

---

[15] A. Einstein an F.S. Archenhold, 23.10.1926 (Abschrift), Akten Archenhold-Sternwarte, Landesarchiv Berlin, A Rep. 60-41, Nr. 6. In demselben Brief von Archenhold an Einstein bittet Archenhold ihn auch, sich für die Mars-Ausstellung bei einem Komitee mit Sitz in Paris empfehlend einzusetzen, dessen Mitglied Einstein gewesen ist. F. S. Archenhold an A. Einstein, 29.10.1926. Die Originale der Briefe Archenholds an Einstein sowie Einsteins Antwort befinden sich in AEA Nr. 43-065, 43-066 und 43-071. Die Nachweise und Beschaffung der Kopien verdanke ich Herrn Hilmar Duerbeck. Der Briefwechsel zwischen Archenhold und Einstein ist u.a. veröffentlicht im Sonderdruck Nr. 3 der Archenhold-Sternwarte (vgl. Fußnote 23).

[16] Albert Einstein, Vorwort, in: Lincoln Barnett, Einstein und das Universum, Frankf./M. 1951, S. 7.

begann, mögen die gemeinsamen jüdischen Wurzeln der beiden Männer für Archenhold ein zusätzlicher Ansporn gewesen sein, Einsteins Leistungen nun erst recht herauszustellen. Allein im „Weltall" sind bis zum Jahre 1933 fast 30 Beiträge zum Umfeld der Einsteinschen Forschungen erschienen. Auch ein Lehrfilm *Die Grundlagen der Einsteinschen Relativitätstheorie* wurde mehrfach mit begleitenden Vorträgen öffentlich in der Sternwarte aufgeführt. Trotz der unsachlichen Angriffe gegen den berühmten Physiker blieb man in Treptow gelassen. Von Anbeginn wurde ausgewogener Sachlichkeit gegenüber einseitiger Parteinahme oder Unterdrückung von Gegenargumenten der Vorzug gegeben.[17] Archenholds Sohn Günter setzte sich in einer Buchbesprechung mit Hans Drieschs „Relativitätstheorie und Weltanschauung" auseinander, in dem Driesch die Theorie aus philosophischen Gründen ablehnte, und stellte fest: „Forschen wir in der Geschichte der Naturwissenschaften nach, ob philosophische Forderungen oder exakte Beobachtungstatsachen zum Fortschritt geführt haben, so finden wir, daß es die letzteren waren. Die Geschichte lehrt..., daß es vermessen wäre, von einer Theorie behaupten zu wollen, sie sei vollkommen und unveränderlich, so ist es auch mit der Relativitätstheorie. Gegenwärtig ist sie die umfassendste Theorie; man muß sich daher bemühen, ihre Ansichten über Raum und Zeit zu verstehen."[18]

Doch das Bemühen um Sachlichkeit war nicht immer durchzuhalten. Als es 1920 in der Berliner Philharmonie auf Betreiben des wütenden antisemitischen Gegners von Einstein, Paul Weyland, zu einer förmlichen Hetzveranstaltung gegen den inzwischen weltberühmten Gelehrten kam, entwickelte sich zwischen Weyland und Archenhold eine erregte Auseinandersetzung, worüber Weyland selbst später in einer seiner Schmähschriften berichtete.[19]

Friedrich Simon Archenhold legte die Leitung der Sternwarte mit Erreichen seines siebzigsten Lebensjahres 1931 in die Hände seines Sohnes Günter. Seine letzte dokumentierte Aktivität für Einsteins Lebenswerk besteht in einem Beitrag, den er zum 50. Geburtstag des Physikers im „Weltall" veröffentlichte.[20] Darin hebt er neben Einsteins physikalischen und technischen Arbeiten besonders das Gerechtigkeitsgefühl des Physi-

---

[17] Vgl. z.B. den Beitrag von W. Block „Zur Relativitätstheorie", Das Weltall 16 (1916) 65–69.

[18] Das Weltall 30 (1930/31) H. 3, 48.

[19] Diesen Hinweis verdanke ich Hans-Jürgen Treder. Vgl. auch W. Schlicker, Physiker im gesellschaftlichen Spannungsfeld, Wissenschaft und Fortschritt 25 (1975) 543ff. sowie Hubert Goenner, The Reaction to Relativity Theory I: The Anti-Einstein Campaign in Germany in 1920, Science in Context 6 (1993) H. 1, S. 112.

[20] F. S. Archenhold, Zum 50. Geburtstag Albert Einsteins, Das Weltall 28 (1929), Beilage.

kers hervor, was ihn „vielen ethischen Arbeitsgemeinschaften zugeführt hat, die... den Menschen ohne Rücksicht auf die soziale Stellung schützen und höher führen wollen."

Bald nach dem Machtantritt der Nazis gelang es den Machthabern des „Dritten Reiches", die Sternwarte in städtischen Besitz zu überführen und die gesamte Familie Archenhold aus dem Werk ihres Lebens zu vertreiben. Kurz darauf emigrierte Einstein in die Vereinigten Staaten von Amerika. Die fruchtbare Beziehung zwischen Archenhold und Einstein war damit gewaltsam zerstört worden. Der Gründer der Sternwarte starb 1939 in Berlin, Mitglieder der Familie kamen im Konzentrationslager Theresienstadt ums Leben, den beiden Söhnen Günter und Horst gelang es, nach Großbritannien zu emigrieren.

Schon 1936 hatte der Name Archenhold aus dem Impressum der Zeitschrift „Das Weltall" verschwinden müssen. Auch der Name Einsteins ist nie wieder in den Spalten des Journals aufgetaucht. Lediglich in einer Buchbesprechung wird die Genauigkeit der schon im 19. Jahrhundert bemerkten und damals in ihrer Quantität unerklärbaren säkularen Perihelverschiebung der Merkurbahn als zu gering bewertet, um als Beweis für die Richtigkeit der Relativitätstheorie gelten zu können.[21]

1944 schließlich erfuhren die Leser des Journals: „Den Erfordernissen des totalen Krieges entsprechend setzt die Zeitschrift ‚Das Weltall' vorübergehend ihr Erscheinen aus."[22] Das bedeutete das Ende des Journals – für immer.

4 Einsteins Erbe in der Öffentlichkeitsarbeit der Archenhold-Sternwarte 1945 bis 2005

4.1 Die Einstein-Büste

Unter dem Direktorat von Diedrich Wattenberg entstand 1962 die Idee, die Beziehungen zwischen Einstein und der Archenhold-Sternwarte durch die Aufstellung einer Einstein-Büste im „Astronomischen Garten", dem der Sternwarte angegliederten Freigelände, zu würdigen. Offensichtlich kam die konkrete Anregung im Zusammenhang mit der Ausstellung „Blumen und Plastik im Treptower Park" 1962 zustande. Dort wurde nämlich u.a. auch die Einstein-Büste von Jenny Mucchi-Wiegmann gezeigt, die Wattenberg dann aus Mitteln des Kulturfonds Berlin (Ost) angekauft und am 13. März

---

[21] Das Weltall 36 (1936) H. 2, S. 29.
[22] Das Weltall 44 (1944) H. 5/6, S. 48.

1963, einen Tag vor Einsteins 84. Geburtstag, im Rahmen einer öffentlichen Feierstunde enthüllt hat (Abb. 1).[23]

Über einige Details zur Entstehung der Büste hat Wattenberg zwei Jahre später in einem kleinen Aufsatz nochmals berichtet[24], dem auch eine ganzseitige Abbildung der Büste beigefügt ist. Demnach hat Frau Mucchi-Wiegmann, die damalige Ehefrau des berühmten italienischen Malers Gabriel Mucchi, die Büste nach einem Plakat gestaltet, das sie 1956 im Büro des italienischen Architekten L. Cosenza in Neapel gesehen hatte.

Die Büste geriet nach der „Wende" erneut in die Schlagzeilen der Tagespresse, als sie zwischen dem 11. und dem 14. September 1991 von Unbekannten gestohlen wurde.[25] Eine von mir erstattete Anzeige gegen Unbekannt[26] blieb erfolglos. Die Büste war verschwunden.

Ein Zufall jedoch führte 2003 zur Entdeckung einer Einstein-Büste, die ein Besucher der Sternwarte in einer Potsdamer Antiquitätenhandlung entdeckt hatte und wovon er die Leitung der Sternwarte in Kenntnis setzte. Eine Besichtigung durch einen Mitarbeiter der Sternwarte vor Ort unter Mitnahme von Fotos der Büste zeigte, dass es sich um die gleiche Büste handelte, die in Treptow gestohlen worden war. Doch ob es auch dieselbe war? Das konnte leider bis heute nicht zweifelsfrei nachgewiesen werden. Ein Kontakt mit der zweiten Ehefrau des inzwischen verstorbenen Gabriel Mucchi, die sich mit dem Werk der ebenfalls verstorbenen Jenny Mucchi-Wiegmann beschäftigt, brachte das Ergebnis, dass seinerzeit nur zwei Abgüsse der Büste hergestellt worden waren.[27] Der andere befindet sich im Besitz des Fachbereiches Physik der Universität Rostock.[28] Da es sich bei der aufgefundenen Büste aber auch um einen dritten Abguss handeln könnte, verbleibt die von der Potsdamer Polizei sichergestellte Büste weiterhin in deren Gewahrsam und wurde bisher nicht in die Archenhold-Sternwarte verbracht.

---

[23] Vgl. Blick in das Weltall, 11 (1963) 19. Ausführlichere Angaben über die Entstehung der Büste und die Künstlerin vgl. D. Wattenberg, Die Einstein-Büste der Archenhold-Sternwarte, Sonderdrucke der Archenhold-Sternwarte Nr. 3, Berlin-Treptow 1963.
[24] D. Wattenberg, Albert Einstein und die Treptower Sternwarte, In: Blick in das Weltall 13 (1965) 52ff.
[25] Vgl. z.B. Der Tagesspiegel vom 18.9.1991.
[26] D. B. Herrmann, Anzeige v. 17.9.1991, Archiv der Archenhold-Sternwarte.
[27] D. B. Herrmann, Notiz über ein Gespräch mit Frau Eva Poll, Inhaberin der gleichnamigen Galerie in Berlin v. 29.4.2004, Archiv der Archenhold-Sternwarte.
[28] E. Rothenberg, Notiz über ein Gespräch mit Prof. Jügelt, Universität Rostock v. 30.3.1995, Archiv der Archenhold-Sternwarte.

IN DIESEM SAAL
HIELT
ALBERT
EINSTEIN
(1879-1955)
AM 2. JUNI 1915
DEN ERSTEN
ÖFFENTLICHEN
BERLINER VORTRAG
ÜBER DIE
RELATIVITÄTS-
THEORIE

Abb. 4. Erinnerungstafel am Eingang zum Einstein-Saal der Archenhold-Sternwarte (Hans Füssl, 1979).

4.2 Einstein-Erinnerungstafel und „Einstein-Saal"

Anlässlich des 100. Geburtstages von Albert Einstein wurde unter dem Direktorat des Verfassers der Große Hörsaal der Sternwarte (Hörsaal I) in „Einstein-Saal" umbenannt. Gleichzeitig wurde neben dem Eingang zum Saal eine bronzene Erinnerungstafel an den ersten öffentlichen Berliner Vortrag Einsteins in diesem Saal am 2. Juni 1915 enthüllt, die von dem Künstler Hans Füssl geschaffen worden war (Abb. 4).[29] An der festlichen Enthüllung nahmen u.a. der Bezirksbürgermeister von Berlin-Treptow, der Stadtrat für Kultur u.a. Persönlichkeiten des öffentlichen Lebens teil. Der Unterzeichnete hielt eine Ansprache über „Einstein, Archenhold und die Popularisierung der Naturwissenschaften".[30] Hans-Jürgen Treder sprach ein Grußwort, das erstmals in diesem Band veröffentlicht wird.[31] Die endgültige Gewissheit darüber, ob Einstein zweifelsfrei in Treptow gesprochen hatte, ließ allerdings noch 26 (!) Jahre auf sich warten.[32] Noch am Abend des 15. März 1979 begann eine Vortragsreihe zum 100. Geburtstag Einsteins mit Treders Beitrag „Albert Einstein – Um- und Neugestalter der Physik". In den folgenden Wochen traten noch Dr. D.-E. Liebscher und Prof. Dr. F. Herneck im Rahmen dieser Reihe auf.

Einige Mitschnitte von Vorträgen im Zusammenhang mit dem wissenschaftlichen Werk Einsteins befinden sich übrigens als Tonaufzeichnungen im Archiv der Sternwarte.[33]

4.3 Im Einstein-Jahr 2005

Das Millenniumsjahr der speziellen Relativitätstheorie spiegelt sich in der Archenhold-Sternwarte in drei Höhepunkten: einer zentralen Pressekonferenz, dem Einstein-Kolloquium der Leibniz-Sozietät e.V. und der Aufführung eines Einstein-Programms im Großplanetarium der Archenhold-Sternwarte.

---

[29]Vgl. Blick in das Weltall 27 (1979) 56.

[30]D. B. Herrmann, Einstein, Archenhold und die Popularisierung der Naturwissenschaften, Blick in das Weltall 27 (1979) 32ff.; Nachdruck in D. B. Herrmann, Astronomiegeschichte. Ausgewählte Beiträge zur Entwicklung der Himmelskunde, Berlin 2004, S. 327 ff.

[31]Siehe Fußnote 6.

[32]D. B. Herrmann, Einstein sprach wirklich in der Archenhold-Sternwarte, Beiträge zur Astronomiegeschichte 7 (2004) 276ff. (= Acta Historica Astronomiae Vol. 23).

[33]D. B. Herrmann, The sound archive of Archenhold Observatory – a preliminary overview, In: Astronomical Heritages. Astronomical Archives and Historic Transits of Venus, Ed. by Ch. Sterken and H. W. Duerbeck, Brussel 2005, 41ff. (= Journal of Astronomical Data 10, 7e, 2004).

Die Pressekonferenz am 8. Juni 2004 diente in Vorbereitung des Internationalen Einstein-Jahres vor allem der Vorstellung eines Aufrufs, der von zahlreichen hervorragenden Persönlichkeiten des internationalen wissenschaftlichen, kulturellen und politischen Lebens unterzeichnet wurde.[34] Das stark besuchte ganztägige wissenschaftliche Kolloquium der Leibniz-Sozietät e.V. „Albert Einstein in Berlin" fand am 17. März 2005 im Einstein-Saal der Sternwarte statt. Die dort gehaltenen Vorträge und eingereichten Poster-Beiträge werden in den Bänden 78 und 79 der „Sitzungsberichte der Leibniz-Sozietät" veröffentlicht.[35]

Ab Herbst 2005 wird ein neues Programm in das Repertoire des Zeiss-Großplanetariums Berlin übernommen: „Einsteins Universum – Die Revolution von Raum und Zeit" von Alexander Colsmann, dem Geschäftsführer der Fa. ChimPANzee. Das Programm läuft allerdings auch in 11 anderen deutschen Planetarien.

Anhang I

Einsteins Relativitätsprinzip
Vortrag in der Treptower Sternwarte

Wie es in der Mathematik keinen besonderen Königsweg gibt, so lassen sich auch die Einsichten in gewisse Grundfragen der Physik nicht ohne Kenntnis bestimmter naturwissenschaftlicher Tatsachen, nicht ohne Zuhilfenahme der Mittel der höheren Mathematik klar gewinnen. Was für das leibliche Auge das Mikroskop und das Fernrohr sind, das bedeuten in gewisser Beziehung Differential- und Integralrechnung für das geistige Auge. Will oder muß man auf diese Stützen verzichten, so kann man nicht erschöpfend erklären, sondern nur andeutend hinweisen.

In dieser Zwangslage befand sich gestern Prof. Dr. Albert Einstein, das jüngste Mitglied unserer Akademie der Wissenschaften, als er vor einer verhältnismäßig großen Zahl von Zuhörern in der Treptower Sternwarte die „Relativität der Bewegung und Gravitation" erläutern wollte. Der Schöpfer oder Mitschöpfer des Relativitätsprinzips versuchte – unter Verzicht auf alle mathematischen Ableitungen – klarzulegen, wie Ort und Zeit nicht voneinander zu trennen, wie Längen und Zeiten vom Bewegungszustand abhängig sind; daraus folgt die Abhängigkeit gleicher Natur für alle daraus abgeleiteten anderen Begriffe. Es ist einleuchtend, dass wir von einer Bewegung erst dann eine rechte Vorstellung haben, wenn wir sagen, worauf sie bezogen ist. Erst dann kann die Bezeichnung Ruhe oder Bewegung einen Sinn haben. Es kann dabei gleichgültig sein, ob ein System selbst oder

---
[34] Gut dokumentiert unter www.einstein.bits.de/deutsch/presse.
[35] Sitzungsberichte der Leibniz-Sozität Berlin e.V., Bde. 78 u. 79, Berlin 2005 (im Druck).

seine Umgebung in entgegengesetzter Richtung bewegt ist. Blicke ich vom Karusell aus auf einen Baum, so scheint sich dieser zu bewegen. Sitzt man in einen gut gefederten, ruhig fahrenden D-Zug, so ist es für gewöhnlich nicht möglich, zu bestimmen, ob man sich bewegt. Sieht man zum Fenster hinaus und erblickt einen zweiten Zug, so scheint der andere zu fahren. Nur Aenderungen der Geschwindigkeit, rasches Anfahren oder Bremsen bemerkt man, ferner Krümmungen der Bahn, da man durch die Zentrifugalkraft nach außen gedrückt wird. Auch die Bewegung der Erde in ihrer Bahn um die Sonne ist nicht mit unbedingter Sicherheit zu erkennen. Alle Bewegungen sind relativ.

Einstein zeigt in einer auch dem Laien verständlichen Weise, wie man mit Hilfe eines sogenannten Koordinatensystems sich die Bewegung veranschaulichen kann. Mit genügender Annäherung kann man die Erde selber als ein solches Koordinatensystem wählen. Es bedarf keiner übermäßigen Überlegung, um zu befreifen, daß mit Bezug auf ein gegen das ursprüngliche Bezugsystem (Erdboden) gleichförmig bewegtes System (Wagen) die Gesetze des Geschehens die gleichen sind, wie mit Bezug auf das ursprüngliche System (Erde). Wir haben hier das Relativitätsprinzip der gleichförmigen Bewegung, das Relativitätsprinzip im engeren Sinne. Gilt es aber auch – so fragt Einstein weiter – für die ungleichförmige, für die beschleunigte Bewegung? Im ersten Augenblick wird man die Frage verneinen. Aber Einstein zeigt, indem er, von zwei verschiedenen Bezugssystemen aus, das Fallen von Körpern beobachtet, daß der Beschleunigung ebensowenig eine unbedingte physikalische Bedeutung zukommt, wie der Geschwindigkeit (der gleichförmigen Bewegung). Dasselbe Bezugssystem ist mit gleichem Recht als beschleunigt oder als nicht beschleunigt anzusehen; je nach der gewählten Auffassung hat man dann aber ein Schwerefeld als vorhanden anzusetzen, das zusammen mit dem eventuellen Beschleunigungszustand des Systems die Relativbewegung freibeweglicher Körper gegen das Bezugsystem bestimmt. Fast unbewußt entschlüpfen dem Vortragenden, als er die Verhältnisse im beschleunigten System klarlegt und auf dessen Uebereinstimmung mit dem Schwerefeld (Gravitationsfeld) hinweist, Ausdrücke wie Potential. Wir fühlen, wie durch die Relativitätstheorie im weiteren Sinne auch die Newtonsche Gravitationstheorie erweitert wird.

Gibt es nun einen Prüfstein für die Richtigkeit dieser Anschauungen? Der Lichtstrahl oder vielmehr seine Geschwindigkeit muß das Kriterium abgeben. Nicht nur im beschleunigten System, auch im Gravitationsfeld muß er gekrümmt verlaufen. Seine Ablenkung (Aberration) wird zwar sehr gering, aber immerhin unsichtbar sein [sic! Hier handelt es sich offenbar um einen Flüchtigkeitsfehler. Es muß natürlich „sichtbar" heißen (D.B.H.)]. Aufnahmen von Sternen, die neben der Sonne erschienen, zur Zeit der Sonnenfinsternis, können Aufschluß geben. Freilich kann die Ablenkung nur außerordentlich klein sein, bei der Sonne 0,85 Bogensekunden, beim Jupiter gar nur 1/100 Bogensekunde. Mit Hilfe empfindlicher Apparate läßt sich aber eine solche Messung durchführen. Im Auftrage der Akademie der Wissenschaften sollte der Astronom Dr. Freundlich während der letzten Sonnenfinsternis solche Messungen durchführen. Aber der Krieg verhinderte diese Forscherarbeit, die für unsere Erkenntnistheorie nicht minder wichtig ist, als für die Fortentwicklung der Physik. Dr. Freundlichs kostbaren astronomischen [sic!] Apparate wurden in Odessa beschlagnahmt, ruhen wahrscheinlich dank den „Kulturträgern des Ostens" auf dem Meeresgrund. Aus Beobachtungen bei Sonnenfinsternissen Schlüsse über die Gültigkeit des Relativitätsprinzips zu ziehen, müssen wir uns vorläufig versagen. Aber eine andere optische Erscheinung, das sogenannte Dopplersche Prinzip, kann die Entscheidung liefern.

Wenn es auch nur Andeutungen waren, die Einstein – in der knappen Spanne einer Stunde – geben konnte, so hatte es doch einen hohen Reiz, hineinzublicken in die Gedankenarbeit unserer modernen Physiker, zu sehen, wie sie unser Weltbild – wenn auch nicht einfacher – so doch einheitlicher gestalten wollen.   – el.

Quelle: Vossische Zeitung vom 3. Juni 1915 (Nr. 279), Abendausgabe.

Anschr. d. Verf.: Professor Dr. Dieter B. Herrmann, Alt-Treptow 1, 12435 Berlin; e-mail: post@dbherrmann.de

Abb. 1 (zum folgenden Beitrag). Hans-Jürgen Treder beim Vortrag in der Archenhold-Sternwarte anläßlich der Enthüllung der Erinnerungstafel. (Photo: N. Wünsche)

Grußwort zur Enthüllung der Erinnerungstafel an Albert Einstein in der Archenhold-Sternwarte am 15. 3. 1979[1]

Hans-Jürgen Treder, Potsdam

Liebe Anwesende,

ich habe die Freude, Ihnen den Gruß des Einstein-Komitees der Akademie der Wissenschaften der DDR und auch einen freundlichen Gruß des Internationalen Einstein-Komitees überbringen zu können. Ein Gruß, der sich verbindet mit der Freude, daß an einem traditionsreichen Ort wie der Treptower Sternwarte einem wesentlichen Anliegen Einsteins, der Verbreitung des Weltbildes der Wissenschaft in weiten Kreisen, der wissenschaftlichen Aufklärung und der Darstellung der neuesten wissenschaftlichen Ergebnisse und ihrer Grundlagen für alle Interessenten und das Heranführen aller an diese Interessen gedacht wird. Herr Dr. Herrmann hat in seinen Ausführungen eine stattliche Reihe von großen Gelehrten genannt, die hier in der Archenhold-Sternwarte gesprochen haben. Von diesen war Einstein vermutlich die säkularste Erscheinung und der Vortrag Einsteins hier in der Treptower Sternwarte erscheint rückwärts blickend nicht nur als ein Ereignis in der Popularisierung der Wissenschaften, sondern – wenn man die Zeit Juno 1915 berücksichtigt – ist es gerade die Zeit gewesen, wo Einstein am intensivsten rang um den endgültigen Abschluß der Theorie. Er hatte, um Jacob Grimms Ausdruck zu gebrauchen, in der Heimlichkeit der Akademiesitzungen verschiedentlich Schritt für Schritt Ansätze für die endgültige Form seiner Gravitationsgleichungen vorgeschlagen, Ansätze, die jeweils einen Fortschritt bedeuteten, aber nicht der ihn befriedigende endgültige Schluß waren. Gerade in der Zeit vom Frühjahr bis zum Herbst 1915 entstand in Einsteins Geist die endgültige Fassung der Grundlagen der allgemeinen Relativitätstheorie, und es war bei Einsteins Ringen um diese Probleme gerade auch immer der Versuch in nichttechnischer Form,

---
[1] Abschrift eines Tonbandmitschnitts

in nichtfachlicher Form die Prinzipien erneut sich und anderen vorzustellen. Gerade dies wurde von ihm als notwendig und hilfreich empfunden. Ich möchte hierzu zwei Sätze zu Büchern von Einstein sagen, auf die Herr Herrmann hingewiesen hat und die bezeichnend sind für die andere Seite der Motivation Einsteins, die die Seite ergänzt, die Herr Herrmann anhand von wunderschönen Einstein-Zitaten herausgestellt hat. Einstein erwähnt in der Einleitung seines Buches über die „Spezielle und Allgemeine Relativitätstheorie. Gemeinverständlich" und in Diskussionen über dieses Buch die Notwendigkeit für den Autor großer neuer Ideen, diese Ideen in eine Form zu bringen, die frei ist von aller Fachtechnik. Die fachtechnische Form ist nötig und notwendig zur Anwendung und zur Nutzung der Theorie, aber letzte Klarheit hat der Autor erst selbst gewonnen, das ist Einsteins fast wörtliches Zitat, wenn er in der Lage ist, es jedem ernsthaften Interessenten darzubieten. Ernsthafter Interessent, das heißt, die Mühen sind doppelseitig: Es ist die Mühe des Autors der Darstellung und die Mühe des Interessenten unabhängig von den fachtechnischen Vorkenntnissen sich um den Geist und den Inhalt, sozusagen die Philosophie des Ganzen zu mühen. Ein doppelseitiger Akt. Und die beiden glänzenden Bücher Einsteins, die „Spezielle Relativitätstheorie" und die „Evolution der Physik" – das Buch von Einstein und Infeld – zeichnen sich dadurch aus, daß sie für alle gleich schwierig zu lesen sind. Die Arbeit, die man reinstecken muß, um das herauszuziehen, was man herausziehen sollte und herausziehen kann, ist, wenn auch formal eine andere, der Intensität nach beim Fachphysiker genauso wie bei einem Interessenten, der kein Fachphysiker ist. Es ist wohl das Urteil aller Kenner, auch aller Spezialisten auf dem Gebiete der theoretischen Physik und der Relativitätstheorie, daß sie am meisten über den Inhalt der Theorie gelernt haben aus dem sogenannten gemeinverständlichen Buch Einsteins. Das Beste, was man über die Geschichte der Physik als der Geschichte großer wissenschaftlicher Ideen lesen und lernen kann – als Interessent und als Fachphysiker – steht in Einstein/Infelds „Evolution der Physik". Dort sind die Ideen der gesamten Forschung der Physik von Galilei bis zur Begründung der Quantenmechanik dargestellt. In dem Buch über die allgemeine und spezielle Relativitätstheorie bietet Einstein die großen Ideen dar, die von Galilei über Newton und Gauss und Riemann und Lorenz und Planck bis zur Relativitätstheorie geführt haben und die Ideen, Ziele, Aufgabenstellungen, Fragen der Relativitätstheorie in einer Form, aus der jeder ernsthaft bemühte Leser, ob Spezialist, ob Interessent sehr viel lernen kann. Ich muß selbst gestehen, daß ich jedes Jahr mindestens ein Mal das Buch von Einstein über die spezielle und allgemeine Relativitätstheorie neu lese. Ich gewinne jedes Mal den Eindruck, daß ich etwas Neues daraus gelernt habe und daß ich, wenn ich es wieder lesen werde, noch mehr lernen werde. Ich empfehle allen Interessenten, wie allen Fachphysikern, allen Studenten etwa das Buch von Einstein-Infeld „Evolution der Physik" als beste historische Einführung in die Gedankenwelt der Physik überhaupt. Ich glaube in dem Sinne auch, ohne leider den Inhalt des Vortrages von Einstein rekonstruieren zu können (niemand kann das), daß Einsteins hiesiger Vortrag – das ist eine Hypothese, die aber aus der Zeit und Art und Weise wie Einstein gedacht hat, außerordentlich plausibel zu sein scheint – daß Einsteins Vortrag nicht nur für seine Zuhörer und auch nicht nur für Fachleute, die zugehört haben, sondern für ihn selbst auch eine Bereicherung gewesen ist, da es ihn nach seinen Prinzipien gerade in einer kritischen Phase seines Denkens und Nachdenkens über die Relativität und Gravitation veranlaßte, unabhängig von aller Fachtechnik die Grundprinzipien seiner Arbeit und seines Zieles darzulegen. Ich glaube also, daß wir nicht nur ein Ereignis der Wissenschaftsgeschichte im Sinne der Geschichte der Verallgemeinerung und der Popularisierung der Wissenschaften hier würdigen, sondern auch ein Ereignis der Wissenschaftsgeschichte selbst.

Vielen Dank!

Abb. 1 (zum folgenden Beitrag). Gedenktafel in Prag (3). – Aufnahme vom 18.9.2004. (Alle Aufnahmen dieses Beitrags: Arno Langkavel)

Einstein-Gedenkstätten

Wolfgang R. Dick, Potsdam, und *Arno Langkavel*, Löningen

Es wird ein Verzeichnis von etwa 50 Gedenkstätten für Albert Einstein vorgelegt: Ständige Ausstellungen, die speziell Einstein gewidmet sind, sowie Denkmäler, Skulpturen, Büsten und Gedenktafeln im öffentlichen Raum, die in der Regel jederzeit zugänglich sind.

An inventory of about 50 memorial places for Albert Einstein is presented: Permanent exhibitions devoted specially to Einstein, as well as monuments, sculptures, busts and commemorative plaques in public places, which are as a rule accessible at any time.

> Denn alles was irgendwie mit Personenkultus
> zu tun hat, ist mir immer peinlich gewesen.
> *Albert Einstein an Max von Laue, Februar 1955* [1]

Wer den Wunsch hat, Albert Einsteins Lebens- und Wirkungsstätten aufzusuchen, steht vor dem Problem, daß die umfangreiche biographische Literatur nur ganz am Rande und auch nur über die bekanntesten Stätten Auskunft gibt. Erst in den letzten Jahren rückten auch die Orte stärker in den Mittelpunkt des Interesses. Bührke (2004) listet Einsteins wichtigste Wohnadressen auf, einzelne Artikel (z.B. Becker 2005) und eine Artikelserie (Hoffmann 2004a–c, 2005a–d, Hentschel 2004) befassen sich mit dem Genius loci. Zu den Einstein-Orten in Bern und Berlin sind in diesem Jahr Bücher erschienen (Hentschel und Graßhoff 2005, Hoffmann 2005d). Unseres Wissens fehlt es aber bisher an einem Verzeichnis der Orte, an denen es Hinweise auf Einstein in Form von Gedenktafeln und dergleichen gibt, sowie der musealen Ausstellungen und der Denkmäler und Skulpturen im öffentlichen Raum. Lediglich für Berlin, Potsdam und Umgebung hatten wir vor einigen Jahren eine annähernd komplette Liste im Rahmen eines anderen Projekts veröffentlicht (Dick und Langkavel 2000, Dick et al. 2001),

---

[1] Zitiert nach: Einstein (1981), S. 97.

einige weitere Stätten wurden durch Langkavel (1995) vorgestellt. Es wird nun hier zum ersten Mal versucht, ein Gesamtverzeichnis vorzulegen.

Bei einem solchen Vorhaben muß natürlich auf Einsteins zwiespältiges Verhältnis zu Gedenkstätten hingewiesen werden, das sich wahrscheinlich im Laufe seines Lebens auch veränderte. Bei einem Aufenthalt im Juni 1921 in London besuchte Einstein die Westminster Abbey und „gedachte am Grab von Isaac Newton mit Blumen des Riesen, auf dessen Schultern er stand" (Fölsing 1993, S. 583). In seinem Nachlaß findet sich das Dokument „Zur Enthüllung von Ernst Machs Denkmal" vom 10.6.1926[2]. 1930 besuchte er die im Jahr zuvor erbaute Riverside Church in New York, wo ihm sein Ebenbild in Stein gezeigt wurde. „Tief ergriffen soll er gewesen sein, mit Tränen in den Augen" (Bongen 2002). Bekannt ist aber auch, daß er am Ende seines Lebens darauf bestand, daß sein Wohnhaus in Princeton nicht zu einem Museum werden soll; sein Büro im Institute for Advanced Study sollte nicht so erhalten bleiben, wie er es verlassen hatte, sondern anderen zur Benutzung übergeben werden; seine Asche wurde auf seinen Wunsch hin an einem unbekannten Ort verstreut, so daß kein Grab existiert (Clark 1974, S. 451).

Um das hier vorgelegte Verzeichnis in Grenzen zu halten, beschränken wir uns auf ständige Ausstellungen, die speziell Einstein gewidmet sind, sowie auf Denkmäler, Skulpturen, Büsten und Gedenktafeln im öffentlichen Raum, die in der Regel jederzeit zugänglich sind. Nur bei den Gedenktafel haben wir auch solche aufgenommen, die sich im Inneren von Gebäuden befinden und nur zeitweise für die Öffentlichkeit zugänglich sind. Nicht aufgenommen wurden die zahlreichen Einstein-Büsten in Museen, Akademiegebäuden, Instituten, Bibliotheken, Schulen und anderen Einrichtungen, die Wandbilder und anderen Kunstwerke, auf denen Einstein neben anderen Persönlichkeiten dargestellt ist, Inschriften und Tafeln mit Einstein-Zitaten, gerahmte Porträts in Museen und anderen Einrichtungen sowie Erwähnungen Einsteins in Museen. Wie immer gibt es Grauzonen, die eine deutliche Abgrenzung verhindern, und bei etlichen Gedenkstätten, die uns nur aus der Literatur oder dem Internet bekannt sind, wissen wir nichts über die Zugänglichkeit. Im Zweifelsfall wurde eine Stätte eher aufgenommen als ausgeschlossen.

Für die einzelnen Orte sind die folgenden Daten angegeben: Bezeichnung (meist von uns selbst gewählt), genaue Lokalisierung, Beschreibung (wenn möglich mit Zitat der Inschrift), Literatur (Lit.) und/oder Internet-Quellen sowie Informationsquellen über Öffnungszeiten usw. (Info). Webseiten, die inzwischen nicht mehr existieren, können zum Teil als Kopien

---

[2] http://www.alberteinstein.info/db/ViewDetails.do?DocumentID=34458

in http://www.archive.org/ gefunden werden.
Unsere Liste ist mit Sicherheit nicht vollständig. Wir besitzen mehrere Hinweise auf weitere Gedenkstätten, die aber zu vage sind, um sie hier aufzunehmen. Gedenktafeln für Einstein soll es auch in Oslo und in Japan geben. An zahlreichen Stationen des Einstein-Pfads in Bern (Hentschel und Graßhoff 2005) wurden Schilder angebracht; ob diese dort verbleiben oder nach dem Einstein-Jahr 2005 wieder entfernt werden, konnten wir noch nicht in Erfahrung bringen. Fast jede neue Suche im Internet informiert uns über weitere Stätten – nicht nur neue, sondern auch bereits vor 2005 vorhandene. Bisher konnten wir auch noch nicht alle aufgelisteten Orte selbst aufsuchen, so daß uns die Inschriften nicht in allen Fällen bekannt sind, und bei vielen Stätten fehlen uns genaue Ortsangaben oder Daten über Künstler und Zeitpunkt der Anfertigung und Einweihung. Für Ergänzungen wären wir daher sehr dankbar.

Danksagungen. Für Hinweise und Auskünfte danken wir Stefan Betsch (Stuttgart), Jürgen Hahn (Berlin), Prof. Dr. Dieter Hoffmann (Berlin) und Christina Wilke (Berlin).

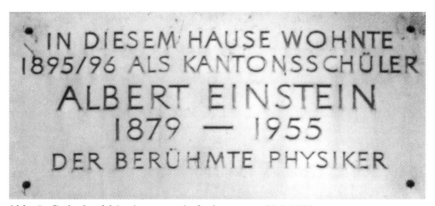

Abb. 2. Gedenktafel in Aarau. – Aufnahme vom 28.9.1996.

Aarau, Kanton Aargau, Schweiz

(1) Gedenktafel für Albert Einstein. – Laurenzenvorstadt 119, in der Nähe des Hauptbahnhofs. – Inschrift: „IN DIESEM HAUSE WOHNTE / 1895/96 ALS KANTONSSCHÜLER / ALBERT EINSTEIN / 1879 – 1955 / DER BERÜHMTE PHYSIKER". (Abb. 2)

Angermünde, Brandenburg, Deutschland

(1) Albert-Einstein-Gedenkstein. – Im Hof des Einstein-Gymnasiums, Heinrichstraße 7. – Wilfried Schwuchow, 1995. – Mit Porträtrelief. Der Stein ist durch den Zaun des Gymnasiums zu sehen. –
Quelle: http://www.pigorsch.de/schwuchow/seite15.htm

Abb. 3. Gedenktafel in Bad Buchau. – Aufnahme vom 25.7.1998.

Bad Buchau, Landkreis Biberach, Baden-Württemberg, Deutschland

(1) Gedenktafel für die Eltern Albert Einsteins. – Hofgartenstraße 14. – 1979. – Inschrift: „In diesem Hause lebten bis Ende 1878 die / Eltern des genialen Naturwissenschaftlers / ALBERT EINSTEIN / 14.3.1879 – 18.4.1955 / Seine Vorfahren waren seit 1665 ununterbrochen / in der Freien Reichsstadt Buchau ansässig. / Gestiftet zum 100. Geburtstag durch die / Stadtverwaltung Bad Buchau". (Abb. 3)

Beeston, England, Großbritannien

(1) Gedenktafel für Albert Einstein. – Nottingham University. –
Quelle: http://pmsa.courtauld.ac.uk/pmsa/nm/sb0070.htm

Abb. 4. Gedenktafel in Berlin (1). – Aufnahme vom 8.4.2000.

Berlin, Deutschland

(1) Gedenktafel für Albert Einstein. – Links vom Eingang zur Akademie-Bibliothek (dem ehemaligen Gebäude der Preußischen Akademie der Wissenschaften), Unter den Linden 8 (im selben Komplex befindet sich die Staatsbibliothek zu Berlin). – Heinz Rodewald, 1989, Einweihung 25.11.1994. – Mit Porträtrelief. Inschrift: „HIER WIRKTE / VON 1914 BIS 1932 / ALBERT EINSTEIN / ALS MITGLIED DER / AKADEMIE / DER WISSENSCHAFTEN". (Abb. 4) – Quelle: http://www.bbaw.de/archivbbaw/archivbestaende/abtsammlungen/plastik.html

(2) Gedenktafel für Albert Einstein. – Im Foyer des Nordostflügels des Hauptgebäudes der Humboldt-Universität, Unter den Linden 6, erreichbar und sichtbar vom nördlichen Vorgarten. – Inschrift: „AN DIESER STÄTTE HIELT / ALBERT EINSTEIN / IN SEINER BERLINER ZEIT / – 1914 BIS 1932 – / ÖFFENTLICHE VORLESUNGEN / ÜBER SEINE FORSCHUNGSERGEBNISSE / – / ZUM FÜNFZIGSTEN JAHRESTAG

Abb. 5. Gedenktafel in Berlin (2). – Aufnahme vom 8.4.2000.

/ DER BEGRÜNDUNG DER / ALLGEMEINEN / RELATIVITÄTS- THEORIE / NOVEMBER 1965". (Abb. 5)

(3) Metalltafeln mit Porträts von Albert Einstein u.a. – Otto-Braun-Straße 70–72 (Berliner Außenstelle des Bundesamtes für Statistik). – Kühn, 1971.

(4) Steinwand mit den Namen Berliner Physiker. – Invalidenstraße 110/ Ecke Chausseestraße, auf dem Hof des ehemaligen Instituts für Physik der Humboldt-Universität. – Genannt werden neben Albert Einstein zahlreiche weitere Physiker, die in Berlin wirkten.

(5) Gedenkstein für Albert Einstein. – Haberlandstraße 8, Ecke Treuchtlinger Str. (Nähe U-Bahnhof „Bayerischer Platz"). – Inschrift: „HIER WOHNTE / IN DEM FRÜHEREN ZERSTÖRTEN HAUSE VON 1918 BIS 1933 / ALBERT EINSTEIN / PHYSIKER UND NOBELPREISTRÄGER GEB. 1879 GEST. 1955". (Abb. 6)

Abb. 6. Gedenkstein in Berlin (5). – Aufnahme vom 7.4.1993.

(6) Gedenktafel für Albert Einstein. – Albert-Einstein-Volkshochschule, Barbarossaplatz 5, in der Eingangshalle, rechts oberhalb des linken Fensters auf dem Podest.

(7) Gedenktafel mit Erwähnung Einsteins. – Lessingstraße 6 / Ecke Flensburger Straße (früher Lessingstraße 19), im Vorgarten. – Inschrift: „AUF DIESEM GRUNDSTÜCK WURDE AM 6. SEPTEMBER 1898 DAS / GOTTESHAUS DES 'SYNAGOGENVEREINS MOABIT UND HANSA-BEZIRK' / [...] EINGEWEIHT. / PROF. ALBERT EINSTEIN, PROF. ISMAR ELBOGEN, PROF. MITTWOCH / UND DER GRAPHIKER UND MALER HERMANN STRUCK NAHMEN HIER AN / GOTTESDIENSTEN TEIL. [...] / IN DER POGROMNACHT VOM 9./10. NOVEMBER 1938 WURDE AUCH / DIESE SYNAGOGE VON DEN NAZIS GEPLÜNDERT UND ZERSTÖRT. / VIELE IHRER MITGLIEDER WURDEN IN DEN KONZENTRATIONS- / LAGERN ERMORDET."

(8) Einstein-Skulptur. – Einstein-Park, Pieskower Weg, Nähe Einsteinstraße. – Anna Franziska Schwarzbach, 1998. – Zwei Bronze-Skulpturen zeigen lebensgroß den jungen und den gealterten Einstein (Abb. 7). Etwa 20 m weiter steht ein aus Basaltstelen geformter Pavillon mit Formeln (u.a. Einsteinschen) auf den Stelen (Yvonne Kohlert).

(9) Gedenktafel für Albert Einstein. – Archenhold-Sternwarte, Alt-Treptow 1, im Foyer, an der Tür zum Einstein-Saal. – W. Füssl, 1979. – Inschrift: „IN DIESEM SAAL / HIELT / ALBERT / EINSTEIN / (1879–1955) /

Abb. 7. Skulptur in Berlin (8). – Aufnahme vom 16.5.2005.

AM 2. JUNI 1915 / DEN ERSTEN / ÖFFENTLICHEN / BERLINER VORTRAG / ÜBER DIE / RELATIVITÄTS- / THEORIE". – Siehe den zweiten Beitrag von D. B. Herrmann in diesem Band (mit Abb.).

Bern, Schweiz

(1) Einsteinhaus. – Kramgasse 49; Museum in Einsteins ehemaliger Wohnung im 2. Obergeschoß, Wechselausstellungen im 3. Obergeschoß. – Seit 1979, Neueröffnung 22.4.2005. – Info: http://www.einstein-bern.ch/

Abb. 8. Gedenktafel in Bern (1a). - Aufnahme vom 3.10.1996.

(1a) Gedenktafel für Albert Einstein. - Kramgasse 49. - Inschrift: „IN DIESEM HAUSE SCHUF / ALBERT EINSTEIN / IN DEN JAHREN 1903-1905 / SEINE GRUNDLEGENDE / ABHANDLUNG ÜBER DIE / RELATIVITÄTSTHEORIE". (Abb. 8)

(2) Gedenktafel für Albert Einstein. - Im Foyer des ehemaligen Patentamts, Speichergasse 6/Ecke Genfergasse. - Quelle: Becker (2005)

(3) Einstein-Büste. - Sidlerstraße 5, am Südeingang des Gebäudes der Exakten Wissenschaften der Universität Bern. - Hermann Hubacher. - Lit.: Hentschel und Graßhoff (2005), S. 99

Bobingen, Bayern, Deutschland

(1) Albert-Einstein-Büste. - An der Einfahrt der Hydro-Tech GmbH, Albert-Einstein-Straße 13. - Lebensgroße Büste aus Sandstein. - Quelle: Hydro-Tech Kompakt, Juni 2003, S. 3
Online: http://www.hydro-tech.de/de/news_komp_juni_2003.pdf

Bronx, New York, USA

(1) Albert-Einstein-Denkmal. - Albert Einstein College of Medicine, Jack and Pearl Resnick Campus, 1300 Morris Park Avenue, vor dem Forchheimer Building. - Quelle: http://www.aecom.yu.edu/phd/admissions.htm

Caputh, Brandenburg, Deutschland

(1) Sommerhaus von Albert Einstein. – Am Waldrand 15–17. – Nach Instandsetzungsmaßnahmen seit 26.5.2005 wieder für die Öffentlichkeit zugänglich (Besichtigung nur nach Voranmeldung). –
Info: http://www.einsteinforum.de/
Lit.: Grüning (1990), Ackermann und Strauch (2001), Strauch (2001), Bonfiglio (2005)

Abb. 9. Gedenktafel in Caputh (1a). – Aufnahme vom 9.3.1999.

(1a) Gedenktafel für Albert Einstein. – Am Sommerhaus. – Inschrift: „ALBERT EINSTEIN / WOHNTE UND ARBEITETE / VON 1929 BIS 1932 IN / DEN SOMMERMONATEN / IN DIESEM HAUSE". (Abb. 9)

(2) Präsentation „Einsteins Sommer-Idyll in Caputh" im Bürgerhaus, Straße der Einheit 3 (gegenüber dem Schloß Caputh). – Seit Mai 2005. – Info: http://www.sommeridyll-caputh.de

(3) Gedenkstein für Albert Einstein. – Ecke Straße der Einheit/Weberstraße, in einer Grünanlage. – Mit Porträtrelief. Inschrift: „ALBERT EINSTEIN".

(4) Porträtbüste von Albert Einstein. – Friedrich-Ebert-Straße 6, vor der Albert-Einstein-Schule.

Göteborg, Schweden

(1) Gedenktafel für Albert Einstein. – Am Kai. – Zur Erinnerung an die Ankunft Einsteins zu seinem Nobelvortrag, den er am 11. Juli 1923 hielt.

Hiddensee, Mecklenburg-Vorpommern, Deutschland

(1) Gedenktafel für Albert Einstein. – An der Vogelwarte Hiddensee. – 1981. – Ob Einstein zwischen 1920 und 1926 tatsächlich wiederholt auf der Insel Hiddensee weilte, ist umstritten. – Lit.: Hoffmann (2005c)

Jerusalem, Israel

(1) Albert-Einstein-Denkmal. – Im Garten der Israel Academy of Sciences and Humanities, Albert Einstein Square, 43 Jabotinsky Street. – Robert Berks, eingeweiht 8.12.1999. – Quellen:
http://www.findarticles.com/p/articles/mi_m0EIN/is_1999_Dec_8/ai_58091333;
http://robertberksstudios.com/b3.html

Montevideo, Uruguay

(1) Albert-Einstein-Denkmal. – Parque Rodó, gegenüber dem Kasino. – Amadeo Rossi Magliano, eingeweiht 1935. – Quellen:
http://www.ort.org/ort/edu/monument/uruguay/page_1.htm;
http://www.jewishvirtuallibrary.org/jsource/vjw/Uruguay.html

München, Bayern, Deutschland

(1) Gedenktafel für Albert Einstein. – Adlzreiterstraße 14. – Erinnert an Einsteins Wohnsitz während der Schulzeit. – Lit.: Teichmann (2002)

New York City, New York, USA

(1) Albert-Einstein-Statue. – Am Westportal der Riverside Church, 490 Riverside Drive. – 1929. – Quelle:
http://www.einstein-website.de/z_information/verschiedenes.html#riversdei

Novi Sad, Vojvodina, Serbien und Montenegro

(1) Gedenktafel für Albert Einstein und Mileva Maric. – Kisacka-Straße 20. – 1975. – Quelle: http://www.visitnovisad.co.yu/monuments1.htm

Panama City, Panama

(1) Albert-Einstein-Denkmal. – Alberto Einstein Park. – Überlebensgroße Porträtbüste. –
Quelle: http://www.jewishsightseeing.com/panama/panamacity.htm

Potsdam, Brandenburg, Deutschland

Abb. 10. Gedenktafel in Potsdam (1a). – Aufnahme vom 9.4.1993.

(1) Wissenschaftspark „Albert Einstein". – Telegraphenberg. – Seit 1874/ 1892 Standort der Königlichen Observatorien, darunter des Astrophysikalischen Observatoriums Potsdam (AOP) und des Einsteinturms. Das Gelände kann jederzeit besichtigt werden. Informationstafeln geben Auskunft über die Geschichte der Gebäude und Institute. Auf den Tafeln zu den Stationen 5 (Michelson-Haus, ehemaliges Hauptgebäude des AOP), 6 (Großer Refraktor) und 7 (Einsteinturm) wird Albert Einstein erwähnt.

(1a) Gedenktafel für Albert Einstein. – Am südlichen Eingang des ehemaligen Hauptgebäudes des AOP. – 1978. – Mit Relief des Kopfes. – Inschrift: „Gewidmet dem 100. Geburtstag von / ALBERT EINSTEIN / Enthüllt vom Fliegerkosmonauten der DDR / SIGMUND JÄHN / September 1978". (Abb. 10)

(1b) Einsteinturm. – 1924 eingeweiht. – Im Foyer (sichtbar durch das Fenster in der Tür) Büste Albert Einsteins von Kurt Harald Isenstein, 1929.

Prag, Tschechien

Abb. 11. Gedenktafel in Prag (1). – Aufnahme vom 21.9.2004.

(1) Gedenktafel. – Viničná 7/1594, im Foyer links hinter der Eingangstür. – Mit Porträtrelief. Inschrift: „V LÉTECH 1911–1912 / PŮSOBIL V TÉTO BUDOVĚ / JAKO UNIV. PROFESOR / ALBERT EINSTEIN / 1879 1955" (Übersetzung: In den Jahren 1911–1912 wirkte in diesem Gebäude als Universitätsprofessor Albert Einstein, 1879–1955). (Abb. 11)

Abb. 12. Gedenktafel in Prag (2). – Aufnahme vom 21.9.2004.

(2) Gedenktafel. – Lesnická 7/1215. – Benda und Hněvkovský, 1979. – Mit Büste. Inschrift: „ZDE ŽÍT A PRACOVAI / V LÉTECH 1911–1912 / ALBERT EINSTEIN" (Übersetzung: Hier wohnte und arbeitete in den Jahren 1911–1912 Albert Einstein). (Abb. 12)

(3) Gedenktafel. – Staroměstské Náměstí (Altstädter Ring) 17/551 („Zum Einhorn"). – Kolářský, 1999. – Mit einem Relief und Text auf tschechisch und englisch: „HERE, IN THE SALON OF MRS. BERTA FANTA, / ALBERT EINSTEIN, PROFESSOR / AT PRAGUE UNIVERSITY IN 1911 TO 1912, / FOUNDER OF THE THEORY OF RELATIVITY, / NOBEL PRIZE WINNER, PLAYED THE VIOLIN / AND MET HIS FRIENDS, FAMOUS WRITERS / MAX BROD AND FRANZ KAFKA." (Abb. 1) – Lit.: Křížek et al. (2000)

Princeton, New Jersey, USA

(1) Albert-Einstein-Skulptur. – Borough Hall Walk, 1 Monument Drive, Princeton Borough. – Robert Berks, eingeweiht 18.4.2005. – Quellen: Braun (2004); http://www.visitprinceton.org/site/tab4.cfm?brd=2695&pag=460&dept_ID=512565

(2) Einstein-Denkmal. – Im Park in der Nähe der Simonyi Hall, School of Mathematics, Institute of Advanced Study, 1 Einstein Drive. – Quelle: http://www.math.ias.edu/pictures/

Rostock, Mecklenburg-Vorpommern, Deutschland

(1) Gedenktafel für Albert Einstein. – Dehmelstraße 23. – Enthüllung 10.11.2004. – Erinnert an Einsteins häufige Aufenthalte bei seinem Freund, dem Philosophen Moritz Schlick. – Quellen: Die Welt, 10.11.2004 (online: http://www.welt.de/data/2004/11/10/358109.html); http://www.physik.uni-rostock.de/aktuell/artikel/einstein.html

Salzburg, Österreich

(1) Gedenktafel für Albert Einstein. – An der Fassade der Technischen Hauptschule (ehemals Volksschule St. Andrä), Hubert-Sattler-Gasse, links vom Eingang. – 2000. – Inschrift: „In diesem Hause / präsentierte der spätere Nobelpreisträger / ALBERT EINSTEIN / 1879 – 1955 / bei einem Vortrag am 21. Sept. 1909 / vor der Gesellschaft / Deutscher Naturforscher und Ärzte / erstmals öffentlich seine / Spezielle Relativitätstheorie". – Quellen: http://www.hs-hubert-sattler.schulen-salzburg.at; http://www.dorfzeitung.com/dz/2000/0910/salzburg1011.htm

São Tomé und Príncipe

(1) Gedenktafel oder -stein für Einstein und Eddington. – Genauer Ort nicht bekannt. – In Verbindung mit der Sonnenfinsternis vom 29. Mai 1919.

Schaffhausen, Schweiz

(1) Gedenktafel für Albert Einstein. – Am Restaurant „Cardinal". – 2005. – Erinnert an Einsteins Aufenthalt als Hauslehrer von Dezember 1901 bis Ende Januar 1902. – Quelle: http://www.stadtarchiv-schaffhausen.ch/Schaffhausen-Geschichte/albert_einstein_in_schaffhausen_.htm

Stuttgart, Baden-Württemberg, Deutschland

(1) Informationstafel über Albert Einsteins Mutter. – Ortsteil Bad Cannstatt, Badstraße 20 (Nr. 26 des Historischen Pfads von Pro Alt-Cannstatt). – Quelle: http://www.proaltcannstatt.de/HP.htm

Tel-Aviv, Israel

(1) Albert-Einstein-Statue. – Tel Aviv University, Sam Mallah Palm Tree Garden. – Tosia Malamud, eingeweiht April 1998. – Quelle: http://www.tau.ac.il/webflash/wf-9804.html

Ulm, Baden-Württemberg, Deutschland

(1) Denkmal mit Gedenkinschrift für Albert Einstein. – Bahnhofstraße, in der Nähe der Gedenktafel. – Max Bill, 1979. – Ein aus Quadern gebildetes Monument. Inschrift: „Hier stand das Haus, in dem am 14. März 1879 Albert Einstein zur Welt kam."

Abb. 13. Porträtrelief in Ulm (2). – Aufnahme vom 12.7.1993.

(2) Gedenktafel für Albert Einstein. – Gegenüber dem Ulmer Hauptbahnhof, am Anfang der Fußgängerzone (Bahnhofstraße). – Porträtrelief auf einer Stele (Abb. 13). Inschrift auf der rechten Seite: „Der Stadt Ulm vom indischen Volk gewidmet." Die Umrisse des Geburtshauses sind um die Stele herum im Pflaster markiert.

(3) Glasfenster mit den Namen von Physikern und Astronomen im Ulmer Münster. – Peter Valentin Feuerstein, 1985. – „Fenster der Verheißung", Glasmalerei; erstes Fenster an der Südseite des Langschiffes, gleich am Eingang. Darstellung der Naturwissenschaften in Beziehung zum Glauben. In der Mitte kosmische Symbole, links Inschrift „KOPERNIKUS – GALILEI – KEPLER – NEWTON – EINSTEIN", darunter Porträts der fünf Genannten. – Lit.: John 1999, S. 6–8

Abb. 14. Einsteinbrunnen in Ulm. – Aufnahme vom 12.7.1993.

(4) Einsteinbrunnen. – Vor dem Behördenzentrum, Zeughausgasse 14. – Jürgen Goertz, Einweihung 15.6.1984. – Der Sockel des Brunnens ist dem Unterteil einer Rakete nachempfunden, darauf ein Schneckenhaus, aus dem Einsteins Kopf mit herausgestreckter Zunge schaut (Abb. 14). Gegenüber dem Brunnen ist in die Ziegelwand des Gebäudes ein Stein mit der Inschrift „Einstein" eingelassen, darüber ist auf der Wand ein Naturstein befestigt. – Lit.: Petershagen 2003, S. 66–68

(5) Informationstafel mit Erwähnung Albert Einsteins. – Weinhof 19. – Nach 1990 angebracht. – Inschrift: „[...] Seit etwa 1865 Bettfedernhandlung 'Israel & Levi' / im EG, an der Albert Einsteins Vater Hermann bis / 1880 beteiligt war. Albert Einsteins Großmutter / Helene Einstein bewohnte von ca. 1870 bis 1880 / das 1. OG".

Washington, D.C., USA

(1) Albert-Einstein-Denkmal. – Vor dem Gebäude der National Academy of Sciences, 21st St. and Constitution Av. – Robert Berks, eingeweiht 22.4.1979. – Lit.: Seidelmann et al. 1980. – Info: http://www.nasonline.org/site/PageServer?pagename=ABOUT_building_einstein_memorial

Wien, Österreich

(1) Gedenktafel für Albert Einstein. – Grinzinger Straße 70, Wien 19. – Inschrift: „ALBERT EINSTEIN / WOHNTE IN DIESEM HAUSE IN / DEN JAHREN 1927 – 1931 / BEI SEINEN / WISSENSCHAFTLICHEN ZWECKEN / DIENENDEN AUFENTHALTEN / IN WIEN ALS GAST VON / PROF. DR. FELIX EHRENHAFT". – Lit.: Czeike (1993), S. 146, Reiter (2001)

Zürich, Schweiz

(1) Gedenktafel für Albert Einstein. – Unionstrasse 4. – Max B. Kämpf und Werner Weber, 1975. – Inschrift: „HIER WOHNTE / VON 1896 – 1900 / DER GROSSE PHYSIKER / UND FRIEDENSFREUND / ALBERT EINSTEIN / 1879 – 1955 / 1901 BÜRGER VON ZÜRICH". – Quelle: http://www3.stzh.ch/internet/stadtarchiv/home/aktuell/einsteinjahr/albert_einstein_in/die_wohnhaeuser_albert.html

Literatur

Ackermann, Peter; Strauch, Dietmar (Hrsg.): Konrad Wachsmann und Einsteins Sommerhaus in Caputh. Caputh, 2001. 76 S.

Becker, Peter von: Durch Zeit und Raum. Auf Spurensuche: Wo das Genie und der Genius loci sich noch verbinden. Eine Reise zu Einsteins Lebensorten in der Schweiz, Deutschland und Amerika. In: Der Tagesspiegel 3. März 2005, S. B5.

Bonfiglio, Dominic: A place of passage. Albert Einstein's House in Caputh. Potsdam: Einstein-Forum, 2005.

Bongen, Robert: Das wichtigste „Gedicht" des 20. Jahrhunderts. Das American Museum of Natural History in New York huldigt in der bisher umfangreichsten Ausstellung Albert Einstein. In: Welt am Sonntag, 8.12.2002 (online: http://www.wams.de/data/2002/12/08/23370.html?prx)

Braun, Candace: Sculptor Donates Planned Einstein Bust to Princeton. In: Town Topics. Princeton's Weekly Community Newspaper 58 (June 9, 2004), No. 23 (online: http://www.towntopics.com/jun0904/other1.html)

Bührke, Thomas: Albert Einstein. München: Deutscher Taschenbuch-Verlag, 2004. 191 S.

Clark, Ronald W.: Albert Einstein. Leben und Werk. Esslingen: Bechtle Verlag, 1974. 507 S. (Originalausgabe: Einstein, The Life and Times, London [u.a.] 1973)

Czeike, Felix: Historisches Lexikon Wien, Band 2. Wien: Verlag Kremayr & Scheriau, 1993. 652 S.

Dick, Wolfgang R.; Langkavel, Arno: Gedenkstätten für Astronomen in Berlin, Potsdam und Umgebung. In: Wolfgang R. Dick, Klaus Fritze (Hrsg.), 300 Jahre Astronomie in Berlin und Potsdam. (Acta Historica Astronomiae; Vol. 8) Thun, Frankfurt am Main: Verlag Harri Deutsch, 2000, S. 188–209.

Dick, Wolfgang R.; Langkavel, Arno; Hahn, Jürgen: Gedenkstätten für Astronomen in Berlin, Potsdam und Umgebung – Ergänzungen und Korrekturen. In: Wolfgang R. Dick, Jürgen Hamel (Hrsg.), Beiträge zur Astronomiegeschichte, Bd. 4. (Acta Historica Astronomiae; Vol. 13) Frankfurt am Main: Verlag Harri Deutsch, 2001, S. 200–230.

Einstein, Albert: Briefe. Aus dem Nachlass herausgegeben von Helen Dukas und Banesh Hoffmann. Zürich 1981. 108 S.

Fölsing, Albrecht: Albert Einstein. Frankfurt am Main: Suhrkamp Verlag, 1993. 959 S.

Grüning, Michael: Ein Haus für Albert Einstein. Erinnerungen, Briefe, Dokumente. Berlin: Verlag der Nation, 1990. 583 S.

Hentschel, Ann M.: Auf Einsteins Spuren III: Sieben Jahre in Bern. In: Physik in unserer Zeit 35 (2004) 4, S. 194.

Hentschel, Ann M.; Graßhoff, Gerd: Albert Einstein. „Jene glücklichen Berner Jahre". Bern: Stämpfli Verlag, 2005. 180 S.

Hoffmann, Dieter: Auf Einsteins Spuren: Ulm und München. In: Physik in unserer Zeit 35 (2004a) 2, S. 63.

Hoffmann, Dieter: Auf Einsteins Spuren II: Frühe Jahre in Aarau und Zürich. In: Physik in unserer Zeit 35 (2004b) 3, S. 141.

Hoffmann, Dieter: Auf Einsteins Spuren IV: Einstein in Prag. In: Physik in unserer Zeit 35 (2004c) 5, S. 244.

Hoffmann, Dieter: Auf Einsteins Spuren V: Einstein in Berlin – Teil I. In: Physik in unserer Zeit 36 (2005a) 1, S. 45.

Hoffmann, Dieter: Auf Einsteins Spuren VI: Einstein in Berlin – Teil II. In: Physik in unserer Zeit 36 (200b) 2, S. 97.

Hoffmann, Dieter: Auf Einsteins Spuren VII: Einstein und die Ostsee. Physik in unserer Zeit 36 (2005c) 3, S. 142.

Hoffmann, Dieter: Auf Einsteins Spuren VIII: Lebensende in Princeton. In: Physik in unserer Zeit 36 (2005d) 4, S. 194.

Hoffmann, Dieter: Einsteins Berlin. Weinheim [u.a.]: Wiley-VCH Verlag, 2005e. ca. 150 S.

John, Erhard: Die Glasmalereien im Ulmer Münster. 2. Aufl. Ulm: Armin Vaas Verlag, 1999. 68 S.

Křížek, M.; Šolcová, A.; Toepell, M.: Neues Einstein-Denkmal in Prag 1999. In: Der mathematische und naturwissenschaftliche Unterricht 53 (2000) 4, 252–253.

Langkavel, Arno: Astronomen auf Reisen wiederentdeckt. Denkmäler, Gedenktafeln und Gräber bekannter und unbekannter Astronomen. Quakenbrück: Thoben, 1995. 223 S.

Petershagen, Wolf-Henning: Ulms lebendige Wasser. Brunnengeschichte(n) aus sieben Jahrhunderten. Ulm: Verlag Klemm & Oelschlaeger, 2003. 82 S. (Kleine Reihe des Stadtarchivs Ulm)

Reiter, Wolfgang L.: The Physical Tourist. Vienna: A random walk in science. In: Physics in Perspective 3 (2001), 462–489.

Seidelmann, P. Kenneth; Schmidt, R.E.; Berks, R.: Putting the stars at Einstein's feet. In: Sky & Telescope 59 (1980) 3, 203–206.

Strauch, Dietmar: Einstein in Caputh. Die Geschichte eines Sommerhauses. Berlin, Wien: Philo Verlagsgesellschaft, 2001. 155 S.

Teichmann, Jürgen; Eckert, Michael; Wolff, Stefan: Physicists and physics in Munich. In: Physics in Perspective 4 (2002), 333–359.

Anschr. d. Verf.: Dr. Wolfgang R. Dick, Vogelsang 35A, 14478 Potsdam; e-mail: wdick@astrohist.org

Stud.-Dir. i.R. Arno Langkavel, Königseck 4, 49624 Löningen; e-mail: a.langkavel@t-online.de

Publikationen zu Albert Einstein, Kosmologie und Relativitätstheorie in Acta Historica Astronomiae
Eine annotierte Bibliographie

Wolfgang R. Dick, Potsdam

Die Bibliographie führt 15 Arbeiten auf, die in den Bänden 1 bis 26 (1998 bis 2005) der Buchreihe *Acta Historica Astronomiae* erschienen. Diese betreffen Leben und Werk von Albert Einstein sowie die Geschichte und moderne Entwicklungen der Relativitätstheorie und relativistischen Kosmologie.

This bibliography lists 15 publications which appeared in volumes 1 to 26 (1998 to 2005) in the series *Acta Historica Astronomiae*. They concern life and work of Albert Einstein as well as the history of and modern developments in the theory of relativity and relativistic cosmology.

Die folgende Bibliographie enthält solche Arbeiten, die seit 1998 in der Buchreihe *Acta Historica Astronomiae* erschienen und das Thema dieses Buches direkt betreffen. Neben Publikationen über Albert Einstein sowie die Geschichte der Relativitätstheorie und der relativistischen Kosmologie stehen auch drei Aufsätze zur heutigen Kosmologie und zu modernen Anwendungen der Relativitätstheorie. In der Buchreihe erschienen auch Aufsätze über Karl Schwarzschild und Erwin Finlay Freundlich, die allerdings nicht deren Beiträge zur Relativitätstheorie behandeln und daher hier nicht aufgeführt werden.

Bei den Annotationen handelt es sich teils um die Zusammenfassungen der Autoren, teils um unabhängige Zusammenfassungen oder Kommentare. Alle Bände erschienen im Verlag Harri Deutsch.

Vol. 3:
Peter Brosche, Wolfgang R. Dick, Oliver Schwarz, Roland Wielen (eds.): The Message of the Angles – Astrometry from 1798 to 1998. Proceedings of the International Spring Meeting of the Astronomische Gesellschaft, Gotha, May 11–15, 1998. Thun, Frankfurt am Main, 1998.

S. 96–99: Liebscher, Dierck-Ekkehard; Brosche, Peter: Three traps in stellar aberration.
[Authors' abstract:] The effect of aberration seems to be one of the simplest in astronomical observations. Nevertheless, it has a long and pertaining history of misunderstanding and wrong interpretation. In the time just before the advent of the theory of relativity, aberration and drag of the aether (as found in Michelson's experiment) are interpreted as contradiction. This contradiction vanishes with the theory of relativity. More obstinate is the misunderstanding that the aberration depends on the relative velocity of source and observer. In the twenties, some physicists and astronomers believed that the consequences of such a relativity, wrongly supposed but never found, would constitute a firm argument against Einstein's theory (Hayn, Tomaschek, Osten, v. Brunn, Courvoisier, Mohorovicic). History forgot their argument, but it is difficult to find a correct explanation of their error (Emden). Instead, the subject is forgotten, and one can conjecture it because of the political side of the argument. This attitude takes its revenge: Misunderstandings are still handed down from textbook to textbook.

S. 233–239: Soffel, Michael; Klioner, Sergei A.: Relativity and space astrometry.
With respect to future astrometric space missions one talks about achievable accuracies at the microarcsec level. For a meaningful reduction of such data a variety of relativistic effects has to be taken into account as is described in this paper.

S. 240: Kopeikin, Sergei M.; Schäfer, Gerhard: Bending of light by gravitational waves from localized sources [Abstract].

S. 259–265: Schmutzer, Ernst: Cosmology without Big Bang on the basis of the Projective Unified Field Theory.
The 5-dimensional Projective Unified Field Theory (PUFT) having been developed by the author since 1957 is applied to a closed homogeneous isotropic cosmological model.

Vol. 8:
Wolfgang R. Dick, Klaus Fritze (Hrsg.): 300 Jahre Astronomie in Berlin und Potsdam. Eine Sammlung von Aufsätzen aus Anlaß des Gründungsjubiläums der Berliner Sternwarte. Thun, Frankfurt am Main, 2000.

S. 107–120: Staude, Jürgen; Hofmann, Axel: Sonnenforschung in Potsdam – Streiflichter aus der Geschichte.
Es wird die Geschichte der Sonnenforschung in Potsdam von der Gründung des Astrophysikalischen Observatoriums Potsdam bis heute dargestellt. Der Schwerpunkt liegt auf den Forschungen am Einsteinturm. Auf Arbeiten zur Relativitätstheorie wird kurz eingegangen.

S. 188–209: Dick, Wolfgang R.; Langkavel, Arno: Gedenkstätten für Astronomen in Berlin, Potsdam und Umgebung.
Der Aufsatz stellt den ersten Versuch dar, einen vollständigen Überblick über die Gedenkstätten für Astronomen in Berlin, Potsdam und deren näherer Umgebung zu geben. Dazu gehören vor allem Denkmäler und Gedenktafeln für Astronomen sowie deren Grabstätten, aber auch Museen und Sammlungen, in denen an Astronomen erinnert wird. Neben Astronomen im engeren Sinn wurden auch Privat- und Amateurastronomen sowie Instrumentenhersteller, Mathematiker, Physiker, Geowissenschaftler u.ä. einbezogen, die sich mit Astronomie befaßten, astronomische Instrumente herstellten usw. Dazu gehören auch Albert Einstein sowie Kollegen und Zeitgenossen, mit denen er in Verbindung stand: Friedrich Simon Archenhold, Erwin Finlay Freundlich, Max Planck, Hermann Struve und andere. Ingesamt nennt das Verzeichnis etwa 100 einzelne Orte, an denen 65 Personen gewürdigt werden.

S. 210–241: Dick, Wolfgang R.: Auswahlbibliographie zur Geschichte der Astronomie in Berlin und Potsdam.
Die Bibliographie umfaßt 350 Bücher und Aufsätze zur Geschichte der Astronomie in Berlin und Potsdam. Die Benutzung wird durch ein Namens- und ein Sachverzeichnis erleichtert. Das Namensverzeichnis enthält neben Albert Einstein auch Erwin Finlay Freundlich, Max von Laue, Albert A. Michelson, Erich Mendelsohn, Max Planck, Karl Schwarzschild, Hugo von Seeliger, Hermann Struve sowie weitere Astronomen, Physiker und andere Zeitgenossen, mit denen Einstein in Verbindung stand. Das Sachverzeichnis enthält Stichworte wie Astrophysikalisches Observatorium Potsdam, Einsteinturm, Kosmologie, Michelson-Experiment, Relativitätstheorie und andere.

Vol. 10:
Wolfgang R. Dick, Jürgen Hamel (Hrsg.): Beiträge zur Astronomiegeschichte, Bd. 3. Thun, Frankfurt am Main, 2000.

S. 120–147: Duerbeck, Hilmar W., Seitter, Waltraut C.: In Edwin Hubbles Schatten: Frühe Arbeiten zur Expansion des Universums.
[Zusammenfassung der Autoren:] Die Fortschritte auf dem Gebiet der theoretischen und der beobachtenden Kosmologie in der ersten Hälfte des 20. Jahrhunderts werden im Überblick dargestellt. Behandelt werden die Weltmodelle von Einstein, de Sitter und Friedmann-Lemaître, die Versuche, das de Sitter-Modell durch Beobachtungen zu bestätigen, sowie die ersten Arbeiten über das Friedmann-Lemaître-Modell. Detailliert wird auf die Bestimmung des Expansionsparameters (der Hubble-Konstante) eingegangen, hierbei werden die zugrundeliegenden Datensätze von Lundmark, Strömberg, Lemaître, Hubble, Hubble und Humason und de Sitter z.T. rekonstruiert und neu analysiert. Ein früher Hinweis auf die Existenz eines Abbremsungs-Parameters in Friedmann-Lemaître-Modellen wurde von Silberstein, einem Verfechter des de Sitter-Modells, gegeben.

Vol. 11:
Ernst-August Gußmann, Gerhard Scholz, Wolfgang R. Dick (Hrsg.): Der Große Refraktor auf dem Potsdamer Telegrafenberg. Vorträge zu seinem 100jährigen Bestehen. Thun, Frankfurt am Main, 2000.

S. 81–96: Staude, Jürgen: Sonnenphysik in Potsdam.
Dieser Beitrag ähnelt der Darstellung in Staude und Hofmann (Vol. 8, 2000), bringt aber weitere Einzelheiten.

Vol. 13:
Wolfgang R. Dick, Jürgen Hamel (Hrsg.): Beiträge zur Astronomiegeschichte, Bd. 4. Frankfurt am Main, 2001.

S. 200–230: Dick, Wolfgang R.; Langkavel, Arno; Hahn, Jürgen: Gedenkstätten für Astronomen in Berlin, Potsdam und Umgebung – Ergänzungen und Korrekturen.
Diese Ergänzungsliste zu Dick und Langkavel (Vol. 8, 2000) liefert zahlreiche genauere Beschreibungen, Ergänzungen sowie einzelne Korrekturen und nennt etwa 40 zusätzliche Stätten, darunter zu Einstein und Zeitgenossen wie Max Born, Max von Laue, Max Planck und anderen.

Vol. 15:
Wolfgang R. Dick, Jürgen Hamel (Hrsg.): Beiträge zur Astronomiegeschichte, Bd. 5. Frankfurt am Main, 2002.

S. 243–245: Schmidt, Hans-Jürgen: [Rezension:] Friedmann, Alexander: Die Welt als Raum und Zeit (1923). Thun und Frankfurt am Main 2000.
Neben einer kritischen Würdigung der Edition gibt der Rezensent weitere Literaturhinweise.

Vol. 22:
Wolfgang R. Dick, Jürgen Hamel (Hrsg.): Beiträge zur Astronomiegeschichte, Bd. 7. Frankfurt am Main, 2004.

S. 189–219: Jung, Tobias: Einsteins kosmologische Überlegungen in den Vier Vorlesungen über Relativitätstheorie.
[Zusammenfassung des Autors:] Einstein stellte in seiner Arbeit *Kosmologische Betrachtungen zur allgemeinen Relativitätstheorie* im Jahre 1917 das erste Weltmodell auf Grundlage der Allgemeinen Relativitätstheorie vor. Das statische und materieerfüllte Einstein-Universum erforderte die Modifizierung der ursprünglichen Feldgleichungen. Die Ergänzung der Feldgleichungen um einen Term mit kosmologischer Konstante war neben der Bedeutung des Mach-Prinzips und der Grenzbedingungen im Unendlichen einer der Diskussionspunkte in der anschließenden Einstein-de Sitter-Klein-Weyl-Debatte. Im Jahre 1919 unternahm Einstein in seiner Arbeit *Spielen Gravitationsfelder im Aufbau der materiellen Elementarteilchen eine wesentliche Rolle?* den Versuch einer mikrophysikalischen Begründung der kosmologischen Konstante, um auf die Kritik an ihrer Einführung in die Feldgleichungen, die deren ursprüngliche Einfachheit und Schönheit beeinträchtigte, zu reagieren. Die Synthese aus dem Einstein-Universum und der Begründung der kosmologischen Konstante aus der Elementarteilchentheorie unternahm Einstein in seinen *Vier Vorlesungen über Relativitätstheorie* im Jahre 1921. Die darin enthaltene Sichtweise der Kosmologie markiert zum einen den Abschluß der ersten Phase der Beschäftigung Einsteins mit dem kosmologischen Problem – in der darauffolgenden Dekade erschien kein weiterer konstruktiver Beitrag Einsteins zur Kosmologie. Zum anderen zeigt sich, daß Einstein der Annahme der Statik ebenso wie der Annahme der räumlichen Geschlossenheit, das heißt von Modellen mit konstantem Krümmungsparameter $K = 1$ innerhalb der Klasse der Friedmann-Lemaître-Modelle, große Bedeutung beimaß. Diese beiden Annahmen kristallisierten sich in der Folgezeit nahezu als Dogmen heraus, welche die weitere Entwicklung der relativistischen Kosmologie in den 1920er Jahren gewaltig zu hemmen vermochten. (Vgl. den ersten Beitrag von T. Jung im vorliegenden Band.)

S. 276–279: Herrmann, Dieter B.: Einstein sprach wirklich in der Archenhold-Sternwarte.
Ein Bericht in der „Vossischen Zeitung" beweist, daß Albert Einstein tatsächlich am 2. Juni 1915 seinen ersten öffentlichen Berliner Vortrag gehalten hat. Thema des Vortrags war das allgemeine Relativitätsprinzip. (Vgl. den zweiten Beitrag von D. B. Herrmann im vorliegenden Band.)

Vol. 25:
Axel D. Wittmann, Gudrun Wolfschmidt, Hilmar W. Duerbeck: Development of Solar Research. Entwicklung der Sonnenforschung. Proceedings of the Colloquium Freiburg (Breisgau), September 15, 2003. Frankfurt am Main, 2005

S. 285–297: Beckers, Jacques Maurice: Sunspots, gravitational redshift and exo-solar planet detection.
[Author's abstract:] I revisit a paper that I published over 25 years ago (Beckers 1977) which has recently attracted renewed attention in connection with searches for exo-solar planets using the periodic Doppler motions of the star resulting from the center of gravity in these planetary systems being offset from the center of that star. The original goal of the research reported in the paper was concerned with the accurate determination of absolute motions of and in sunspots. I used the wavelengths of Iodine absorption lines introduced by an Iodine absorption tube as the wavelength reference. The experiment resulted in addition to the intended measurement of sunspot motions in the affirmation of the interpretation of the solar limb effect and in the measurement of the gravitational redshift of the solar disk radiation. Only recently did I become aware that it was this use of the Iodine absorption spectrum as a stable and precise wavelength reference that led to many of the current programs aimed at the detection of exo-solar planets.

Vol. 26:
Brüggenthies, Wilhelm; Dick, Wolfgang R.: Biographischer Index der Astronomie. Biographical Index of Astronomy. Frankfurt am Main, 2005. 481 S.

Das Verzeichnis enthält für mehr als 16.000 Astronomen und andere Personen von der Antike bis zur Gegenwart, die in Beziehung zur Astronomie stehen, die Geburts- und Sterbedaten sowie Hinweise auf biographische Quellen (Bücher, Aufsätze, lexikalische Einträge, Nachrufe u.a.). Darunter sind neben Albert Einstein viele weitere Physiker, Kosmologen, Astronomen und Wissenschaftshistoriker des 20. Jahrhunderts, die sich mit den Themen des vorliegenden Bandes befaßten oder noch befassen.

Weitere Informationen über die Reihe *Acta Historica Astronomiae* finden sich in
http://www.astrohist.org/aa/acta/
und in
http://www.harri-deutsch.de/verlag/titel/aha_00.htm .

Anschr. d. Verf.: Dr. Wolfgang R. Dick, Vogelsang 35A, 14478 Potsdam;
e-mail: wdick@astrohist.org

Über die Autoren

Prof. Dr. *Peter Brosche*, Jahrgang 1936, hat sich mit der Rotation der Erde, mit Astrometrie sowie mit den globalen Eigenschaften von Galaxien und ihrer Entwicklung befaßt. Seit der Gründung des Arbeitskreises Astronomiegeschichte in der Astronomischen Gesellschaft ist er dessen Vorsitzender. Im Ruhestand trat die Beschäftigung mit historischen Fragen und solchen der Literaturgeschichte in den Vordergrund. Wobei sich beide berühren können (wie bei Lichtenberg, Jean Paul) – oder auch nicht (wie bei Joh. G. Schnabel oder Arno Schmidt). Biographische Bemühungen betrafen Außenseiter (Friedrich Schwab, von Wahl), vor allem jedoch eine zentrale Figur der Astronomie der Goethezeit, Franz Xaver von Zach. Über ihn erschien 2001 eine ausführliche Darstellung in der vorliegenden Reihe.

Dr. *Wolfgang R. Dick*, geboren 1959, ist derzeit als wissenschaftlicher Mitarbeiter des Zentralbüros des International Earth Rotation and Reference Systems Service (www.iers.org) am Bundesamt für Kartographie und Geodäsie in Frankfurt am Main angestellt. In seiner Freizeit ist er u.a. als Sekretär I des Arbeitskreises Astronomiegeschichte tätig. Von ihm erschien kürzlich *Biographischer Index der Astronomie* (Frankfurt 2005, in Zusammenarbeit mit W. Brüggenthies).

Hon.-Prof. Dr. *Hilmar W. Duerbeck*, geboren 1948, studierte Physik in Saarbrücken und Astronomie in Bonn, wo er auch Diplom (1972), Promotion (1974) und Habilitation (1982) erwarb. Er war von 1985 bis 1995 in Münster tätig, seither an der Vrije Universiteit Brussel (Belgien). Mehrere Forschungsaufenthalte führten ihn zur Europäischen Südsternwarte ESO (La Silla und Santiago, Chile) und zum Space Telescope Science Institute (Baltimore, Maryland, USA); als Austauschdozent war er in Santiago und Antofagasta (Chile) tätig. Seine Arbeitsgebiete sind enge und kataklysmische Doppelsterne, späte Sternentwicklung sowie Geschichte der Astronomie und Kosmologie im 19. und 20. Jahrhundert. Zusammen mit D. Fischer verfaßte er zwei populäre Bücher über das Hubble-Weltraumteleskop; von ihm stammt auch die wissenschaftliche Bearbeitung der deutschen Ausgabe des Buches von F. Balibar, *Einstein – Die Leidenschaft des Denkens* (1995). Er ist Mitherausgeber des *Journal of Astronomical Data* und Sekretär II des Arbeitskreises Astronomiegeschichte in der Astronomischen Gesellschaft, außerdem Mitglied der Albert-Lortzing- und der Karl-May-Gesellschaft.

Über die Autoren

Prof. Dr. *Piotr Flin* wurde 1945 in Kraków geboren. Er studierte an der dortigen Jagiellonen-Universität Astronomie und Physik und schloß sein Studium 1968 mit der Promotion in Astronomie ab. Er habilitierte sich 1991 an der Nikolaus-Copernicus-Universität in Torún und ist gegenwärtig Professor für Astrophysik an der Akademia Swietokrzyska in Kielce. Forschungsaufenthalte führten ihn an das Observatorium Cambridge (1986), das Dyer Observatory, Vanderbilt University (1991/2), das Astronomische Institut Münster (1993), an die Universita di Roma "La Sapienza" und die Specola Vaticana (1998). Von 2001 bis 2003 war er "distinguished scientist" am Bogoliubov Laboratory of Theoretical Physics, Joint Institute for Nuclear Research, Dubna, Rußland. Sein wissenschaftliches Interesse gilt hauptsächlich der Erforschung der Eigenschaften großräumiger Strukturen im Universum. Daneben beschäftigt er sich mit ausgewählten astronomiegeschichtlichen Fragestellungen.

Prof. Dr. sc. *Siegfried Grundmann* wurde 1938 geboren. Er promovierte 1964 am Karl-Sudhoff-Institut für Geschichte der Medizin und der Naturwissenschaften an der Karl-Marx-Universität Leipzig. 1968 bis 1990 Mitarbeiter an der Akademie für Gesellschaftswissenschaften in Berlin. Ab 1990 u.a. Mitarbeiter am Berliner Institut für Sozialwissenschaftliche Studien, Gastdozent an den Universitäten Potsdam und Humboldt-Universität Berlin, Gastwissenschaftler am Wissenschaftszentrum Berlin für Sozialforschung. Er ist Autor des Buches *Einsteins Akte. Wissenschaft und Politik – Einsteins Berliner Zeit. Mit einem Anhang über die FBI-Akte Einsteins.* Springer-Verlag Berlin, Heidelberg, New York. 2. Auflage 2004.

Dr. habil. *Klaus Hentschel* studierte Physik und Philosophie in Hamburg, er promovierte 1989 am dortigen Institut für Geschichte der Naturwissenschaften. Nach Aufenthalten in Berlin und Göttingen habilitierte er sich 1995 in Hamburg und war anschließend Oberassistent am Institut für Wissenschaftsgeschichte der Universität Göttingen. Nach einer Gastprofessur in Hamburg ist er jetzt am Institut für Philosophie, Lehrstuhl für Wissenschaftstheorie und Wissenschaftsgeschichte an der Universität Bern tätig. Buchpublikationen: *Interpretationen und Fehlinterpretationen der speziellen und der allgemeinen Relativitätstheorie durch Zeitgenossen Albert Einsteins* (Basel 1990), *Der Einstein-Turm, E.F. Freundlich und die Relativitätstheorie* (Berlin 1992), *Zum Zusammenspiel von Instrument, Experiment und Theorie: Rotverschiebung im Sonnenspektrum und verwandte spektrale Verschiebungseffekte von 1880 bis 1960* (Hamburg 1998), *Mapping the Spectrum. Techniques of Visual Representation in Research and Teaching* (Oxford 2002), *Gaussens unsichtbare Hand: Der Universitätsmechanicus und Maschineninspector Moritz Meyerstein* (Göttingen 2005).

Prof. Dr. *Dieter B. Herrmann* studierte Physik und arbeitete zunächst im Strahlenschutz. Nach einer astronomiehistorischen Dissertation kam er 1970 an die Archenhold-Sternwarte, 1976 bis 2004 als deren Direktor. Ab 1987 auch Gründungsdirektor des Zeiss-Großplanetariums Berlin. Herrmann veröffentlichte zahlreiche wissenschaftliche Arbeiten zur Geschichte der Astronomie und Astrophysik und engagierte sich vor allem als Buchautor und Fernsehmoderator auch für die Wissenschaftspopularisierung. Herrmann lebt jetzt als freier Autor und Forscher in Berlin.

Dr. *Tobias Jung* studierte Physik an der Ludwig-Maximilians-Universität in München (1994–1997; 1998–2000) und am Department for Applied Mathematics and Theoretical Physics in Cambridge (1997/98). Anschließend promovierte er an der Universität Augsburg in Philosophie am Lehrstuhl von Prof. Dr. Klaus Mainzer über „Relativistische Weltmodelle. Eine wissenschaftsphilosophische Analyse zur physikalischen Kosmologie des 20. Jahrhunderts" (2000–2004). Derzeit ist er als Lehrbeauftragter an der Universität Augsburg tätig. Seine Interessenschwerpunkte gelten der Philosophie und Geschichte der Physik, insbesondere der Kosmologie Albert Einsteins, und den theoretischen Schriften von Immanuel Kant.

Studiendirektor i.R. *Arno Langkavel*, geb. 1938 in Stettin, studierte Mathematik und Physik in Berlin und Göttingen. Er unterrichtete diese Fächer und Astronomie zuletzt am Copernicus-Gymnasium in Löningen, wo er Mitglied der Schulleitung war. Sein Hauptinteresse gilt seit vielen Jahren den Denkmälern, Gedenktafeln und Gräbern von Astronomen, besonders seit seiner Pensionierung. Langkavel veröffentlichte das Buch *Astronomen auf Reisen wiederentdeckt* (1995) und weitere Beiträge zu diesem Thema.

Prof. Dr. *Jürgen Renn*, geboren 1956 in Moers am Niederrhein, ist Direktor am Max-Planck-Institut für Wissenschaftsgeschichte (Berlin), Honorarprofessor für Wissenschaftsgeschichte an der Humboldt-Universität Berlin und Adjunct Professor für Philosophie und Physik an der Boston University. Er studierte Physik, Mathematik, Philosophie, Wissenschaftsgeschichte und Kunstgeschichte in Bonn, Berlin, Rom, Princeton, Paris und Boston. Als Direktor am MPI für Wissenschaftsgeschichte hat Renn sich mit der Entwicklung des Wissens und seiner Rolle in der Kultur befaßt. International machte er sich mit Studien über die Entstehung der Relativitätstheorie einen Namen. Er ist Mitherausgeber von *Science in Context* und *Boston Studies in the Philosophy of Science*. Kürzliche Buchpublikationen zum Thema: Auf den Schultern von Riesen und Zwergen – Einsteins unvollendete Revolution; Einstein's Annalen Papers, The Complete Collection

Über die Autoren 311

1901–1922 (Hrsg.); Albert Einstein – Ingenieur des Universums: 100 Autoren für Einstein (Hrsg.); Albert Einstein – Ingenieur des Universums: Ausstellungskatalog und Dokumente (Hrsg.), allesamt erschienen 2005.

Prof. Dr. *Kurt Roessler* wurde 1939 in Köln geboren. Er wurde 1968 an der Universität Köln im Fach Kernchemie als Schüler von Prof. Dr. Winfried Herr, eines ehemaligen Doktoranden von Otto Hahn, promoviert. Nach einer kurzen Zeit als Assistent in Köln und in Löwen arbeitete er ab 1968 als wissenschaftlicher Mitarbeiter im Institut für Nuklearchemie des Forschungszentrums Jülich, wo er ab 1972 eine Abteilung für Hochenergie- und Festkörperchemie aufbaute. Nach Forschungsaufenthalten in den USA (Oak Ridge Nat. Lab./Festkörperphysik und Brookhaven Nat. Lab./Chemie des heißen Kohlenstoffs) wandte er sich 1983 der Kosmochemie und Kometensimulation zu, unter anderem in dem entsprechenden DFG-Großforschungsprojekt um die Raumsimulationskammer der DLR-Köln. Ab 1985 war er Vorlesungsbeauftragter an der Universität Münster (Planetologie), ab 1993 Honorarprofessor. Ab Januar 1995 organisiert er die noch laufende Reihe der Bad Honnefer Winterseminare zu Problemen der Kosmischen Evolution im Physikzentrum Bad Honnef. 2003 in Jülich pensioniert, liest er weiter in Münster und organisiert Exkursionen und Seminare. Interesse an wissenschaftsgeschichtlichen Fragestellungen: Kathedralschule von Chartres, Nikolaus von Kues, Immanuel Kant, Henri Bergson, Georges Lemaître. Kurt Roessler betreibt im Nebenberuf Literaturforschung und ist Leiter des Freiligrath-Arbeitskreises, Vizepräsident der Grabbe-Gesellschaft und Vorstandsmitglied der *Association Internationale des Amis de Guillaume Apollinaire* in Paris, sowie Ehrenritter der *Association Folklorique des Blancs Moussis* in Stavelot, des bekanntesten belgischen Karnevalsvereins.

Dr. *Tilman Sauer* ist Senior Research Associate in History an der Division of Humanities and Social Sciences am California Institute of Technology und Senior Scientific Editor bei den *Collected Papers of Albert Einstein*. Nach einer Promotion in theoretischer Physik an der Freien Universität Berlin im Jahr 1994 war er wissenschaftlicher Mitarbeiter am Max-Planck-Institut für Wissenschaftsgeschichte in Berlin (1994–1996) und bei der Hilbert-Edition an der Universität Göttingen (1997–1999), Assistent am Lehrstuhl für Wissenschaftstheorie und -geschichte an der Universität Bern (1999–2001) und ist seit 2001 Mitarbeiter beim Einstein Papers Project. Zu seinen Forschungsgebieten gehören die Geschichte der allgemeinen Relativitätstheorie und der einheitlichen Feldtheorien.

Dipl.-Phys. *Matthias Schemmel*, geb. 1969 in Hamburg. Studium der Physik und der Astronomie in Hamburg. 1992–1993 einjähriges Auslandsstudium an der Universität Nanjing, VR China. Diplomarbeit im Bereich der Quantengravitation. Seit 1997 Mitarbeiter am Max-Planck-Institut für Wissenschaftsgeschichte in Berlin. Dissertation mit einem Thema zur frühneuzeitlichen Mechanik. Gemeinsam mit Jürgen Renn Herausgabe von *Theories of Gravitation in the Twilight of Classical Physics* (2 Bände), Springer (im Druck).

Privatdozent Dr. habil. *Hans-Jürgen Schmidt* wurde 1956 in Berlin geboren. Studium an der Ernst-Moritz-Arndt-Universität Greifswald mit dem Abschluß Diplom-Mathematiker. Von 1979 bis 1991 wissenschaftlicher Mitarbeiter am Zentralinstitut für Astrophysik der Akademie der Wissenschaften der DDR, von 1992 bis 1998 Leiter der Projektgruppe Kosmologie an der Universität Potsdam im Institut für Mathematik, von 1999 bis 2000 wissenschaftlicher Mitarbeiter im Institut für Theoretische Physik der Freien Universität Berlin; seit Juni 2000 freiberuflich tätig. 1980 Dr. rer. nat., 1992 Dr. rer. nat. habil., 1996 Lehrbefugnis für das Fachgebiet Mathematische Physik, Privatdozent an der Universität Potsdam. 1990 Mitglied der Arbeitsgruppe, die die Gründung der Universität Potsdam fachlich vorbereitete; seit 1995 Herausgeber der Zeitschrift *General Relativity and Gravitation*; etwa 200 Artikel in Fachzeitschriften.

Studiendirektor *Georg Singer* wurde 1952 in Neustadt an der Waldnaab geboren. Nach dem Abitur studierte er von 1971 bis 1976 Mathematik, Physik und Astronomie an der Universität Würzburg und schloß das Studium mit der wissenschaftlichen Prüfung für das Lehramt an Gymnasien in Bayern (1. Staatsexamen) ab. Die pädagogische Ausbildung wurde 1979 mit der pädagogischen Prüfung (2. Staatsexamen) abgeschlossen. Seitdem unterrichtet Georg Singer als Lehrer für Mathematik und Physik am Kepler-Gymnasium in Weiden. Er ist Gründungsmitglied der European Association for Astronomy Education (EAAE) und Mitglied des Arbeitskreises Astronomiegeschichte in der Astronomischen Gesellschaft. In seinen bisherigen Veröffentlichungen widmete er sich vorzugsweise astronomiegeschichtlichen Themen sowie speziellen Problemen der Didaktik der Physik.

Prof. Dr. *Hans-Jürgen Treder* wurde 1928 in Berlin geboren. Nach dem Abitur studierte er 1947–1956 an der Technischen Hochschule Berlin-Charlottenburg und an der Humboldt-Universität Berlin Physik, Mathematik, Astronomie und Philosophie; er promovierte 1956 mit einer Dissertation zur einheitlichen Feldtheorie. Er wurde in den 50er Jahren mehrfach in

Westberlin wegen Aktionen gegen die atomare Rüstung festgenommen. 1957 Assistent, 1959 Oberassistent am Institut für reine Mathematik der Deutschen Akademie der Wissenschaften, und 1963–1966 Direktor desselben; ebenso ab 1963 Professor an der HU zu Berlin. 1966–1982 Direktor der Sternwarte Potsdam-Babelsberg, 1969–1982 Direktor des Zentralinstituts für Astrophysik, 1982–1991 Direktor des Einstein-Laboratoriums für Theoretische Physik der Akademie der Wissenschaften; seit 1993 im Ruhestand. Hauptarbeitsgebiete: Theoretische Physik, Astrophysik, allgemeine Relativitätstheorie; Gravitations- u. allgemeine Feldtheorie; erkenntnistheoretische Probleme der Physik, Geschichte der Physik; Autor bzw. Mitautor von nahezu 500 Einzelbeiträgen und mehr als 20 Monographien (z.B. *Relativität und Kosmos*, Berlin 1968, *Gravitationstheorie und Äquivalenzprinzip*, Berlin 1971, *Elementare Kosmologie*, Berlin 1975, *Große Physiker*, Berlin 1983 (mit R. Rompe), *The Meaning of Quantum Gravity*, Berlin 1987).

ACTA HISTORICA ASTRONOMIAE

Vol. 1:
Beiträge zur Astronomiegeschichte Bd. 1
Hrsg.: W.R. Dick, J. Hamel
1998, 184 Seiten, zahlr. Abb., kart.,
ISBN 3-8171-1568-7
Die Aufsätze beschäftigen sich u.a. mit den Beziehungen von Copernicus zu antiken Dichtern und der Entstehungsgeschichte von Copernicus' Hauptwerk, neuen Erkenntnissen aus dem Leben seines einzigen Schülers Rheticus sowie mit systematischen Untersuchungen des handschriftlichen Materials von Kepler zur Auffindung der Elliptischen Planetenbahnen, mit den Vorstellungen der Bildung von Himmelskörpern bei Newton, mit Georg Lichtenbergs Gedanken zur Entstehung von Mondkratern, mit der berühmten Mondkarte von Beer und Mädler, der quellenmäßigen Darstellung der Gründung der Universitätssternwarte in Königsberg sowie schließlich allgemein mit der dringenden Frage der Bewahrung und Erschließung von Archivalien zur Astronomiegeschichte.

Vol. 2:
J. Hamel
Die astronomischen Forschungen in Kassel unter Wilhelm IV.
Mit einer wissenschaftlichen Teiledition der Übersetzung des Hauptwerkes von Copernicus 1586
2. Aufl. 2002, 175 Seiten, zahlr. Abb., kart.,
ISBN 3-8171-1690-X

Vol. 4:
K.-D. Herbst
Astronomie um 1700
Ein Brief von Gottfried Kirch an Olaus Römer
1999, 143 Seiten, zahlr. Abb., kart.,
ISBN 3-8171-1589-X

Vol. 5:
Beiträge zur Astronomiegeschichte Bd. 2
Hrsg.: W.R. Dick, J. Hamel
2. Aufl. 2002, 226 Seiten, zahlr. Abb., kart.,
ISBN 3-8171-1674-8
Aufsätze zur Geschichte der Astronomie des 16. bis 19. Jahrhunderts sind Inhalt diese Bandes. Zu den Themen gehört die vieldiskutierte Frage nach der Fälschung unserer Chronologie des Mittelalters, der Sturz der Vorstellung fester Himmelssphären um 1585, die Geschichte des Fernrohrs im 17. Jahrhundert, der 1. Astronomenkongreß von 1798, die langjährigen Versuche der Herausgabe der Gesammelten Werke J. Keplers und die Gründung der Sternwarte Königsberg. Weitere Arbeiten sind Brahe, Scultetus, Hölderlin, Argelander sowie Bruns und den Zeiss-Werken im 19. Jahrhundert gewidmet. Rezensionen und Nachrufe schließen den Band ab.

Vol. 6:
Treasure-Hunting in Astronomical Plate Archives
Proceedings of the International Workshop held at Sonneberg Observatory, March 4 to 6, 1999

Eds.: P. Kroll, C. la Dous, H.-J. Bräuer
1999, 266 pp., ill., ppb.,
ISBN 3-8171-1599-7

Vol. 8:
300 Jahre Astronomie in Berlin und Potsdam
Hrsg.: W.R. Dick, K. Fritze
2000, 252 Seiten, zahlr. Abb., kart.,
ISBN 3-8171-1622-5

Vol. 9:
The Role of Visual Representations in Astronomy: History and Research Practice
Eds.: K. Hentschel, A.D. Wittmann
2000, 148 pp., ill., ppb.,
ISBN 3-8171-1630-6

Vol. 10:
Beiträge zur Astronomiegeschichte Bd. 3
Hrsg.: W.R. Dick, J. Hamel
2000, 251 Seiten, zahlr. Abb., kart.,
ISBN 3-8171-1635-7
Die Hauptbeiträge dieses Bandes behandeln bisher unbekannte Details der Gründung der Sternwarten in Gotha sowie in Königsberg (mit zahlreichen Originaldokumenten von F.W. Bessel), die Mecklenburgische Landesvermessung (1853-1873, mit bisher unbekannten Briefen von C.F. Gauß), die Verdienste des Leipziger Astronomen G.A. Jahn, die Internationalität der Astronomischen Gesellschaft und frühe, bisher wenig beachtete Arbeiten zur Expansion des Universums.
Enthalten sind zudem eine Beschreibung der bedeutenden Sonnenuhrensammlung am Kasseler Museum, Diskussionen zur mittelalterlichen „Phantomzeit", zu Goethes Beschreibung des Zodiakallichts und Rezensionen.

Vol. 11:
Der Große Refraktor auf dem Potsdamer Telegrafenberg
Vorträge zu seinem 100jährigen Bestehen
Hrsg.: E.-A. Gußmann, G. Scholz, W.R. Dick
2001, 136 Seiten, zahlr. Abb., kart.,
ISBN 3-8171-1642-X

Vol. 12:
Peter Brosche
Der Astronom der Herzogin
Leben und Werk von Franz Xaver von Zach (1754-1832)
2001, 304 Seiten, 8 Farbtafel, zahlr. s/w Abb., kart.,
ISBN 3-8171-1656-X

Vol. 13:
Beiträge zur Astronomiegeschichte Bd. 4
Hrsg.: W.R. Dick, J. Hamel
2001, 259 Seiten, zahlr. Abb., kart.,
ISBN 3-8171-1663-2
Dieser Band enthält vor allem personenbezogene Studien. Von dem bedeutenden Jesuitenastronomen Chr. Scheiner geht

ACTA HISTORICA ASTRONOMIAE

es über Gelehrte des 18. und 19. Jahrhunderts bis zu dem bedeutenden astronomischen Schriftsteller B. H. Bürgel. Biographische Beiträge behandeln P.-F. Tonduti in Avignon, J. G. Doppelmayr in Nürnberg, C. F. Scheithauer in Chemnitz, J. W. H. Lehmann im Brandenburgischen sowie L. Weinek in Leipzig und Prag. Eine Ergänzungsliste von Gedenkstätten für Astronomen in Berlin, Potsdam und Umgebung, Kurzbeiträge sowie Rezensionen schließen den Band ab.

Vol. 14:
Astronomie von Olbers bis Schwarzschild
Hrsg.: W.R. Dick, J. Hamel
2002, 243 Seiten, zahlr. Abb., kart.,
ISBN 3-8171-1667-5

Vol. 15:
Beiträge zur Astronomiegeschichte Bd. 5
Hrsg.: W.R. Dick, J. Hamel
2002, 261 Seiten, zahlr. Abb., kart.,
ISBN 3-8171-1686-1
Dieser Band enthält Aufsätze über historische Horoskope, Athanasius Kirchers "Organum mathematicum", Gottfried Kirchs Idee einer astronomischen Gesellschaft, ein Sternphotometer von 1786, Bessels Rezension von Gauß' "Theoria motus", Briefe von F. X. v. Zach, die Entdeckung des Planetoiden Eros sowie über die Astronomen Christoph Scheiner, Johann Philipp von Wurzelbau, Georg Koch und Felix Linke. Kurzbeiträge und Rezensionen schließen den Band ab.

Vol. 16:
Tycho Brahe and Prague:
Crossroads of European Science
Proceedings of the International Symposium on the History of Science in the Rudolphine Period
Prague, 22 - 25 October 2001
Eds.: J. R. Christianson, A. Hadravová, P. Hadrava, M.Šolc
2002, 392 pp., ill., ppb.,
ISBN 3-8171-1687-X

Vol. 17:
Zwischen Copernicus und Kepler - M. Michael Maestlinus Mathematicus Goeppingensis 1550-1631
Vorträge auf dem Symposium, veranstaltet in Tübingen vom 11. bis 13. Oktober 2000 von der Fakultät für Physik der Universität Tübingen
Hrsg.: G. Betsch, J. Hamel
2002, 248 Seiten, zahlr. Abb., kart.,
ISBN 3-8171-1688-8

Vol. 18:
Beiträge zur Astronomiegeschichte Bd. 6
Hrsg.: W. R. Dick, J. Hamel
2003, 238 Seiten, zahlr. Abb., kart.,
ISBN 3-8171-1717-5
Die Beiträge dieses Bandes behandeln die irrtümliche Vorstellung, im Mittelalter sei die Kugelgestalt der Erde vergessen worden, die Meßgenauigkeit Tycho Brahes, die Rolle des Jesuitenastronomen Grienberger im Galilei-Prozeß, die Geschichte des Faunhofer-Heliometers in Königsberg, die spektroskopischen Arbeiten Fraunhofers und Lamonts in Müchen sowie Berufungen an die Gothaer Sternwarte. Biographische Aufsätze sind G.F. Kordenbusch und F. Schwab gewidmet. Kurzmitteilungen und Rezensionen schließen den Band ab.

Vol. 19:
Christoph Rothmanns Handbuch
zur Astronomie von 1589
Kommentierte Edition der Handschrift Christoph Rothmanns „Observationum stellarum fixarum liber primus" Kassel 1589
Hrsg.: M.A. Granada, J. Hamel, L. von Mackensen
2003, 231 Seiten, zahlr. Abb., kart.,
ISBN 3-8171-1718-5

Vol. 20:
Susanne Utzt
Astronomie und Anschaulichkeit
Die Bilder der populären Astronomie des 19. Jahrhunderts
2004, 112 Seiten, zahlr. Abb., kart.,
ISBN 3-8171-1730-2
Im 19. Jahrhundert wurde die Astronomie in populären Büchern zunehmend mit Hilfe von Abbildungen anschaulich gemacht. Darunter waren gleichermaßen einfache Schemata, wie auch künstlerisch aufwendig und qualitativ hochwertig gestaltete Bilder. Die Arbeit untersucht anhand deutscher und französischer Bücher dieser Zeit, in welchem Zusammenhang bestimmte Bilder entstanden, in welcher Absicht sie Verwendung fanden und wie sie mit dazugehörigen Texten zusammenwirken: Bilder zur Unterhaltung und Belehrung.

Vol. 21:
Wege der Erkenntnis
Festschrift für Dieter B. Herrmann zum 65. Geburtstag
Hrsg.: D. Fürst, E. Rothenberg
2004, 242 Seiten, zahlr. Abb., kart.,
ISBN 3-8171-1744-2
Die Geschichte der Helligkeitsbestimmung der Sterne, die Erforschung der Sonnenaktivität, die Gründung astrophysischer Observatorien und die Venusdurchgänge von 1874 und 1882 werden in diesem Band behandelt. In die ältere Geschichte führen Beiträge über Otto von Guericke und die Bibliographie der Drucke der „Sphaera des Johannes de Sacrobosco" (um 1230). Weitere Arbeiten sind der Rolle von Planetarien in der Kulturpolitik und der Entwicklung astronomischer Bücher für die Schule gewidmet. Der Band ist dem langjährigen Direktor der Archenhold-Sternwarte Berlin und des Zeiss-Großplanetariums, Dieter B. Herrmann, gewidmet.

Vol. 22:
Johann Christoph Sturm (1635 – 1703)
Hrsg.: H. Gaab, P. Leich, G. Löffladt
2004, 348 Seiten, zahlr. Abb., kart.,
ISBN 3-8171-1746-9
Der aus Hilpoltstein stammende Johann Christoph Sturm ge-

ACTA HISTORICA ASTRONOMIAE

hörte in der 2. Hälfte des 17. Jahrhunderts zu den bedeutendsten Gelehrten Deutschlands. Er verfaßte wichtige Schriften zur Astronomie, Mathematik und Physik sowie zur Methodik wissenschaftlicher Forschung. Als Professor der Altdorfer Universität richtete Sturm ein „Collegium experimentale" ein, mit dem er zu einem Begründer der experimentellen Naturlehre wurde. Seine deutschsprachigen Bücher trugen zur Hebung der mathematischen Lehre an den Schulen und zur Verbesserung der mathematischen Kenntnisse in allen Bevölkerungsschichten bei. Der Band schildert das Leben Sturms, die verschiedenen Seiten seines wissenschaftlichen Schaffens und enthält eine Bibliographie seiner Werke.

Vol. 23:
Beiträge zur Astronomiegeschichte Bd. 7
Hrsg.: W. R. Dick, J. Hamel
2004, 305 Seiten, zahlr. Abb., kart.,
ISBN 3-8171-1747-7
Das Themenspektrum dieses Bandes reicht von den Arbeiten des islamischen Gelehrten al-Tusi im 13. Jahrhundert bis zu den astronomischen Geräteentwicklungen bei Carl Zeiss Jena in der zweiten Hälfte des 20. Jahrhunderts. Historisch sind die Inhalte der weiteren Aufsätze dazwischen anzusiedeln: die bekannten Lehrbüchern des Johannes de Sacrobosco, Tycho Brahes Aufenthalt in Augsburg, die Kalender Gottfried Kirchs um 1700, ein Bessel-Porträt während seiner Zeit in Königsberg, Fraunhofers Nachfolger im Optischen Institut zu München und Einsteins kosmologische Überlegungen in seinen „Vier Vorlesungen über Relativitätstheorie". Erstmals abgedruckt wird in deutscher Übersetzung die früheste Disputation des gelehrten Jesuiten Christoph Scheiner. Der Band schließt mit einer bibliographischen Nachlese zu den Venusdurchgängen, weiteren Kurzbeiträgen, einem Nachruf auf Jerzy Dobrzycki sowie Rezensionen.

Vol. 24:
The European Scientist
Symposium on the era and work of Franz Xaver von Zach (1754–1832)
Eds.: L. G. Balázs, P. Brosche, H. W. Duerbeck, E. Zsoldos
2004, 241 pp., ill., ppb.,
ISBN 3-8171-1748-5
On June 16, 1754, the birth of the second son of its leading physician was registered in the „Militärmatriken" of the Invalides' Hospital at Pest, Hungary. The father was Joseph Zach from Olmütz and the mother Clara née Sontag. The son received the name Joannes Franciscus Xaverius Vitus Fridericus, and later became a geodesist and astronomer. For these professions, he acted around 1800 not only as a kind of international information centre, but he moreover stimulated the work of the other colleagues and carried out important observations and reductions. He studied and published historical sources, and his journals constitute themselves more an ocean than a source of the history of our science, an ocean which is still to be explored for as yet undetected islands. At the occasion of the 250th birthday of Franz Xaver Zach, Hungarian colleagues took the initiative to commemorate him by a symposium at the seat of the Hungarian Academy of Science. This book contains contributions that are based on lectures given at the Budapest symposium „The European Scientist".

Vol. 25:
Development of Solar Research
Entwicklung der Sonnenforschung
Proceedings of the Colloquium Freiburg (Breisgau), September 15, 2003
Hrsg.: A.D. Wittmann, G. Wolfschmidt, H. W. Duerbeck
2005, 309 Seiten, zahlr. Abb., kart.,
ISBN 3-8171-1755-8
Ein Kolloquium über die „Entwicklung der Sonnenforschung" in Freiburg (Breisgau) bildet die Grundlage dieses Buches. Es enthält Beiträge über Steinzeitmonumente, die Himmelsscheibe von Nebra, antike Sonnenkulte, die Beobachtung von Sonnenflecken, die Photographie der Sonnenkorona während einer totalen Sonnenfinsternis, Finsternis-Karten und -Expeditionen, Entwicklung von Sonnenteleskopen, Sonnenforschung während der Naziherrschaft, Archive mit Sonnenbeobachtungen, Sonnenforschung mittels Ballonen, Site-Testing auf den Kanarischen Inseln, sowie die internationale Zusammenarbeit in der Sonnenforschung.

Vol. 26:
Biographischer Index der Astronomie
Biographical Index of Astronomy
Hrsg.: Wilhelm Brüggenthies, Wolfgang R. Dick
2005, 481 Seiten, kart.,
ISBN 3-8171-1769-8
Das Verzeichnis enthält für mehr als 16.000 Astronomen und andere Personen von der Antike bis zur Gegenwart, die in Beziehung zur Astronomie stehen, die Geburts- und Sterbedaten sowie Hinweise auf biographische Quellen (Bücher, Aufsätze, lexikalische Einträge, Nachrufe u.a.). Neben Astronomen und Amateurastronomen enthält der Index zahlreiche Mathematiker, Physiker, Geodäten, Geologen, Geophysiker, Meteorologen, Globen- und Instrumentenhersteller, Pioniere der Raumfahrt, Mäzene usw.
This inventory lists for more than 16,000 astronomers and other persons with relation to astronomy their dates of life and biographical sources (books, papers, encyclopedic entries, obituaries, etc.). Besides professional and amateur astronomers, the index contains numerous mathematicians, physicists, geodesists, geologists, geophysicists, meteorologists, globe and instrument makers, pioneers of space flight, patrons of astronomy, and others.

Weitere Informationen, einschließlich Zusammenfassungen aller bisher erschienenen Arbeiten:
http://acta.harri-deutsch.de
http://www.astro.uni-bonn.de/~pbrosche/aa/acta/